Südlicher Theil
des
MALAYISCHEN ARCHIPEL'S
mit
Herrn WALLACE'S Reiserouten.
150
135
0
5
10
Morotai
Ternate
Tidor
Makian
Batchian
Dschilolo
Mangola
Obei
Bessei
CERAM
AMBOINA
Gounong Api
Banda
Waigeu
Salwatti
Misol
Dorey
Mafor
Suk
Biak
Jobie
Amberpua
Dobbo
Aru I.
Workai
Kei I.
Timor Laut
Larat
Nila
Dama
Dai
Roma
Kisser
Sermatta I.
Babba
Serua
Mose
Teor
Boen
Matabello I.
Goram
Lucapin
Wahai
Sawai
Kanary
Poppa
Gass
Dampier Str.
Flaches Meer
100-Faden-Linie

Am Ende des Archipels

Alfred Russel Wallace

Matthias Glaubrecht

Am Ende des Archipels

Alfred Russel Wallace

Galiani Berlin

MIX
Papier aus verantwortungsvollen Quellen
FSC® C014496
Verlag Kiepenheuer & Witsch, FSC-N001512

1. Auflage 2013

Verlag Galiani Berlin

Umschlaggestaltung: Manja Hellpap und Lisa Neuhalfen, Berlin
Umschlagmotiv: © Natural History Museum London/Lessing Photo Archive
Autorenfoto: © privat
Karten im Vor- und Nachsatz aus: A. R. Wallace: Der Malaiische Archipel. Die Heimath des Orang-Utan und des Paradiesvogels. Reiseerlebnisse und Studien über Land und Leute. Braunschweig, Westermann 1869 und A. R. Wallace: On the Rio Negro. Journal of the Royal Geographical Society, 1853.
Lektorat: Wolfgang Hörner
Gesetzt aus der Whitman
Satz: Buch-Werkstatt GmbH, Bad Aibling
Druck und Bindung: GGP Media GmbH, Pößneck
ISBN 978-3-86971-070-9

Weitere Informationen zu unserem Programm
finden Sie unter www.galiani.de

Für Karen, die endlich angekommen ist

»Es ist ein gewöhnliches Vorurteil, die Größe
des Menschen nach dem Stoffe zu schätzen, womit er sich
beschäftigt, nicht nach der Art, wie er ihn bearbeitet.«

– FRIEDRICH SCHILLER (1759–1805)

»Je mehr ich darüber nachdachte, desto
mehr wuchs meine Überzeugung, dass ich schliesslich
das langgesuchte Gesetz der Natur gefunden hatte,
das die Frage nach dem Ursprung der Arten beantwortet.«

– ALFRED RUSSEL WALLACE (1905)

Inhalt

Prolog – *Verschollene Briefe*

»*Dear Sir* ...«, beginnt der Schreiber in ungelenker Handschrift. Seine wenigen Zeilen, offenkundig schnell und wie beiläufig dahingeworfen, berichten indes von einem ungeheuerlichen Sachverhalt. Er habe vor Jahren schon, nach dem Tod der letzten Erben, ein altes Haus auf dem Land erworben. Nun standen längst überfällige Arbeiten am Dach dieses Hauses an. Als er deshalb begann, den Dachboden der ihm unbekannten einstigen Bewohner zu entrümpeln, fielen ihm alte Briefe und andere vergilbte Papiere in die Hände, bis dahin verborgen in einer offenbar lange ungeöffneten Holztruhe. Darunter seien auch einige gewesen, die auf recht dünnem Papier geschrieben waren, wie man es vor langer Zeit für die Post aus Übersee zu verwenden pflegte. Diese hätten insofern seine Aufmerksamkeit erregt, so der Schreiber, als sie wohl aus der Hand eines gewissen Alfred R. Wallace stammten; zumindest sei dessen Name dort mehrfach zu lesen. Er selbst kenne sich mit diesen Dingen zu wenig aus, doch vermute er, dass man in London durchaus an solchen Briefen und Papieren interessiert sein könnte. Wenn dem so sei, so schließt der Schreiber seine Nachricht, dann möge man diese Fundsachen vom Dachboden doch bitte gelegentlich bei ihm abholen. Hochachtungsvoll.

Das kurze Schreiben ist an George Beccaloni gerichtet, adressiert an das *Natural History Museum* in London, Cromwell Road, South Kensington – gleichsam das Epizentrum naturhistorischer Forschung seit den Tagen des britischen Empire. Wer immer in England ein Anliegen in Sachen Naturkunde hat, wendet sich dorthin. Dass nun gerade Beccaloni diese handschriftliche Nachricht erhält, ist dabei kein Zufall. Von Haus aus Insektenforscher, arbeitet er als Kurator am Londoner Museum; und seit Jahren ist er in England die treibende Kraft bei allen Aktivitäten in Sachen ebenjenes Alfred Russel Wallace. Nicht nur dessen Insektensammlung hat Beccaloni in sorgfältiger Kleinarbeit wieder zusammengetragen und einen Katalog der von Wallace gesammelten Schmetterlinge erstellt; er hat unlängst auch das *Wallace-Korrespondenz-Projekt* aus der Taufe gehoben und sich damit vorgenommen, sämtliche Briefe von oder an Wallace zu katalogisieren und zu digitalisieren.

Zwar ist vieles aus dem Briefwechsel von Alfred Russel Wallace bekannt, wenigstens auszugsweise sogar veröffentlicht. Bereits kurz nach seinem Tod wurde ein nicht unerheblicher Teil seiner Korrespondenz abgedruckt, von der sich heute allein 1800 Briefe in der *British Library* und weitere, mehr als 1200 Briefe und assoziierte Dokumente (wie etwa gestempelte Umschläge) im *Natural History Museum* in London befinden. Doch vermutlich noch einmal so viele Briefe dürften überall auf der Welt verstreut in weiteren Bibliotheken und Museen liegen – oft unerkannt oder zumindest nicht allgemein zugänglich. All diese Briefe werden zukünftig online gestellt und Forschern und Interessierten weltweit zur Verfügung stehen. Mit diesem Korrespondenz-Projekt hofft Beccaloni aber nicht nur Neues aus dem Leben von Wallace zu erfahren; vor allem will er damit die Suche nach einigen lange vermissten Briefen anheizen, die – so spekuliert er – irgendwo in einer privaten Sammlung oder übersehen und vergessen in einem Archiv die Zeit überdauert haben.

Jahrelang hat George Beccaloni darauf gehofft, jetzt wähnt er sich am Ziel. Und doch kann er kaum fassen, was er dann auf dem Dachboden eines alten englischen Landhauses in den Händen hält. Endlich hat er jenen ominösen Brief gefunden, den Alfred Russel Wallace im März 1858 von der Gewürzinsel Ternate im fernen Malayischen Archipel an den britischen Naturforscher Charles Darwin in England geschickt hat. Mehr noch:

In der Holztruhe auf dem Dachboden findet sich auch eines der wichtigsten Dokumente in der Geschichte der Biologie – Wallace' handschriftliches Manuskript über die Entstehung von Arten, geschrieben auf zwanzig Seiten dünnen Auslandsbriefpapiers. Eine Sensation. Wenn die eben geschilderte Szene tatsächlich geschehen wäre und nicht nur erfunden. …

Brief und Manuskript jedoch kennt man leider nicht im Original. Es gibt nur Hinweise auf den Brief, eine Abschrift des Manuskriptes. Immer wieder haben Biographen und Historiker auf den durchaus eigenartigen Umstand hingewiesen, dass ausgerechnet wichtige Teile der Korrespondenz von Alfred Russel Wallace mit Charles Darwin nicht erhalten sind. Amerikanische Wissenschaftshistoriker haben sogar eine Verschwörung unterstellt und vermutet, dass die Urheberschaft an wenigstens einem Teil der vielleicht wichtigsten naturwissenschaftlichen Theorie dem Falschen zugesprochen worden sein könnte. Ihre britischen Kollegen wollen davon meist nichts wissen und sind den immer wieder einmal geäußerten Plagiatsvorwürfen kaum ernsthaft nachgegangen. Darwin vom Sockel zu heben, erscheint angesichts der Faktenlage zu Recht als ein allzu gewagtes Unterfangen.

Man nimmt allgemein an, dass Wallace' Manuskript und Brief an Darwin wohl verloren gegangen sind; mit gutem Grund, hatte doch Wallace selbst dies noch zu Lebzeiten so vermerkt. Im Korrespondenz-Projekt am Naturhistorischen Museum in London hat George Beccaloni ein Dokument online gestellt, das diesen Umstand erhellt, wenngleich nicht aufklärt. In einem beigen Briefumschlag, der sich später im Nachlass von Alfred Russel Wallace fand, hat dieser die ersten acht Briefe gesammelt, die er einst von Charles Darwin erhalten hatte, während er noch im Malayischen Archipel unterwegs war, wie er in eigener Handschrift auf dem Umschlag vermerkte. Darunter notierte er: *»Das Manuskript meines an Darwin gesandten Artikels, gedruckt im Journal der Linnéschen Gesellschaft, wurde nicht an mich zurückgegeben und ist verschollen. Die Druckfahnen mit dem Manuskript könnten vielleicht an Sir Charles Lyell oder den Sekretär der Gesellschaft geschickt worden* *sein und könnten durchaus eines Tages gefunden werden. Es war auf dünnem Auslandsbriefpapier geschrieben.«* Gezeichnet Alfred Russel Wallace.

Doch fanden sich dann später nicht sämtliche der erwähnten acht Briefe Darwins in besagtem Umschlag. Ausgerechnet jener Brief, mit dem Darwin einst Wallace auf dessen Manuskript-Sendung von 1858 geantwortet hat, war irgendwann dem Umschlag entnommen worden. In der Reihenfolge der Darwin'schen Briefe an Wallace ist er der dritte und ohne Zweifel historisch der wichtigste. Ein Brief, der sicher dabei helfen könnte, gleichsam eine Art Kriminalfall in der Biologiegeschichte aufzuklären – endlich, nach Jahrzehnten des Rätselratens, der Plagiatsvermutungen und Verschwörungstheorien. Was Darwin damals wohl geschrieben hat? Was und wie hat er sich Wallace gegenüber wirklich erklärt?

George Beccaloni findet es nicht nur höchst bemerkenswert, dass ausgerechnet einige der entscheidenden Dokumente der Biologie-Geschichte offiziell verschollen sind. Er vermutet vielmehr, dass jemand jenen dritten Brief Darwins aus dem Umschlag entfernt haben könnte – und sich dann die Mühe gemacht hat, einen anderen – freilich unbedeutenden – Brief in den Umschlag zu legen, damit es wieder acht Briefe sind, wie zuvor von Wallace darauf vermerkt worden war.

Doch wer könnte das gewesen sein, und warum wurde der Brief entfernt? Auf welchem Weg und durch wessen Hände sind die Darwin-Briefe aus dem Wallace-Nachlass nach dessen Tod im November 1913 in die Londoner Archive gelangt? *»Was immer tatsächlich geschehen ist, mir fällt es schwer zu glauben, dass Wallace just diesen Brief anders als alle anderen Briefe Darwins nicht aufgehoben hat«*, meint Beccaloni.

Deshalb hoffen auch andere Historiker, eines Tages die verschollenen Dokumente der Wallace-Darwin-Korrespondenz zu finden. Diese würden nicht nur den – indes ohnehin riesigen – Nachlass zweier berühmter Naturforscher um wichtige Schriften bereichern; sie würden zweifellos endlich neues Licht werfen auf eines der zentralen Ereignisse beim vermeintlichen Wettlauf um die Entdeckung der Evolution. Immerhin reden wir hier über eine Zäsur in der europäischen Geistesgeschichte: Denn mit Wallace und Darwin änderte sich das Denken über die Natur.

Tatsächlich aber bleibt es bis auf den heutigen Tag nur ein aufregender Gedanke – nicht mehr als eine höchst unwahrscheinliche Möglichkeit, dass Wallace' Manuskript und Darwins Brief irgendwo aufbewahrt werden; vielleicht wirklich in einer alten Holztruhe auf einem maroden Dachboden, ohne dass diese Papiere jemand entdeckt oder entdecken sollte.

Zur Einführung – *Der junge Mann in Eile*

Alfred Russel Wallace, britischer Naturaliensammler par excellence und verwegener Naturforscher, war ein Mann, für den sich leicht Superlative finden lassen. Zweifelsohne war er einer der brillantesten, bemerkenswertesten und bedeutendsten, ja einstmals auch einer der berühmtesten Wissenschaftler seiner Zeit. Überdies war er eine schillernde und kontroverse Persönlichkeit, nicht zuletzt dadurch einer der faszinierendsten, weil facettenreichsten Forscher im viktorianischen England.

Wallace durchstreifte die Tropenwälder der Erde – und er hat gemeinsam mit Charles Darwin das Denken der Welt verändert. Immerhin. Nach ihm sind viele Tierarten benannt, darunter Vögel und Flugfrösche; sogar ganze geographische Regionen der Erde und eine markante Faunengrenze tragen seinen Namen, aber auch Krater auf dem Mond und Mars. Zwar ist Wallace neben Darwin einer der wichtigsten Naturforscher des viktorianischen Zeitalters; doch ist er heute kaum noch allgemein bekannt. In Deutschland gab es bislang nicht einmal eine Biographie über ihn.

Dabei bietet sein Leben fraglos Stoff genug. Es hat geradezu romanhafte Züge, ideal auch für eine Verfilmung. Zumal Alfred Russel Wallace um so vieles lebendiger wirkt als sein Landsmann und vierzehn Jahre ältere Zeitgenosse – jener bedächtige, abwägende und abwartende, beinahe ist man versucht zu sagen: vergleichsweise dröge Darwin. Gegen diesen kommt uns Wallace gleichsam vor wie ein Indiana Jones der Naturforschung, ein Ernest

Hemingway der naturkundlichen Reisebeschreibung. Ohne dabei nur Draufgänger und Abenteurer gewesen zu sein; vielmehr überaus kundiger Amateur, als der er sich stets sah, und der dennoch Zugang zur wissenschaftlichen Elite Englands gewann. Einerseits also war das Leben dieses »*selfmade*«-Biologen höchst abwechslungsreich, geradezu abenteuerlich. Andererseits sind seine Person und sein Denken weitaus vielschichtiger und komplexer als bislang bekannt. Zugleich stecken beide, Person und Denken, voller Widersprüche, die bisher – kaum einmal offengelegt – auch nicht aufgelöst wurden.

Wenn wir indes versuchen, Wallace zu verstehen, erfahren wir mehr über die vielfältigen Facetten und Implikationen jener Theorie von der Entstehung und Entwicklung der Arten und des Menschen, wie wir sie beim Blick allein auf Darwin vielleicht nie verstanden haben. Sind tatsächlich auch wir, *Homo sapiens*, ein Produkt der Evolution durch Selektion, einschließlich unseres Gehirns und unseres Geistes, wie Darwin feststellte? Oder gibt es neben der natürlichen Auslese noch eine Art höhere Instanz, wie Wallace annahm, der wie viele seiner Zeit vom Spiritualismus und Theismus überzeugt war, der also jenseits jeglicher Konfession an das Wirken eines Heiligen Geistes und an die Existenz eines Gottes glaubte?

Wer war Wallace?

Wallace ist einer der ganz Großen, aber auch ein lange Verkannter der Naturforschung. Einst machte er sich nicht nur durch seine vierjährige Feldforschung am Amazonas einen Namen; er reiste weitere acht Jahre kreuz und quer durch die Inselwelt des indoaustralischen Archipels zwischen Malaysia und Neuguinea. Dass er diese wohl gewagteste und erfolgreichste Ein-Mann-Expedition bis ans Ende der damals zugänglichen Welt überlebte und dann bei guter Gesundheit mehr als 90 Jahre alt wurde, ist bis heute erstaunlich. Ebenso erstaunlich wie die Tatsache, dass er außer den weit mehr als einhunderttausend naturkundlichen Sammlungsstücken aus den Tropen von dieser Reise auch die zentrale Theorie der Naturforschung mit zurückbrachte. Fernab im indo-australischen Archipel hatte Wallace im Frühjahr des Jahres 1858 – und unabhängig von Charles Darwin – mit seherischer Intuition jenen Mechanismus entdeckt, der die Entstehung von neuen Arten möglich macht. Mit dem Prinzip einer natürlichen Auslese gelang ihm der entscheidende Durchbruch beim Wettlauf um die Entwicklung der Evolutionstheorie. Wenn überhaupt noch, so ist Wallace uns heute als Mitentdecker dieser Theorie in Erinnerung.

Doch Wallace ist auch Begründer einer eigenen Wissenschaftsdisziplin, die derzeit eine Renaissance erlebt: die evolutionäre Biogeographie – das Studium der geographischen Verbreitung von Tieren und Pflanzen. Warum leben bestimmte Arten nur dort, wo sie leben, andere aber anderswo? Bei seiner Reise bis ans Ende des Archipels findet Wallace eine schlüssige Erklärung – und lüftet so ein weiteres großes Geheimnis der Biologie. Wallace war hochangesehener Käfersammler und Schmetterlingsfänger, Weltreisender auf der Suche nach bunten Insekten, Paradiesvögeln und dem Orang-Utan; er war zugleich ein scharfer Beobachter wie auch Theoretiker. Bis heute ist er der Mann, nach dem eine höchst interessante Faunenregion zwischen Asien und Australien (Wallacea) sowie eine markante biogeographische Trennlinie (Wallace-Linie) benannt sind.

Als junger Mann war Wallace zuerst Landvermesser und Lehrer, in späteren Jahren bekennender Spiritualist und radikaler Sozialist, der sich für Landreformen und Menschenrechte einsetzte; aber auch jemand, der noch im hohen Alter über die Möglichkeit von Menschen auf dem Mars und unsere Stellung im Universum nachdachte. Er war naturkundlicher Autodidakt und wurde zum erfolgreichen Autor, dessen Bücher man liest, weil sich darin wissenschaftliche und populäre Darstellung in idealer Weise vereinigen. Er, der Amateur ohne akademischen Abschluss, erhielt die wichtigsten Auszeichnungen seiner Profession und seiner Zeit, die den Nobelpreis noch nicht kannte – als Erster die *Darwin Medal* sowie die *Copley* und *Royal Medal* der britischen Royal Society, die *Darwin-Wallace* und *Gold Medal* der Londoner Linnean Society, dann auch die höchste Auszeichnung *Order of Merit*, die die britische Monarchie zu vergeben hat. Nicht zuletzt war er der Letzte, will heißen: Jüngste, in einer Reihe bedeutender Naturalisten und Evolutionisten.

Der vermeintliche Wettlauf mit Darwin

Alfred Russel Wallace war auch, wie er selbst sagte, *»der junge Mann in Eile«*. Ausgedacht in zwei Stunden und ausgearbeitet an nur drei Abenden in einer palmwedelgedeckten einfachen Pfahlhütte auf einer abgelegenen Insel am Ende des Archipels, hat er ein zweites Mal jenes universelle Prinzip gefunden, mittels dessen in der Natur neue Arten entstehen. Wallace' Beiträge zur Evolutionstheorie und zu Vorkommen und Verbreitung von Lebewesen waren dabei ebenso wichtig wie die Darwins. Doch wurde er anders als dieser bald nach seinem Tod vergessen – und mit ihm seine Rolle als Mitentdecker der natürlichen Selektion. Darwin, der Zauderer und Zögerer, erntete den Ruhm allein. Spätere Generationen sollten dann stets annehmen, Darwin habe als Erster und Einziger die Theorie von der Veränderlichkeit der Organismen durch Anpassung und Auslese entwickelt und 1859 in seinem Buch über *»Die Entstehung der Arten«* veröffentlicht. Wallace wurde zur Fußnote der Wissenschaftsgeschichte.

Kein Zweifel: Von Evolution kann man nicht reden, ohne Charles Darwin zu erwähnen. Doch die Theorie von der Veränderlichkeit der Arten durch natürliche Selektion hat zwei Väter und ist zweimal unabhängig voneinander entdeckt worden. Kein Zweifel aber auch, dass dem, was Alfred Russel Wallace beitrug, heute kaum noch Beachtung geschenkt wird. Viele seiner Arbeiten sind unbekannt, die wenigsten etwa ins Deutsche übersetzt. Lange hat die Wissenschaftsgeschichte das Wirken Wallace' vernachlässigt; allenfalls ist die auffällige Koinzidenz mit Darwin bei der Entdeckung der Evolutionstheorie in ihren Annalen vermerkt.

Wallace aber ist weitaus mehr als nur der Mann im Schatten Darwins oder gar der ewige Zweite, der nie in gleicher Weise wie dieser für seine Entdeckung anerkannt wurde. Und das keineswegs nur, weil er es war, der in einem kurzen, klarsichtigen Aufsatz jene Theorie von der Veränderlichkeit der Arten durch natürliche Auslese entwarf und als Erster eine bündige und zum Druck bestimmte Abhandlung darüber verfasste. Diese wurde dann unmittelbar danach auch veröffentlicht, gemeinsam mit kurzen Auszügen aus Schriften von Darwin. Während dieser seinen eigenen Beitrag damals als kaum veröffentlichungsreif ansah, äußerte er sich lobend über Wallace' ebenso einsichtsreichen wie wohlformulierten Aufsatz.

Erst später als »Darwinismus« bekannt geworden, hat die noch zu seinen Lebzeiten als Darwin-Wallace-Theorie bezeichnete Idee von der Evolution durch Selektion für eine Epochenwende gesorgt – und für die Grundlage der modernen Biologie. Die öffentliche Präsentation der Darwin-Wallace-Papiere im Sommer 1858 stellt mithin nicht nur eine zentrale Episode der Biologiegeschichte dar; sie leitete auch eine der größten wissenschaftlichen Revolutionen ein, die bis heute in den Biowissenschaften nachwirkt. Tatsächlich kam es zu einer kopernikanischen Umwälzung unseres Weltbildes.

Rätsel um die Entdeckung der Evolution

Die Episode der vermeintlich gemeinsamen Vorstellung am 1. Juli 1858 vor der Linnean Society in London, bei der jedoch weder Darwin noch Wallace tatsächlich anwesend waren, ist inzwischen vielfach erzählt worden, zumal wir 2009 ein großes und doppeltes Darwin-Jubiläum gefeiert haben. Mittlerweile ist auch klar, dass das Zustandekommen dieser Präsentation keineswegs jener selbstlose Akt zweier Gentlemen war, weder Zufall noch Zeugnis vom Großmut zweier bedeutender Forscher, als den er beinahe ein Jahrhundert lang dargestellt wurde.

Aus Kollegialität und Kompromiss aber wurde Konkurrenz, aus Koinzidenz und Kuriosum unlängst ein Komplott gestrickt. So bekannt diese Episode ist, so umstritten sind indes bis heute die genauen Umstände des tatsächlich höchst delikaten, weil fragwürdigen Arrangements durch engste Freunde Darwins. Zwar gehört die Kette der Ereignisse, die zur ersten Vorstellung der Selektionstheorie führten, zu den am gründlichsten untersuchten Kapiteln der Wissenschaftsgeschichte; tatsächlich gleichen sie einem Krimi, beinahe einem Mord(s)fall. Dennoch sind viele wichtige

Details um diese Veröffentlichung noch immer nicht vollständig aufgeklärt. Offene Fragen haben zu Spekulationen und Verschwörungstheorien eingeladen; von einer der übelsten Fälschungsaffären in der Biologie-Geschichte ist die Rede. Und der Disput darüber, was wirklich geschah, dauert an. Hat Darwin tatsächlich zentrale Teile seiner Theorie aus dem ihm zugesandten Manuskript von Wallace abgeschrieben – ein Plagiatsfall auf höchstem intellektuellem Niveau und verbunden mit einer kontroversen wissenschaftlichen Theorie?

Aus dem Blickwinkel Charles Darwins ist die Geschichte hinlänglich bekannt. Doch kaum einmal wurde die Kette der Ereignisse aus der Perspektive Alfred Russel Wallace' rekonstruiert. Und tatsächlich ist vieles dabei übersehen worden, was zur Aufklärung führen könnte. Neben einigen – durchaus nicht unerheblichen – Ungereimtheiten hat Wissenschaftshistoriker und Biographen immer verwundert, dass Wallace so scheinbar bereitwillig Darwin das Feld überließ. Immerhin war es Wallace selbst, der 1889 – sieben Jahre nach Darwins Tod – den bis heute gängigen Begriff »Darwinismus« für die gemeinsam entwickelte Selektionstheorie prägte. So hat er vielleicht am nachhaltigsten dazu beigetragen, dass er selbst später in Vergessenheit geriet. Überdies hat sich eine regelrechte Darwin-Industrie ausführlich mit beinahe jedem Stück Papier und jeder Zeile aus der Feder Darwins beschäftigt und, so scheint es, jeden Moment und Aspekt im Leben dieses britischen Privatgelehrten von allen Seiten beleuchtet. Während Historiker und Biographen Darwin mit dickleibigen Büchern über Werk und Wirken beinahe zu Tode gewürdigt haben, ist uns Alfred Russel Wallace eigenartig fremd geblieben – tatsächlich ein erschütternd Unbekannter, zu Unrecht Vergessener; ein ewiger Zweiter, dieser Mann im Schatten Darwins.

Der paradoxe Wallace

Zwar verschaffen uns eine Reihe gelehrter Biographien, die jüngst vor allem in England erschienen sind, wertvolle Einblicke in Wallace' Leben (ein kommentiertes Literaturverzeichnis dazu befindet sich am Ende dieses Buches). Doch bleibt noch vieles zu entdecken bei dem Mitentdecker der Evolutionstheorie und Begründer der Biogeographie.

Kaum einmal sind bisher sämtliche Aspekte der Persönlichkeit von Wallace in der Zusammenschau abgewogen worden. War es wirklich allein seine Bescheidenheit und sein benachteiligter Status im klassenbewussten viktorianischen England, die Wallace bewogen, Darwin das Feld zu überlassen? War er wirklich ein ruheloser Sonderling und eigenartiger Außenseiter, der zudem manchem Irrglauben anhing? Es ist vor allem dieses Paradoxon, das vielen seiner Biographen immer wieder Kopfzerbrechen bereitet hat: Wallace war ein brillanter Denker und Entdecker, ein Mann der Wissenschaft; aber er glaubte an Wunder. Beinahe könnte man meinen, es gäbe ihn zweimal: hier der Naturforscher Wallace, der sich jahrelang unter Lebensgefahr auf die Suche nach Fakten begibt, die jene umwälzende Theorie von der Transmutation der Arten unterfüttern sollen. Dort der überzeugte und durch nichts zu erschütternde Anhänger des Spiritualismus auf der Suche nach dem Wirken eines mystischen Wesens in uns allen. Wie passt das zusammen? War Wallace einfach nur unkonventionell in vielen Lebenslagen und Lebensfragen, ein frei und unabhängig denkender, ja gar ein radikaler Geist mit Freude am Widerspruch zur allgemein geltenden Meinung? Oder verwirrte das hohe Alter sein Denken?

Bis heute haben Biographen, trotz aller Bemühungen, keine eindeutige Antwort gefunden. Die meisten schildern vordergründig nur mehr die Stationen von Wallace' Leben, vor allem und ausführlich seine abenteuerlichen Reisen in den Tropen, denen einige sogar selbst nachforschten. Andere beschäftigt beinahe ausschließlich sein wissenschaftliches Werk, der Wissenschaftler selbst dagegen bleibt geradezu leblos. Die einen blenden Wallace' paradoxe Seiten, insbesondere den Spiritualismus, möglichst aus; andere verlieren sich ganz in psychologischen Spekulationen, ohne das spezifische gesellschaftliche und wissenschaftliche Umfeld im viktorianischen England zu berücksichtigen.

Der neue Wallace

Im Französischen kennt man den Ausdruck *»un homme nécessaire«* zur Beschreibung einer historischen Gestalt, die im rechten Moment die Bühne der Geschichte betritt. Alfred Russel Wallace verkörpert solch einen notwendigen Charakter in der Mitte des 19. Jahrhunderts. Notwendig, um Darwin gewissermaßen auf die Sprünge zu helfen; doch notwendig auch für uns heute, um die Entdeckung des Evolutionsgedankens mit all seinen feinen Verästelungen vollständig verständlich zu machen.

Dies hier nun ist die Geschichte des neuen, wahren Wallace. Er war nicht nur ein naturkundlicher Amateur und waghalsiger Abenteurer, nicht nur der andere Käfersammler neben Darwin, der bei seinen Sammelreisen zufällig auf die Theorie der Selektion stieß; der in einem Wettlauf um die Entdeckung der Evolution Darwin zwar anspornte, dann aber den Kürzeren zog. Gerade wer Wallace nur verkannt und vergessen als Darwins *Alter Ego*, gleichsam als eine Art Doppelgänger im Schatten Darwins sieht, ihn als dessen Mond immer nur um diese zentrale Lichtgestalt der Naturforschung im viktorianischen Zeitalter kreisen lässt, der marginalisiert ihn. Wallace jedoch gilt gänzlich zu Unrecht als ein Hinterbänkler der Historie; er besetzt nicht etwa nur die zweite Reihe in der Garde großer Geister.

Vielmehr ist er eine weitaus komplexere Persönlichkeit als bislang dargestellt; sein Denken war vielschichtiger und sein Werk umfangreicher, als es bisher je einmal gewürdigt wurde. Kein Wunder bei 22 Büchern und mehr als 760 Fachartikeln. Zudem schrieb er neben naturkundlichen Arbeiten über ein erstaunlich breites Spektrum – vom Darwinismus und Spiritualismus über die Lebensmöglichkeit auf dem Mars bis hin zur weltweiten Handelkrise, Pockenschutzimpfung und zu der Erneuerung der Demokratie. Wallace sei ein *»wonderful creative thinker«* gewesen, hat Ernst Mayr – selbst ein berühmter Naturforscher und Evolutionsbiologe – einmal über ihn gesagt; *»generous to a fault and full of ideals«*, eine *»truly loveable person«* – großzügig, voller Ideale und überaus liebenswert. Wohl wahr. Aber der kreative Wallace hat auch sein Geheimnis. Er ist ruhelos und unorthodox, in vielen Lebenslagen; er verachtet und missachtet Konventionen, und wenn es sich nur um Verbotsschilder handelt, hinter denen er soziale Ungleichgewichte sieht. Weder in politischen noch in religiösen Dingen vermag er – anders als Darwin – zu schweigen. Doch, so die These im vorliegenden Buch, just jenes mutige und unkonventionelle Denken, das Wallace einst die Evolution entdecken ließ, führte ihn später auch auf unsicheres Terrain und entlang abseitiger Wege.

All dies sind Gründe genug, sich das Leben, Werk und Wirken des verwegenen Naturforschers Alfred Russel Wallace näher anzusehen; denn er weist uns den Weg zu einem besseren Verständnis der Evolutionstheorie und zu jenem Denken, das zur Aufklärung der dynamischen Vorgänge und Veränderungen in der Natur und zur Entstehung auch des Menschen führte.

Aru. Oder: *Am Ende des Archipels*

(Januar–Juli 1857)

Von allen Etappen seiner großen Reise durch den Archipel sollte diese die erfolgreichste werden, einträglich in vielerlei Hinsicht, ein Fest für den Forscher und ein Ausflug in eine wahre Märchenwelt voller Wundertiere, die kaum ein Naturkundiger vor ihm sah. Er sollte Menschen mit schwarzer Haut und krausen Haaren begegnen, fremder, als er sie je zuvor erlebt hat; anders als er selbst und auch als jene, denen er weiter westlich einer geradezu magischen Linie begegnet ist. Hier sollte er ebenso eigenartige wie seltene Vögel, Schmetterlinge, Käfer und andere Insekten entdecken; eigenständige Formen, die nur hier leben, anderswo aber fehlen. Zwar würde er auch Arten finden, die in benachbarten Regionen vorkommen; nur sahen selbst diese hier etwas anders aus, waren verschieden gefärbt und gezeichnet. Hier auf den Inseln am Ende des Archipels stößt er in unbekannte Regionen vor, als Reisender wie als Denker; hier fügen sich seine akribischen Beobachtungen und Befunde schließlich zu einem Ganzen, einem generellen Naturprinzip. *»Neue Arten entstehen allmählich, sie gehen unmittelbar aus vorangegangenen hervor«*, so fasst Wallace den zentralen, aber ketzerischen Gedanken zusammen, der bald alles verändern wird. Wenn es einen Ort gibt, an dem je das Fundament einer wissenschaftlichen Theorie bereitet wurde, dann auf diesen fernen und fremden Eilanden am Rande der bekannten Welt.

Die Expedition zu den Kai- und Aru-Inseln, vor der Südwestküste Neuguineas gelegen, wird zum Wendepunkt nicht nur der großen Reise von Alfred Russel Wallace, sondern auch seiner theoretischen Überlegungen. Für ihn wird Aru zum wahren Galapagos, mehr noch als es jener Archipel im Pazifik je für Charles Darwin sein konnte. Dem war erst rückblickend aufgegangen, als wie bedeutend sich die Zoologie solcher Inselgruppen für die Naturforschung erweisen sollte. Wallace dagegen erkennt sofort, was es mit Aru auf sich hat. Hier sammelt er wichtige Belege, die letzten fehlenden Mosaiksteine zu einer bahnbrechenden Idee – jener Idee, mit der er den entscheidenden Schritt im Wettlauf um die Entdeckung der Evolutionstheorie macht und die im Sommer 1858 eine Kette von Ereignissen auslösen wird. Er veröffentlicht zur Naturkunde von Aru einen seiner wichtigsten Aufsätze; detailreich in den Fakten, zugleich voller synthetischer Kraft, einsichtsvoll und visionär ein ganzes Forschungsprogramm beschreibend, das ihn das lange gesuchte Evolutionsprinzip finden lässt. Doch mit diesem so wichtigen Aufsatz ergeht es ihm wie mit anderen seiner Arbeiten. Zwar erscheint er, noch im Dezember 1857, in den renommierten »*Annals and Magazine of Natural History*« in London; indes wird er weder von Wallace' Zeitgenossen noch von späteren Forschern bis heute in seiner wahren Bedeutung erkannt. Ihnen entgeht, dass es von Aru tatsächlich nur noch ein kleiner Schritt ist, bis Wallace kurz darauf während eines Fieberanfalls auf den Gewürzinseln den Schlüssel zu jenem Rätsel – dem Geheimnis der Geheimnisse – findet, das ihn seit Langem umtreibt; ein Rätsel, das ihn hierher ans Ende des Archipels gebracht hat: die Frage nach der Entstehung von Arten.

Beinahe drei Jahre ist er zu diesem Zeitpunkt schon in der indoaustralischen Inselwelt unterwegs. Nachdem er in Singapur angekommen war, hat er zuerst einen Abstecher nach Malaka auf der malayischen Halbinsel unternommen. Anschließend war er mehr als ein Jahr lang in Sarawak im Norden Borneos unterwegs, bevor er endlich über Bali und Lombok eine Überfahrt weiter nach Osten fand, auf die Insel Celebes. Doch Anfang Dezember 1856 holt ihn dort der Monsunregen ein. Auf der großen Insel gießt es unaufhörlich. Unter den heftigen Regenfällen verwandelt sich der trockene Boden in einen Sumpf. Die Reisfelder, die sich kilometerweit in der flachen Küstenregion um den Hafenort Makassar ausbreiten, versinken im Wasser. Der ganze Landstrich ist nur mit Booten passierbar oder über ein wahres Labyrinth schmaler Wege, die auf den zu Wällen aufgeschütteten Uferbänken entlang der Reisfelder verlaufen. Bei diesem Wetter würde das Sammeln für Monate unmöglich sein, sagt man ihm. Nur Enten und Wasserbüffel fühlen sich jetzt wohl, und die Frösche stimmen vom Abend bis zum Morgen eine unglaubliche Kakophonie an. Immerhin sind sie dank einer tief vibrierenden Note musikalischer, als Wallace es bei ihresgleichen in Malaka und Borneo gehört hat. Sogleich schließt er daraus, dass die Frösche – wie die meisten Tiere auf Celebes – einer nur dieser Insel eigentümlichen Art angehören.

Wallace sucht nach einer Ausflucht in trockenere Regionen. Endlich findet er einen einheimischen Kaufmann und Handelskapitän, einen gewissen Herrn Warzbergen, halb Javaner, halb Holländer, mit dessen Prau er gen Osten segeln kann. Wie auch andere Handel treibende Bewohner auf Celebes bricht dieser einmal im Jahr mit dem Nordwestmonsun zu den Aru-Inseln auf. Die Inselgruppe liegt rund tausend Seemeilen östlich von Celebes, dicht unter der Küste Neuguineas, und am Ende jenes riesigen Archipels, der seine Inseln wie verschieden große Perlen zu einer Kette aufreiht. Aru ist der äußerste Punkt der per Schiff zu Wallace' Zeiten erreichbaren Welt. Wenn dort die Trockenzeit beginnt, holen die Händler wertvolle Ware; schiffladungsweise Perlmutt und Perlen, Bälge von Paradiesvögeln und Schildpatt sowie anderes für den europäischen Markt; dazu essbare Vogelnester und getrocknete Seegurken vor allem für die in kulinarischer Hinsicht mutigeren Chinesen. Sobald der Wind gedreht hat, kehren die Händler ein halbes Jahr später mit dem Ostmonsun wieder nach Celebes zurück; glücklich, wenn sie die abenteuerliche Reise ohne Piratenüberfälle, Unwetter und Untiefen oder andere lebensbedrohliche Gefahren überstanden haben.

Wallace' Überfahrt nach Aru verläuft unerwartet angenehm; es ist vielleicht die ruhigste, die er je auf seiner jahrelangen Expedition durch das Inselreich zwischen Asien und Australien erleben wird. Die Prau, in der sie mit 30 Mann Besatzung segeln, ist ein hölzernes Lastschiff mit zwei Masten, ähnlich einer chinesischen Dschunke von knapp 70 Tonnen Last; mit einem großen und einem kleineren Matten-Segel, die der jetzt aus Westen wehende Wind beständig füllt und sie mit bis zu fünf Knoten laufen lässt. In nur zwei Wochen fahren sie so bei meist ruhiger See und schönem Wetter stetig gen Osten; vorbei an Buru, Ambon und den Banda-Inseln, die in strahlenden Sonnenschein getaucht wie grüne Juwelen in der See liegen. Als sie die Banda-Gruppe passieren, sieht Wallace zum ersten Mal mit eigenen Augen einen tätigen Vulkan. Dessen Rauch steht wie eine kleine Wolke über dem vollkommenen Kegel. Unterwegs bewundert er fliegende Fische, die dicht wie Schwalben über die Wasseroberfläche schwirren. Er probiert erstmals gebratenen Hai und findet ihn durchaus schmackhaft. Den Weihnachtstag feiern sie an Bord der Prau bescheiden mit einem Extraglas Wein zum üblichen Reis und Curry. Als sich das Jahr 1856 dem Ende zuneigt, kommen bei Tagesanbruch die Kai-Inseln in Sichtweite. Alfred Russel Wallace ist in einer anderen, nie zuvor gesehenen Welt angekommen.

Kai-Inseln, Januar 1857: Das Meer um sie ist ruhig, spiegelglatt, wie man es sonst von einem See kennt; die tropische Sonne taucht alles in goldenes Licht. Außerordentlich reizvoll ist die Szenerie, notiert Wallace in seinem Tagebuch, als sie die den Kai-Inseln vorgelagerten Atolle und winzigen Korallen-Eilande passieren. Das Wasser, das ihre Prau durchpflügt, ist kristallklar. Je nach Tiefe und Untergrund gehen die Schattierungen von tiefblau, beinahe schwarz, und kobaltblau bis zu jadegrün über; nahe dem flachen Riff der Inseln wird das Wasser helltürkis und bricht sich weiß schäumend. Als sie der malerischen Küste näher kommen, zeichnen sich die steilen Kalksteinklippen ab, die die Inseln säumen und an vielen Stellen den üppig wuchernden Regenwald überragen, wo er bis ans Meer reicht. Immer wieder wird die dichte Vegetation, mit stattlichen Kokospalmen durchsetzt, von kleinen Buchten unterbrochen, die innen mit blendend weißen Sandstränden ausgekleidet sind.

Wallace malt sich die wundersamen Tierformen in den Wäldern und in der Meeresunterwasserwelt aus. Doch bald schon fesselt etwas anderes seine Aufmerksamkeit, als die Prau von drei, vier Kanus der Einheimischen umringt wird. *»Diese Kai-Leute kamen singend und schreiend heran, tauchten ihre Ruder tief ins Wasser und warfen Wolken von Schaum auf; als sie sich näherten, standen sie in ihren Kanus auf und ihr Geschrei und ihre Gestikulationen vermehrten sich noch; und als sie an unsere Seite gekommen waren, kletterte der größte Teil von ihnen, ohne erst um Erlaubnis zu fragen, und ohne auch nur einen Moment zu zögern, auf unser Deck, gerade als wenn sie von einem gefangenen Schiffe Besitz ergreifen wollten. Es begann dann eine Szene unbeschreiblicher Verwirrung. Diese vierzig schwarzen, nackten, krausköpfigen Wilden schienen vor Freude und Erregung berauscht. Nicht einer konnte auch nur einen Moment still sein.«* Es sind Papuas, denen Wallace hier zum ersten Mal in ihrer eigentlichen Heimat begegnet. Weniger als fünf Minuten, während der er das muntere Treiben dieser Inselbewohner beobachtet, lassen ihn zu der festen Überzeugung kommen, hier zwei der unterschiedlichsten Menschenformen nebeneinander zu sehen. *»Wenn ich blind gewesen wäre, so hätte ich sicher sein können, dass diese Inselbewohner keine Malaien sind«*, notiert er. *»Die lauten, schnellen, scharfen Töne, die fortwährenden Bewegungen, die intensive Lebenstätigkeit, welche sich in Sprache und Handlungen ausprägt, sind die geraden Gegensätze des ruhigen, wenig impulsiven und phlegmatischen Malaien. … Schulknaben an einem unerwarteten Feiertage, Irländer auf einem Jahrmarkt oder Seekadetten an Land geben nur eine schwache Vorstellung von der übermäßigen, tierischen Freude dieser Menschen.«*

Tatsächlich ist ein größerer Kontrast zwischen zwei Menschengruppen kaum denkbar; mehr noch in ihrem Verhalten als im unterschiedlichen Aussehen der schwarzhäutigen, kraushaarigen Papuas von den Kai-Inseln und den aus Asien stammenden, braunhäutigen, glatthaarigen und schmalgliedrigen Malaien an Bord der Prau. *»Jene kamen mir vor wie eine Gesellschaft bescheidener und wohlerzogener Kinder, in welche plötzlich eine Schar wild sich balgender, ausgelassener Knaben hineinbricht, deren Betragen höchst* *außergewöhnlich und sehr unerzogen zu sein scheint.«* Wallace ist äußerst beeindruckt; später wird er in seinen Reiseberichten mehrfach ausführlich auch die in so markanter Weise voneinander verschiedenen physischen Merkmale beider Ethnien beschreiben. Obgleich Malaien und Papuas direkte Nachbarn im großen Insel-Archipel sind, stammen sie von recht unterschiedlichen und nur entfernt verwandten Vorfahren ab, folgert Wallace; offenbar gehen sie also schon seit Langem getrennte Wege und entwickelten sich in verschiedenen Regionen unabhängig voneinander. *»Wenn wir eine Linie ziehen, erstreckt sich diese mitten durch den Archipel. Diese Linie trennt die Malaien und Asiaten von den Papuas und pazifischen Rassen des Menschen, und obgleich es entlang dieser Linie Austausch und Vermischung gegeben hat, ist diese Trennung im Ganzen dennoch beinahe so klar ausgebildet und vollständig wie die entsprechende zoologische Trennung des Archipels in eine indo-malaiische und australo-malayische Region.«*

Jene zoologische Trennlinie beschreibt Wallace in einer eigenen Arbeit bereits 1863, kaum ein Jahr nach seiner Rückkehr nach England; er markiert sie darin in einer farbigen Karte des Archipels. Diese Linie wird ihn berühmt machen, für immer seinen Namen tragen und ihn zum Begründer einer eigenen Wissenschaft, der Biogeographie, werden lassen. Was er dagegen im Januar 1864 vor der Ethnologischen Gesellschaft in London über die unterschiedlichen Varietäten des Menschen vorträgt, denen er im indoaustralischen Archipel begegnet ist, wird bis heute meist ebenso verkannt wie schon zuvor seine Arbeit zur Naturkunde der Aru-Inseln. Dabei schildert Wallace in dem Varietäten-Aufsatz sehr ausführlich, dass auch bei den Menschenvölkern eine ebenso markante Trennlinie existiert wie in der Tierwelt. Der Aufsatz, der gedruckt erst im darauffolgenden Jahr erscheint, ist ein weiterer seiner bedeutenden Beiträge, ein einsichtsvolles Meisterwerk und Dokument seines Denkens. Wir können aus den verschiedenen Varietäten des Menschen, die heute die Erde bewohnen, schließen, so schreibt Wallace darin, dass auch wir selbst zu einem gewissen Grad wandelbar sind, überdies sogar in nur sehr kurzer Zeit. Und, so fährt er fort, bei der gegenwärtigen geographischen Verbreitung der Menschengruppen haben geologische Veränderungen der Erdoberfläche eine entscheidende Rolle gespielt. Kaum jemand wagt zu dieser Zeit eine derartig unerhörte Schlussfolgerung; geschweige denn, dies so offen zu formulieren. Doch Wallace ist bis zum Ende des Archipels gefahren, auch und nicht zuletzt, um die Anfänge des Menschen zu erkunden.

»Hier also hatte ich eine neue von einem fremdartigen Volke bewohnte Welt erreicht.« Eine Welt voller Überraschungen, die ihm fundamentale Einsichten bringen sollte – und jene wahrlich epochale Idee. Seine Ausflüge auf den Kai-Inseln in den ersten Tagen 1857 liefern dafür weitere Bausteine. Der Kapitän hat die Prau um die nördliche Spitze von Kei Besar, oder Groß-Kai, gesteuert und an der Ostküste nahe einem Dörfchen namens Har geankert. Dort gibt er zwei kleine Boote bei den Inselbewohnern in Auftrag, die talentierte Bootsbauer sind; nun muss er einige Tage warten, bis sie fertiggestellt werden. Wallace nutzt diese wertvolle Zeit, um auf Exkursion in die Wälder der Insel zu gehen und nach Vögeln und Insekten zu suchen.

Allerdings ist das Wetter oft regnerisch und der verwitterte Korallenkalkstein, aus dem die Kai-Inseln beinahe ausschließlich bestehen, macht ein Fortkommen nur schwer möglich, wie Wallace in seinen Berichten über diesen Zwischenstopp mehrfach festhält. Nicht jedoch ohne sogleich fortzufahren, dass er mit seinen einheimischen Helfern Ali und Baderoon bereits am ersten Tag eine prächtige, hübsch blauweiß gefärbte Fruchttaube aus einem hohen Baum herunterschießt, nachdem diese in den Wipfeln durch beständige tiefe Rufe auf sich aufmerksam machte. Die Taube hat intensiv grün gefärbte Flügelschwingen und Schwanzfedern mit einem goldenen, blauen und violetten Schimmer, korallenrote Füße und goldgelbe Augen. Zunächst hält Wallace sie für die schon bekannte und weiter westlich verbreitete Bronzefruchttaube *(Carpophaga aenea)*. Diese hat bereits der schwedische Systematiker Carl von Linné 1766 beschrieben (heute wird sie zur Gattung *Ducula* gestellt). Doch bald erkennt Wallace, dass er eine nur auf den südöstlichen Molukken vorkommende eigenständige Art entdeckt hat. Folgerichtig beschreibt er sie später als Molukken-Bronzefruchttaube unter eigenem Namen *(Carpophaga concinna)*. Tatsächlich kommt sie nur auf einigen kleineren Inseln dort am Ende des Archipels vor, wo sie indes recht häufig ist und sich, etwa auf der Banda-Insel, von Blüten und Früchten der Muskatbäume ernährt.

Einmal mehr findet er bei den Bronzefruchttauben ein geographisches Muster bestätigt, das ihm bald überall auffällt. Ein nicht unerheblicher Anteil der Arten auf den Kai-Inseln sind neue, bislang der Wissenschaft unbekannte Spezies. Die bereits beschriebenen Arten dagegen kommen entweder auch auf weiter westlich gelegenen Inseln des Archipels oder aber auf Neuguinea vor. Etwas ganz Ähnliches findet Wallace bei einem prächtig rubinrot und smaragden gefärbten Käfer. Diesen entdeckt er überhaupt erst, weil einer der Kai-Insulaner dessen glänzende Flügeldecken als Schmuck auf seinem Tabakbeutel befestigt hat. Wallace wendet einen bereits mehrfach bewährten Sammlertrick an, lobt wohlriechenden Tabak für all jene aus, die ihm dafür die – in ihren Augen wertlosen – schwarzen und grünen Käfer bringen. *»Bald hatte ich Dutzende von Besuchern, Männer, Frauen und Kinder, welche Bambusstücke voll kriechender Insekten brachten«*, berichtet er später. Unter dieser Ausbeute befinden sich auch zahlreiche Stücke jener neuen Art, die Wallace dann unter dem zungenbrecherischen Namen *Cyphagastra calepyga* beschreibt.

Jeden Morgen geht er selbst auf die Jagd nach Schmetterlingen, *»welche in ziemlicher Menge vorhanden und mir fast alle neu waren; denn ich fand mich jetzt auf der Grenze zwischen den Molukken und Neuguinea – einer Region, deren Produkte damals zu den kostbarsten und seltensten der europäischen Kabinette gehörten«*. Scharlachrote Loris und Papageien erfreuen Wallace' Auge, prächtig gelb und schwarz gefärbte Schmetterlinge der Gattung *Papilio*, hübsche kleine Bläulinge, blau-schwarze und schöne grüne Blumen- und Tigerkäfer, weiße Schmetterlings-Orchideen der Gattung *Phalaenopsis*, kleine grüne Eidechsen mit *»Schwänzen vom schönsten, himmlichen Blau«*. Wallace schwärmt davon noch Jahre danach. Dagegen machen sich Säugetiere auf Kai rar. *»Nur zwei Vierfüßer bewohnen, wie die Eingeborenen sagen, die Insel«*; die einen sind verwilderte Schweine – uninteressant für ihn; aber auch ein Kletterbeutler der Gattung *Cuscus*, den Wallace indes hier nicht zu Gesicht bekommt, ein Beuteltier wie in Australien, ihm aber bislang ganz fremd.

Nur sechs Tage bleibt er auf der Großen Kai-Insel. Doch an vier Sammeltagen fangen er und seine Helfer insgesamt 13 Vogelarten und 194 Arten von Insekten, einschließlich 35 verschiedener Schmetterlinge; noch dazu drei Arten von Landschnecken. Viele dieser Tiere sind in Europa gänzlich unbekannt. Allein ihr Verkauf wird ihm die Kosten seiner Expedition wieder einbringen. Und Wallace steht erst am Beginn der Reise ans Ende des indoaustralischen Archipels. Anfang Januar haben die Kai-Insulaner die beiden kleinen Boote fertiggestellt, und er segelt mit der Prau des Herrn Warzbergen gen Osten ab, weiter nach Aru.

Auf den Aru-Inseln: Noch einmal verbringt Alfred Russel Wallace anderthalb Tage auf See. Ohne davon mehr als eine vage Vorstellung zu haben, verlässt er bei seiner Überfahrt von knapp sechzig Seemeilen jene Region des Archipels, in der das Meer bis in mehr als zweitausend Meter Tiefe abfällt. Hier, kurz vor den Aru-Inseln, springt der Meeresboden nun förmlich sockelartig herauf und formt den Rand des riesigen Sahul-Schelfs. Von Aru bis Neuguinea und Australien ist das Meer dann keine hundert Meter mehr tief. Wallace segelt über ein seit erdgeschichtlich erst kurzer Zeit überflutetes Land; ein geographischer Umstand, der sich bald als höchst bedeutungsvoll herausstellen soll.

Am Abend des 8. Januar 1857 kommt Wallace auf der kleinen Aru-Insel Wamma an. Es ist sein Geburtstag, 34 Jahre alt ist er an diesem Tag. Die Aru-Inselgruppe, wo er sechs Monate bleiben wird, markiert den östlichsten Punkt seiner gesamten Expedition durch den Archipel. Nur wenig weiter als hundert Kilometer von der Küste Neuguineas entfernt gelegen, bestehen die Arus aus etwa einhundert kleineren Eilanden und einem halben Dutzend größerer Inseln, von denen Wallace später in seiner Karte Wokan, Maikar und Kobror als die drei größten verzeichnet (eine vierte im Süden, Trangan, bleibt ihm noch unbekannt). Die Aru-Inseln mit ihren von Korallenriffen eingefassten Küsten sind gleichmäßig und üppig von Mangroven und tropischem Tiefland-Regenwald bedeckt; anders als die Kai-Inseln aber niedrig und flach, kaum irgendwo erheben sie sich höher als 70 Meter. Auf den ersten Blick ist es eine eher unspektakuläre Inselgruppe, aufgebaut aus Korallenkalk mit einer nur dünnen Bodenschicht, durchzogen von eigenartigen, schmalen Wasserstraßen. Wallace wird diese Kanäle für Überreste von Süßwasser führenden Strömen halten; doch es sind – einmalig auf der Welt – fünf schmale Meeresarme, nicht breiter als anderswo Flüsse. Sie lassen die Aru-Inseln auf seiner Karte wie ein Stück Land erscheinen, das an fünf Nahtstellen auseinanderplatzt.

In dem winzigen Dörfchen Dobbo schlägt Wallace sein Quartier auf. Dobbo ist zu dieser Zeit ein saisonaler Außenposten der Handel treibenden Chinesen und Bugis, der Seenomaden von der Insel Celebes, die jährlich Aru besuchen. Der Ort besteht aus kaum mehr als drei Reihen von Häusern und Hütten, die zugleich als Lagerschuppen dienen; sie sind aus Pfosten, Balken und geflochtenen Palmblättern als Wände gebaut, Stroh bedeckt die Dächer. Mit Bedacht gewählt, liegt Dobbo auf einer schmalen, sich ins Meer erstreckenden, von Sand und Korallenbänken aufgebauten Landzunge. Sie bietet den Booten und Praus zu beiden Seiten Schutz vor den beständigen Monsunwinden, während eine stetige Meeresbrise die mehr als lästigen Stechmücken abhält, die Malaria verbreiten. Noch ist es früh in der Saison, der Ort beinahe verlassen, nur wenige der Handeltreibenden sind bereits angekommen. Wallace richtet sich auf Anraten des Herrn Warzbergen in einer der noch leer stehenden Palmblätterhütten ein. Ein aus Rohr gefertigter Stuhl, eine breite Bambusbank als Sofa und Bett zum Schlafen, grobe Holzbretter für Tisch und Regal dienen Wallace als durchaus zufriedenstellendes Mobiliar. Einige Matten werden auf dem Boden ausgebreitet und kurzerhand ein Fenster für mehr Licht in die Palmblattwand geschnitten. Mehr braucht er hier nicht, um sich so wohlzufühlen, *»als hätte ich eine gut ausgestattete Villa erworben; dem Aufenthalt in dem Haus sah ich mit ungetrübtem Vergnügen entgegen«* – er, der nun als erster Europäer überhaupt für einige Zeit auf den Aru-Inseln leben wird.

Schon am nächsten Tag machen sich Wallace und seine beiden Helfer Ali und Baderoon auf, geleitet von einem ortskundigen Führer, ins Innere der Insel vorzudringen. Doch der Weg ist mühsam. Entweder führen die schmalen Pfade sie in Sumpfland oder werden durch umgestürzte Bäume und die kräftigen, klebrigen Netze großer Spinnen versperrt. Nur mit einigen Schwierigkeiten, so schildert Wallace diese erste Exkursion auf Wamma, befreit man sich aus den Gespinsten der großen, gelb gefleckten Monster mit einem Körper von über fünf Zentimeter und entsprechend langen Beinen; keine angenehmen Zeitgenossen, man möchte nicht mit der Nase voran gegen sie laufen, wenn man auf der Jagd nach Schmetterlingen ist oder zu einem Vogel hochschaut, der irgendwo im Geäst singt.

Allerdings wird ihm bereits dieser erste Ausflug auf Aru reichlich belohnt. Neben einigen Landschnecken, die Wallace entlang eines sumpfigen Urwaldpfades aufsammelt, sowie hübschen Käfern und einer *»süperben«* Wanze fängt er gleich am ersten Tag dreißig Schmetterlinge; *»mehr, als ich jemals an einem Tage, seit ich die ergiebigen Jagdgründe am Amazonas verlassen, gefangen hatte«*, wird er später berichten. *»Der große und schöne Geisterfalter, Hestia d'urvillei, ein Tagpfauenauge mit blassfarbenen Flügeln, Drusilla catops, und die brillanteste und wundervollste der hellschwingigen Motten, Cocytia d'urvillei, waren besonders interessant, ebenso mehrere kleine ›Bläulinge‹, die an Glanz und Schönheit allem, was die Schmetterlingswelt produzieren kann, die Waage halten«*. Die Schmetterlinge, die er hier findet, sind nicht nur farbenprächtig und schön; es sind wahre Kostbarkeiten. Denn kaum ein Sammler vor ihm hat sie jemals gefangen; und wenn überhaupt, sind sie nur durch einige wenige Exemplare aus Neuguinea bekannt.

Zwar verhindert wechselhaftes Wetter mit tagelangen Regenfällen zunächst weitere Exkursionen. Doch am dritten Tag scheint die Sonne von einem strahlend blauen Himmel und Wallace hat das Glück, eines der prächtigsten und größten Insekten der Erde zu fangen – den zu den Ritterfaltern oder Papilioniden gestellten Vogelschwingen-Schmetterling *Ornithoptera;* mit einer Spannweite, die immerhin einer ausgestreckten Hand entspricht. Dieses zarte

Gliedertier wird ihn zu einer fundamental wichtigen Einsicht führen, die während der kommenden Monate auf Aru und den anderen Inseln im Archipel heranreift. Auch darüber wird er wieder einen eigenen klar formulierten Aufsatz schreiben. Diesem folgt, dadurch angeregt, ein zweiter, mit allgemeineren Schlussfolgerungen, den aber in England zu diesem Zeitpunkt kaum jemand in seinem wahren Wert erkennt. Ähnliche Vogelfalter, deren Männchen seidig grün schimmernde Flügel besitzen (die Weibchen sind unscheinbarer braun gefärbt), hat Wallace erstmals 1855 in Sarawak, im Norden der Insel Borneo, fliegen gesehen. Es gelang ihm sogar, diese Vertreter einer neuen Art zu fangen, die er in einer kurzen, prägnanten Arbeit sogleich als *Ornithoptera brookiana* beschrieb. Und erst vor wenigen Tagen sah er auf der Kai-Insel ebenfalls solche grünschwingigen *Ornithoptera;* sie flogen indes stets zu hoch, um ihrer habhaft zu werden. Den grün-schwarz gefärbten Schmetterling hier auf Aru hält Wallace zunächst für einen Vertreter der Art *poseidon.* Mit zwei typischen schwarzen Flecken auf den Hinterflügeln ist sie bisher nur von Neuguinea beschrieben worden. Als er das Tier dann genauer untersucht, erkennt er jedoch, dass ihm offenbar eine für Aru typische Form ins Netz gegangen ist. Denn sein Schmetterling hat drei dieser markanten Flügel-Flecken. Wallace ist überrascht, weiß er doch, dass auch auf anderen Molukken-Inseln ganz ähnlich irisierend grün gefärbte Vogelfalter vorkommen. Bereits der emsige Systematiker Carl von Linné in Schweden hatte ein Jahrhundert zuvor einen *Ornithoptera priamus* – frei nach der homerschen Sage – benannt, der von der benachbarten Molukken-Insel Ambon stammt. Dank seiner Studien in den Londoner Museumssammlungen weiß Wallace, dass dieser *priamus* stets vier der typischen Flügelflecken besitzt. Zwei Flügelflecken bei *poseidon* im Osten, vier bei *priamus* im Westen und nun drei bei diesem Falter hier auf Aru, der sich damit in seinen äußeren Merkmalen wie seinem örtlichen Vorkommen gleichsam zwischen beide schiebt. Immer häufiger denkt Wallace nun über solche eigenartigen Abänderungen nach. Es ist, als ob die Natur geradezu spielerisch mit jeweils lokalen Formen umgeht und je nach Insel das gleiche Thema und Motiv wie ein begabter, experimentierfreudiger Komponist immer wieder variiert. In nächster Zeit wird Wallace die Frage nicht mehr loslassen, was solche Abwandlungen bis hin zu völlig neuen Arten hervorbringt.

Noch aber tritt in ihm der einem großen Geheimnis nachspürende Naturforscher zurück; Wallace' spätere Schilderung seines Vogelfalter-Fangs zeigt ihn vor allem als leidenschaftlichen Naturaliensammler. »*Ich zitterte vor Erregung, als ich ihn majestätisch zu mir herabkommen sah, und konnte kaum glauben, dass mir wirklich der Streich gelungen, bis ich ihn aus dem Netz gezogen hatte und in Bewunderung verloren auf das samtige Schwarz und schillernde Grün seiner Flügel mit achtzehn Zentimeter Spannweite, auf seinen goldenen Körper und seine karmesinrote Brust starrte; wohl hatte ich ähnliche Insekten in Kabinetten meiner Heimat gesehen, aber es ist eine ganz andere Sache, selbst so etwas zu fangen, es zwischen seinen Fingern sich winden zu fühlen und auf seine frische und lebendige Schönheit zu schauen – ein leuchtendes Juwel, das aus dem stillen Dunkel des finsteren und verschlungenen Waldes hervorstrahlt. Das Dorf Dobbo barg an jenem Abend wenigstens einen Zufriedenen!*«

Nicht jeder Tag auf Aru verläuft allerdings für ihn so erfolgreich. Das Wetter bleibt unbeständig, Regenwolken verdunkeln den Himmel, bevor sich wieder schönster Sonnenschein zeigt. Regen und Wind verhindern oft weitere Ausflüge in die Umgebung; nur an vier der ersten sechzehn Tage kann er losziehen. Dennoch wird ihm Aru zum gelobten Land. Wallace fängt weitere Insekten, die in großer Zahl vorkommen. An seinen Handelsagenten, Samuel Stevens, der in London für den Verkauf seiner Naturalien sorgt, schreibt er im März 1857 aus Dobbo. »*Beruhigen Sie unsere entomologischen Freunde. Wohl neun Zehntel aller Arten, die ich hier finde, sind neu für englische Sammler.*« Stevens sorgt in England dafür, dass Wallace' wertvolles Sammelmaterial sogleich potente Käufer unter den auf exotische Naturalien Versessenen findet. Für sie vor allem jagt Wallace hinter Ritterfaltern, Schwalbenschwänzen und allerlei Käfern hinterher, von denen er weitere, besonders schöne Exemplare sammeln will. Und wahrlich: diese hier auf Aru seien »*truely lovely creatures*«, murmelt der Naturaliensammler in ihm.

Sechs Wochen lang sieht Wallace fast täglich Schmetterlinge mit stahlblauen Flügeln, die er als *Papilio ulysses* erkennt, den begehrten Ulyssesfalter; doch jedes Mal bleibt er ohne Chance, einen von ihnen zu fangen. Auch dieser Schmetterling fliegt zu hoch und zu schnell, sein Flug senkt sich nur hin und wieder einmal tiefer gen Boden herab, bevor er wieder zu den Baumwipfeln aufsteigt. Wallace leidet beinahe körperlich, schon fürchtet er, nie einen von ihnen zu fangen. Auch bei den Käfern fängt er bei Weitem zu wenig, um ihn zufriedenzustellen. Nach zwei Monaten intensiver Suche und des Sammelns hat er fünfzig dieser Krabbeltiere erbeutet; so viele wie in zehn Tagen in Singapur, notiert er einigermaßen frustriert. Oft fängt er zudem nur ein einziges Exemplar von jeder Art; so wie es ihm auch mit anderen Insektengruppen geht. Indes fällt Wallace bei ihnen ein eigenartiger Umstand auf. Bereits während der wenigen Tage auf der Kai-Insel hat er einige hübsche Käfer gesammelt, darunter jenen mit dem zungenbrecherischen Namen, den wohl schönsten, den er bisher überhaupt fand; und so wenig Insekten es auf Kai auch waren, sinniert er nun, die meisten von ihnen waren deutlich andere Arten als hier auf Aru. Zwischen Kai und Aru aber liegen nur sechzig Meilen, die hohen Berge von Kai sind bei klarem Wetter von hier aus zu sehen. *»Das veranlasst mich anzunehmen, dass ich auf jeder Insel in diesem Teil des Archipels sehr verschiedene Arten erwarten darf«*, schreibt Wallace ahnungsvoll an Samuel Stevens in jenem Brief. Es soll ihm bald ein sehr vertrautes Muster werden – und eine Erkenntnis, die nicht ohne Folgen bleibt.

Vögel wie aus dem Paradies: »Hier bin ich also; ich lebe und bin gesund – und ich arbeite hart!« Zwei Monate sind vergangen, als Wallace dies am 10. März 1857 aus Dobbo an Stevens schreibt. Wir wissen davon, weil dieser die meisten solcher Nachrichten und Briefe unmittelbar nach ihrem Eintreffen in London vor der Königlichen Entomologischen Gesellschaft verliest, die sie kurz darauf in ihren Verhandlungsberichten veröffentlicht. Doch bei allem Sammeleifer, den Wallace an den Tag legt, sind es nicht die Insekten, denen sein eigentliches Interesse gilt. Vor allem unter den Vögeln beobachtet er seltene und wieder nur für Aru oder die australische Region eigene Formen. Dazu zählt der große Palmkakadu *Probosciger aterrimus goliath*, die später nach ihm benannte Weißkehl-Fruchttaube *Ptilinopus wallacei* sowie ein großer Buschtruthahn und ein Straußenverwandter, der Kasuar. Diesen sonst nur in Neuguinea und Australien vorkommenden Tieren begegnet Wallace erstmals, als er Anfang Februar an einem schönen ruhigen Tag von Dobbo zur Insel Wokan übersetzt, die Teil der »*tanna besar*« genannten Hauptinsel ist, um dort zu jagen und zu sammeln. Hier überrascht ihn auch der Anblick einiger der schönsten Palmen, die sonst in diesem Landstrich nicht eben häufig sind; ebenso wie dank eines Stammes hoch aufwachsende Baumfarne, die er zum ersten Mal sieht. »*Nichts in der tropischen Vegetation ist so vollkommen schön*«, schwärmt er später in seinem Reisebericht. Auf Wokan schießen seine Gehilfen fünf Arten von Vögeln, darunter einen hübschen Fliegenschnäpper, den Goldmonarch *Monarcha chrysomela*, »*von brillant schwarzen und glänzend orangenen Farben, der von einigen Schriftstellern als der schönste aller Fliegenfänger angesehen wird*«. Ebenso wie eine zweite Schnäpper-Art war dieser bis dahin nur von der Nordküste Neuguineas bekannt.

Der Abstecher nach Wokan bestätigt Wallace darin, dass er in das tierreiche Innere Arus vordringen muss, wenn er weitere und neue Arten finden will. Doch erst nach wochenlanger Verzögerung und nur dank nicht geringer Überredungskünste gelingt es ihm, Bootsleute und Führer anzuheuern, die sich mit ihm auf diese Exkursion wagen. Denn in diesen Tagen verunsichern Seeräuber in den Gewässern rund um Aru Händler wie Einheimische. Tatsächlich plündern Piraten hier immer wieder die reich mit Waren beladenen Schiffe, bringen die Mannschaften um und kommen sogar gelegentlich an Land, wo sie Siedlungen niederbrennen, die Männer morden und Frauen und Kinder verschleppen. Mitte März erreicht Wallace endlich mit seiner kleinen Schar nach einigen Stunden Fahrt durch einen der von Mangrovensümpfen gesäumten Kanäle das Zentrum der Insel Wokan. In einer höchst einfachen Hütte, die von einem Dutzend Aruaner bewohnt wird, räumen diese ihm etwas Raum ein, wo er eine Woche bleiben kann; seine Helfer schlafen derweil im Boot, um seine Ausrüstung zu bewachen. Einmal mehr schränkt Regen während der nächsten zwei Tage das Sammeln ein; »*aber endlich, als ich schon zu verzweifeln begann, kehrte mein Bursche Baderoon eines Tages mit einer Beute zurück, welche mich für Monate vertaner Zeit und unerfüllter Erwartungen entschädigte*«.

Es ist ein kleiner Vogel, kaum größer als eine Drossel, doch von einer geradezu aberwitzig verschwenderischen Pracht, die in Wallace Fragen an die Sinnhaftigkeit einer hier waltenden Schöpfung aufkommen lässt. »*Der größere Teil seines Gefieders war intensiv zinnoberrot mit einem Glanz wie von gesponnenem Glas. Auf dem Kopf wurden die Federn kurz und sammetartig und gingen in ein prächtiges Orange über. Darunter von der Brust abwärts war er rein weiß von Seidenweiche und -glanz, und quer über der Brust trennte ein Band von tiefem metallischen Grün diese Farbe von dem Rot der Kehle. Über jedem Auge befand sich ein Fleck von demselben metallischen Grün. Der Schnabel war gelb, und die Füße und Beine, von einem schönen Kobaltblau, kontrastierten auffallend mit allen anderen Teilen des Körpers.*« Höchst detailliert schildert Wallace später Gefieder und Aussehen dieses »*Edelsteins vom reinsten Wasser*«. Das vielleicht Bemerkenswerteste an diesem Vogel sind indes eigenartige, grau und grün gefärbte Federbüschel, die der Vogel zu Fächern entfaltet, sowie zwei lange, schlanke Mittelfedern des Schwanzes. Diese ragen aus den übrigen Federn heraus, rollen sich nach etwa 12 Zentimetern spiralig auf und bilden jeweils an der Außenseite einen Fahnenbart, ein Paar eleganter, glitzernder Plättchen, ebenfalls schön metallisch grün gefärbt. »*Zusammen mit der höchst exquisiten Schönheit des Gefieders machen diese aufgerollten Federstrahlen ihn zu dem lieblichsten aller lieblichen Naturprodukte*«, so schließt Wallace seine Beschreibung jenes Vogels, den die Wissenschaft als *Cicinnurus regius* kennt – den Königs-Paradiesvogel (bei Wallace heißt er noch *Paradisea regia*). Die Einheimischen auf Aru nennen ihn schlicht »*goby-goby*«, und sie sehen in ihm nicht mehr als wir in einer Singdrossel. Für Wallace indes bedeutet er, am Ziel seiner Reise auf die östlichsten Inseln des Archipels angelangt zu sein.

Denn nicht zuletzt wegen dieser »*cenderawasih*«, die es nur hier gibt, ist er gekommen. Mit diesem Wort aus der Bahasa-Sprache – der Lingua franca in den meisten Orten, die er im indo-australischen Inselreich bereist – bezeichnen die Einheimischen bis heute die vielleicht exotischsten Vögel weltweit. Cenderawasih oder Paradiesvögel haben in Europa von jeher die Phantasie beflügelt. Es sind ebenso exquisite wie legendäre Vögel, die ihren Namen verdienen, ihn aber nicht wegen ihres phantastischen Gefieders bekamen; obgleich dieses zweifelsohne zum Kuriosesten gehört, was sich die Natur in Sachen Vogelschmuck hat einfallen lassen. Als im 16. Jahrhundert die ersten Weltumsegler nicht nur Reichtum verheißende Gewürzladungen, sondern auch die ersten Bälge – die ausgenommene Federhaut – dieser prächtigen Vögel nach Europa brachten, verbreiteten sich rasch wilde Gerüchte. Denn nirgends entdeckte man an ihnen Beine und Füße; so glaubte man lange, die Tiere seien Sylphen – Luftgeister, die in der Unendlichkeit des Himmels lebten –, oder dass sie gar direkt aus dem Paradies kämen. Dabei hatten die Eingeborenen auf Neuguinea und den umliegenden Inseln der Molukken diesen vermeintlich paradiesischen Vögeln schlicht die Beine abgehackt, bevor sie die Tiere abbalgten. Importeure und Händler freilich schürten die »*himmlischen*« Gerüchte um die exotischen Vögel. Portugiesische Seefahrer, die zuerst zu den Gewürzinseln kamen, haben sie »*Passaros de Sol*« genannt, die ihnen nachfolgenden Holländer »*Avis paradiseus*«; und jener bereits erwähnte Linné beschrieb 1760 aufgrund eines wie üblich beinlosen Balgs den Großen Paradiesvogel als *Paradisea apoda*, der ohne Füße.

Tatsächlich haben die etwas mehr als knapp vierzig bekannten Paradiesvogelarten die wohl bizarrsten Federbildungen im Tierreich. Während die Weibchen meist schlicht grau und braun gefärbt sind, entfalten die Männchen ein in den buntesten Farben strahlendes, von Lichteffekten sprühendes Prunkgefieder. Bei den Paradiesvögeln kennt die künstlerische Gestaltungsfreiheit der Natur keine Grenzen. Noch Jahrzehnte nach Wallace' Reise zu den Paradiesvögeln dachte ein britischer Vogelkundler am Londoner Naturhistorischen Museum zuerst an eine Fälschung, als er den Balg eines anderen Federwimpel tragenden Exoten von den Gewürzinseln untersuchte. Er meinte, die Wimpelfedern müssten doch wohl ganz offenkundig von Menschenhand angekleistert worden sein; ein dreister Scherzbold habe damit eine Art ornithologischen Wolpertinger fabriziert. Dabei sind die Tiere aber alles andere als ein Scherzartikel der Natur.

Paradiesvögel wurden zu begehrten Sammlerobjekten; nicht nur bei prunksüchtigen Damen in den adeligen Kreisen europäischer Fürsten- und Königshäuser, die sich buchstäblich mit falschen Federn schmückten; auch bei Naturforschern und Naturaliensammlern wurden sie bald zu heiß begehrten Trophäen. Heute zieren Cenderawasih indonesische Banknoten; und wer unter den wohlhabenderen Indonesiern auf sich hält, hat einen ausgestopften Paradiesvogel – meist mit abgespreiztem Gefieder montiert, unter einer Art gläsernen Käseglocke – prominent im Haus zur Schau gestellt. Er dient als Statussymbol und ist ein Prestigeobjekt, das ein Jahrhundert nach Wallace über eine Million Paradiesvögel das Leben gekostet haben dürfte und inzwischen das Überleben der meisten ihrer Arten trotz formalen Schutzes ernstlich gefährdet.

Von Wokan nach Wanumbai: Bei seinem Abstecher auf die Insel Wokan gelingt es Wallace im März 1857 noch am selben Tag, sogar ein zweites Männchen des Königs-Paradiesvogels zur Strecke zu bringen, *»mit gleich vollkommenem Gefieder«*. Er ist hochbeglückt, denn bis dahin sind von *Cicinnurus regis*, dem Kleinsten unter den Paradiesvögeln, keine wirklich gut erhaltenen Exemplare je nach Europa gelangt. Meist werden sie über viele Zwischenhändler weitergegeben, was ihr Gefieder erheblich leiden lässt. Die von Wallace auf Aru selbst erbeuteten Exemplare sind dagegen absolut perfekt. Zudem kann Wallace seinen *Cicinnurus* erstmals sogar lebend einige Zeit beobachten. *»Er besucht die niederen Bäume des weniger dichten Waldes, ist sehr lebhaft, fliegt mit kräftigem Flug und einem schwirrenden Geräusch und hüpft und flattert unablässig von Zweig zu Zweig. Er ißt Früchte mit harten Steinen so groß wie eine Stachelbeere und schlägt mit seinen Flügeln, wobei er die schönen Fächer, mit denen seine Brust geziert ist, erhebt und ausbreitet.«*

Wallace fühlt sich privilegiert, diesen *»vollkommenen kleinen Organismus«* angeschaut zu haben und zu besitzen. Bescheiden fügt er hinzu, dass die Empfindungen eines Naturforschers angesichts solch einer Rarität zu beschreiben einer poetischeren Ader und literarischerer Fähigkeit bedürfe, als er sie besitze, *»wenn sie vollkommen zum Ausdruck gelangen sollen«*. Dann aber versucht er sich doch daran: *»Ich dachte an die lange vergangenen Zeiten, während welcher die aufeinanderfolgenden Generationen dieses kleinen Geschöpfes ihre Entwicklung durchliefen – Jahr auf Jahr zur Welt gebracht wurden, lebten und starben, und alles in diesen dunklen, düsteren Wäldern, ohne dass ein intelligentes Auge ihre Lieblichkeit erspähte – eine üppige Verschwendung von Schönheit. Solche Gedanken wecken eine melancholische Stimmung.«* Als Wallace Jahre nach seiner Rückkehr aus dem Malayischen Archipel seinen Reisebericht verfasst, reflektiert er in Erinnerung an den kaum drosselgroßen Paradiesvogel auf eine Weise, die ihn uns heute als seiner Zeit um wenigstens ein Jahrhundert voraus ausweist. *»Auf der einen Seite erscheint es traurig, dass so außerordentlich schöne Geschöpfe ihr Leben ausleben und ihre Reize entfalten nur in diesen wilden, ungastlichen Gegenden, welche für Jahrhunderte zu hoffnungsloser Barbarei verurteilt sind; während es auf der anderen Seite, wenn zivilisierte Menschen jemals diese fremden Länder erreichen und moralisches, intellektuelles und physisches Licht in die Schlupfwinkel dieser Urwälder tragen, sicher ist, dass sie die in schönem Gleichgewicht stehenden Beziehungen der organischen Schöpfung zur unorganischen stören werden, sodass diese Lebensformen, deren wunderbaren Bau und deren Schönheit der Mensch allein imstande ist zu schätzen und sich ihrer zu erfreuen, verschwinden und schließlich aussterben. Diese Betrachtung muss uns doch lehren, dass alle lebenden Wesen nicht für den Menschen geschaffen wurden.«* Was für ein einsichtsvolles Fazit, welcher Weitblick und welche Ahnung des zerstörerischen Tuns des Menschen!

Diese Passage aus Wallace' Bericht über die erlesenen und so verletzlichen Vögel gehört in geradezu ikonographischer Weise zu den frühesten Vorboten eines Umweltbewusstseins. Vom zierlichen Vogel streifen seine Überlegungen zum fragilen Ökosystem tropischer Regenwälder; und er formuliert, was wir am Beginn des 21. Jahrhunderts nicht anders ausdrücken würden. Dabei steht die Passage auf kuriose Weise im Widerspruch zu jenem Grund, der Wallace auf die Aru-Inseln führte: um Paradiesvögel für Sammler und Museen in Europa zu erbeuten. *»Freuen Sie sich mit mir, denn ich habe bekommen, was ich bei meinem Besuch auf Aru suchte. Ich habe die Paradiesvögel!«*, meldet er triumphierend seinem Agenten Samuel Stevens. *»Ich glaube, ich bin der einzige Engländer, der jemals selbst Paradiesvögel geschossen und abgebalgt, überdies auch gegessen hat«*, so Wallace weiter; *»der erste lebende Europäer, der das auf eigenes Risiko und eigene Kosten unternommen hat.«* Die exotischen Paradiesvögel sind auch für ihn der große Preis.

Tatsächlich bringen ihm seine gut erhaltenen Exemplare nicht eben wenig ein. Aber auch sie erstmals lebend zu beobachten, ist ihm wichtig: *»Ich habe ihre Balztänze gesehen, bei denen sie ihr Gefieder zur Schau stellen; und ich glaube, das ist durchaus eine neue Beobachtung. Sie sind dabei so wunderschön und großartig. Wenn sie erst richtig in ihrer dabei eingenommenen Pose präpariert sind, werden sie der Stolz jeder Sammlung sein – und jeder Naturalienpräparator wird sie haben wollen.«* Wallace schätzt den Markt richtig ein – und befeuert ihn noch, als er kurz nach seiner Rückkehr im Mai 1862 für die Verhandlungen der Zoological Society in London einen ausführlichen Bericht verfasst über seine Suche und Beobachtung der Paradiesvögel am Rand des indo-australischen Archipels. In seinem Reisebericht wird er einige Jahre später den Paradiesvögeln sogar ein eigenes Kapitel widmen. Ausführlich berichtet er dort auch von der Balz des Großen Paradiesvogels, die er auf den Aru-Inseln aus unmittelbarer Nähe erlebt. Diese Balz ist ein echtes Spektakel. Denn um ihrer Fortpflanzung willen müssen sich die Männchen von *Paradisaea apoda* ordentlich ins Zeug legen. *»Ihre Stimme ist sehr außergewöhnlich«*, notiert Wallace. *»Früh morgens, ehe die Sonne aufgeht, hören wir einen lauten Ruf wie: ›Wawk – wawk – wawk, wok – wok – wok‹, welcher durch den Wald widerhallt und jeden Augenblick von einer anderen Seite ertönt.«* Er beobachtet, wie sich stets mehrere Männchen auf einem bestimmten hohen Waldbaum einfinden und mit immer lauter und schneller werdenden Rufen ihre Anwesenheit verkünden. Ihr prächtiges Gefieder ist keineswegs nur eine spielerische Laune der Natur; vielmehr setzen die Paradiesvögel ihren bunten und bizarren Federschmuck – ähnlich wie der Rad schlagende Pfau – gezielt ein, um bei solchen *»Tanzgesellschaften«* – oder *»sacaleli«*, wie die Einheimischen es hier nennen – ein Weibchen zu bezirzen, das sich bald am Balzplatz der etwa ein Dutzend bis zwanzig Männchen einfindet. Was diese erst recht antreibt, unter ständigem Rufen wild im Geäst hin und her zu springen und flügelschlagend und -zitternd ihr prachtvolles, orangerotes Gefieder in Szene zu setzen, *»sodass der ganze Baum mit wallendem Gefieder in großer Mannigfaltigkeit der Stellung und Bewegung gefüllt ist«*; bis sich das Weibchen dann für eines von ihnen entscheidet. *»Wenn man den Paradiesvogel in dieser Stellung sieht, so verdient er wirklich seinen Namen und muss zu den schönsten und wundervollsten Lebensformen gerechnet werden.«* Viele Jahre später, als Darwin seine Theorie von der allgegenwärtigen Damenwahl im Tierreich und sexuellen Selektion vorschlägt, die er der natürlichen Auslese zur Seite stellt, wird sich Wallace an diese Szene balzender Paradiesvögel im Wald der Aru-Inseln erinnern; ohne der Idee wählerischer Weibchen allerdings zeit seines Lebens etwas abgewinnen zu können – worin er sich freilich irrt.

Auf Wokan gelingt es Wallace zunächst nur, aus der im dichten Wipfel verborgenen Balzgruppe ein junges Exemplar herunterzuschießen, *»ganz von reich chocoladenbrauner Farbe, ohne die metallisch grüne Kehle und die gelben Federn des ausgewachsenen Vogels«*. Die Eingeborenen wissen, dass es noch einige Wochen dauern wird, bis die Paradiesvögel in voller Paarungsstimmung auch ihr prächtiges Balzgefieder bekommen. Wallace will diese Zeit nutzen, um noch weiter ins Innere der Aru-Inseln vorzudringen. Zwar sind seine einheimischen Bootsleute, die sich weiter vor Piraten fürchten, alles andere als begeistert von dem Plan; doch nach erneutem Überreden und bei günstigen Meeresströmungen und Winden fahren sie einige Tage später in den Watelai-Kanal ein. Dieser habe *»ganz den Anblick eines Flusses etwa von der Breite der Themse bei London«*, so Wallace, und trenne die nördliche

Insel Wokan von der großen Insel Maikar. Wir wollen hier die tagelangen Abenteuer dieser Fahrt überspringen, die Wallace und seine Mannschaft erleben, bevor sie landeinwärts in dem Dörfchen Wanumbai ankommen, »*aus zwei großen von Plantagen umgebenen Häusern bestehend, mitten im Urwald von Aru gelegen*«; auch die Einzelheiten seines Aufenthalts in Wanumbai müssen wir auf ein anderes Mal verschieben. Nur so viel sei gesagt, dass die Stimmen vieler Vögel und der Anblick bunter Schmetterlinge Wallace die besten Aussichten auf weitere Jagderfolge versprechen; so bleibt er, wenngleich unter recht abenteuerlichen Lebens- und Wohnumständen, für sechs Wochen in diesem abgelegenen Flecken. Dabei leidet er unter den Stechmücken ebenso wie an den Folgen der Stiche von Sandfliegen, die seinen Körper zuvor auf Wokan malträtierten und jetzt vor allem an seinen Füßen und Knöcheln eiternde Wunden und entzündete Geschwüre verursachen.

In Wanumbai bringen seine jagdkundigen Helfer ihm schließlich nicht nur die ersehnten ausgefärbten Großen Paradiesvögel; auch eine ganze Reihe weiterer, ihm bisher unbekannter Vogelarten erhält er; darunter Erddrosseln der Gattung *Pitta,* die mit den Eisvögeln verwandten Kaiserlieste der Gattung *Tanysiptera* und andere phantastische Geschöpfe, die jedes sein Herz höher schlagen lassen; außerdem viele Insekten, vor allem Schmetterlinge und Käfer, aber auch Weichtiere von Land und aus dem Meer. Vor allem ist darunter endlich auch ein *Cuscus maculatus* genanntes Beuteltier der Papua-Region, von dem Wallace nach einigen Verhandlungen mit demjenigen, der es erlegte, das Fell überlassen wird, während der Eigentümer den Körper zum Abendessen röstet – und damit der Wissenschaft entzieht. Später sieht Wallace sogar ein junges, hübsches Känguru, das in den Wäldern Arus gefangen wurde und einige Zeit beinahe zahm bei ihnen lebt.

Zurück nach Celebes: Beinahe jeder Tag auf Aru fördert neue und unerwartete Schätze ans Tageslicht; doch Anfang Mai hält Wallace es wegen seiner Geschwüre an den Füßen nicht mehr länger aus. Zudem sind seine Vorräte erschöpft und die Jagd wird immer weniger ergiebig. So kehrt er nach Dobbo an die Westküste Arus zurück, wo er noch einige Wochen auf die Abfahrt der Prau des Herrn Warzbergen warten wird. Die Zeit ist angefüllt mit notwendigen Arbeiten, die jetzt zu erledigen sind, um die vielen Sammlungsstücke ordentlich zu untersuchen, zu vergleichen, zu versorgen und für die Reise und den Transport nach London zu verpacken.

Am 2. Juli 1857 dann segeln sie mit dem aufkommenden starken Ostmonsun nach Celebes zurück, wo Wallace nach nicht einmal zehn Tagen wieder in Makassar landet. Er ist glücklich und froh; rückblickend erkennt er, welche wichtige Etappe hinter ihm liegt. *»Ich hatte die Bekanntschaft einer fremdartigen und wenig bekannten Menschengruppe gemacht. Ich war mit den Händlern des fernen Ostens vertraut geworden; ich hatte in den Freuden geschwelgt, eine neue Fauna und Flora, eine der bemerkenswertesten und schönsten und am wenigsten bekannten der Erde, zu erforschen; und es war der Hauptzweck meiner Reise erreicht – schöne Exemplare des prächtigen Paradiesvogels zu bekommen und sie in ihren heimischen Wäldern zu beobachten.«*

Für die Bugis von Celebes und die Händler von Makassar ist die jährliche Fahrt zu den abgelegenen Aru-Inseln eine wilde und romantische Expedition; wer sie unternimmt und erfolgreich zurückkehrt, wähnt sich wie von einer Pilgerfahrt kommend. Für Wallace ist es der wichtigste Meilenstein seiner ganzen achtjährigen Unternehmung in Asien; zudem ein *»capital sport«*, ein kapitales Vergnügen und die gewinnbringendste Zeit aus mehreren Gründen. *»Meine Expedition zu den Aru-Inseln war außerordentlich erfolgreich. ... Und es ist bis heute dieser Teil meiner Reisen, auf den ich mit der vollkommensten Befriedigung zurückblicke«*, so schließt er später dieses Kapitel seines Reiseberichts. Kein Wunder, denn trotz des wechselhaften Wetters, seiner zerstochenen Füße und anderer Krankheiten, die ihn tage- und wochenlang an das Haus fesseln, *»nahm ich doch mehr als neuntausend Exemplare von Naturgegenständen aus ungefähr sechzehnhundert verschiedenen Arten mit mir fort«*. Wohlgemerkt, in Zahlen: 9000 Tiere von 1600 Arten – Königs-Paradiesvögel und Papageien, Schnäpper, Schwalben und

Würger, Erddrosseln und Tauben, dazu Kakadus, Kasuare und den Kuskus sowie Eidechsen und Schnecken und wenigstens 1360 Arten von Insekten, davon allein beinahe 600 Käfer und mehr als 200 Schmetterlinge, wie Wallace akribisch verzeichnet. Es ist kaum zu glauben, was ihm da gelungen ist; und er kann sich buchstäblich reich schätzen. Die gesamte Ausbeute, voll mit Raritäten und exquisiten Stücken, dürfte wenigstens 500 Pfund wert sein, überschlägt er. Nachdem er die Kisten mit der Aru-Sammlung an Stevens in London verschickt hat, verkauft dieser sie dort für das Doppelte – schätzungsweise 75 000 Euro nach heutigem Wert.

Gewinnbringend aber ist Aru nicht nur wegen der vielen Vogelbälge und der zahlreichen aufgespießten Schmetterlinge. Der Verkauf seines Aru-Materials erlaubt es Wallace auch, weitere fünf Jahre im indo-australischen Archipel zu bleiben und noch andere Inseln zu bereisen – weitere entscheidende Stationen auf seiner Reise zur Erkenntnis über das Geheimnis der Arten. Was Wallace jedoch in seinem späteren persönlich gefärbten Reisebericht nicht direkt erwähnt, ist vielleicht das wichtigste Ergebnis dieses Abstechers ans Ende des Archipels: Wie die vielen Eindrücke und Erfahrungen der Aru-Expedition in seinem Kopf zur Erkenntnis reifen, wie entscheidend die zahllosen Befunde und Beobachtungen für sein Denken in den folgenden Monaten werden. Denn ohne dass er es selbst realisiert, fügt die Reise zu den Aru-Inseln seinen theoretischen Arbeiten entscheidende Grundlagen hinzu. An die Abfassung dieser Arbeiten wird er sich unmittelbar nach seiner Rückkehr in Makassar machen. In schneller Folge formuliert Wallace hier wichtige Aufsätze, allen voran jenen über die Naturgeschichte der Aru-Inseln. Nachdem er sie an renommierte Fachjournale in London verschickt hat, erscheinen sie in den folgenden Monaten des Jahres 1857 und im schicksalhaften Jahr 1858. Darin lässt sich bis heute nachlesen, wie sich seine Theorie zum Ursprung der Arten schrittweise entwickelt – gleichsam wie von Insel zu Insel weiter nach Antworten suchend. Arten sind keineswegs konstant und jeweils vollständig unabhängige Schöpfungen, so ist Wallace inzwischen überzeugt; vielmehr entstehen neue Spezies allmählich – und jeweils in nächster Verwandtschaft zu bereits existierenden Arten. Und: was für die Entstehung von Tieren gilt, das gilt auch für den Ursprung des Menschen; daran besteht für Wallace kein Zweifel mehr. Als er kurz darauf von Makassar nach Ternate aufbricht, fehlt nur noch ein einziges entscheidendes Puzzleteil: Welches Prinzip treibt diesen Entstehungsprozess der Arten an?

Die Reise zu den Aru-Inseln ist wahrlich ein Markstein, der ganz wesentlich zur Geburt der modernen Biologie beiträgt. Zwar hat Wallace auf Aru kein einzelnes Aha-Erlebnis, keinen jener Heureka-Momente, wie ihn eine legendenbildende Geschichtsschreibung vielleicht gern inszeniert sähe. Die neue Erkenntnis infiltriert sein Denken vielmehr allmählich, verdankt sich einer akkumulierenden Fülle einzelner Fakten und Befunde, die sich zu einem immer klarer erkennbaren Ganzen formt – einem theoretischen Gedankengebäude, für das die Tierwelt und Natur der Aru-Inseln einige der wichtigsten Bausteine liefern. Als Wallace die Inseln am Rande des Archipels verlässt, hat er eine Idee und eine Mission. Er wird sie bei der nächsten Gelegenheit umsetzen, während des schicksalhaften Besuchs der Gewürzinsel Ternate sechs Monate später und in Form eines Manuskripts, das erst Charles Darwin in England und dann die Welt erschüttert – jenes heute verschollene Manuskript, das Wallace zum Mitentdecker der Theorie von der gemeinsamen Abstammung der Arten durch natürliche Auslese werden lässt. Sein Wettlauf mit Darwin indes hat lange vor der Aru-Episode begonnen – und Wallace kam nicht unvorbereitet.

Anfänge –
Die Evolution eines Evolutionisten

(1823–1848)

Eines der Missverständnisse um Alfred Russel Wallace beginnt bereits bei seiner Geburt und Familie. Doch muss man wohl standesbewusster Brite sein, um jenen hauchdünnen Grat zwischen *»lower middle class«* und *»upper lower class«* verlässlich ausmachen zu können, den einige seiner britischen Biographen betonen. Uns erinnert dies einmal mehr an die von Jane Austen ebenso meisterhaft wie beklemmend beschriebenen, zudem von ihr selbst auch gelebten Verhältnisse im damaligen England, als die georgianische Epoche zu Ende geht, es zu politischen wie sozialen Umbrüchen kommt, aber das ruhmreiche viktorianische Zeitalter erst noch anbrechen soll. In einer Gesellschaft, in der, wer auf sich hält, den Tee aus Porzellan trinkt, das man natürlich bei Wedgewood in London erstanden hat, und die schwarzen Teeblätter ausschließlich bei Twinings ordert; in einer solchen Gesellschaft entscheiden, kein Zweifel, Geburtsstand und Klassenzugehörigkeit über alles oder nichts im Leben. Wie Charles Darwin ist auch Wallace ein Kind einer Zeit, als das kultivierte Bürgertum, dem beide gleichermaßen entstammen, die Nähe zum aristokratischen Müßiggang sucht; in der Schnabelform und Dekor einer bei der *»tea time«* zum Einsatz kommenden Teekanne untrügliche Zeichen nicht nur für Lebensstil sind, sondern Auskunft darüber geben, welcher fein lamellierten Schicht der Gesellschaft der Teetrinker angehört.

Andere Autoren auf der Suche nach Wallace' Herkunft, zumal wenn sie jenseits des Ärmelkanals oder gar Atlantiks weniger sensibel auf Klassenunterschiede achten, begnügen sich mit dem Hinweis darauf, dass unser Held der Geschichte aus einer gebildeten Mittelklasse-Familie stammt, mit der es finanziell bergab geht. Eine *»middle-class family in decline and of modest means«* haben britische Historiker das dezent genannt oder es als *»genteel poverty«* bezeichnet, so etwas wie vornehme Verarmung. In jedem Fall sei Wallace' Familie *»unremarkable«*, nicht weiter bemerkenswert. Für andere wiederum ist die Standeszugehörigkeit nicht eine Frage des Vermögens und Einkommens, vielmehr eine Frage der sozialen Identität. Ob in einer Familie Bücher und Klavier zu finden sind und auch benutzt werden oder wie man mit Messer und Gabel umgeht, sagt auch damals mehr aus als nur Geld. Wie auch immer; wichtig für uns ist festzuhalten, dass Wallace nicht einer einfachen Familie der damaligen Arbeiterklasse, sondern einer beinahe gänzlich mittellosen Familie der unteren Mittelschicht angehört. Was für ihn wohl nur wenig tröstlicher gewesen sein dürfte. Wichtig auch, dass zwischen Darwin und Wallace keineswegs soziale Welten liegen, wie oft fälschlich kolportiert wird. Wenn es darum geht, spätere Ereignisse besser zu verstehen, ist der Umstand von Bedeutung, dass Wallace' familiärer Hintergrund ihm durchaus zu einem passablen Start verhilft; wenngleich nicht in einer derart privilegierten Position wie der vierzehn Jahre vor ihm in eine wohlhabende Arztfamilie hineingeborene Charles Darwin.

Alfred Russel Wallace kommt am 8. Januar 1823 in Usk zur Welt, einem Dörfchen in der Grafschaft Monmouthshire, ganz im Westen Englands im ländlichen Wales gelegen. Sein Vater Thomas Vere Wallace ist schottischer Abstammung. Einer unbestätigten Familienlegende nach sollen seine Vorfahren angeblich sogar bis zum berühmten William Wallace zurückgehen – dem Freiheitskämpfer und Volkshelden, der die Schotten Ende des 14. Jahrhunderts zum Widerstand gegen den englischen König Edward I. aufrief (sein Leben diente als Vorlage für den wenig faktentreuen, aber dramatischen Spielfilm *»Braveheart«*, mit Mel Gibson in der

Titelrolle). Nun, Thomas Vere Wallace ist friedlicher, zudem bei einem Anwalt zum Rechtsberater ausgebildet; er praktiziert aber nicht. Er liebt weder seinen Beruf noch überhaupt stetes Arbeiten, sondern lebt von einem kleinen ererbten Vermögen, das ihm zunächst durchaus Zinsen einbringt. Von regem Geist, geschichtlich und künstlerisch interessiert, frönt Thomas Vere Wallace meist dem Müßiggang, den er erst beendet, als er seine spätere Frau kennenlernt. Alfreds Mutter, Mary Anne Greenell, entstammt einer respektablen Familie, alteingesessen in Hertford, in der Grafschaft Hertfordshire nahe London, wo ihr Urgroßvater mütterlicherseits zweimal Bürgermeister war. Mary Anne und Thomas Vere heiraten 1807; sie haben in regelmäßiger Folge fünf Töchter und vier Söhne. Alfred Russel Wallace ist das achte der neun Kinder – durchaus nicht ungewöhnlich damals, ebenso wenig wie die Tatsache, dass von diesen nur drei überhaupt bis zum Erwachsenenalter überleben. Nur Alfred soll, ähnlich wie seine Schwester Fanny (die 81 Jahre alt wird), mit seinen 91 Jahren ein nicht nur für die damalige Zeit ungewöhnlich hohes Alter erreichen.

Bei Alfreds Geburt hat sich die ökonomische Lage der Familie bereits erheblich verschlechtert. Weil er die Einnahmen seines privaten Vermögens als nicht hinreichend empfindet, lässt sich Thomas Vere Wallace zu gewagten finanziellen Unternehmungen überreden, die ihn und die Familie immer mehr in Schwierigkeiten bringen, als sie fehlschlagen. So gibt er etwa ein Literatur- und Kunstmagazin heraus, in das er beinahe sein gesamtes Geld steckt. Doch es wird alles andere als ein kommerzieller Erfolg; er verliert dadurch einen großen Teil seines Besitzes. Mit seiner wachsenden Familie ist er nun von London nach Usk in Wales gezogen, weil sich an kaum einem anderen Ort so günstig leben lässt. Usk befindet sich am Ostufer des gleichnamigen Flusses; auf der Westseite liegt Kensington Cottage, in dem Alfred geboren wird. Von dort führt die Straße südlich nach Llanbadoc, zur Kirche, in der Wallace am 16. Februar 1823 getauft wird, wie die Bücher vermerken. Und in diesen geht wohl jenes zweite »l« in Wallace' Mittelnamen verloren, das ein entfernter Verwandter mütterlicherseits einst noch aufzuweisen hatte. Denn nach ihm, einem gewissen

Richard Russell – diesmal mit doppeltem »l« –, wird Alfred benannt; einem Esquire oder hochwohlgeborenem Angehörigen des niederen Adels immerhin, wie Wallace später erwähnt (lesen wir da Stolz nur hinein?). Nur führt eben ein unerkannt gebliebener Schreibfehler in der Registratur von Usk dazu, dass wir ihn als Alfred Russel – mit nur einem »l« – kennen.

An seine Eltern und Familie, aber auch an andere Verwandte, so schreibt Wallace am Ende seines Lebens in seiner Autobiographie, habe er kaum mehr als vage Erinnerungen; wohl aber eine sehr plastische an die walisische Landschaft seiner Kindheit. So erinnert sich Wallace sein Leben lang an den reizvollen Weg, nicht mehr als eine Viertelmeile, der ihn über die dreiteilige Bogenbrücke in den Ort Usk führt. Schaut er den Fluss hinauf, kann er in der Ferne die Berge nahe Abergavenny, zehn Meilen entfernt, ahnen. Dort, so hat er gehört, beginnt das eigentliche Land der Waliser. In Usk sprechen die meisten Menschen eine andere Sprache als er, der englische Sprössling: das Walisische oder Kymrische – ein urkeltischer Dialekt in jedem Fall. Und da Wallace vergleichsweise hochgewachsen ist, vor allem langes flachsblondes Haar hat, nennen seine walisischen Nachbarn ihn *»little Saxon«*, den kleinen (sprich: jüngsten) Sachsen; als sei er ein direkter Nachfahre jenes germanischen Volkes aus der norddeutschen Tiefebene, das einst im Mittelalter auf die britischen Inseln kam und sich dort neben Kelten und Angeln niederließ. Hat sich bereits damals in Usk, im Grenzland zwischen Angelsachsen und Walisern, beim kindlichen Wallace ein feines Gespür für die Verschiedenheit menschlicher Volksgruppen und ihre unterschiedliche geographische Herkunft ausgeprägt? Ein Gespür, das ihn so viele Jahre später im indo-australischen Archipel bemerken lässt, wie Malaien und Papuas entlang einer unsichtbaren Linie miteinander in Verbindung treten.

Was sicher ist: Wallace' walisische Kindheit findet weitgehend im Freien statt. Er verbringt die meiste Zeit des Tages entweder im großen Garten, in dem sein Vater selbst Gemüse und Obst für die wachsende Familie anbaut, entlang der Ufer des schnell fließenden Flusses Usk oder aber in den umliegenden Feldern und Wäldern. Im Fluss fangen sie kleine Fische, aalähnliche Neunaugen vor allem, die es dort offenbar massenhaft gibt und die sie gern essen. Die Kinder-Idylle endet, als Wallace kaum fünf Jahre alt ist und die vielköpfige Familie nach Hertford nördlich von London zieht. Nach dem Tod von Mary Annes Stiefmutter haben Wallace' Eltern, die weiterhin kaum wissen, wie sie genug Geld fürs Leben zusammenbekommen sollen, im Geburtsort der Mutter Aussicht auf ein bescheidenes Vermächtnis. Viermal wird die Familie in den kommenden Jahren in Hertford selbst umziehen; die Ruhelosigkeit in Wallace' Leben beginnt. Unauslöschlich in Erinnerung bleibt ihm indes, wie er kaum angekommen gleich am nächsten Morgen einen etwa gleichaltrigen Jungen kennenlernt, der ihm ein lebenslanger Freund sein wird. George Silk lugt neugierig über die Mauer, die den Garten der Häuser beider Familien trennt, und fragt: *»Hallo! Wer bist du?«* Er ist dazu auf die Mauer geklettert; Wallace tut es ihm gleich und es wird beiden zur Gewohnheit, dort auf der Mauer gemeinsam zu sitzen oder auf einer Seite herabzuspringen, um gemeinsam zu spielen. Mit ihm und seinem Bruder geht Wallace hier auch auf die Hertford Grammar School, bis er vierzehn ist. Es wird die einzige Zeit seiner formalen Ausbildung bleiben; in einem einzigen Klassenzimmer mit Schülern aller Altersgruppen. Er lernt, wenngleich mit vielen Mühen, sechs Jahre lang Latein, eine gute Grundlage, und für zwei oder drei Jahre Französisch, sodass er später immerhin leichte Lektüre auch in dieser Sprache meistern kann. An den Unterricht in Geographie und Geschichte wird er später nur schmerzliche Erinnerungen haben; dagegen fällt ihm Mathematik leicht, vor allem euklidische Geometrie und Algebra. Aber mehr noch als in der Schule, an die er sich als lästig und langweilig erinnert, lernt er von seinem vier Jahre älteren Bruder John; gemeinsam machen sie in jungenhafter Verschwörung den Garten hinterm Haus und vor allem einen alten Stall samt Hängeboden zu ihrem Reich.

Zwar reicht das Geld der Eltern für keinerlei Extravaganzen oder Luxus, aber im Rückblick empfindet Wallace diese Zeit in Hertford als die glücklichste seiner nicht eben lange währenden Kindheit und Jugend, Jahre voller interessanter und wertvoller Erfahrungen. Über sein Elternhaus wird er später schreiben, es habe einen tiefen Eindruck bei ihm hinterlassen, dass es niemals ein rüdes, gar beleidigendes Wort oder Fluchen gab. Seine Eltern gehören der anglikanischen Kirche an. Als Kind besucht auch Wallace den Gottesdienst, doch der löst wenig religiöse Leidenschaft in ihm aus; eher findet er Gefallen an den leidenschaftlichen Hymnen. Tatsächlich ist auch für ihn der Kirchgang bald nicht mehr als ein soziales Ritual; später steht er religiösen Dingen eher skeptisch gegenüber, doch soll sich seine atheistische Haltung später ändern (Wallace ist in den 1840er-Jahren, mit Anfang zwanzig, im Kern seiner Überzeugung agnostisch; der Begriff indes wird erst 1869 eingeführt werden). Andere gesellschaftliche Tendenzen seiner Zeit, darunter insbesondere sozialistisches Denken und die Bildung der Massen, interessieren Alfred Russel Wallace wie auch seine Brüder William und John in dieser Zeit weitaus mehr als die Doktrinen der Kirche.

Statt Schule oder Kirche verdankt Wallace seine Erziehung eher der väterlichen Fürsorge. Thomas Vere Wallace hilft in der örtlichen Bibliothek und ist Mitglied eines Buchclubs, sodass die Familie immer mit Büchern versorgt ist. Alfred verbringt mit ihnen viel Zeit, wenn er nicht im Garten unterwegs ist oder dort seinem Vater hilft. Aufmerksam hört er diesem auch zu, wenn er seiner Familie allabendlich vorliest, aus einer breiten Palette damals gängiger und beliebter Bücher. Neben Klassikern, Lyrik und natürlich Bildergeschichten liebt Alfred – durchaus nicht ungewöhnlich – vor allem die Erzählungen von Reisen in ferne Länder (wer tat das in seinem Alter nicht?), angefangen bei *»Gullivers Reisen«* und *»Robinson Crusoe«* bis hin zu Mungo Parks Reisebericht. Tatsächlich erfahren wir aus seiner Autobiographie zwar recht detailliert von all jenen Spielen, die sie einst als Schüler in ihrer Freizeit spielten, kaum dagegen etwas über den Unterricht und was er in der Schule lernte. Dennoch können wir vermuten, dass Alfred Russel Wallace durchaus ein guter Schüler ist; denn in seinem letzten Schuljahr hilft er dabei, den Jüngeren Nachhilfe in Lesen, Schreiben und Arithmetik zu erteilen. Allerdings fühlt sich Wallace in dieser herausgehobenen Position mehr als nur unwohl; noch Jahrzehnte später, so erzählt er in der Autobiographie, habe er von dieser für ihn so unangenehmen Situation geträumt. Er ist als Jugendlicher noch schüchterner als im Erwachsenenalter. Immerhin kann er durch diese Form der Nachhilfe das Geld für seinen eigenen Schulunterricht verdienen, das der Vater sonst kaum mehr aufzubringen vermag. Zudem ist Alfred offenbar kein untalentierter Lehrer und legt hier wohl den Grundstein für seine spätere, erfolgreiche Tätigkeit als Lehrer; obgleich er sich dies damals in Hertford wohl kaum hat vorstellen können oder wollen.

Bis Ende 1836 verschlechtert sich die finanzielle Situation der Familie Wallace nochmals dramatisch. Thomas Vere Wallace ist in Gelddingen offenbar nicht nur gänzlich glücklos, sondern ohne jedes Gespür fürs Geschäft; ein Wesenszug, den Alfred Russel später meint geerbt zu haben. Den letzten Rest seines Vermögens vertraut der Vater einem entfernten Verwandten und zudem Anwalt an, der es in einer Reihe erfolgloser Anlagen und riskanter Geschäfte verspielt. Uns soll hier genügen, die Folgen dieser erneuten Fehlinvestitionen zu notieren. Denn nun müssen die Wallace-Kinder die Schule abbrechen und eine nützliche und vor allem einträgliche Tätigkeit ergreifen, mit der sie der Familie helfen können. So wird Alfreds Jugend, nach einer nur kurzen, aber durchaus glücklichen Kindheit, von einer Zeit des Umbruchs geprägt, in dem sich ganz England damals befindet. Der Wandel von einer bislang weitgehend landwirtschaftlich geprägten zu einer industrialisierten Gesellschaft, aber auch die Expansion im aufkommenden Britischen Empire erfasst vor allem die Arbeiter- und Mittelklasse. Zwar bieten sich auch neue Gelegenheiten, doch traditionelle Werte, basierend auf Ansehen und Vermögen der Familie sowie dem Geburtsrecht, schwanken, das soziale Gefüge wird insgesamt instabiler; Reichtum und Macht werden umverteilt. Zugleich werden mehr Menschen mit entsprechender Expertise und Kenntnis in den Naturwissenschaften benötigt, etwa um Waren und Güter zu produzieren, mit denen sich neue Märkte erschließen lassen. England ist im Aufbruch, und so auch Wallace.

Frühe Einsichten und Ansichten: Mitte März 1837 wird er nach London zu seinem älteren Bruder John geschickt. Der, inzwischen neunzehn, logiert bei einem kleinen Bauhandwerker, der ihn zur Ausbildung aufgenommen hat; Alfred wird bei ihm mitlernen und mitarbeiten. Die Abende verbringen sein Bruder und er meist in der »*Hall of Science*«, einer Art Abendschule nach Vorbild der im Land damals nicht seltenen »*Mechanics' Clubs*«. Dort gibt es Kaffee umsonst, Bücher und Zeitschriften und anregende Vorträge, um – wie wir heute sagen würden – bildungsfernen Schichten Wissen und Wissenschaft näherzubringen. Vor allem Arbeiter und Kleingewerbetreibende kommen hierher. Die Wallace-Brüder hören Tiraden, in denen gegen Privatbesitz und Religion gewettert wird. Hier erfährt Alfred auch von der damals ketzerischen Behauptung, alle Menschen seien gleich geboren und durch ihre Umwelt, insbesondere durch Bildung und Erziehung, beeinflussbar; eine Überzeugung, zu der er sich zeit seines Lebens bekennt. Diese Sicht wird damals insbesondere von dem britischen Sozialisten und Reformer Robert Owen und seinem Sohn Robert Dale Owen propagiert. Wallace schreibt später in seiner Autobiographie: »*Ich habe Owen immer als meinen ersten Lehrer gesehen, dem ich Einblicke in die menschliche Natur verdanke und der mich durch das Labyrinth der mit der Gesellschaft befassten Wissenschaften führte.*« Tatsächlich prägen Owens Ideen Wallace' spätere Ansichten in sozialen und philosophischen Belangen; sie bestärken auch seine Skepsis in religiösen Dingen.

Die wenigen Monate in London sind Alfreds erster Kontakt mit der rauen Wirklichkeit einer erschreckend schnell expandierenden Großstadt – und der nicht minder rauen Welt der Erwachsenen, die für viele vor allem bedeutet, sich das bisschen, was sie zum Leben brauchen, immerzu regelrecht erkämpfen zu müssen. Das kurze Londoner Intermezzo endet im Sommer 1837; der gerade einmal Vierzehnjährige folgt als Gehilfe seinem älteren Bruder William, der in Bedfordshire ein Landvermessungsbüro betreibt. Hier lernt der mathematisch talentierte Alfred die Grundbegriffe der Trigonometrie und das Handwerk der Landvermessung, mit dem er die kommenden Jahre sein Einkommen verdient. Dazu gehört natürlich auch das Kartenzeichnen, das er schnell beherrscht. Die mittels trigonometrischen Verfahrens praktizierte Anwendung der Mathematik begeistert Wallace, der Methoden schätzt, die ihm verlässlich Ergebnisse liefern; zugleich beginnt er, sich für Mechanik und Optik zu interessieren.

In den kommenden acht von zehn Jahren wird Wallace an ständig wechselnden Orten im Westen Englands und in Südwales als Landvermesser arbeiten. Diese werden damals allerorts nicht nur wegen der aufkommenden Eisenbahnspekulation gebraucht, bei der mehr prospektive Trassen eingemessen, als jemals Strecken tatsächlich gebaut werden. Auch ein neues Besteuerungssystem für Landbesitz, vom britischen Parlament 1835 beschlossen, verlangt nach exakten Grundstücksdaten als Berechnungsgrundlage. Es ist, wie Wallace bald begreift, ein ungerechtes Pachtsystem, abhängig vom Grund und dessen Produktivität; es macht die Reichen reicher, denn je mehr die Pächter auf ihrem Land arbeiten und je besser der Boden, desto mehr Pacht müssen sie an diese abführen. Die neuen Gesetze führen auch dazu, dass Farmland und Ländereien aufgeteilt und alte gemeinschaftliche Weidegründe nun von den einfachen Bauern gepachtet werden müssen. Es ist, so fluchen viele, eine Form *»legalisierten Raubes«* von den Armen zugunsten der Reichen. Wallace registriert diese staatlich sanktionierte Ungleichverteilung aufmerksam; sie wird ihn in späteren Jahren noch viel beschäftigen.

Zwischendurch, wenn sich keine Arbeit als Landvermesser findet, hält Wallace sich mit Gelegenheitsarbeit über Wasser, unter anderem als Aushilfe in dem kleinen Laden eines gewissen Mr Matthews in London. Doch sobald es geht, kehrt er wieder nach Wales zurück, wo er monatelang in der Nähe der Stadt Neath zuerst den Verlauf des Flusses für die Schifffahrt vermisst und anschließend Flächen entlang von dessen Mündung, wo Dockanlagen entstehen sollen. Schließlich begehren die Bauern im Südwesten der Inseln gegen das unfaire neue Pachtsystem der britischen Regierung auf; es kommt zum gewaltsam ausgetragenen Konflikt, bei dem die Armee einschreitet. Im Chaos des Aufstandes wird die weitere Landvermessung für Wochen und Monate nicht mehr möglich.

Neath ist ein kleiner Ort, nördlich von Swansea an der Südküste von Wales gelegen; gar nicht weit weg von seinem Geburtsort Usk. Die Region profitiert vom Bergbau in den Tälern rund um Neath. Doch für die beiden Brüder Wallace wird es immer wieder schwer, ein Auskommen als Landvermesser zu finden. Durch die erzwungene Untätigkeit hat Alfred oft mehr freie Zeit zur Hand, als ihm anfangs lieb sein kann. So versucht er sich zum einen in einer Rolle, die wir heute – etwas übertrieben vielleicht – als politischen Journalisten bezeichnen würden. Unter dem Eindruck der Ereignisse schreibt er Ende 1843 einen Aufsatz über die »*South Wales Farmer*«; dieser wird zwar damals nicht publiziert, er dient Wallace aber als kleine Fingerübung und erster schriftstellerischer Versuch (den er erst sehr viel später in seiner Autobiographie veröffentlichen wird). Zum anderen entdeckt Wallace gleich mehrere Naturwissenschaften als Betätigung für sich, zuerst und jede auf ihre Weise durchaus naheliegend die Geologie, Botanik und Astronomie.

Erste Anfänge als Naturforscher: Als Vermesser ist Wallace meist das ganze Jahr lang über Land unterwegs, arbeitet bei Sonnenschein und jedem Wind und Wetter im Freien. Er liebt diese Art des ungebundenen Lebens, das ihm seit seinen Kindertagen zur zweiten Natur geworden ist. »*Es ist äußerst reizvoll, an einem strahlenden Sommertag kreuz und quer durch die offene Feldflur zu streifen und die Schönheit der Natur zu bewundern, die frische und reine Luft des Hochlandes zu atmen oder während der Mittagshitze an einem kleinen Bachlauf im Tal eine einfache Mahlzeit aus Brot und Käse zu genießen. Natürlich ist es weniger angenehm, an einem kalten Wintertag oben auf einer nackten Bergspitze, keine Hütte weit und breit, wenn Wind und Graupelschauer dich bis auf die Knochen auskühlen. Umso mehr aber liebt man dann die Abende. Wer den ganzen Tag im Haus ist, kann gar nicht ermessen, welches Vergnügen es dann bereitet, sich zum Abendessen zu setzen, begierig, alles auf dem Teller mit großem Heißhunger zu verspeisen.*« So schildert Wallace seinen Alltag in einem Brief an seinen Freund George Silk in Hertford.

Anfang der 1840er-Jahre, als Wallace vor allem in Wales arbeitet, beginnt er sich in seiner freien Zeit immer mehr für die Natur um ihn herum zu interessieren. Auf langen Spaziergängen über die Hochmoore und in den Bergen nimmt er erstmals bewusst die verschiedenen Oberflächenstrukturen der Erde wahr; und er will mehr über die Geologie seiner Heimat erfahren. In dieser Zeit, so haben Biographen rekonstruiert, dürfte er auch das grundlegende und wichtige Werk des britischen Geologen Charles Lyell gelesen haben. Dessen zweibändige Ausgabe der *»Principles of Geology«* beschäftigt sich mit den neuesten Erkenntnissen über geologische Erscheinungen. Darin zeigt Lyell in überzeugender Weise auf, dass sich diese durch heute noch wirkende Kräfte erklären lassen und keineswegs nur durch eine Theorie der Katastrophen, wie sie George Cuvier in Frankreich propagiert hat. Cuvier glaubt, das Leben auf der Erde sei mehrfach durch plötzliche und alles vernichtende Ereignisse ausgelöscht und anschließend neu erschaffen worden. Lyell dagegen ist überzeugt, dass sich die Erde allmählich und schrittweise wandelt, verursacht durch jene Ereignisse wie etwa Vulkanismus, Meeresspiegelschwankungen und die Entstehung von Gebirgen, deren Zeugnisse sich heute allerorts auf der Erde noch immer beobachten lassen. In diesem Zusammenhang diskutiert Lyell in seinem Werk auch die Theorie des französischen Naturforschers Jean-Baptiste de Lamarck zur allmählichen Veränderung von Arten. Lamarck brachte erstmals um 1800 die Idee einer solchen Evolution der Organismen auf. Deren geologische Grundlagen nimmt Lyell in seinem Buch zwar gründlich auseinander; zugleich aber schafft er mit seinen *»Prinzipien«* überhaupt erst die Voraussetzungen für die Denkmöglichkeit, dass es neben allmählichen geologischen Veränderungen auch zu einer schrittweisen Entwicklung des Lebens gekommen sein könnte. Charles Darwin hat während seiner Weltumsegelung mit der *»Beagle«* zwischen 1832 und 1836 beide Bände von Lyells epochalem Werk aufmerksam gelesen und verdankt dem britischen Geologen fundamentale Einsichten, die schließlich die Biologie revolutionieren werden. Jetzt, kaum ein Jahrzehnt später, ergeht es Wallace nicht anders; auch bei ihm wird Lyells Lehre bald auf fruchtbaren Boden fallen.

Die Geologie ist das eine, Botanik das andere. Gemeinsam mit seinem Bruder William quartiert sich Alfred 1841 zur Landvermessung einige Meilen nördlich von Neath bei einem Farmer ein. Sie bleiben dort für mehr als ein Jahr. Immer wenn ihm seine Arbeit Zeit dafür lässt, beginnt Wallace nun – er ist achtzehn – systematisch Pflanzen zu sammeln; er lernt, sie richtig zu trocknen, und auch, ein Herbarium anzulegen, das langsam anwächst und für ihn zu einem kleinen Schatz wird. *»Während meiner einsamen Wanderungen wurde ich erstmals auch aufmerksam gegenüber der Natur um mich, und wünschte, mehr über die zahlreichen Blumen, Büsche und Bäume zu wissen, denen ich täglich begegnete, für die ich aber nicht einmal die gebräuchlichen Namen kannte. Zu dieser Zeit wusste ich auch nicht, dass es eine Disziplin wie die systematische Botanik gibt und dass jedes noch so kleine Gras und unbedeutende Gewächs akkurat beschrieben und klassifiziert worden ist, geschweige denn, dass sogar ein Klassifikationssystem existiert, in dem jede der unzähligen Arten von Tieren und Pflanzen ihren Platz findet.«* Anfangs nur aus eher absichtsloser Liebhaberei versucht er, jene Pflanzen zu bestimmen, denen er bei seiner Arbeit begegnet. Bald hilft ihm ein populäres Bestimmungsbuch, jede Pflanze korrekt einer Familie zuzuordnen. Endlich hat er eine lösbare und konkrete Aufgabe für seine freien Stunden. Er erinnert sich noch lange später, wie viel Vergnügen und Trost er in der Vielfalt der Pflanzen und Insekten fand, die er bei seinen Streifzügen in der Natur entdeckte. *»Sie ließen etwas von den Geheimnissen ahnen, die sich hinter der Fülle der verschiedenen Lebensformen verbergen.«*

Bei Pflanzenzüchtern in der Stadt Swansea beeindruckt Wallace erstmals auch die bunte Pracht und Vielfalt von Orchideen; sie lassen ihn an Reisen in ferne Tropenländer denken. Später werden sie ihn tatsächlich auf seinen eigenen Reisen immer wieder faszinieren; jetzt in Wales sind sie allenfalls eine vage Andeutung zukünftiger Möglichkeiten. Später wird Wallace für seine Sammlungen und Beobachtungen an Schmetterlingen und Vögeln gerühmt werden; doch jetzt sind – wie bei so vielen Naturkundlern – auch bei ihm Pflanzen die erste Liebe. Sein Bruder William hält sein neues botanisches Hobby für reine Zeitverschwendung. Alfred aber erfährt dadurch früh »*jene Freude, die jede Entdeckung einer neuen Lebensform dem Naturliebhaber gibt, beinahe gleich jener Verzückung, die ich empfand, wenn ich später am Amazonas eine neue Schmetterlingsart fing, oder angesichts des beständigen Stromes neuer Arten von Vögeln, Käfern und Schmetterlingen in Borneo, den Molukken oder auf den Aru-Inseln*«. Noch aber ist Wallace Landvermesser in Neath.

Inzwischen beherrscht Wallace seine Profession derart gut, dass er nicht nur Mathematik, sondern auch grundlegende Prinzipien der Optik und Astronomie kennt, die er sich weitgehend im Selbststudium beibringt. Dass er eine rasche Auffassungsgabe für naturwissenschaftliche Zusammenhänge hat, ist auch ihm bewusst; dass er jedoch bereits zu dieser Zeit als Landvermesser erste Gehversuche auch als Naturforscher unternimmt, wie wir gleich sehen werden, haben Wissenschaftshistoriker erst unlängst als eine neue Facette seines Lebens entdeckt. Bemerkenswerter noch als die bloße Tatsache, dass er sich bereits in Neath an einem praktischen Problem der Astronomie versucht, ist, wie selbstbewusst und konsequent unser bislang eher schüchtern wirkender Wallace seine eigenen Überlegungen und Ansätze zur Lösung buchstäblich an den Mann bringt. Er führt uns dabei erstmals vor Augen, was wir später – an einer zentralen Stelle seiner Karriere als Forscher – wiedererkennen werden: Wallace wendet sich direkt und ohne jede Scheu an einen prominenten Wissenschaftler, um mit ihm eine Forschungsfrage zu diskutieren.

Erst vor wenigen Jahren entdeckte der amerikanische Wallace-Forscher Charles Smith einen bislang unpublizierten Brief, den Wallace etwa um 1841 an William Henry Fox Talbot geschrieben hat. Darin schlägt unser Landvermesser und Autodidakt ausführlich vor, wie sich Teleskopspiegel verbessern lassen. Talbot ist einer der führenden Gelehrten auf diesem Gebiet und hat frühe photographische Verfahren in der Astronomie entwickelt. Wallace' Brief an Talbot beschäftigt sich mit Feinheiten optischer

Gesetze, die der weiteren technischen Entwicklung der Photographie damals noch Probleme bereiten und für die sich Alfred Russel Wallace – unser späterer Weltreisender, Biologe und Biogeograph – kurzerhand einen Lösungsansatz überlegt hat. Wir wissen zwar nicht, ob Talbot ihm auf diesen Brief je geantwortet hat; aber offenbar hat er den Brief behalten, der unlängst eher zufällig entdeckt wurde. Hier also beweist der noch junge Wallace erstmals sichtbar so viel Selbstvertrauen in sich und seine theoretischen Überlegungen, dass er sie einem der Größen der damaligen Wissenschaft vorstellt. Später tritt uns Wallace auch aus seiner Autobiographie als jemand entgegen, der sich nicht vor dem Ruf und der Reputation eines anderen fürchtet; ihm geht es um die Tatsachen der Natur, nicht um Eitelkeit und Befindlichkeit eines Naturforschers. Jener Brief an Talbot ist mithin mehr als ein bloßes Kuriosum; wir haben in ihm eines der frühesten Zeugnisse von Wallace als sich entfaltender Forscher. Immerhin entsteht der Brief sieben Jahre, bevor Wallace seine erste längere Arbeit veröffentlichen wird. Und fünfzehn Jahre später wird er auf ganz ähnliche Weise eine Korrespondenz mit Charles Darwin zur Frage nach dem Ursprung der Arten beginnen.

Das Entscheidungsjahr 1844 und die Bibliothek in Leicester: Im April 1843 stirbt Alfreds Vater; endgültig zerfällt nun die Familie, als die Kinder in alle Richtungen auseinandergehen, um jedes für sich Arbeit zu finden. Bei William in Wales herrscht indes Auftragsmangel. Es sind die *»hungry forties«*; vor allem aber verhindern in diesem Jahr Aufstände der walisischen Bauern und die gewaltsame Antwort der britischen Regierung weitere Aufträge zur Landvermessung. Alfred bleibt für einige Zeit bei seinem Bruder John in London, doch auch dort findet er keine Arbeit. Nach einer erfolglosen Bewerbung als Lehrer – Wallace hat nur mehr erste Erfahrungen als nicht ganz freiwilliger Tutor jüngerer Schüler in Hertford – wird er 1844 Schullehrer an der Kollegiatschule in Leicester. Diese Privatschule wird von einem jungen Geistlichen, einem gewissen Reverend Abraham Hill, geleitet; der traut dem anfangs schüchternen und noch etwas unbeholfenen Alfred dennoch eine bescheidene Karriere als Lehrer zu und nimmt ihn in seinem Haus auf. Diese Tätigkeit in Leicester ist die einzige bezahlte Anstellung, die Wallace je in seinem Leben haben wird. Wallace unterrichtet, durchaus mit Erfolg, Lesen, Schreiben und Englisch für die unteren Klassen, auch Zeichnen für Anfänger; und er bringt einigen fortgeschrittenen Schülern Rechnen und Vermessen bei. Dazu muss er selbst allerdings mithilfe des Schulmeisters noch etwas Algebra und Trigonometrie lernen; im Integralrechnen ist er schnell an den Grenzen seiner Möglichkeiten und anfangs seinen Schülern nur wenig voraus.

In Leicester ergeht es ihm bestens, Reverend Hill und dessen Frau behandeln ihn gut; und wir könnten uns leicht ausmalen, wie er dort als zufriedener Lehrer ein Leben lang bleibt, ohne dass wir je etwas von diesem Alfred Russel Wallace gehört hätten. Doch es kommt anders. Später wird Wallace in seiner Autobiographie schreiben: *»Mein Jahr in Leicester muss vielleicht als das wichtigste in meinem frühen Leben angesehen werden.«* Und zum wichtigsten Ort in dieser Zeit wird die Stadtbibliothek von Leicester. Bibliotheken sind ohnehin geradezu magische Orte, wie jeder weiß, der sich einmal auf diese Bücherschatztruhen mit ihren Wissenswelten eingelassen hat. Für die Welt des jungen Wallace wird die Bibliothek in Leicester gewissermaßen zum zentralen Gravitationszentrum, seine Zeit dort schließlich zum Wendepunkt.

Überhaupt ist das Jahr 1844 so etwas wie das Schicksalsjahr der Evolutionstheorie, für ihre beiden Entdecker gleichermaßen. Im Örtchen Downe in der Grafschaft Kent, weiter im Südosten noch jenseits der großen Stadt London gelegen, arbeitet Charles Darwin in jenem Jahr an einem ersten handschriftlichen Entwurf seines Essays über die Entstehung von Arten. Beinahe alle Mosaikteilchen seiner Theorie hat er beisammen und bereits zwei Jahre zuvor auf knapp 35 mit Bleistift geschriebenen Manuskriptseiten eine erste grobe Fassung von der Theorie zur Entstehung der Arten entworfen. Jetzt im Sommer 1844 findet er endlich Zeit und Muße, daraus eine 230 Seiten umfassende ausführliche Darstellung zu entwickeln. Anstatt sie aber einem Verleger zur Veröffentlichung anzubieten, geschieht etwas Eigenartiges – etwas, das Historiker noch lange danach rätseln lassen wird. Darwin gibt den handschriftlichen Entwurf mit seinen vielen Änderungen und Ergänzungen dem Dorflehrer zur Abschrift, verpackt und verschnürt diesen bereits recht ausgereiften Essay seiner Artentheorie dann sorgfältig zum Paket – und legt es zur Seite; nicht allerdings, ohne das Manuskript noch mit einem Brief und testamentarischer Verfügung an seine Frau Emma zu versehen. Sie solle doch bitte im Fall seines vorzeitigen Todes – Darwin ist leicht hypochondrisch und rechnet zu dieser Zeit ständig damit, dass er nicht mehr lange leben wird – etwas Geld in die Hand nehmen und für die Herausgabe seiner *»Species-Theorie«*, wie er es nennt, sorgen. *»Wenn meine Theorie mit der Zeit auch nur von einem einzigen kompetenten Beurteiler angenommen wird, so wird dies ein beträchtlicher Fortschritt für die Wissenschaft sein«*, teilt er in diesem feierlichen und letzten Wunsch seiner Frau im Brief vom 5. Juli 1844 mit. Glücklicherweise muss Emma Darwin von seinem Vermächtnis keinen Gebrauch machen; wir wissen nicht einmal sicher, ob sie den Brief und frühen Essayentwurf je zu Gesicht bekommen hat. Tatsächlich tauchen beide erst wieder auf, als die Nachfahren nach Emma Darwins Tod 1896 Down House aufgeben und zufällig das Papierbündel finden. Es liegt wohlverwahrt, so müssen wir uns das vorstellen, mit einigem Gartengerät in einer holzverkleideten Abseite unter dem Aufgang zur Treppe, die auf der Gartenseite des Hauses innen zum oberen Stockwerk führt. Dieser Essay muss dort jahrzehntelang unbeschadet gelegen haben; er wird erst 1909, anlässlich Darwins Geburtstag, von dessen Sohn Francis publiziert. Was aber ist 1844 geschehen, das Darwin davon abhielt, bereits diesen ersten ausführlicheren Entwurf seiner Theorie zu veröffentlichen? Was immer es war, es ist von entscheidender Bedeutung für unsere Geschichte. Denn hätte Darwin bereits 1844 an die Öffentlichkeit gebracht, was er damals über die Entstehung von Arten wusste, wäre es nie zum Wettlauf mit Wallace gekommen. Und wer weiß, ob dieser dann jemals zur Suche nach der Lösung des großen Rätsels zuerst an den Amazonas und anschließend zum Archipel am Rande der Welt aufgebrochen wäre.

Statt Darwins Essay erscheint 1844 in England ein anderes Buch, von einem Autor, der lange anonym bleibt, dessen Werk aber für erhebliches Aufsehen sorgt; ein Buch mit dem etwas sperrigen Titel *»Vestiges of the Natural History of Creation«*; zu Deutsch so viel wie *»Spuren der Naturgeschichte der Schöpfung«*. Dieses Buch wird auch für Wallace in Leicester von zentraler Bedeutung sein, und wir müssen es uns gleich noch näher anschauen. Darwin ist über diese *»Vestiges«* des mysteriösen Autors aufs Höchste beunruhigt; und das keineswegs wegen der darin entwickelten Ideen und Spekulationen, die seinen eigenen im Kern gar nicht so fremd sind. Viele Fakten sind darin zwar oft fehlerhaft dargestellt, weshalb das ganze Buch von vielen Forschern in Bausch und Bogen abgelehnt wird; doch was für Darwin noch schwerer wiegt: Das Buch erregt die Gemüter vieler im damaligen England, die an Naturdingen und der Artenfrage interessiert sind; keine gute Zeit und allgemeine Stimmung also, so glaubt Darwin, um ausgerechnet jetzt mit einer weiteren Theorie zur Entstehung von Arten noch Öl ins Feuer des öffentlichen Furors zu gießen. Keine Frage: Gerade hier könnte man auch anders handeln; doch Darwin beschließt nun, dass weder seine theoretische Abhandlung noch die Zeit reif ist für eine Veröffentlichung seiner Ansichten. Und so verpackt er sein Manuskript und verstaut es. Dann widmet er sich erst dem Abschluss seiner geologischen Arbeiten, um sich für die nächsten acht Jahre derart in minutiöse zoologische Studien zu versenken, dass er – so könnte man beinahe denken – darüber jene Theorie vergisst, die doch die Naturforschung revolutionieren soll.

Wallace kennt Darwin zu diesem Zeitpunkt allenfalls vom Hörensagen; und nur als Verfasser eines Berichts von dessen Reise um die Welt auf einem Vermessungsschiff seiner Majestät. Darwins *»Voyage of the Beagle around the World«* hat auch bei Wallace einen tiefen Eindruck hinterlassen. Der Bericht, der erstmals 1839, knapp drei Jahre nach Darwins Rückkehr nach England, veröffentlicht wurde, verkauft sich gut; bald schon ist eine neue Auflage nötig, die 1845 erscheint und die die weiteste Verbreitung findet. Allerdings wissen Wissenschaftshistoriker bis heute nicht verlässlich, ob Wallace bereits die erste Auflage von Darwins Reisebericht liest (was durchaus denkbar und möglich wäre) oder erst in Leicester die zweite Auflage. Sicher ist, dass Wallace während seiner eigenen Reisen im Archipel dann stets ein Exemplar von Darwins 1845er-Ausgabe dabeihaben wird.

Was wir ebenfalls sicher wissen, ist, dass in dieser Zeit in Leicester noch ein weiteres Buch enormen Eindruck auf Wallace macht. Er liest Alexander von Humboldts *»Reise in die Äquinoktialregionen«;* jene Beschreibung einer Tropenreise, die mehr als eine Generation von Naturforschern inspiriert. Darwin beispielsweise wollte als junger Student in Cambridge eine Expedition nach Teneriffa unternehmen, wo Humboldt den Vulkanberg Teide bestiegen und von wo er erstmals eine auffällige Höhenzonierung der Pflanzen beschrieben hat. Später in den Anden, am Antisana und Chimborazo in Ecuador, fand Humboldt etwas ganz Ähnliches vor und dokumentierte dies gleichsam als *»Naturgemälde der Tropen«*, wie er es nennt. Auch unser junger Wallace, der seinen Humboldt in der gut ausgestatteten Bibliothek in Leicester entdeckt haben wird, ist begeistert vom deutschen Weltenwanderer aus Berlin – und träumt fortan von Abenteuern in tropischen Gefilden.

Weniger idyllisch ist dagegen das Bild, das ein gewisser Thomas Robert Malthus von der Welt zeichnet. Auch dessen Buch liest Wallace vermutlich in seiner Zeit in Leicester zum ersten Mal. Ähnlich wie bei Charles Darwin wird Malthus auch entscheidenden Einfluss auf Wallace' theoretische Überlegungen haben. Der Verfasser war Geistlicher und Historiker, vor allem aber gilt er als einer der Väter der Nationalökonomie. Mit seinem bereits 1798 erschienenen *»Essay on the Principle of Population«* hat er das Denken vieler Menschen beeinflusst; kein Wunder, seine Thesen sind drastisch genug. Malthus thematisierte erstmals den Zusammenhang von Zunahme der Bevölkerung und Produktion von Nahrungsmitteln; anders gesagt: von Überbevölkerung und Existenzkampf beim Menschen. Unter dem unmittelbaren Eindruck seiner Zeit meint er, Unfälle, Krankheiten, Kriege und Hungersnöte seien natürliche und notwendige Wachstumskontrollen der Menschheit, ohne die sie sich ansonsten einmal im Vierteljahrhundert verdoppeln würde. Als konservativer Nationalökonom wollte Malthus mit seinem Essay davor warnen, mittels Almosen und öffentlicher Unterstützung der Armen die zwangsläufigen Hungersnöte und Verteilungskämpfe, zu denen es in England damals kam, noch zu verschlimmern, da dadurch mehr Arme überlebten und sich vermehrten. Malthus' Schlussfolgerungen sind brutal, seine Empfehlungen zutiefst inhuman.

Noch ohne sich über die Implikationen seines eigenen Denkens völlig klar zu sein, schildert Malthus indes eindrücklich eines der Grundprinzipien der Natur, von ihm angewandt auf den Menschen. Es ist dies *»die dauernde Neigung der Lebewesen, sich über das Maß der vorhandenen Lebensmittel hinaus zu vermehren«*. Dabei ging es ihm gar nicht in erster Linie um ein Naturprinzip; als Volkswirtschaftler beschrieb er den Kampf um die Existenz beim Menschen vor allem, weil er sein Land auf die Gefahren der Überbevölkerung aufmerksam machen wollte und um eine Beschränkung der Kinderzahl zu fordern. Sein grundlegender Gedanken – dass jede Art zur starken Vermehrung tendiert, die größer ist als die Verfügbarkeit von Nahrung –, dieser Gedanke entfaltet dann im Herbst 1838 bei Charles Darwin seine ganze Sprengkraft. Der weiß zu diesem Zeitpunkt um den allgegenwärtigen Kampf ums Dasein in der Natur – *»all nature is at war«*; obgleich er sich Malthus' menschenverachtende Haltung nie zu eigen machen wird. Darwin weiß aber auch, dass sich bei den meisten Tieren selbst über lange Zeiträume hinweg die Anzahl der Individuen nicht verändert. Es muss also, so überlegt er, irgendeine kontrollierende Instanz geben – und so findet Darwin plötzlich in der natürlichen Selektion den lange gesuchten Schlüssel zur Lösung des Artenrätsels.

Wie Wallace selbst später berichtet, liest er im Jahr 1844 in Leicester ebenfalls Malthus' kleines Büchlein mit der großen Wirkung. Vierzehn Jahre danach wird er sich, weit entfernt am Ende des Archipels, ebenfalls daran erinnern und unabhängig von Darwin das Geheimnis der Arten auf ähnliche Weise erklären. Warum unser junger Wallace in der Bibliothek ausgerechnet zum Aufsatz von Malthus greift, ist nicht geklärt; es ist nicht einmal klar, ob es nur reiner Zufall war. Malthus' Essay ist jedenfalls *»das erste philosophische Werk, das ich jemals zu einem Problem der theoretischen Biologie las«*, bekennt Wallace; *»sein grundlegendes Prinzip aber blieb mir ständig gegenwärtig«*. Der amerikanische Wissenschaftshistoriker Frank Egerton glaubt, dass es letztlich Alexander von Humboldt gewesen sei, der Wallace auf Malthus aufmerksam gemacht haben könnte. In der Tat erwähnt Humboldt ihn erstmals in seiner *»Reise in die Äquinoktialregionen«* im Kapitel über die Kanarischen Inseln. Darin diskutiert er in seiner für ihn typischen, exakten und auf Zahlen versessenen Art Angaben zu den Einwohnern einzelner Inseln, aufgrund der er diesen Flecken Erde *»noch lange vom Übel der Überbevölkerung bewahrt«* sieht, *»deren Ursachen Malthus so sicher und scharfsinnig entwickelt hat«*. Später, auf der anderen Seite des Atlantiks, als Humboldt sich mit der Zunahme der Bevölkerung in den neuspanischen Besitzungen beschäftigt, erwähnt er Malthus noch ein zweites Mal, indes ebenso kursorisch und kurz. Wenn Egerton behauptet, dass Humboldt seinen Leser geradezu empfehle, Malthus zu lesen, so dürfte er in die erwähnten Textstellen in dessen Reisebericht bei Weitem zu viel hineinlesen.

Dagegen glaubt der britische Historiker James Moore, dass Wallace aus einem ganz bestimmten Grund Malthus las, in jedem Fall aber vor einem damals höchst aktuellen Hintergrund. In Wales brechen zu dieser Zeit mehrfach Aufstände und Unruhen aus, weil sich die Menschen gegen die großen Grundbesitzer und das sie knechtende System der Landpacht auflehnen. Den von Malthus beschriebenen Existenzkampf, der hier ein Kampf Arm gegen Reich ist, hat Wallace spätestens 1843 bei den walisischen Farmern mit eigenen Augen beobachten können. So wenig wie ihn dies unbeeindruckt lässt, und so wichtig die vielfältige Lektüre jetzt in der Bibliothek von Leicester für Wallace' Werdegang ist; folgenschwerer noch – auch für die Entwicklung einiger Bereiche der Biologie – ist eine Begegnung, zu der es dort im gleichen Jahr kommt.

Auftritt Henry Walter Bates: Über die genauen Umstände ihrer ersten Begegnung wissen wir kaum etwas; nur, dass Wallace in der

Bibliothek von Leicester um die Mitte des Jahres 1844 die Bekanntschaft eines jungen Kaufmannsgehilfen aus der Strumpfwarenbranche macht. Dessen Welt sind indes nicht Textilien allein. Henry Walter Bates, zwei Jahre jünger als Wallace und wie dieser ein naturkundlich interessierter Autodidakt, begeistert sich fürs Insektensammeln. Er ist es, der Wallace in die Wunderwelt der Käfer einführt; von ihm lernt Wallace die Grundbegriffe der Entomologie und Coleopterologie – und er erfährt dabei erstmals von einem bis dahin ungeahnten Phänomen: der biologischen Vielfalt. Als Bates seine Käfersammlung vorführt, lässt er Wallace schätzen, wie viele verschiedene Arten wohl rund um Leicester leben. Vielleicht fünfzig Arten? – versucht sich dieser etwas hilflos an einer Antwort. Bates zeigt ihm etwa tausend verschiedene Käfer, aufgespießt auf Nadeln, darunter viele bunt schillernder Laufkäfer – allesamt Arten, die er im Umkreis von zehn Meilen um Leicester gesammelt hat. Auch verblüfft Wallace, dass in einem damals beliebten Handbuch mehr als dreitausend Käferarten allein für die Britischen Inseln aufgeführt sind. Wenn selbst hier immer noch neue Arten entdeckt werden können, um wie vieles reicher müssen dann erst jene Regionen der Erde sein, in denen bisher kaum Käferforscher unterwegs waren? Und wie überrascht wäre Wallace wohl zu erfahren, dass wir heute von weit mehr als einer Million Käferarten weltweit ausgehen müssen.

Angesichts von Bates' britischen Käfern hat Wallace erstmals dieses große erhebende Gefühl der winzig kleinen Unterschiede, anhand derer sich einzelne Arten voneinander unterscheiden. Was Wallace hier beeindruckt, gehört zu den Grunderlebnissen all der Biologen, die dann bald nicht mehr vom systematischen Studium jener Vielfalt und Vielgestaltigkeit der Arten lassen können. Mögen andere vom unendlichen Reichtum der Natur bloß schwärmen, nur der echte Sammler und der Systematiker wird dieses Gefühl der Fülle und Vielfalt der Formen so tief empfinden und stets von ihm gefesselt.

Zwischen Wallace und Bates entwickelt sich in den kommenden Monaten und Jahren eine Freundschaft, die sie ihr Leben lang verbindet. Denn schnell fängt Wallace Feuer fürs Insektensammeln. Er verschafft sich eine Ausgabe von Stephens »*Manual of British Coleoptera*«, eines beliebten Handbuchs über britische Käfer, dazu Sammelgefäß, Insektennadeln, Papier für Etiketten und einen speziell vor Beschädigung schützenden Insektenkasten mit Glasdeckel, in dem er seine neuen Schätze fein säuberlich aufgereiht unterbringt. In der Umgebung von Leicestershire sammeln und bestimmen Wallace, Bates und dessen jüngerer Bruder Frederick nun in jeder freien Minute Insekten; sie stellen ihnen mit Zuckerfallen nach, drehen Blätter um, suchen unter der Borke verrottender Baumstämme und unter Steinen. Jeder Fund wird sorgfältig vermerkt, nummeriert, beschriftet, aufgespießt und der Fundort in einer Karte notiert. Jeden Mittwoch und Samstagnachmittag unternimmt Wallace während des Sommers Streifzüge in die Umgebung, um Käfer zu jagen, gelegentlich gemeinsam mit den Schülern seiner Lateinklasse. Ihr bevorzugtes Ziel ist unter anderem der Bradgate Park nahe Leicester, ein verwilderter und vernachlässigter großer Garten mit den Ruinen eines Landsitzes. Am Ende seines Lebens – 1908 anlässlich einer Feier zum fünfzigsten Jahrestag der gemeinsamen Vorstellung der Theorie der Evolution – wird sich Alfred Russel Wallace dieser Anfänge als eifriger und emsiger Käfersammler erinnern, als er zu erklären versucht, warum er und Darwin auf jene geniale Erklärung gekommen sind. Es ist die Sucht des systematischen Sammelns, die sie letztlich die Lösung des größten Naturrätsels finden lässt.

Tatsächlich verändert dieser Einblick in die Welt der Käfer und anderer Insekten Wallace' Blick auf die ganze Welt. Nach der Begegnung mit Bates in der Bibliothek und den Käfern von Leicestershire ist nichts mehr so wie vorher. Beide, Bates und Wallace, sind enthusiastisch, was die Naturkunde angeht; aber höchst unzufrieden, was ihre augenblicklichen Lebensumstände betrifft. Gemeinsam schmieden sie daher einen großen Plan. Doch wir eilen etwas zu weit voraus. Zuerst müssen wir noch auf jenes Buch eines anonymen Autors zurückkommen, das Darwin zögern ließ, als es in England für Wirbel sorgte.

Die abstruse Idee des Robert Chambers: Wie wir heute wissen, wurde der 1844 erschienene Bestseller »*Vestiges of the Natural History of Creation*« von dem schottischen Verleger und naturkundlichen Dilettanten Robert Chambers verfasst. Der Autor, 1802 in einem schottischen Dorf geboren und ähnlich wie Wallace in mehr als bescheidenen, ja geradezu ärmlichen Verhältnissen aufgewachsen, hat gemeinsam mit seinem Bruder William in Edinburgh eine einträgliche Handlung antiquarischer Bücher aufgebaut. Bald verlegen die beiden auch erfolgreich eigene Bücher, die Robert meist selbst verfasst, aus verschiedenen Wissensgebieten und stets von allgemeinem Interesse, wie etwa schottische Geschichte und Folklore; sie geben sogar ein eigenes Magazin heraus. Auf diese Weise spielen die Brüder Chambers im intellektuellen Leben Edinburghs dieser Zeit durchaus eine nicht unerhebliche Rolle.

Robert Chambers beginnt sich immer mehr für Geologie und Biologie zu interessieren und eignet sich im Selbststudium die wichtigsten Grundkenntnisse dieser Disziplinen an. Obgleich ihm jegliche praktische Erfahrung mit eigener Forschung fehlt, ist er fasziniert vom Gedanken an eine Veränderlichkeit der Arten, den er etwa den Schriften von Jean-Baptiste de Lamarck entnimmt und der im Gegensatz zum biblischen Verständnis steht. Zweifellos mit dem richtigen Riecher des Verlegers für ein kontroverses Thema, macht sich Robert Chambers selbst ans Werk. Anonym, um sein Verlagsgeschäft nicht zu beschädigen, stellt er in den »*Vestiges*« seine krude Version der Idee eines evolutiven Wandels der Arten vor. Unglücklicherweise vermengt er in seinem Werk visionär formulierte Überlegungen mit fehlerhaft wiedergegebenen Fakten und Zusammenhängen – ein Dilettant eben, aber einer immerhin mit der Ahnung der richtigen Idee und dem Mut, diese kundzutun. Nach Chambers' Vorstellung von Evolution sollen Veränderungen der Umwelt bei sich entwickelnden Embryonen bewirken, dass neue Typen von Lebensformen entstehen; nicht allmählich und langsam (wie später bei Wallace und Darwin), sondern schubweise und in schnellen Schritten oder gar großen Sprüngen. In jedem Fall aber, so ist Chambers überzeugt, bewirken Naturgesetze, dass sich Arten entwickeln und verändern. »*Gestehen wir zu, dass das System des Universums durch natürliche Gesetze bestimmt wird, so folgt daraus, dass auch die Entstehung der Arten durch ähnliche Gesetzmäßigkeiten geregelt ist.*«

Chambers' Erklärungsanspruch ist dabei nicht eben bescheiden für jemanden, der gerade die ersten Kenntnisse einer höchst komplexen Materie erworben hat. Er sei nur, so formuliert er eingangs seines Buches, »*eine Privatperson mit limitierten Möglichkeiten zu eigener Forschung*«. Doch wolle er – besser als Lamarck dies getan habe – all jene Fakten zusammentragen, die die Entstehung und Veränderung des Lebens auf der Erde belegten; vor allem aber wolle er diese mit den Naturgesetzen eines göttlichen Universums verknüpfen. Kein Zweifel: Hier ist kein Ketzer am Werk. Vielmehr steht für Chambers fest, dass es einen allmächtigen Gott gibt; allerdings habe dieser nicht jede Art für sich und keineswegs unveränderlich erschaffen. Das aber war damals nicht nur religiöses, sondern auch wissenschaftliches Dogma. So hat etwa der britische Philosoph William Whewell erst kurz zuvor betont: »*Arten haben eine reale Existenz in der Natur, und eine Transmutation von einer zur anderen gibt es nicht.*« Andere, allen voran Naturforscher, bezweifeln dieses Dogma längst. Der bekannteste unter ihnen, jener Jean-Baptiste de Lamarck, hatte bereits vor Jahrzehnten postuliert, es gäbe in der Natur sehr wohl einen Wandel der Arten. Wie dabei jedoch immer wieder auch neue Arten entstehen, blieb unklar. Lamarcks Vorschlag, der Gebrauch oder Nichtgebrauch eines Organs sei die Ursache für evolutive Veränderungen und der Ursprung neuer Arten, konnte allgemein nicht wirklich überzeugen – was die Arten-Theorie letztlich in den Augen nicht nur seiner Zeitgenossen scheitern ließ und den Wandel des Lebens lange zur bloßen Spekulation machte. Auch Wallace urteilt über Lamarck: »*Seine Ansichten sind völlige Mutmaßungen, durch keine einzige Tatsache unterstützt.*« Statt Evolution ohne Ende, war Lamarck erst einmal das vorzeitige Ende des evolutionären Denkens.

Allerdings überzeugte lediglich jene Erklärung nicht, die Lamarck propagierte. Dass die Erde im Wandel begriffen sein könnte und biologische Arten einander im Laufe der Erdgeschichte ablösten, diese Idee wird dagegen zur Zeit von Wallace und Darwin von immer mehr Forschern und Philosophen diskutiert. Dennoch glauben viele, jede Art könne dabei für sich unveränderlich sein; statt sich zu wandeln und zu verändern, sollten Arten stets aufs Neue entstehen, zeit ihres Lebens konstant bleiben, dann aber aussterben und durch Neuschöpfungen abgelöst werden. Auch Robert Chambers glaubte nicht an die Ideen Lamarcks. Ganz ausdrücklich stützt er seine eigene Theorie nicht auf die des radikalen französischen Atheisten und will seine auf keinen Fall mit dessen gleichgesetzt sehen. Daher stellt Chambers Überlegungen von einem *»universal law of development«* vor, einem allgegenwärtigen Naturgesetz der Entwicklung. Demnach verwandelten sich Arten unter dem direkten Einfluss der Umwelt und einer ihnen innewohnenden *»Lebenskraft«* während der Embryonalentwicklung nach und nach in andere Arten. Auf diese Weise habe sich alles Leben bis hin zum Menschen aus einfachen Formen entwickelt, glaubt Chambers. Der Allmächtige spiele dabei immer noch eine Rolle, indes nur mehr als Schöpfer im Hintergrund. Chambers formuliert also eine ähnliche Idee, wie sie mehr als anderthalb Jahrhunderte später von bibelgläubigen Verfechtern immer noch aufgegriffen wird, die aber aus naturwissenschaftlicher Sicht heute noch weniger haltbar ist als damals.

Die Kritik verreißt Chambers' Buch; es sei eine Mischung aus unbestrittenen Tatsachen, absurden Halbwahrheiten, gewagten Vermutungen und kühnen Schlussfolgerungen, so urteilt einer von ihnen. Auch Charles Darwin meint, die *»Vestiges«* seien zwar *»ein ausgezeichnet geschriebenes Buch«*, doch könne er ihm keineswegs zustimmen, denn *»die Geologie macht einen schlechten Eindruck und die Zoologie ist noch weit schlechter«*. Und der Anatom, Zoologe und spätere Darwin-Befürworter Thomas Henry Huxley (er wird gleichsam dessen Public-Relation-Mann), äußert mehrfach, Chambers' Buch irritiere ihn und stoße ihn ab, allein durch *»die ungeheure Unwissenheit und den gänzlich unwissenschaftlichen geistigen Zustand, den der Verfasser offenbart«*. Huxley wird sich zeit seines Lebens nicht mit den *»Vestiges«* anfreunden können, Darwin macht später seinen Frieden mit dem Buch; für Wallace jedoch ist es wegweisend.

Wallace' frühe Begegnung mit dem Evolutionsgedanken: Wallace ist zu diesem Zeitpunkt noch weitaus weniger kenntnisreich als etwa Darwin oder Huxley, zudem jünger und leichter zu beeindrucken. Für ihn ist Chambers' Buch beinahe so etwas wie eine Offenbarung. Er bezeichnet dessen Idee als eine geniale Hypothese. So ganz anders als Darwin verdammt er den anonymen Autor, ergo Chambers, nicht gnadenlos. *»Ich betrachte das Buch nicht als eine hastige Verallgemeinerung, sondern als eine sinnvolle Spekulation, die zwar durch einige zutreffende Tatsachen und Analogien unterstützt wird, aber von zukünftigen Forschern noch durch weitere Fakten und zusätzliche Befunde zu beweisen bleibt«*, schreibt er am 28. Dezember 1845 in einem denkwürdigen Brief an Henry Walter Bates. Und er schlägt vor, Bates solle unbedingt auch das gerade erschienene Bändchen *»Lectures of Man«* eines gewissen William Lawrence lesen. Denn, so ist Wallace bereits zu diesem Zeitpunkt überzeugt, die Idee von der Entstehung neuer Arten, wie sie Chambers vertritt, könne man sicher auch auf den Menschen und seine verschiedenen Formen übertragen. *»Die Varietäten der menschlichen Rasse verdanken ihre Entstehung nicht einer äußeren Ursache, sondern sind das Ergebnis bestimmter Besonderheiten einiger Individuen, die sich in der ganzen Rasse ausgebildet haben.«* Beinahe verwundert reibt man sich die Augen über das, was Wallace hier mit kaum mehr als einer gewissen theoretischen Kenntnis der Materie formuliert. Es ist keine vier Jahre her, dass er sich überhaupt mit Naturkunde zu beschäftigen begann; und schon spekuliert er angeregt über die Entwicklung von Arten – bis hin zum Menschen. Hier haben wir Wallace als frühen Evolutionisten, der an eine Idee glaubt, noch bevor er selbst dazu die entsprechenden Befunde und Fakten sammeln konnte. *»Von der Zeit an, wo ich die ›Vestiges‹ gelesen habe, bin ich überzeugt gewesen, dass eine Entwicklung stattgefunden hat«*, so Wallace später rückblickend. Kein Wunder mithin seine Bewunderung für das Werk Chambers: *»Das Buch ist meiner Meinung nach immer unterschätzt worden.«*

Nachdem Wissenschaftshistoriker, angefangen beim Wallace-Biographen Lewis McKinney Ende der 1960er-Jahre, einige Mühe darauf verwandt haben, diese Zusammenhänge zu rekonstruieren und jenen wegweisenden Brief an Bates zeitlich einzuordnen, wissen wir heute, dass diese Briefstelle das erste freimütige Bekenntnis unseres Helden zur Theorie sich verändernder Arten ist. Wallace stört sich nicht an der allgemein vorherrschenden Kritik an den *»Vestiges«*, sondern begeistert sich an der Idee einer Arten-Evolution – wie auch immer diese im Einzelnen ablaufen könnte. Dass es universell wirksame Gesetze der Individualentwicklung sind, galt zu dieser Zeit zwar mehr als unsicher und höchst spekulativ; mithin blieb die eigentliche Frage, wie es zu einer Veränderung von Arten tatsächlich kommt, bei Chambers ebenso wie bei Lamarck noch ungeklärt. Doch Chambers' Evolutionsidee setzt Wallace gewissermaßen auf die Schiene, regt sein Interesse an und bringt ihn dazu, über dieses große ungelöste *»Geheimnis der Geheimnisse«* nachzudenken. *»Ich glaubte damals bereits fest daran, dass ein umfassendes und gründliches Studium sämtlicher Naturerscheinungen am Ende zu einer Lösung des Rätsels führt«*, schreibt Wallace sehr viel später über die Anfänge seines Denkens. Letztlich sind es also – neben Darwin und Humboldt – Chambers' *»Vestiges«*, die ihn motiviert haben, in die Tropen zu reisen, um dort am Beispiel der unzähligen Lebensformen herauszufinden, *wie* sich Arten verändern; denn *dass* sie sich verändern, davon ist Wallace seit der Lektüre von Chambers' Werk nun fest überzeugt. Wir werden später Gedanken und Formulierungen bei Wallace entdecken, die auf Chambers' *»Vestiges«* zurückgehen, ohne dass ihm dann noch – als er bereits erste eigene Erfahrungen durch seine Feldforschungen gesammelt hat – jene gravierenden Fehler in der Beurteilung der Fakten unterlaufen wie dem weniger kundigen anonymen Autor.

Chambers' Buch liest sich trotz all dieser Irrtümer gut – und es verkauft sich noch besser; die *»Vestiges«* erleben in rascher Folge mehrere Auflagen. Unter dem Titel *»Natürliche Geschichte der Schöpfung«* wird die sechste Auflage 1851 von Karl Vogt auch ins Deutsche übersetzt. Mit 24 000 verkauften Exemplaren ist das Buch eines der erfolgreichsten seiner Zeit. Erst als Darwin 1859 sein epochales Werk über *»Die Entstehung der Arten«* veröffentlicht (von dem sich zu seinen Lebzeiten sogar 40 000 Stück verkaufen und es zu einem damals außergewöhnlichen auch merkantilen Erfolg für ein Sachbuch machen), geraten die *»Vestiges«* immer mehr in Vergessenheit; als fehlerhaft und überholt wird Chambers' Buch bald allenfalls noch für Wissenschaftshistoriker interessant sein. Doch unterschätzen wir nicht, welche Bedeutung es seinerzeit für Alfred Russel Wallace hat. Denn das Buch bereitet nicht nur die viktorianische Wissenschaft und Öffentlichkeit auf den Evolutionsgedanken vor, wie der Historiker Joel Schwartz herausgearbeitet hat. Zwar lässt es Charles Darwin zögern, bereits zu einem früheren Zeitpunkt seine eigene Theorie zum Wandel der Arten herauszuposaunen. Doch macht es den jungen Wallace schon im Jahr 1845 – und damit drei Jahre, bevor er England erstmals verlässt – zu einem überzeugten Evolutionisten. Wallace ist zu diesem Zeitpunkt so jung, wie Darwin es war, als dieser die Chance seines Lebens bekam, um mit dem Vermessungsschiff *»Beagle«* um die Welt zu segeln. Letztlich ist es dieser Robert Chambers, der Wallace damit fortfahren lässt, Sammlungen von Käfern und anderen naturkundlichen Objekten anzulegen, der ihn dann aber auch gezielt Fakten und Befunde sammeln lässt, um mit neuen Erkenntnissen diese Theorie zu überprüfen. Zu einer Zeit, als die einen weiterhin unbeirrt dem Schöpfungsglauben anhängen und von der Unveränderlichkeit der Arten überzeugt sind, die anderen Chambers' Idee eher für ein höchst spekulatives philosophisches Konzept denn eine wissenschaftliche Theorie halten, ist Wallace aufgrund seiner Lektüre zeitgenössischer Arbeiten – und dabei spielen die *»Vestiges«* die zentrale Rolle – zum Jünger eines langsam reifenden Evolutionsgedankens geworden.

Intermezzo, nochmals als Landvermesser, in Wales 1845–1847: Wallace ist in dieser Zeit generell empfänglich für Neues – auch für weniger fundierte und unhaltbare Ideen. So begeistert er sich neben der Naturkunde für mentale Phänomene wie Hypnose. Als Mesmerismus bezeichnet ist sie eine Mode im viktorianischen England, die sich allgemein großer Aufmerksamkeit erfreut und die ihn in späteren Jahren nochmals beschäftigen wird. Wallace besucht Vorträge über solche psychischen Erscheinungen, die sich erst sehr viel später überzeugend durch Funktionen des menschlichen Nervensystems werden erklären lassen. Er entwickelt dabei ein Interesse, von dem seine Biographen glauben, dass es den Boden für seinen späteren Spiritualismus bereitet; und das offenkundig auf einige Züge in Wallace' Charakter hinweist, genauer: jene nicht unbedenkliche Mischung aus Rationalität, Enthusiasmus und Naivität. Sein Glaube, dass das Unglaubliche dennoch wahr ist, wird uns später im Leben Wallace' noch begegnen; zumal Wallace diesen Fragen auch in seiner Autobiographie seitenlange Darstellungen widmet, ebenso wie den Beschreibungen seiner eigenen Experimente zu Trance und Hypnose, die er vom Mesmerismus fasziniert in Leicester an einigen der jüngeren Schüler durchführt. Hier wollen wir es bei dem Hinweis belassen, dass Wallace und viele mit ihm in diesen Dingen so manchem Irrtum und Unfug aufgesessen sind. Dieselbe Unabhängigkeit des Denkens und Unbeugsamkeit gegenüber herrschender Meinung, die Wallace später so vehement für die Theorie von der Entstehung und der Veränderung der Arten durch natürliche Selektion einstehen lässt, lässt an ihm später auch jene Argumente abprallen, die offenkundig gegen Mesmerismus und Spiritualismus sprechen.

In Leicester ist Wallace recht erfolgreich als Lehrer, und obgleich er selbst von seinem didaktischen Talent nie recht überzeugt sein wird, hätte er dort sein Leben lang bleiben können. Doch im Februar 1845 trifft seine Familie nochmals ein harter Schicksalsschlag. Sein Bruder William stirbt überraschend, nachdem er sich auf einer zugigen Reise in der dritten Klasse von London nach Bristol eine Lungenentzündung zugezogen hat. Alfred verlässt um Ostern Leicester – nach dem für seinen weiteren Lebensweg vielleicht entscheidensten Jahr – und geht erneut nach Wales. In Neath übernimmt er Williams zu dieser Zeit gerade florierendes Unternehmen und versucht sich noch einmal als Landvermesser, nun in eigener Verantwortung. Der Eisenbahnbau boomt dort und Wallace findet sofort Auftraggeber; erstmals lässt die Landvermessung Wallace gutes Geld verdienen. Den ganzen

Sommer und Herbst über ist er im Neath-Tal unterwegs, im Herbst stellt er in London die Zeichnungen und Pläne fertig. Gemeinsam mit seinem Bruder John, den er überredet ihm nach Neath zu folgen, arbeitet Wallace auch den Sommer des folgenden Jahres als Landvermesser im südlichen Wales. Zudem versuchen sie sich gemeinsam als Architekten, als sie den Auftrag erhalten, in Neath das Gebäude für ein »*Mechanics Institute*« zu entwerfen und den Bau zu beaufsichtigen (es steht übrigens bis heute). Und Alfred hält dort im Winter abendliche Vorträge zu Mathematik und Astronomie, die sehr beliebt sind.

Zweifelsohne sind die Jahre in Wales prägend und entscheidend für Wallace; einige seiner Biographen halten Neath für einen jener »*turning points*«, nach dem in jeder Lebensgeschichte gefahndet wird. »*Wäre mein Vater ein auch nur einigermaßen reicher Mann gewesen, der mich entsprechend mit Geld ausgestattet hätte; und wäre mein Bruder Partner einer Firma irgendwo in einer größeren Stadt geworden oder hätte sich dort erfolgreich mit einer eigenen Unternehmung etabliert, ich hätte wohl kaum zur Naturkunde gefunden, um mir die Zeit auf angenehme Art zu vertreiben. Mein ganzes Leben wäre gänzlich anders verlaufen*«, schreibt Wallace mit dem Blick zurück auf diese Jahre in Wales.

Die Idee, zum Amazonas zu reisen: Im Sommer 1847 kommt Henry Walter Bates zu einem Besuch nach Neath. Hier, so erinnert sich Wallace später nur noch vage, könnte es gewesen sein, dass die beiden erstmals ihren gewagten Plan fassen – eine Reise in die Tropen. Wallace hat in den vergangenen beiden Jahren gut verdient und etwas Geld zur Seite gelegt; davon wollen er und Bates ihre Reise finanzieren. Ihr Ziel: der Amazonas.

Viele Jahre nach seinem Besuch in Neath rekapituliert auch Bates, dass es wohl Wallace gewesen ist, der erstmals diese gemeinsame Expedition vorschlägt. Tatsächlich findet sich ein Brief vom 11. Oktober 1847 an Bates, in dem Wallace schreibt: »*Ich fange an, recht unzufrieden mit einer nurmehr lokalen Sammlung zu werden. Wenig lässt sich daraus lernen. Ich sollte lieber irgendeine Familie [von Insekten] gründlich untersuchen, vornehmlich im Hinblick auf die Theorie über die Entstehung von Arten. Dadurch, so bin ich überzeugt, kommt man zu endgültigen Erkenntnissen.«* Nach einem Besuch des großen Naturkundemuseums und Botanischen Gartens in Paris, wohin er für eine Woche im Herbst 1847 gemeinsam mit seiner Schwester Fanny reist, und anschließend in London steht Wallace ganz unter den dort gewonnenen Eindrücken. Auch bei einem Besuch der Insektensammlung des Britischen Museums fasziniert ihn die Fülle von Formen und Farben, die Vielfalt und Vielzahl an Arten, die dort zu sehen sind – und von denen man noch so viel mehr unbekannte Arten in den Tropen vermutet. Wallace habe damals angeregt, erinnert sich Bates später, sie sollten gemeinsam an den Amazonas reisen, nicht nur *»um an dessen Ufern die Naturgeschichte zu studieren, Naturobjekte zu sammeln und durch den Verkauf der Dubletten in London die Kosten wieder hereinzubringen; sondern auch, um ›der Lösung der Artenfrage näher zu kommen‹, jener Frage, über die wir uns viel unterhalten und korrespondiert haben«.*

Dass Wallace den mächtigen Strom des Amazonas vorschlägt, ist dabei keineswegs zufällig. Gerade erst war die *»Voyage Up the River Amazon«* des amerikanischen Reisenden William Henry Edwards erschienen. Der beschreibt darin, wie reich und vielfältig der tropische Regenwald ist, wie freundlich die Menschen dort sind. Die Lektüre seines Berichts gibt dem lange gehegten Wunsch von Wallace, selbst zu reisen, das konkrete Ziel und den beiden Naturaliensammlern die Region ihrer Wahl. Wallace ist jetzt vierundzwanzig. Drei Jahre zuvor hat ihn Bates in Leicester erstmals in die Käferwelt eingeführt; ein Jahr später werden sie im brasilianischen Regenwald sein, ein Jahrzehnt, bevor Wallace am anderen Ende der Welt seine entscheidende Idee zur Artenfrage hat. Dass sie beide bereits frühe Evolutionisten sind, Wallace mehr noch als Bates, wird erst dort Früchte tragen. Doch bereits als sie zum Amazonas aufbrechen, hat Wallace ein klares Ziel und ein regelrechtes, selbst gestecktes Forschungsprogramm – er will Belege finden, mit deren Hilfe sich andere von der Evolution würden überzeugen lassen. Vor allem aber haben beide dann einen gangbaren Weg gefunden, wie sich nicht nur die Mittel für ihre Amazonas-Reise würden aufbringen lassen, sondern wie sich ihr

Abenteuer auch nachhaltig finanziell auszahlen könnte. Ihre Idee: vom Verkauf exotischer Arten an Museumssammlungen, Naturforscher und Privatsammler zu leben.

Tatsächlich haben Museen und vor allem private Kabinette von Mitgliedern der viktorianischen Oberschicht damals großes Verlangen nach neuen, exotischen Kreaturen aus den vielen, noch unerforschten Regionen der Welt. Seit Langem schon sammeln die Reichen und Adligen bis hin zu Fürsten und Königen begeistert allerlei Naturobjekte. Doch in den 1830er- und 1840er-Jahren wird die Naturkunde vor allem in England nicht nur gesellschaftsfähig, sondern zur beliebten Mode und geachteten Beschäftigung breiter Schichten. Und dies mit der Billigung und sogar Unterstützung der Anglikanischen Kirche, die – durch naturtheologische Thesen bestärkt – das Walten eines höheren Gottes in allem, was da kreucht und fleucht, zu sehen gewillt ist. Naturforschende Gesellschaften blühen überall in Europa und später in den Kolonien in Übersee auf; sie sind offen für jedermann mit hinreichendem Interesse und weniger elitär als die alten Gründungen der Royal oder Linnean Society in London. Die Berichte über abenteuerliche Reisen entwickeln sich zu einem eigenen Genre, das regen Zuspruch beim Publikum findet und mit dem Verleger gutes Geld machen. All dies geschieht noch weitgehend ohne staatliche Unterstützung, als eine Bewegung gebildeter Bürger. Und während noch von der Regierung beauftragte Kommissionen darüber debattieren, wie anatomische, paläontologische, botanische und zoologische Sammlungen an den Museen in Britannien zukünftig ausgestattet werden sollen, füllen reisende Naturforscher und naturforschende Reisende die Bestände privater Sammlungen mit einem immer schneller anschwellenden Strom exotischer Arten. Gefragt sind neben Vögeln und Säugern vor allem Schmetterlinge, Käfer und Konchylien (wie die Schalen von Schnecken und Muscheln damals noch heißen); je prächtiger und seltener, desto besser.

Genau hier erkennen Wallace und Bates ihren Markt. Statt in England weiterhin ihrer nicht mit letzter Leidenschaft betriebenen Arbeit nachzugehen und nur hier Käfer zu jagen, wollen sie in die Tropen reisen, um dort die – so ihre Vorstellung – in schier endloser Zahl vorkommenden Insekten- und Vogelarten für zahlende private Sammler und Museen zu suchen. Dass sich von dem Verkauf tatsächlich mehr als nur leben lässt, weiß einer besser als alle anderen: Samuel Stevens, der als Naturalienhändler und selbst enthusiastischer Sammler ein renommiertes Geschäft in der Londoner Bloomsbury Street unterhält; gemeinsam mit seinem Bruder John C. Stevens, der ein auf zoologische Objekte spezialisiertes Auktionshaus betreibt. Das Unternehmen der Gebrüder Stevens ist gleichsam das Sothebys der viktorianischen Naturkunde. Samuel Stevens wird der Agent von Wallace und Bates; er vermittelt den Kontakt zu den Kuratoren an den Museen und zu wichtigen Privatsammlern, die bereit sind, für die Überreste exotischer Tiere Geld zu zahlen. Als Stevens mit im Boot ist, kaufen die beiden ihre Tickets für die Überfahrt.

»Diese Reise war das zentrale und alles beherrschende Ereignis meines Lebens«, wird Wallace rückblickend schreiben. Wie sich die Dinge doch ähneln; denn beinahe wortgleich hat einst auch Darwin in seinem Reisewerk die Fahrt der *»Beagle«* als das alles entscheidende Ereignis seines Lebens eingeschätzt. Jetzt ist es die Lektüre von Darwins Reisebeschreibung, die Wallace vor einem gravierenden Fehler bewahrt und die ihn am Amazonas den Grundstein zu einer ganz neuen Forschungsdisziplin legen lässt. Darwin erwähnt nämlich, dass er anfangs der genauen Örtlichkeit, an der er eine bestimmte Tierart gesammelt hat, nicht hinreichend Aufmerksamkeit schenkte. Auf den Galapagosinseln vermischt er sogar die Tiere verschiedener Inseln untereinander und kann mit den Ortsangaben später kaum noch etwas anfangen. Wallace notiert: *»In den verschiedenen Werken der Naturgeschichte und in unseren Museen gibt es generell oft nur vage Angaben über den Ort eines Fundes. Südamerika, Brasilien, Guyana, Peru – das sind wohl die üblichsten Kennzeichnungen.«* Und so beschließt er, die Fundorte seiner eigenen Aufsammlungen am Amazonas so genau wie möglich zu vermerken – ein Vorgehen, das ihm letztlich den Schlüssel für die Lösung der Artenfrage in die Hand gibt.

Am Amazonas – *Die erste Expedition*

(1848–1852)

Endlich! – Hier, an der Quelle des Amazonas, würde er nun den Fußspuren des großen Alexander von Humboldt folgen. Seit er den Bericht über dessen Reise in den Tropen des neuen Kontinents verschlungen hat, will Wallace hierher; will die überbordende Vielfalt der vielgestaltigen Tierwelt und der exotischen Pflanzen mit eigenen Augen sehen, das Geheimnis ihrer Entstehung ergründen. Der preußische Gelehrte mit dem Reisebrief der spanischen Krone hatte ziemlich genau ein halbes Jahrhundert vor ihm dieses Gebiet erkundet, wo sich die Wasser zweier mächtiger Ströme in einem sumpfigen Hochland scheiden. Humboldt war einst gemeinsam mit seinem treuen Freund, dem französischen Arzt und Botaniker Aimé Bonpland, von Norden her dem Orinoco stromaufwärts gefolgt und hatte so den Casiquiare erreicht – einen der eigenartigsten Flussläufe der Erde überhaupt. Denn aus einer Gabelung des Orinoco entspringend, verbindet er diesen mit dem Rio Negro, der gen Süden in den Amazonas mündet. Bereits der französische Astronom und Mathematiker Charles Marie de la Condamine, der 1743 als erster Naturforscher den Amazonas von den Anden bis zur Mündung in den Atlantik befuhr (zuvor war dies 1542 nur dem spanischen Eroberer Francisco de Orellana gelungen), hatte diese Verbindung zum Orinoco mittels eines natürlichen Kanals beschrieben. Humboldt bestätigte ihn und schätzte, dass ein Viertel oder sogar ein Drittel des Orinoco-Wassers über den Casiquiare in das Stromgebiet des Amazonas abgeleitet wird. Er fand das Gebiet dieser Wasserscheide, im Grenzland zwischen Venezuela und Brasilien, sumpfig und äußerst unzugänglich – zudem verseucht mit Moskitos. »*Mehr Mücken als Luft*«, hatte Alexander von Humboldt notiert und war umgekehrt, ohne noch dem Lauf des Rio Negro weiter nach Süden zu folgen.

Stechmücken sind auch für Wallace, als er jetzt den Rio Negro heraufkommt, mehr als nur lästig. Besonders die knapp über einen Millimeter großen, von ihm sogenannten »*sand flies*« – Kriebelmücken der Gattung *Simulium* mit Aberhunderten von Arten – piesacken ihn ohne Unterlass; ihre Stiche lassen seine Hände und Füße purpurrot anschwellen. Weibliche Sandflöhe bohren sich mit Vorliebe unter seinen Zehennägeln in die Haut, wo sie blutsaugend bis zur Begattung durch angelockte Männchen heranwachsen und eiternde Wunden verursachen. Niemand, schreibt Wallace, könne sich die Qualen vorstellen, die diese Plagegeister verursachen. Eine ständige Qual sind auch die blutsaugenden Vampirfledermäuse der Gegend, die nachts lautlos um ihn herumflattern. Wenn er seine Zehen zudeckt, die sie gern anzapfen, sobald er schläft, machen sie sich über seine Nase her. Einmal erwacht er nachts mit einer blutenden, indes schmerzlosen Wunde an der Nasenspitze. Die größte Gefahr ist das in dieser Gegend allerdings nicht. »*Jaguare kommen hier häufig vor und tödliche Schlangen gibt es massenhaft; bei jedem Schritt erwartete ich beinahe einen kalten, schlängenden Körper unter meinen Füßen zu spüren, oder einen giftigen Biss in meinem Bein.*«

Eines Abends, als Wallace den Urwald in der Umgebung des Dörfchens Javíta etwas abseits des Rio Negro erkundet, trifft er auf einen solchen *Panthera onca* – einen Jaguar oder besser: die als Panther bezeichnete dunkle Form. »*Er kam aus dem Wald, keine zwanzig Meter vor mir; und ich war so überrascht, dass ich zuerst gar nicht merkte, was es war. Als das Tier sich langsam weiter bewegte und ich den ganzen Körper und langen, gebogenen Schwanz im Blickfeld hatte, sah ich diese wundervolle schwarze Variante des Jaguars. Unwillkürlich hob ich den Lauf des Gewehres und wollte schon anlegen, als mir gerade noch einfiel, dass beide Patronen im Lauf mit feinem*

Schrot geladen waren. Die Ladung hätte ihn eher verärgert als getötet. Ich stand also still und starrte ihn an. In der Mitte des Pfades angekommen, drehte der Jaguar seinen Kopf, hielt einen Moment inne und sah zu mir herüber. Offenbar, so vermute ich, hatte er anderes, Wichtigeres vor, zog weiter und verschwand im Dickicht des Waldes«, berichtet Wallace später. *»Diese Begegnung bereitete mir großes Vergnügen. Ich war zu überrascht und zu sehr von Bewunderung erfüllt, um mich zu fürchten. Geraume Zeit hatte in voller Lebensgröße und in ihrem natürlichen Milieu die seltenste Varietät der stärksten, gewaltigsten und gefährlichsten Tierart vor mir gestanden, die den amerikanischen Kontinent bewohnt.«*

Wallace bleibt anderthalb Monate in Javíta, oberhalb des Rio Negro; er lebt, als einziger Weißer weit und breit, bei und mit den Einheimischen. Es ist Anfang 1851 und Regenzeit; das Sammeln ist daher mühsam. Ein paar Fische fängt er, doch kaum Insekten; auch Vögel machen sich rar. Wallace sitzt fest, langweilt sich – und beginnt zu dichten. *»There is an Indian village; all around – the dark eternal, boundless forest spreads – its varied foliage – here I dwell awhile, the one white man – among perhaps two hundred souls.«* Über vier ganze Seiten wird er dieses Gedicht später in seinem Reisebericht ausbreiten. Kein Zweifel: Die Beobachtungen an den Einheimischen, die er darin beschreibt, sind ihm wichtig; er notiert viele Einzelheiten ihres täglichen Lebens. Doch wichtig wird ihm auch die Begegnung mit dem Jaguar. Die schwarze Varietät, die er im Wald gesehen hat, ist eine melanistische Abwandlung dieser normalerweise fleckigen Raubkatze. Sie führt ihm anschaulich vor Augen, wie weit einzelne Tiere innerhalb ein und derselben Art von der normalen Form abweichen können. Solche Varietäten sollen später von großer Bedeutung für seine Überlegungen werden.

Wegen solcher Farbvarianten ist Wallace immer weiter den Oberläufen des Amazonas gefolgt und jetzt hierher ins mückenverseuchte Grenzland im südlichen Venezuela gekommen. Seit Langem ist er auf der Suche nach einer weißen Variante des schwarzen Schirmvogels vom Amazonas. Der lebt sowohl entlang der Wälder dieses riesigen Stromes als auch in den bewaldeten Vorgebirgen am Fuße der östlichen Anden, durch die sich die

Zuflüsse des Amazonas ziehen. Für einen Schirmvogel mit weißem statt schwarzem Gefieder würde der Preis exorbitant sein, den Privatsammler in England bereit wären zu zahlen; und mithin jede Mühe wert. Wallace rätselt seit Langem, ob dieser sagenhafte Schirmvogel – von dem er nur gerüchteweise gehört hat, den er bisher aber nirgends zu Gesicht bekam – eine noch unbekannte Art ist oder nur ein abweichendes Einzelexemplar; eine Anomalie und Laune der Natur, wie der Panther, den ab und an zwei normal gefleckte Jaguare in die Welt setzen.

Weit hinauf bis nahe an eine der Quellen des Amazonas gelangt, kehrt Alfred Russel Wallace schließlich um. Er hat Schmetterlinge und andere Insekten gesammelt, Vögel und Affen aus den Wipfeln der Bäume geschossen, Palmen gezeichnet, die Sprache der Einheimischen notiert, ihre Artefakte erworben und über die Artenfrage gegrübelt. Jetzt ist er müde, ausgelaugt von den ewigen Strapazen einer Reise in den Tropen, und auch nicht ganz gesund; Malaria, Gelbfieber und Ruhr sind ständige Begleiter und zehren an seinen Kräften. Er überlebt die Fieberanfälle, ebenso die Vampir-Fledermäuse, die, mit Tollwut infiziert, für den Menschen gefährlich werden können, und auch die Mücken, die ihm die Hände und Fußgelenke zerstechen. Nicht nur von lieblichen walisischen Wiesen, Weiden und Wäldern, sondern von einem weichen, sauberen englischen Bett träumt Wallace inzwischen immer häufiger; es erscheint ihm als Gipfel irdischer Glückseligkeit. Drei Jahre ist er bereits im größten Stromgebiet der Erde unterwegs, die meiste Zeit davon am Rio Negro – dem Schwarzwasserzufluss des Amazonas, der Farbe und Namen den reichlich darin gelösten Huminstoffen verdankt. Die Herausforderungen, die hier auf ihn warteten, hatte er nicht im Traum vorausgeahnt.

Ankunft im Paradies, Pará – Mai 1848: Wallace und Bates haben sich Ende April in Liverpool eingeschifft. Nach einer ungemütlichen Fahrt durch den Golf von Biscaya, bei der Wallace keinen Fuß aus seiner Koje setzt, und einer ansonsten ereignislosen Überquerung des Atlantiks kommen sie kaum einen Monat später, am 26. Mai 1848, in Brasilien an. Erstmals sehen sie das Delta des gewaltigen Amazonas, anfangs eher eine breite Meeresbucht denn eine Flussmündung. Dann treten die dicht bewaldeten Ufer näher und unter einem wolkenlosen Himmel taucht nach zwei Tagen die Stadt Pará auf – das heutige Belém. Wallace schwärmt vom Anblick riesiger Urwaldgiganten, die einzeln oder in Gruppen die grüne Wand des üppigen Regenwaldes noch überragen. Der Dschungel erstreckt sich von hier über mehr als dreitausend Kilometer bis an den Fuß der Anden; darin, so vermuten die beiden Reisenden, die reichsten Naturschätze, die sie in ihrem Leben nicht würden vollständig einsammeln können.

Doch sie sind schnell enttäuscht. Nicht nur Pará macht alles andere als einen exotischen Eindruck; auf Wallace wirkt es *»nicht fremder als Calais oder Boulogne«*, schreibt er nach England. Und während Bates sich in seinem Bericht ausführlich der Schönheit der Frauen in der Stadt widmet, ist Wallace bei diesem Thema weniger ausschweifend. *»Jede Schattierung in der Färbung der Haut ist hier zu sehen«*, notiert er sachlich, *»von weiß zu gelb, braun und schwarz – Negros, Indianer, Brasilianer und Europäer, mit jeder ihrer Mischungen«*. Beide schwärmen zwar auch von der faszinierenden Schönheit der Gewächse, doch erscheint ihnen der Regenwald anfangs seltsam verwaist und beinahe leer, keineswegs angefüllt mit exotischen Tieren. *»Bei meinem ersten Ausflug in den Wald«*, berichtet Wallace, *»erwartete ich sogleich überall Affen, Kolibris und Papageien ähnlich wie in einem Zoologischen Garten zu begegnen«* – doch die lassen sich nicht blicken. Auch ist der tropische Regenwald kein Park voller flatternder Schmetterlinge. Wie so viele Tropenreisende sind Wallace und Bates in geradezu fiebriger Erwartung einer überwältigenden Vielfalt gekommen, haben aber Vielfalt mit Fülle verwechselt. Tagfalter etwa sind hier zwar höchst artenreich, aber jeder von ihnen ist nur schwer in mehreren Exemplaren zu finden; nicht viel anders ist es bei den Käfern, den Schnecken, den Orchideen. Ahnungslos und unerfahren wie die beiden sind, dauert es einige Zeit, bis sie lernen, wo und wie sie nach den vielen Arten von Insekten und Vögeln suchen müssen, die es tatsächlich zahllos in tropischen Regenwäldern zu finden gibt. Davon zeugt allein schon der geradezu ohrenbetäubende Lärm, den nicht nur Singvögel, quakende Baumfrösche und Erdkröten verursachen, sondern insbesondere das beinahe endlose Schwirren der Zikaden und das Schrillen der Heuschrecken und Grashüpfer.

Allmählich kommt aber Routine in die Arbeit der beiden Naturaliensammler. In den ersten Wochen sind sie bereits kurz nach Sonnenaufgang und einem Kaffee unterwegs, um unter einem wolkenlos blauen Himmel Vögel zu jagen, solange die Temperatur noch angenehm ist. Nach einem Frühstück widmen sie sich von zehn bis etwa zwei oder drei Uhr nachmittags vor allem den Insekten, bevor die größte Hitze des Tages alles Leben lähmt. Wenn Wallace und Bates ermüdet vom Ausflug in den Wald zurückkehren, finden sie ihre Nachbarn bereits träge und schlafend in ihren Hängematten im Schatten. Bald türmen sich die Wolken, Wind kommt auf, und am Nachmittag geht der übliche Regenguss nieder, bevor alles Leben wieder erwacht, die Nachtschicht einläutet und dann mit der aufgehenden Sonne der Zyklus von Neuem beginnt; Tag ein, Tag aus, ein Ablauf wie mit den Jahreszeiten Frühling, Sommer und Herbst an nur einem einzigen Tag. Nach einer Mahlzeit gegen vier und Tee um sieben versorgen Wallace und Bates am Abend ihre Ausbeute, präparieren die Vogelbälge, nadeln die Insekten und machen ihre Aufzeichnungen. Dennoch streifen sie allenfalls die Oberfläche des Reichtums dieser tropischen Wälder; und sie wissen es. Wallace, der sich mit Bates beinahe täglich einen Pfad durch den Urwald freischlagen muss, notiert prophetisch: *»Die ganze Pracht dieser tropischen Regenwälder ließe sich am besten überblicken, wenn man gemächlich mit einem Ballon über die Wipfel der Bäume, die einem wogenden blumigen Teppich gleichen, hinweggleiten könnte. Dieses Vergnügen wird wohl den Reisenden zukünftiger Zeiten vorbehalten sein.«*

Vier Monate bleiben sie in Pará, sammeln in der Umgebung der Stadt. Und nachdem Moskitos und Zecken, Ameisen und Wespen sie anfangs erfolgreicher aufspürten, als sie umgekehrt Insekten und Spinnentiere sammeln können, machen sie endlich reiche Beute. Über 1300 verschiedene Arten von Insekten gehen ihnen allein in den ersten zwei Monaten ins Netz, insgesamt rund 7000 Exemplare, einschließlich zahlloser Pflanzen. Die erste Frachtkiste an ihren Agenten Samuel Stevens in London verzeichnet 553 Arten an Tag- und Nachtfaltern, 450 Käferarten und 400 weitere Spezies aller Gruppen; viele davon sind noch unbeschrieben und finden rasch dankbare Abnehmer in England. Samuel Stevens, der damit guten Gewinn für beide erzielt, ist hocherfreut – und auch ein wenig erleichtert, dass seine beiden neuen Geschäftspartner in Übersee sich nicht als nutzlose naturkundliche Novizen erweisen. Tatsächlich geht ihre Rechnung auf; Wallace und Bates können die Kosten ihres Unternehmens und ihre Weiterreise entlang des Amazonas und seiner Nebenflüsse aufbringen. Sie bleiben dabei gänzlich auf sich gestellt und ohne Unterstützung, verdienen auf diese Weise aber für die kommenden Jahre ihren Lebensunterhalt. Anders als etwa Charles Darwin, der an Bord der *»Beagle«* als selbst zahlender Gast und standesgemäßer Begleiter des Kapitäns Robert Fitzroy (und eben nicht als ausgebildeter Naturforscher, wie er uns später glauben machen will) entlang der Küsten Südamerikas segelte, in vergleichsweise komfortablen Umständen.

Ende August brechen Bates und Wallace auf, um den ein Stück stromaufwärts hinter Pará in den Amazonas einmündenden Seitenarm des Rio Tocantins gen Süden zu befahren; 1600 Meilen, fünf Wochen Bootsfahrt und wichtige Erfahrungen liegen vor ihnen. Die Fahrt auf einem schweren Eisenboot von über sieben Meter Länge, mit einem mit Palmwedeln gedeckten Aufbau und zwei Masten samt Segel, das ein Kanadier im Holz- und Kautschukgeschäft für sie organisiert, verzögert sich um eine Woche, nachdem sich Teile der Mannschaft aus vier Indianern und einem schwarzen Koch erst einmal aus dem Staub machen; durchaus nicht unüblich, wie die beiden in den kommenden Jahren mehrfach erfahren werden. Dann geht es los und schon einen Tag hinter Pará entdecken sie neue Arten von Schmetterlingen und anderen Insekten, eine Schlange und ein Faultier, das als Dinner endet. *»Wir erreichten einen Punkt ungefähr dreißig Kilometer unterhalb Aroyas, von dem aus ein großes Kanu in der Trockenzeit nicht weiterkommt, wegen der Stromschnellen, Wasserfälle und Strudel, die hier beginnen und die Schifffahrt auf diesem majestätischen Strom mehr oder minder* *bis zur Quelle behindern; hier mussten wir unser Fahrzeug zurücklassen und in einem offenen Boot weiterfahren, in dem wir ungeschützt saßen, wofür wir allerdings entschädigt wurden: der Fluss (anderthalb Kilometer breit), übersät mit felsigen und sandigen Inseln jeder Größe und bedeckt von einer üppigen Vegetation; die hohen, gewundenen Ufer, bestanden von einem dichten, aber malerischen Urwald; die Wasser dunkel und klar wie Kristall; und die Aufregung der sausenden Fahrt durch furchterregende Stromschnellen sorgte für die nötige Unterhaltung in der heißen Äquatorsonne und einer Temperatur, die bei 32 Grad im Schatten lag.«* Schnell haben sie hier das Sammelmaterial für eine weitere Frachtsendung an Stevens zusammen, wieder hauptsächlich Insekten, vor allem Schmetterlinge und Käfer; dazu auch Süßwassermuscheln und jetzt sogar einige Vogelbälge. Stevens verkauft auch diese Naturalien; und er sorgt dafür, dass – wenngleich nur in Auszügen – erstmals auch ein Bericht von Wallace über ihre Sammelreise am Rio Tocantins in einem angesehenen britischen Fachjournal erscheint, den *»Annals and Magazine of Natural History«*. Es ist jene Zeitschrift, in der einige Jahre später eine bedeutende Arbeit von Wallace den Wettlauf mit Darwin einleiten soll.

Später wird das übliche Praxis der beiden werden, und Wallace markiert bereits in seinen Briefen an Stevens jene Passagen, die sich zur auszugsweisen Veröffentlichung eignen – als Bericht unseres Naturforschers unterwegs. Die wenige freie Zeit, die das Sammeln ihm lässt, nutzt Wallace für erste allgemeine Überlegungen. *»In allen Werken zur Naturkunde finden wir vielfach detaillierte Beschreibungen der wundervollen Anpassungen von Tieren an ihre Nahrung, ihre Lebensweise und die Örtlichkeiten, an denen sie vorkommen. Doch beginnen Naturforscher jetzt darüber hinaus zu erkennen, dass es ein anderes Prinzip geben muss, das für die unendliche Vielfalt des Tierlebens verantwortlich ist. Es muss jedem auffallen, dass diese Zahl von Vögeln und Insekten verschiedener Gruppen, die sich kaum ähneln, und die doch von der gleichen Nahrung und auf gleiche Weise am selben Ort leben, nicht jeweils verschieden geformt und zu diesem Zweck ausgestattet worden sein können«*; so hält er diese ersten Gedanken fest. Kein Zweifel: Von Leicester, wo Wallace nach der Lektüre von Chambers' »*Vestiges*« vor Jahren über die großen Artenfrage nachzudenken begann, ist es ein weiter Weg hierher an den Amazonas. Kein Zweifel aber auch, dass Wallace sein Ziel nicht aus den Augen verliert. Schließlich ist er wegen der Suche nach diesem »*anderen Prinzip*« an den Amazonas gekommen. Und er ist bereits auf dem richtigen Weg.

Auf der Suche nach dem Schirmvogel: Nach ihrer gemeinsamen Expedition am Rio Tocantins und den ersten Monaten gemeinsamen Sammelns beschließen Bates und Wallace, dass es besser und effektiver ist, wenn sie sich vorübergehend trennen und jeder für sich in verschiedenen Regionen bestimmte Arten von Tieren und Pflanzen sammelt. Sicher: Die Urwälder beidseits des gewaltigen Stromes, der sich von der Mündung bei Pará über sechstausend Kilometer bis hinauf in die Anden erstreckt, sind derart reich an Vögeln, Insekten und anderem Getier, dass sie mehr davon erbeuten können, wenn sie es in unterschiedlichen Gebieten tun. Zudem ist es in logistischer Hinsicht einfacher, wenn jeder nur für ein kleines Kanu samt Mannschaft und Ausrüstung sorgen muss, anstatt eine große und schwerfällige Expedition zu organisieren wie am Tocantins. Über die genauen Hintergründe ihrer Trennung lässt sich später weder in den Berichten von Wallace noch von Bates Genaueres finden. Hinzu kommt, dass bald nachdem Wallace und Bates getrennte Wege gehen, Alfreds jüngerer Bruder Herbert im Juni 1849 aus England anreist, um ihn für die kommenden beiden Jahre zu begleiten.

Was auch immer der Grund war: Die Trennung am Amazonas tut der lebenslangen Freundschaft von Wallace und Bates keinen Abbruch. Bates wird elf ganze Jahre an dem riesigen Strom verbringen, bevor er schließlich als einer der kenntnisreichsten Naturforscher dieser Region zurückkehrt, mit beinahe 15 000 Naturobjekten und 8000 neuen Arten. Sein Name steht bis heute in den Annalen als einer der maßgeblichsten Insektenkundler, auf ewig verknüpft mit dem Phänomen der Mimikry, der Tarn- und Warntracht im Tierreich. Wallace dagegen bricht nach einigen Monaten am unteren Amazonas Mitte 1849 stromaufwärts zum

Rio Negro auf. Später, so verabreden die beiden, wollen sie in Santarem – nahe der Mündung des Rio Tapajos, einem südlichen Klarwasserzufluss des Amazonas – und weiter stromaufwärts in Barra (dem heutigen Manaus) wieder zusammentreffen.

»Je mehr ich von diesem Land sehe«, schreibt Wallace mit der nächsten Sendung von Naturalien an Samuel Stevens, *»desto mehr will ich zu sehen bekommen.«* Santarem und die Umgebung am Rio Tapajos ist gut für vielerlei Arten von Wasservögeln und für den Fang von Schmetterlingen, gerade während der Trockenzeit. Überall neue Arten, jeder Tag ein neues Abenteuer. Käfer machen sich zwar noch rar. Wallace findet indes eine seltene himmelblau gefärbte Tagfalterart, *Callithea sapphira, »das wohl schönste Wesen, das ich bislang gefangen habe«*. Bislang gab es in England nur ein einziges Exemplar, versichert ihm Samuel Stevens später in einem Brief. Verwundert registriert Wallace, dass er kurz darauf am unmittelbar gegenüberliegenden Ufer des gewaltigen Amazonas – der hier immer noch erstaunlich breit ist – zwar ganz ähnlich gefärbte Schmetterlinge fängt; doch sind sie nun indigoblau mit deutlich verschiedener Zeichnung und gehören offenkundig einer neuen Art *(Callithea leprieuri)* an. Offenbar trennt der Fluss die beiden Formen der Schmetterlinge, sinniert er. Bereits früher, während der Expedition am Rio Tocantins, hat Wallace sich über die eigenartige geographische Verbreitung einiger Tiere gewundert. Am Oberlauf dieses Flusses sah er jeden Tag die knapp einen Meter großen, strahlend blauen Hyazinth-Aras *(Anodorhynchus hyacinthinus)*, wenn sie in schöner Regelmäßigkeit morgens und abends hoch über dem Fluss flogen. Am Unterlauf des Tocantins sah er sie dagegen nur selten. *»Was könnte der Grund sein?«*, notiert Wallace; *»wodurch wird die Grenze ihres Vorkommens derart exakt gezogen, obgleich sie als kräftige Flieger keine Grenzen kennen?«* Solche Eigentümlichkeiten im Vorkommen einzelner Arten, die ihm fortan nicht mehr aus dem Kopf gehen, sind seine ersten und entscheidenden Beobachtungen zur großen Artenfrage.

Wallace erlebt paradiesische Wochen, so wie er sich sein Amazonas-Abenteuer erträumt hat. Jeden Tag bricht er morgens nach dem Frühstück bei bestem Wetter zu Vogeljagd und Insektenfang auf, nimmt auf dem Rückweg ein erfrischendes Bad im Rio Tapajos, der dank seiner schnellen Strömung dort frei von Krokodilen ist. Es gibt Wassermelonen und andere frische Früchte wie Orangen und Ananas; dann Essen, anschließend das Versorgen des Tagesfangs und abends Treffen mit den wenigen anderen Europäern, die im Ort weilen. »*Mir ging es rundum noch nie so gut*«, schreibt Wallace.

Mit dem Einsetzen der Regenzeit zieht er mit seinem Bruder Herbert im November weiter den Amazonas hinauf. Am 30. Dezember 1849 erreichen sie die Einmündung des Rio Negro, des nördlichen Zuflusses des Amazonas, und kurz dahinter das am östlichen Ufer gelegene Barra. Der Ort, heute als Manaus bekannt und eine Metropole im Urwald, hat damals kaum mehr als fünf- oder sechstausend Einwohner; dazu schlammige Straßen und kleine, mit roten Ziegeln gedeckte Häuser. Am »*Encontro das Águas*« fließt der Schwarzwasser führende Rio Negro von Norden her mit dem Weißwasser des Amazonas zusammen; noch lange bleiben die beiden Gewässer entlang einer magischen Linie für sich, ehe sie sich vereinen. Wallace, verwöhnt von Pará und Santarem, findet nur wenig Insekten oder Vögel und kann auch der Gesellschaft der Einheimischen, deren Leben aus Trinken und Spielen zu bestehen scheint, nicht viel abgewinnen. In Barra aber hört er zum ersten Mal von einem versteckt auf den Inseln im Fluss lebenden Vogel, vom mysteriösen »*umbrella bird*«, dem Schirmvogel *Cephalopterus ornatus*. Etwa so groß wie ein Rabe und von ähnlicher Farbe, ist er der größte Singvogel Südamerikas, wobei die Männchen deutlich größer als die Weibchen sind. Sein Markenzeichen ist ein auffälliger Federschopf auf dem Kopf. Weitaus häufiger als er zu sehen ist, hört man sein lautes Rufen durch den Wald.

Während Herbert zurückbleibt, macht sich Wallace auf, den Rio Negro zu erkunden und den begehrten Vogel im Prachtgefieder zu suchen. Doch der Fluss führt jetzt Hochwasser; die Einheimischen, mit denen er sich hier kaum noch auf Portugiesisch verständigen kann, sind höchst unwillig, ihm ein Kanu zu überlassen oder sich gar mit ihm auf Expedition zu begeben. Unter Mühen gelangt er zu einer kleinen Ansiedlung, nicht mehr als einfachste Hütten drei Tagesreisen stromaufwärts gelegen, wo er sein Lager aufschlägt und einen Monat bleibt. Mithilfe einheimischer Jäger gelingt es ihm hier, immerhin 25 der Schirmvögel zu erlegen. Eines der Männchen, das sie erbeuten, wird nur verletzt; Wallace pflegt und füttert es tagelang, und so kann er beobachten, was das Tier mit seinem höchst eigenartigen Kopfschmuck macht. *»Die Federn dieses Kopfschopfes können angelegt werden, sodass der Kamm kaum mehr zu sehen ist, oder werden aufgestellt und zu jeder Seite abgespreizt«*, schildert Wallace später, *»sie formen dann eine halbrunde oder halbovale Haube, die den ganzen Kopf bedeckt und sogar noch über die Schnabelspitze hinausragt.«*

Zurück in Barra verpacken Alfred und Herbert ihre Ausbeute in Kisten; im März 1850 geht die Fracht an Stevens. Mit dabei ist auch Wallace' erste wissenschaftliche Arbeit, geschrieben und bestimmt zur Veröffentlichung in einem Fachjournal. Sein Thema: der Schirmvogel vom oberen Amazonas. Sie erscheint noch im gleichen Jahr in den Abhandlungen der Zoologischen Gesellschaft von London; und sie markiert den Beginn einer wichtigen Verwandlung: wie Wallace – hier am Rio Negro – vom Naturaliensammler, der bis dahin nur mehr Kuriositäten der Natur sammelt, zum Naturforscher wird, der aufmerksam beobachtet, reflektiert und darüber publiziert.

Während Walter Bates, der inzwischen ebenfalls in Barra angekommen ist, die durch die Regenzeit erzwungene Ruhepause ebenso genießt wie die Gesellschaft seines Reisegefährten und der anderen Europäer vor Ort, wird Wallace zunehmend unruhiger; es treibt ihn weiter – und er steckt dafür sein Jagdgebiet ab. Bates und er einigen sich, dass Wallace den Rio Negro und den Rio Uaupés befährt, Bates aber den Solimoes genannten Oberlauf des Amazonas hinaufgeht. Während der bereits Ende März aufbricht, sitzen die Wallace-Brüder indes noch weiter in Barra fest. Sie müssen erst auf Post und vor allem weiteres Geld warten, das Stevens ihnen vom Verkauf ihrer bisherigen Amazonas-Aufsammlung schicken soll, um die nächsten Monate und Jahre zu finanzieren. Seine Zeit verschwendet Wallace auch dort nicht, sondern sammelt und konserviert, beobachtet und notiert, was ihm die Natur darbietet.

Am Oberlauf des Rio Negro: Ende August 1850 macht sich Alfred Wallace für acht Monate auf, allein die Regionen am oberen Rio Negro zu erkunden. Sein Bruder Herbert bleibt in Barra, um Alfreds Sendungen in Empfang zu nehmen, diese hinunter nach Pará zu bringen und dann mit ihnen zurück nach England zu segeln. Anders als Alfred ist ihm das Leben als Naturaliensammler nicht zur Berufung geworden und er will sich andere Betätigung suchen. Doch Herbert Wallace wird England nie mehr erreichen; er stirbt, gerade einmal 22 Jahre alt, im Juni 1851 in Pará an Gelbfieber, das dort gerade grassiert. Alfred sammelt zu dieser Zeit, unerreichbar anderthalbtausend Kilometer entfernt am Oberlauf des Rio Negro und eines Nebenflusses, des Rio Uaupés. Er wird sich, als er viele Monate später vom Tod seines Bruders erfährt, dafür verantwortlich fühlen; die Schuldgefühle werden ihn nie verlassen.

An den Oberläufen des Amazonas soll, glaubt man den Berichten der Einheimischen, der Lebensraum der mysteriösen weißen Variante des schwarzen Schirmvogels sein. Nach ihm ist Wallace immer noch auf der Suche. Und im Gebiet des Rio Negro kommt ein zweiter, damals in den Sammlungen ebenso seltener wie auffälliger Vogel vor, der von den Indianern »*gallo*« genannt wird oder »*gallito de las rocas*«; *Rupicola rupicola*, wie ihn die Ornithologie bezeichnet. Im Deutschen hat er gleich mehrere Namen: Guyana- oder Cayenne-Klippenvogel, aber auch Tiefland- oder Orangefarbener Felsenhahn. Ähnlich wie beim Schirmvogel hat die Natur auch beim etwa taubengroßen Felsenhahn mit dem Kopfgefieder experimentiert und ihn einmal mehr zu einem breiten, fächerförmigen Federschopf ausgebildet. Dieser bedeckt den Schnabel oberseits und ragt noch über dessen Spitze hinaus. Die Männchen sind zudem leuchtend hell orange gefärbt; ihre Flügel sind schwarz mit weißem Spiegel, ihr Schwanz schokoladenbraun mit einer orangefarbenen Spitze. Dagegen sind die Weibchen einmal mehr unscheinbar olivgrau gefärbt, braun an Flügeln und Schwanz.

Vom Rio Negro aus macht sich Wallace zur Serra di Cobati auf, einer etwa ein Dutzend Meilen landeinwärts gelegenen Region aus Granitfelsen. Nur dort leben und nisten die kuriosen Klippenvögel, von denen er sich gleich mehrere gut erhaltene Exemplare für seine Sammlung sichern will. Doch der Weg durch den Urwald ist mühsam, ständig bleibt Wallace mit seiner Ausrüstung, dem Gurt oder Lauf seines Gewehres oder seiner Kleidung im Dickicht dorniger Kletterpflanzen oder ausladender Äste hängen. *»Die Indianer«*, notiert er, *»waren alle nackt, oder trugen, wenn sie Hemd oder Hose hatten, diese zu einem Bündel geschnürt auf dem Kopf. Auf mich sahen sie herab als ein gutes Beispiel für die Nutzlosigkeit von Bekleidung und die Behinderung, die dies bei einer Waldwanderung bedeutete.«* Nach einem guten Tagesmarsch durch den Dschungel führt der Aufstieg durch Felsenklüfte und über riesige Granitfelsen. Endlich entdecken die indianischen Jäger einen *»gallo«*; Wallace feuert eine Schrotsalve, verfehlt das Tier beim ersten Mal, dann holt er es doch aus dem Geäst. Als er den Vogel in den Händen hält, verliert er sich in Bewunderung über das herrliche Farbenspiel seines zarten Gefieders, erfreut darüber, so sein Bericht, dass *»nicht ein Blutfleck die Pracht beschmutzt und keine Feder geknickt war. Der weiche, warme, biegsame Körper wurde durch die Federn eingehüllt, wie es kein ausgestopftes Exemplar je zu zeigen vermag.«* Dieser Moment mit dem Felsenhahn nimmt die Begegnung mit den farbenprächtigen Paradiesvögeln vorweg, um deren willen Wallace Jahre später bis zum Ende des indo-australischen Archipels reisen wird. Hier auf der Serra bringt Wallace während der neun Tage seiner Exkursion zwölf Klippenvögel zusammen; zehn davon haben Indianer für ihn mit ihren *»gravatánas«*, dem Blasrohr, erlegt. Sie bringen ihm auch andere exotische Vögel der Region, darunter Trogone und Tangare, die meisengroßen Manakins oder Schnurrvögel, die spechtverwandten Bartvögel und Ameisendrosseln.

Zurück am Fluss werden die kommenden Wochen und Monate am Oberlauf des Rio Negro für Alfred Wallace zur Strapaze. Flussschnellen, starke Strömung und Regenfälle verhindern immer wieder ein schnelleres Vorankommen seines Kanus; und die Einheimischen sind oft genug nur schwer zu überreden, ihm beim Rudern und Jagen zu helfen. Umso größer seine Bewunderung für den Naturforscher Johann Natterer aus Wien, der zwischen 1817 und 1835 Brasilien bereiste und vor ihm auch den oberen Rio Negro befahren hat – und der sich hier auf ganz eigene Weise verewigte. Wallace begegnet in Guía einer siebzehnjährigen *»malelúca«*, einer überaus hübschen Erscheinung von besonderer Anmut. *»Sie war ein schönes Exemplar jener noblen Rasse, die aus der Vermischung von sächsischem mit indianischem Blut entsteht«*, sinniert er über Natterers Spuren.

Wallace wird sich am Rio Negro auf andere Weise verewigen. Hier kommen ihm seine Lehrjahre als Landvermesser zugute; er weiß, wie man mit einem Kompass, einem Taschensextanten und einer guten Uhr umgeht. Als Erster überhaupt legt Wallace eine detaillierte Karte vom Lauf des Rio Negro und seiner Zuflüsse an, mit präzisen Angaben der Breitengrade und den extrapolierten Messungen der Längengrade, notiert darin minutiös die vielen Stromschnellen, für die die Indianer sämtlich Namen haben. Er wird diese von Hand entworfene und kolorierte Karte später zusammen mit seinem Reisebericht vom Rio Negro veröffentlichen und sich damit einen Namen auch als Geograph machen. Das Original dieser Karte, auf Leinen aufgezogen und im Format 130 mal 84 Zentimeter, zeigt viele Details, die Wallace bereits im Gelände vermerkt. Bis heute befindet sich die Karte in der Royal Geographical Society in London, wo sie Wallace erstmals 1852 präsentiert. Die Hauptkarte zeigt den Rio Negro von seiner Mündung in den Amazonas bei Barra bis hinauf ins venezolanische Grenzland und den Rio Uaupés, der bei Sao Joaquim mit dem Rio Negro zusammenfließt; von Letzterem legt er zudem eine Nebenkarte in größerem Maßstab an, mit sämtlichen Katarakten, Stromschnellen und Wasserfällen. In den beiden detaillierten Karten vermerkt Wallace auch das Vorkommen von Tieren an den gegenüberliegenden Ufern und die Namen der indianischen Dörfer entlang des gesamten Flusslaufs. Über viele Jahre ist Wallace' Karte vom Rio Negro die einzige dieser Region; noch Jahrzehnte später gilt sie als akkurate Navigationshilfe auf dem Fluss – und als das Beste, was es gibt, auch wenn die stets stark verkleinerten Reproduktionen der großen Karte dies kaum widerspiegeln.

Anfang 1851 erreicht Wallace Sao Carlos und damit gleichsam heiligen Boden. Denn bis hierher war Humboldt einst gekommen, dessen Bericht Wallace beinahe ein Jahrzehnt zuvor in der Bibliothek in Leicester gelesen hat. Er rudert mit seinen indianischen Helfern weiter, passiert die Einmündung des Casiquiare und erreicht schließlich zu Fuß jenes Örtchen Javíta im venezolanischen Hochland, wo er auf den Jaguar trifft – die Wasserscheide zum Orinoco. Doch mit dem ersten Tag seiner Ankunft endet die Trockenzeit und es regnet nun fast ununterbrochen jeden Nachmittag und die Nacht hindurch. Nicht nur das Sammeln wird dadurch behindert, auch macht es das Trocknen und Beschriften seines Materials schwer. Immerhin aber gehen ihm in den sechs Wochen seines Aufenthalts vierzig Arten an faszinierenden Tagfaltern ins Netz, die meisten neu für ihn und die Wissenschaft. Allen voran und gleich in mehreren Exemplaren die ansonsten raren, hell lavendelblau oder leuchtend satinblau gefärbten Morphofalter mit einer Flügelspannweite größer als eine gespreizte Hand. Bisher ist es ihm kaum einmal gelungen, diesen Schmetterling zu fangen, der meist hoch oben durch das sonnige Geäst des Amazonaswaldes schwebt; ganz langsam, wobei er nur ab und zu mit seinen Flügeln schlägt, aber kaum einmal tiefer als in mehreren Metern Höhe fliegt. Endlich hält Wallace neben dem schönen *Morpho helenor* auch den bezaubernden *Morpho menelaus* in den Händen, als er einige Indianerjungen in die Bäume klettern lässt, um die Falter von dort zu fangen. Es sind entzückende Geschöpfe, zart und zerbrechlich, und eine besonders geschätzte Trophäe. Die Schönheit dieser Wesen beweise für die meisten seiner Zeitgenossen hinreichend das Schaffen eines Schöpfers, weiß Wallace; *»eines Schöpfers, der auch uns den Sinn für Schönheit, für Formen, für Feinheiten und für leuchtende Farben verlieh«*, wie wir bei manchen Schriftstellern lesen. Wallace aber beginnt sich ernsthaft zu fragen, was die Natur mit dieser verschwenderischen Pracht und Schönheit der Schmetterlinge wirklich bezweckt.

Im Wald um die Ansiedlung sieht er Affen und Agutis, die hundegroßen Nagetiere Südamerikas, auch die Coati genannten Nasenbären; außerdem zahlreiche Schlangen und andere Reptilien. Die Indianer bringen ihm neben Vögeln wie etwa den bunten Trogonen vor allem Fische, Muscheln und einmal einen Kaiman – für seine beständig anwachsende Sammlung und als Mahlzeit. Denn anfangs kann er noch auf Proviant zurückgreifen, den er im letzten halbwegs »zivilisierten« Außenposten am Rio Negro ergatterte. Bald jedoch bleibt ihm davon nur der Kaffee; bis ihm auch der ausgeht. Neben Fisch ernährt er sich fortan von *»farinha«*, einem zwischen den Zähnen knirschenden Mehl aus Maniokwurzeln. Er erträgt die Moskitos und Sandflöhe mit stoischer Gelassenheit, schläft in einer Hängematte, beobachtet das Leben und Treiben der Einheimischen, mit denen er Tag und Nacht auf engstem Raum zusammenlebt. Mit dem Blick des auch stets am Menschen interessierten Naturforschers notiert er ihre Zeremonien und Gebräuche. Nur gelegentlich vermerkt er auch die anmutige Figur einer jungen Indianerin, wenn er sie im Fluss baden sieht, oder bewundert ihre Körperbemalung, die sie bei aller Nacktheit wie angezogen aussehen lässt. Doch schnell widmet er sich dann wieder seiner eigentlichen Aufgabe. Natter'sche Neigungen erlaubt er sich nicht.

Unermüdlich sammelt er Vögel, Fische, Schmetterlinge und Käfer, Säugetiere und Pflanzen. Von den verschiedenen Palmenarten macht er Zeichnungen und Notizen; sie will er in einer eigenen Abhandlung beschreiben. Was nicht trocken aufbewahrt werden kann, etwa Schlangen und andere Kriechtiere, legt er zur Konservierung in *»cachaca«* ein, einem aus Zuckerrohr gebrannten Schnaps. Einmal vergreifen sich in einem Dorf die von ihm angeheuerten Ruderer an seinem Alkoholvorrat; diesen zu versaufen, meinen sie, sei eine weitaus bessere Verwendung als jene, die Wallace bevorzugt. Seine Sammlung an wertvollen Naturalien wächst und wächst. Ihr Verkauf soll ihm später nicht nur einen sicheren Lebensunterhalt garantieren; inzwischen geht es ihm um mehr. Wallace sammelt Serien von immer wieder den gleichen Arten. Schließlich braucht der Naturalienhandel stets mehrere Exemplare einer Tierart, wenn sie sich gut verkaufen lassen; und eben nicht nur ein oder zwei typische Individuen, wie sie die Naturkundler vor ihm und auch seiner Zeit meist sammeln.

Wallace hat längst nicht nur den dekorativen Zweck oder mehr Profit im Sinn; ihm verschaffen solche Serien zugleich einen wichtigen Einblick in die natürliche Variation. Es sind vor allem die auffälligen Arten an Schmetterlingen, die ihn entlang des Amazonas und seiner Zuflüsse ein grundlegendes Muster erkennen lassen. Von dem Edelfalter *Callithea* weiter unten am Amazonas hat er je nachdem, an welchem Flussufer er war, unterschiedlich gefärbte Formen gefangen. Bald danach fallen ihm solche sich gegenseitig vertretenden Arten diesseits und jenseits einer Flussbarriere auch bei anderen Arten auf. Am Rio Negro ist Wallace schon nicht mehr nur Sammler, er ist ein reisender Naturforscher. Während er sammelt, beobachtet er zugleich aufmerksam. Die überbordende Vielzahl der Arten, überlegt Wallace, kommt nicht allein dadurch zustande, dass jede dieser Tierarten jeweils eine enge Beziehung zwischen ihrer Umwelt und einer besonderen Anpassung aufweist, wie die meisten Naturforscher seiner Zeit denken. Viel wesentlicher, so wird Wallace klar, dürfte sein, dass jede Art nur jeweils in einem bestimmten Gebiet vorkommt. Der Fluss und der Wald ändern sich von Ort zu Ort, den Wallace entlang des gewaltigen Amazonas-Stromes besucht; ebenso ändert sich die Tierwelt, die er in den einzelnen Regionen antrifft; es leben im Tiefland andere Arten als im Hochland und ebenso jeweils andere Arten am diesseitigen und jenseitigen Ufer der Flüsse, die er befährt. Wallace erkennt, wie wichtig es ist, exakt die Fundorte jedes einzelnen Exemplars und jeder Art, die er sammelt, zu notieren; so lässt sich das Gebiet des Vorkommens einer Art später in Karten vermerken. Es sind schließlich Affen, die ihm bei dieser Erkenntnis den Weg weisen.

Von den Affen am Amazonas: Zuallererst sind die Affen des Amazonas für Wallace von kulinarischem Interesse. Noch nahe der Mündung des Stromes, nur wenige Meilen von Pará entfernt, ist er eines Morgens unterwegs auf einem Streifzug durch den Wald, als er zum ersten Mal Brüllaffen sieht. »*Zuerst hörte ich nur Rascheln im Geäst, wie wenn jemand rasch durch ein Gebüsch streicht, und erwartete einen Indianer auf der Jagd zu sehen. Dann erscholl ihr Rufen in den Ästen über mir und ich erblickte einen großen Affen, der auf mich herabsah und mindestens ebenso überrascht war wie ich selbst.«* Am nächsten Tag kommt Wallace wieder und schießt einen von ihnen aus den Bäumen. »*Ich hatte gehört, wie gut sie sein sollten. So nahm ich ihn mit nach Hause, brach das Tier fachgerecht auf und röstete sein Fleisch zum Frühstück.«*

Als er dann die Nebenflüsse im oberen Amazonas-Becken bereist, bemerkt er, dass an jedem von ihnen eine andere Art dieser Klammerschwanzaffen der Gattung *Alouatta* lebt (bei Wallace heißt diese irrigerweise noch *Mycetes*). Der braune Brüllaffe *(belzebul)* am unteren Amazonas bei Pará, der schwarze *(caraya)* entlang des oberen Amazonas und der rote Brüllaffe am Rio Negro (*seniculus*, den Wallace unter dem Artnamen *ursinus* führt). Bei einer anderen Gruppe von Affen, diesmal solchen mit buschigem Schwanz – den »*Faultieraffen*«, wie sie bei Wallace heißen, oder Sakis –, stellte er fest, dass eine Art (der Schweifaffe *Pithecia irrorata*) am oberen Amazonas ausschließlich entlang des südlichen Ufers zu finden ist. Dagegen lebt eine nächstverwandte Art am gegenüberliegenden nördlichen Ufer; diese kennen Fachleute heute als Mönchsaffe *Pithecus monachus.* Über solche an sich offenkundigen Tatsachen des lokalen Vorkommens hat sich vor ihm kein Forscher am Amazonas groß Gedanken gemacht. Auch Wallace kann es sich anfangs nicht recht erklären. Welcher physische Umstand sollte für die verschiedenen Vorkommen verantwortlich sein? Stellt etwa der mächtige Strom selbst eine Barriere dar?

Nachdem es ihm erst einmal aufgefallen ist, beginnt er bei immer mehr Tierarten darauf zu achten, ob sie am nördlichen oder südlichen, diesseitigen oder jenseitigen Ufer des Stromes leben. So entdeckt er die Grenzen der Verbreitung bald nicht nur bei Brüll- und Faultieraffen, von denen er nie einen schwimmend im Fluss sieht und die das Wasser tunlichst meiden. Offenbar scheuen sich auch die sehr viel mobileren Insekten und Vögel – die meisten von ihnen sind waldlebende Arten –, über die offene Strecke der breiten Amazonas-Ströme hinwegzufliegen. Ihm fällt ein, wie er bei Santarem einmal ein Exemplar des wundervoll himmelblauen Edelfalters *Callithea sapphira* fing (er wird heute zur Gattung *Asterope* gerechnet); und dann nicht weit vom ersten Fundort entfernt, aber am gegenüberliegenden Ufer des Flusses, entdeckte er einen weiteren Falter. Dieser ist nun aber von tiefblauer Farbe und mit distinkter Zeichnung auf seinen Flügeln – ohne Zweifel eine neue Art. Sie lebt von der ihr nächstverwandten nur durch eine vergleichsweise unbedeutende Entfernung getrennt – indes der Distanz des hier noch immer kilometerbreiten Amazonas. Selbst bei den Fischen fällt Wallace auf, dass viele Arten im Amazonassystem meist nur lokal vorkommen und voneinander abweichen. Je nach Örtlichkeit sehen die Exemplare ein und derselben Art immer wieder etwas anders gefärbt und gezeichnet aus. Und jeder Flussabschnitt, ob am Oberlauf oder Unterlauf eines der Flüsse, weist neben weitverbreiteten Formen auch immer wieder eigene Fischarten auf, die nur dort vorkommen. *»Wie der Amazonas hat auch jeder Zufluss jeweils seine eigenen Fische, vor allem in den Oberläufen. Dadurch wird die Zahl der verschiedenen Arten im gesamten Amazonasbecken ganz enorm sein.«*

Nur beispielsweise *»Amazonas-Fluss«* oder gar *»Brasilien«* als Fundort zu vermerken, sei zu vage, wird er später die Leser seiner Abhandlungen wiederholt warnen. Er selbst habe anfangs ebenfalls nur etwa *»Rio Negro«* bei vielen seiner Fundstücke vermerkt, bevor er erkannte, wie wichtig eine präzisere Angabe sein würde. Fortan notiert Wallace bei sämtlichen der von ihm gesammelten Tiere die Angabe zur Örtlichkeit so sorgfältig wie möglich. *»Während meines Aufenthaltes in Amazonien nahm ich jede Gelegenheit wahr, Verbreitungsgrenzen von Arten herauszufinden. Bald bemerkte ich, dass der Amazonas, der Rio Negro und der Madeira Grenzen bildeten, die manche Arten nie überquerten.«* Solche örtlichen Besonderheiten haben nicht nur praktische Folgen für Wallace als Naturaliensammler; vielmehr beginnt der Naturforscher in ihm darüber nachzudenken, was dieses unterschiedliche Vorkommen bedeutet. Warum gibt es am Amazonas auf jeder Seite des Stromes jeweils verschiedene, aber doch ähnliche und offenkundig nächstverwandte Arten? Es muss doch einen Grund geben dafür, dass jede Art just in demjenigen Lebensraum anzutreffen ist, wo sie jetzt lebt. »*Welches aber sind die Umstände, die bestimmte Flüsse oder Berge zur Grenze zahlreicher Arten machen?*«, fragt sich Wallace.

Schließlich beobachtet er die auffälligen Verbreitungsmuster bei nicht weniger als 21 verschiedenen Affenarten des Amazonas mit eigenen Augen; darunter neben den Brüll- und Wollaffen vor allem Klammer-, Kapuziner- und Krallenaffen oder Marmosetten, auch Kurzschwanzaffen oder Uakaris; sieben mit Klammerschwanz und vierzehn ohne einen solchen. Immer ist es dasselbe Bild: gleiche Gattung, jeweils andere Arten je nach Fluss und Flussuferseite. Tatsächlich ist die Vielfalt an Affen in Südamerika besonders groß; immerhin lebt von über 360 weltweit bekannten Affenarten fast ein Drittel auf diesem Kontinent, viele davon in Brasilien und hier insbesondere im Einzugsgebiet des Amazonas. Wallace ahnt, dass eine solche Artenfülle direkt etwas mit den Flüssen zu tun hat; er weiß nur noch nicht genau, was.

Wie sehr Wallace diese Frage der Amazonas-Affen beschäftigt, mag man daran sehen, dass er – nicht einmal seit drei Monaten nach England zurückgekehrt – am 14. Dezember 1852 bei einem Treffen der Zoologischen Gesellschaft in London einen Bericht darüber gibt. Nach einer kurzen Darstellung jeder der von ihm beobachteten Affenarten diskutiert er auch ihr geographisches Vorkommen; nicht ohne hier zu bemerken, wie ungenau und damit unzureichend für eine nähere Beurteilung die bisherigen Fundort-Angaben in den Berichten anderer Reisender und in den naturkundlichen Museumssammlungen seien. Sein Vortrag »*On the Monkeys of the Amazon*« erscheint 1853 gedruckt in den Abhandlungen der Gesellschaft; auch widmet er sich in seinem Reisebericht vom Amazonas ausführlich diesem Thema. Wallace unterscheidet aufgrund seiner Befunde an den Affen vier getrennte Distrikte, wie er diese Regionen nennt. In der Nähe von Barra, wo sich der obere Amazonas wie ein Hahnenfuß in drei große Flüsse aufspaltet (neben dem Hauptstrom der Rio Negro und der Madeira), kommen diese vier keilförmigen Distrikte zusammen: das Guayana-Viertel aus Nordosten, das Ecuador-Viertel aus Nordwesten, das Peru-Viertel von Süden und das Brasilien-Viertel aus Südosten. Diese werden jeweils durch die großen Ströme des Amazonas begrenzt und weisen ihre ganz eigene Garnitur an Arten auf. *»Erst nahe der jeweiligen Quellregion hören die Flüsse auf, als Barrieren zu wirken, und hier findet man nun die meisten Arten auf beiden Seiten.«*

Erstmals leitet Wallace hier ein biogeographisches Muster aus seinen Beobachtungen ab. Er geht damit über frühere Naturforscher wie Alexander von Humboldt am Orinoco oder Johann Baptist Ritter von Spix am Amazonas hinaus. Letzterer hatte bei seinen Funden jeweils nur *»am Ufer des Amazonas«* notiert und somit das jeweils deutlich lokalere Vorkommen diesseits oder jenseits des Flusses ignoriert, von dem aber auch die dort ansässigen Indianer sehr wohl wussten. Wallace legt mit seiner Amazonas-Affen-Arbeit den ersten Grundstein für eine eigene Wissenschaft – die Biogeographie, die sich systematisch mit dem räumlichen Vorkommen und der Verbreitung von Lebewesen beschäftigt, und die er dann später durch seine Entdeckungen im indo-australischen Archipel begründen wird. Zwar ist sein Schema der Einteilung des Amazonas-Stromsystems noch simpel; dennoch ist Wallace mit solchen Überlegungen seiner Zeit weit voraus. Heute wissen wir, dass die gewaltigen Ströme das gesamte Amazonasbecken zerschneiden und isolierte Landteile gleichsam wie Inseln bilden; auf diesen sind einzelne Tierarten regelrecht gefangen. Tatsächlich können Affen nicht schwimmen, sie ertrinken in einem Fluss bereits wenige Meter vom Ufer entfernt. So bleiben einzelne Affenarten auf diesen Land-Inseln am Amazonas voneinander isoliert, selbst wenn sie in scheinbar nächster Nähe zueinander leben. Allerdings ändern sich die Stromsysteme; es sind mäandrierende Gewässer, die sich beständig neue Wege bahnen und so Waldstücke gewissermaßen von einer auf die andere Seite wandern lassen. Dadurch entsteht ein kleinräumiges Mosaik, in dem immer wieder andere Arten voneinander getrennt werden.

Was Wallace bei seiner Reise allenfalls in ersten Ansätzen ahnt: Das dynamische Flusssystem Amazoniens ist gleichsam ein natürliches Laboratorium der Evolution. Zwar hat Wallace am

Amazonas noch kein Heureka-Erlebnis als Evolutionist, doch bereiten seine Beobachtungen biogeographisch den Boden für eine weitere grundsätzliche Überlegung in diese Richtung des Denkens. Offenbar sind der Verbreitung von Tieren Grenzen gesetzt; angesichts solcher Grenzen im Gelände beginnt sich Wallace zu fragen, wie sich nun die Grenzen zwischen einzelnen Lebewesen bestimmen lassen, den vermeintlich konstanten Arten und Artengruppen bei Tieren und Pflanzen.

Fahrt auf dem Rio Uaupés: Zeit zum Nachdenken hat Alfred Russel Wallace am Amazonas reichlich. Über viele Monate durchstreift er, abgeschieden und weitgehend auf sich gestellt, die Flusslandschaften der Zuflüsse des Rio Negro. Getrieben vom Ehrgeiz, Neues zu entdecken und neue Arten zu sammeln, sich einen Namen als »*naturalist*« zu machen, drängt er weiter hinauf in die unwegsamen Gebiete des oberen Amazonas. Sie sollten bitte nicht glauben, schreibt Wallace in einem Brief an seine Familie, es vergehe »*ein einziger Tag oder eine Nacht, ohne dass ich an Euch alle denke*«. Doch bevor er zurückkehren könne, wolle er dieses großartige Land erforschen, dabei »*nicht nur sehen und tun, was andere vor mir getan haben, sondern neue Befunde zur Wissenschaft beitragen, die nur ich zu liefern vermag – das ist es, was mich antreibt*«. Unmerklich erst für ihn selbst, wird sein Wunsch immer drängender, nicht nur Naturalien zu sammeln; inzwischen hat Wallace eine Vision von sich als Naturforscher. Dazu aber muss er weiter in unbekannte Regionen vordringen.

Die erste Expedition auf dem Rio Uaupés, dem großen Zufluss des Rio Negro im Westen, bringt Wallace bis zum zweiten Katarakt. Er entdeckt eine Region gleich einem natürlichen Orchideen-Garten; einmal findet er dreißig verschiedene Arten auf einem nur einstündigen Streifzug. Dazu kommen unzählige Bromelien und Lianengewächse. Auch die Tierwelt ist hier jenes Tropen-Paradies, von dem er und Bates geträumt haben, als sie aufbrachen. Er hört einmal mehr von dem sagenhaften weißen Schirmvogel und einer besonders bunt gezeichneten Wasserschildkröte der Gattung *Chrysemys*. Dann erkrankt er schwer an wiederkehrenden Fiebern, Gelbfieber oder auch Malaria, dazu noch an Ruhr. Er muss umkehren und rudert nach fünf Monaten, geschwächt von Fieber und Durchfall, mehr als zweitausend Kilometer zurück nach Barra. Hier kann er seine Sammlung versorgen und zum Versand vorbereiten, seine Vorräte aufstocken und sich vor allem von den Anstrengungen erholen. Unbedingt will er wieder aufbrechen und fährt – *»nach reiflicher Überlegung«*, wie er notiert – schon nach zwei Wochen nochmals zum Rio Uaupés hinauf. Diesmal ist er sieben Monate unterwegs, aber die Expedition wird eine beinahe tödliche Tortur. Wallace ist die gesamte Fahrt über krank, meist kann er auf einen Stock gestützt nicht weiter als ein paar Schritte am Flussufer entlang gehen; er muss indianische Helfer in den Wald zum Sammeln schicken. Nach Tagen und Nächten, in einem Zustand eigenartiger Trance und mehr träumend als wirklich wach, ist es ihm beinahe egal, ob er mit den Indianern, die sein Kanu rudern, in den reißenden Stromschnellen versinkt oder nicht. Das Chinin, das er jetzt regelmäßig einnimmt, vermag die Malaria kaum mehr in Schach zu halten. Die Ruhr bringt ihn fast um; tagelang sind der Saft von Orangen und ein paar Cashewnüsse das Einzige, was er zu sich nehmen kann. Einmal ist es so schlimm, dass weder er noch seine indianischen Helfer erwarten, dass er die Nacht überlebt.

Wallace erreicht den Zusammenfluss des Rio Uaupés mit dem Rio Negro, wo er sich in Sao Joaquim drei Monate Ruhe gönnt. Dann bricht er erneut auf. Um die zahllosen Stromschnellen entlang des Flusses zu passieren, müssen seine indianischen Helfer oft genug das Kanu und seine gesamte Ausrüstung über Felsen am Rande der reißenden Strömung tragen; einmal benötigen sie die Verstärkung von 25 Einwohnern eines nahe gelegenen Dorfes, die mit Seilen und Stricken aus Pflanzenfasern das Kanu über blanke Felsen ziehen, bevor die Fahrt weitergehen kann. Der Fluss wird flacher und Wallace muss fünf Tage warten, bis ein kleineres Kanu gebaut ist, mit dem er noch weiter hinaufrudern kann. Ungeachtet seines geschwächten Zustandes kartiert Wallace weiterhin mit großer Akribie den Fluss und seine nicht enden wollende Abfolge von Katarakten, die bei den Indianern so anschauliche Namen haben wie etwa »*anacas*« (Ananas), »*maniwara*« (weiße Ameise) oder »*tapiracunga*« (Tapirkopf). Mehr als fünfzig davon wird er hinter sich bringen und in der Karte vermerken. Vögel und Insekten sind oft nur schwer zu erlangen. Doch von den Fischen, darunter vielen, die noch kein Forscher vor ihm je sah, fertigt Wallace weiter sorgfältige Zeichnungen an; einige Fische bewahrt er zudem in Alkohol auf und nimmt sie mit. Schließlich erreicht er Mitte März 1852 Mucura (heute Maura) im kolumbianischen Teil des Oberlaufs dieses Flusses – und damit den am weitesten im Hinterland Amazoniens gelegenen Punkt seiner gesamten Expedition. Vierzehn Tage verweilt er in dieser Region, die kein europäischer Forscher je vor ihm sah; wahrlich ein Highlight der Erkundung der noch unbekannten Flecken unserer Erde. Aber Wallace ist auch am Ende all seiner Kräfte.

Den sagenhaften weißen Schirmvogel und jene besonders gezeichnete Wasserschildkröte sucht er am Rio Uaupés letztlich vergeblich. Am Ende ist Wallace deshalb »*geneigt, diesen für eine bloße weiße Varietät zu halten, wie ab und an bei unseren Schwarzdrosseln und Staren zu Hause vorkommen*«, schreibt er einigermaßen frustriert. Kein Wunder angesichts all des Aufwands und der Strapazen, die Wallace auf sich genommen hat für eine solch seltene Laune der Natur. Doch das Fazit ist nützlich, hält es doch eine wichtige Erkenntnis bereit. Allzu leicht übersehen Wallace' Zeitgenossen solche Aberrationen und die Abweichungen, die sich bei beinahe jedem Tier finden. Tatsächlich aber sind bei keiner Art sämtliche Einzelexemplare nur mehr Kopien eines Idealtypus, wie man bis dahin vielfach glaubt. Vielmehr sind Arten Ansammlungen zahlloser kleiner Abänderungen und individueller Varianten, wie Darwin zu diesem Zeitpunkt bereits wusste und Wallace jetzt zu erkennen lernt. Solch minimalen Abweichungen, die das natürlichste bei biologischen Arten sind, weisen beiden schließlich den Weg zur Evolutionstheorie.

Endlich, nach vier Jahren und mit reicher Ausbeute, tritt Wallace im April 1852 vom Rio Uaupés aus den Rückweg an. Zusätzlich zu seiner Sammlung getrockneter, genadelter und konservierter Tiere und Pflanzen, verstaut in zwanzig Kisten und Paketen, bringt er diesmal auch eine exotische Menagerie lebender Tiere den Fluss mit hinunter, vor allem viele Vögel und Affen. Die Zahl der Tiere in diesem Zoo indes schwankt und Wallace hat erhebliche Schwierigkeiten, sie alle am Leben zu halten. Als er Sao Joaquim verlässt, sind es 52 gefiederte und pelztragende Tiere; doch einige entkommen, einer der Affen verspeist zwei seiner Vögel. Unterwegs kauft Wallace zwar weitere lebende Tiere dazu, vor allem Papageien und Sittiche; aber beinahe jeden Tag verliert er eines wieder. Bei der Durchfahrt durch eine Stromschnelle geht einer seiner schönsten und wertvollsten Papageien verloren, von dem er nur dieses eine Exemplar besitzt. Als er Barra verlässt, sind es nur noch 34 Tiere – darunter fünf Affen, zwei Aras, zwanzig weitere Papageien, einige Kleinvögel, ein Fasan mit weißer Haube und sein Favorit – ein ausgewachsener, handzahmer Tukan. Der geht schließlich, am Unterlauf des Amazonas angekommen, des Nachts über Bord und ertrinkt in den Fluten des Flusses – ein schlechtes Omen.

In Barra findet Wallace sechs große Kisten vor, angefüllt mit der Ausbeute seiner früheren Sammeltouren am Rio Negro. Er hatte sie bereits im vorangegangenen Jahr auf die Reise nach England zu seinem Agenten Stevens gebracht. Doch sie wurden wegen ungeklärter Zollangelegenheit aufgehalten, und erst jetzt kann Wallace sie dort auslösen und nach Pará mitnehmen, wo er am 2. Juli ankommt. Er besucht Herberts Grab, der hier am 8. Juni 1851 starb, bevor er ein Schiff nach Europa erreichte. Wallace hat mehr Glück; er findet, noch immer vom Fieber geschwächt, sogleich einen Segler nach England, der ihn an Bord nimmt, zusammen mit seiner gesamten Sammlung, Hunderte neuer Arten vom Amazonas: darunter die besten Exemplare an Schmetterlingen und Käfern, die man jemals sah; Vogelbälge der seltensten Arten; das komplette Skelett samt Fell eines Ameisenbären sowie das einer Amazonas-Seekuh und Häute weiterer Säugetiere; auch in Alkohol eingelegte Reptilien und ganze Blattwedel bisher unbeschriebener Palmen sowie Gesteinsproben von den bislang unerschlossenen Zuflüssen des großen Stromes.

Am 12. Juli 1852, einem Montag, schifft sich Alfred Russel Wallace in Pará auf der »*Helen*« ein, einem Zweimaster von 235 Tonnen. Mit dabei zwanzig lebende Tiere, Papageien, Sittiche und andere Vögel sowie drei nach Humboldt benannte Wollaffen der Gattung *Lagothrix* mit grauem Fell und langem Klammerschwanz. Als Wallace den weißen Häusern und den sich im Wind wiegenden Palmen am Ufer zum Abschied winkt und der Segler die Mündung des Amazonas hinter sich lässt, nimmt ein Unglück seinen Lauf, das sein Leben verändern wird – und vielleicht ein wenig auch eine gesamte Wissenschaft, die Biologie.

Die Katastrophe – Londoner Zwischenspiel

(August 1852–März 1854)

Kaum ein paar Tage ist die *»Helen«* auf See, als das Fieber Wallace nochmals heftig packt und er befürchtet, auch er könnte sich mit Gelbfieber angesteckt haben, das noch immer in Pará grassierte. Zwar erholt er sich, fühlt sich aber weiterhin schwach und verbringt viel Zeit in seiner Kabine mit Lesen. Nur allmählich verlässt ihn das Fieber, doch nachts schläft er wieder besser; und er träumt von seiner Zukunft als Naturforscher, gelegentlich auch von einer verlockenden Frau, die ihm – zurückgekehrt nach Hause – begegnet und die er heiratet. Sie haben gutes Wetter, wenn auch nur schwachen Wind. Als sie weitere drei Wochen auf See sind, seit Langem ohne dass mehr Land in Sicht war, mitten im Atlantik auf 30° 30' nördlicher Breite und etwa 52° westlicher Länge, steht eines Morgens nach dem Frühstück John Turner, Kapitän und anteiliger Eigner der *»Helen«*, in Wallace' Kabine. *»Ich fürchte, auf dem Schiff brennt es. Kommen Sie und sagen Sie mir, was Sie davon halten.«* Keine gute Nachricht, denkt Wallace, als er dem Kapitän zum Vorderdeck folgt. Dort steigt dichter Rauch aus dem Inneren auf; *»eher wie Dampf, wenn man etwas erhitzt, als der Rauch eines Feuers«*, so Wallace. Wie auch immer: Es kommt ohne Zweifel aus dem Bauch des Schiffes. Kein gutes Zeichen.

Die *»Helen«* hat Kautschuk und Kakao geladen, außerdem Piassava – Pflanzenfasern einer brasilianischen Palme (der *Leopoldinia piassaba*, die übrigens zuerst von Wallace wissenschaftlich benannt und beschrieben wird, wie wir noch sehen werden). Vor Ort wird Piassava zu Matten und Tauen verarbeitet, in England als Verpackungsmaterial genutzt, bis man entdeckt, dass sich daraus bestens derbe Besen machen lassen. Vor allem aber führt ihr Schiff Fässer voller Copaivabalsam mit sich. Die klare, gelbliche und sirupähnliche Flüssigkeit, die wir vom sprichwörtlich aromatischen Balsamgeruch kennen, wird in Brasilien durch das Anritzen der Rinde verschiedener Baumarten, hauptsächlich von *Copaifera reticulata*, gewonnen. Die Indianer am Amazonas kennen die antiseptische Wirkung dieses Baumharzes und nutzen es als Heilmittel bei allerlei Verletzungen und Erkrankungen – von der Wundheilung bis zu Geschlechtskrankheiten; auch in Europa ist es daher seit Langem begehrt. Copaivabalsam besteht aus Harzen und ätherischem Öl. Jedes Kind weiß, dass sogar aus Baumharz gewonnener Bernstein brennbar ist. Der Kapitän der »*Helen*« indes ist unkundig, was den Transport des leicht entzündlichen Balsamöls angeht, und begeht eine Kette folgenschwerer Fehler.

Der erste ist, dass er nicht sämtliche der kleinen Balsamfässer auf feuchtem Sand betten lässt, wie es als Vorkehrung gegen spontanes Entzünden dieser Ladung zu geschehen hat. Als in Pará mehr Fässer als anfangs vorgesehen geladen werden, lagert man sie auf trockenem Reisstreu. Als sich der Balsam in einigen der Fässer jetzt in der tropischen Hitze selbst entzündet, wird ihr Reisbett zum Brandbeschleuniger und lässt schnell auch andere Teile der Ladung Feuer fangen. Den zweiten Fehler begeht Kapitän Turner, dessen Mannschaft offenbar auch einfachste Vorgänge nicht vertraut sind, als der Schwelbrand unter Deck immer mehr Rauch entwickelt. Statt den Brand zu ersticken, lässt er die Luken zum vorderen Niedergang öffnen; so entfacht der frische Luftzug das Feuer erst richtig, das umso größer lodert. Nachdem seine Männer über Stunden vergeblich versucht haben, mit Eimern voller Wasser, die sie auf die Ladung schütten, den Brand zu löschen, kommt dem Kapitän ein dritter unseliger Einfall. Er lässt den Schiffszimmermann eine Öffnung in den Kajütenboden sägen, um von oben besser an den Brandherd zu kommen. Doch verbessert er damit abermals die Luftzufuhr für die Flammen.

Schließlich wird aus dem Schwelbrand unter dem Vorderdeck ein veritables Feuer, das auf andere Teile des Schiffes übergreift. Immer schneller fressen sich die Flammen dann voran – nach hinten, nach unten und oben.

An Deck herrscht bald wildes Chaos. Während einige der Männer weiter Wasser über die Planken schütten, machen andere am Heck die Rettungsboote klar. Hastig werden diese mit Fässern voller Trinkwasser beladen, Zwieback und andere Lebensmittel werden verstaut; die Ruder und ein kleiner Mast samt Segel müssen zusammengesucht werden. Mittendrin der Kapitän, der Kommandos hierhin und dorthin gibt. Wallace steht gefasst, aber hilflos dabei und sieht zu, wie die Männer die Boote schließlich zu Wasser lassen. Als der Kapitän in seine Kajüte geht, um mit Seekarten und Sextant, Kompass und Chronometer in den Händen zurück an Deck zu kommen, ist das ein sicheres Zeichen. *»Retten Sie, was Sie können!«*, ruft Turner Wallace zu. *»Ich befürchte, wir verlieren das Schiff.«* Im Bauch der *»Helen«* blubbert der Balsam da schon wie flüssige Lava; längst hat das Feuer auf alle Teile der Ladung übergegriffen, schmort das Kautschukgummi und entfacht die Piassavafasern.

Wallace kann nicht glauben, was passiert. Seine Kajüte ist schon voller beißendem Rauch, als er hinunterstürzt. Es ist unerträglich heiß, gleich wird alles in Flammen aufgehen, knisternd und knackend züngelt das Feuer gefährlich nahe heran. Er tastet um sich, greift eine Blechkiste mit ein paar Hemden darin, findet seine Uhr und etwas Geld, das er ebenso hineinwirft wie ein Packen mit seinen Zeichnungen – Bleistiftskizzen, die er von den Fischen und Palmen am Rio Negro und Rio Uaupés angefertigt hat, dazu seine Notizen zu Vorkommen und besonderen Kennzeichen. Wallace greift auch zwei Bände seines Reisetagebuchs, die er in dem Rauch und der Hitze eher zufällig zu fassen bekommt, und seine Aufzeichnungen für eine Karte vom oberen Rio Negro. Alles andere – Ausrüstung, Bücher, Instrumente, Kleider – muss er zurücklassen. Es gibt keine Chance, die einmalige Naturaliensammlung aus Amazonien zu retten, die im Schiffsrumpf bereits in Flammen aufgeht und zu Asche verkohlt.

Als die Takelage und die Masten der »*Helen*« Feuer fangen, gibt Kapitän John Turner am Nachmittag sein Schiff auf und befiehlt alle Mann in die Boote. Wallace muss sich an einem Tau zu einem der beiden Boote abseilen; geschwächt wie er noch immer ist, entgleitet es seinen Händen, die Haut wird beim Fallen abgescheuert, jede Berührung mit Meerwasser brennt fortan höllisch. Kaum haben sie sich einige Ruderlängen vom Schiffsrumpf abgestoßen, können die Männer in ihren Rettungsbooten nur hilflos zusehen, wie das ganze Deck in Flammen steht. Schließlich fangen die Segel Feuer und die Masten stürzen um. Als Erster der Großmast, *»aber der Fockmast stand noch eine lange Zeit aufrecht und erregte unsere Bewunderung und unser Staunen«*, so Wallace später in seiner Schilderung der Katastrophe. Seine Menagerie lebender Tiere vom Amazonas erwähnt er nur kurz. Durch den Rauch hört er, wie sie unter Deck verzweifelt kreischen und toben; sie werden bei lebendigem Leib verbrennen. Nur wenige können sich befreien und den Flammen am Vorderdeck entkommen. *»Einige der Papageien und Affen«*, so erinnert sich Wallace, der das grausige Schauspiel vom Boot aus ansehen muss, *»hatten sich auf den Bugspriet zurückgezogen«*; so weit weg wie möglich von den immer höher lodernden Flammen. Als auch der Feuer fängt, rennen seine Wollaffen zurück und werden vom Feuer am Bug verschlungen. Nur ein Papagei kann sich an ein langes Tau gekrallt retten. Er fällt mit versengten Federn ins Meer und wird, reichlich zerzaust, aber lebend, von Wallace mit dem Boot aus dem Wasser gefischt.

Die »*Helen*« brennt die ganze Nacht über bis auf die Wasserlinie nieder; dunkler Rauch umhüllt das Wrack, in dessen Rumpf der Feuerschein die unwirkliche Szene lange erleuchtet. Es ist der Morgen des 7. August 1852, als das Schiff sinkt – mitten im Ozean. Irgendwo hinter dem Horizont in weiter Ferne liegen die Bermudas, mehr als tausend Kilometer westlich von ihnen das einzige Land überhaupt. Wallace liegt wie gelähmt in dem offenen Boot, vorläufig gerettet, zusammen mit der Besatzung und Kapitän Turner. In den Dollen knarren die Riemen, als die Männer zu rudern beginnen.

Die Sammlung: Wallace' Expedition in Südamerika ist ein Triumph an Hartnäckigkeit, Willensstärke und auch Vision. Doch sie endet im Desaster, das ihn seine Sammlung und beinahe auch sein Leben kostet. Im Laderaum der »*Helen*« versinkt vor den Bermudas ein biologischer Schatz – die Früchte vieler Monate harter Arbeit. Mit dem Schiff geht erst in Rauch auf und dann unter, was Wallace in den letzten beiden Jahren seiner Amazonas-Reise mühevoll zusammengetragen hat – eine der größten wissenschaftlichen Sammlungen seiner Zeit, zahllose unbekannte Tier- und Pflanzenarten aus entlegenen Regionen des Regenwaldes samt seinen Aufzeichnungen. Ein von Balsamöl und einem unbedachten Kapitän befeuerter Moment vernichtet Jahre seines Lebens – und Tausende von Insekten, Schmetterlingen und Spinnen, Käfer und Knochen, Hunderte Vogelbälge und Felle, Schlangenhäute und Schädel, Muscheln und Schnecken. Eine höchst erstaunliche und in vielen Fällen bis dahin unbeschriebene Vielfalt der Fauna und Flora Amazoniens. Schätze, für die er sein Leben aufs Spiel gesetzt hat – und von denen seine Zukunft abhängt. Vom Erlös dieses einmaligen Naturalienschatzes hätte Wallace für lange Zeit auskömmlich leben können. Jetzt ist nahezu alles verloren. Und längst sind die Männer in den offenen Beibooten nicht gerettet.

Tage und Nächte treiben sie hilflos auf dem offenen Ozean. Ihre überladenen Nussschalen sind undicht, das Holz der Planken verwittert, von der Tropensonne rissig; es leckt und unaufhörlich müssen die Männer Wasser mit Eimern ausschöpfen, das dennoch alles im Boot durchweicht. Apathisch realisiert Wallace, dass er sich in der Eile in Pará auf ein wenig vertrauenerweckendes Schiff eines nicht sehr fähigen Kapitäns begeben hat. Die Sonne brennt von einem gnadenlos unbedeckten Himmel. Bald sind Wallace' Gesicht und Hände ebenso wie bei den anderen Männern mit Blasen bedeckt, Nase, Ohren und seine Hände werden regelrecht enthäutet. Sie leben von kleinen Rationen aus Schinken, Zwieback und Wasser. Die Boote haben ihre Behelfssegel gesetzt, und ein günstiger Wind lässt sie Kurs auf die Bermudas nehmen. Doch der Wind dreht nach zwei Tagen, sie steuern nach Norden. Das Wasser wird knapp; bald werden sie auch nicht mehr genug Nahrung haben. Wallace beobachtet Delphine, die das Boot umkreisen. Er bewundert den metallisch-blaugrünen Glanz ihrer Körper, wenn sie die Meeresoberfläche durchstoßen. *»Wir sahen auch einen Schwarm kleiner Vögel vorbeifliegen, die zirpende Laute von sich gaben; die Matrosen wussten nicht, was für Vögel das waren«*, erinnert er sich später. Während die Männer die Tiere im und auf dem Meer in erster Linie als potenzielle Nahrung betrachten, kann Wallace den Naturforscher in sich auch jetzt nicht verleugnen. *»Nachts sah ich«*, notiert er später, *»etliche Meteorite, und so, wie ich mitten im Atlantik in einem kleinen Boot auf dem Rücken lag, war ich wirklich in der denkbar besten Position für ihre Beobachtung.«* Britisches Understatement oder die Wissenschaftsprosa eines Überlebenskünstlers, der sich bis dahin bereits vielen tödlichen Gefahren gegenübergesehen hat? Einer freilich, der gleichwohl die jetzt vor ihnen liegenden Gefahren kennt. Meist ist ihnen das Wetter gewogen und sonnig. Aber selbst bei wenig Wind und Wellengang schwappt mit der leichten Dünung ständig Wasser in die von Seite zu Seite rollenden Boote. Einen in diesen Breiten und zu dieser Zeit keineswegs unüblichen Hurrikan mit hohem Wellengang und Brechern mag sich Wallace gar nicht erst vorstellen.

Am Nachmittag des 15. August 1852 machen sie in der Ferne ein Segel aus und werden von dem vorüberkommenden Schiff, wie zuvor die *»Helen«* auf dem Weg nach London, entdeckt und gegen Abend glücklich aufgefischt. Da sind sie immer noch über 300 Kilometer von den Bermudas entfernt, die sie vielleicht nie erreicht hätten. Ihre Rettung verdanken sie der *»Jordeson«*, einem zweimastigen englischen Kauffahrer, von Kuba kommend auf dem Weg nach Hause. Als Wallace an Bord der *»Jordeson«* in Sicherheit ist, wird ihm erst richtig klar, was er verloren hat. *»Was ich zuvor zurückgeschickt hatte, reicht gerade, meine Kosten zu decken.«* Weil Wallace' Sammungskisten vom Zoll in Barra aufgehalten wurden, ist das gesamte Material der beiden vergangenen Jahre an Bord der *»Helen«* gekommen. Als ob das nicht schlimm genug wäre, hat er zudem seine gesamte eigene Dublettensammlung vom Amazonas dabei, jene besonderen Stücke, die er nicht verkaufen, sondern für sich selbst von allen Arten und Formen behalten wollte. »*Meine ganze Privatsammlung an Insekten und Vögel war an Bord; sie umfasste Hunderte neuer und wunderschöner Formen, die mein Museumskabinett (wie ich kühn hoffte) zu einem der reichsten machen würden, was amerikanische Arten betraf*«, schreibt Wallace an einen Freund. »*Noch dazu hatte ich ein Gutteil meiner Aufzeichnungen eingebüßt, darunter auch die überaus interessanten Tagebücher dreier Jahre am Amazonas, was schwerer wiegt als der nur finanzielle Verlust, da sie unersetzbar sind.*«

Diese Schätze, die mit dem Wrack der »*Helen*« in den Fluten versanken, gehen Wallace begreiflicherweise lange nicht aus dem Kopf. »*Nun, da die Gefahr vorüber schien, begann ich die Größe meines Verlustes erst voll zu empfinden. Mit wieviel Vergnügen hatte ich jedes seltene und merkwürdige Insekt betrachtet, das ich meiner Sammlung hinzufügen konnte!*«, schreibt er am Ende seines Reiseberichts. Wie viele Male hatte er sich fieberkrank durch den Urwald gekämpft, um neue, unbekannte Arten aufzuspüren? All die aufreibenden Tage, Wochen, Monate und Jahre, all die hochfliegenden Hoffnungen und kühnen Träume, möglichst viele der noch unbeschriebenen Arten nach Hause zu bringen. »*Jetzt war alles verloren, und mir war kein einziges Exemplar geblieben aus jenen noch unbekannten Regionen, die ich durchquert hatte, oder als Erinnerung an die wildromantische Szenerie, die ich zu Gesicht bekommen hatte!*« Jetzt sind die Tiere, die er am Amazonas erbeutet hat, einen zweifachen Tod gestorben, grübelt er noch immer mitten im Ozean. Bisher hatte seine Jagd stets einen Sinn. Denn jeder Schmetterling, jedes andere Insekt, das er fing, jeder Vogel, den er schoss, starb für eine naturkundliche Erkenntnis, gesammelt im Dienste der Wissenschaft. War ihr Tod jetzt, da sie verbrannt und versunken sind, nicht sinnlos geworden?

Wallace' Abenteuer auf dem Atlantik ist indes noch nicht vorbei. Die »*Jordeson*« ist nicht nur alt, schwerfällig und langsam; sie ist vor allem kaum noch seetüchtig und leck. Mit den zusätzlichen Männern an Bord wird auch der Proviant schnell knapp. Erst gehen Käse und Schinken aus, dann Erbsen, Butter und gepökeltes Schweinefleisch; schließlich bleiben ihnen nur Zwieback und Wasser. »*Es ist schlimmer als selbst an den übelsten Tagen am Rio*

Negro«, erinnert sich Wallace. Fische und einmal Delphine, die sie fangen können, helfen für ein paar Tage weiter. Zum Waschen reicht das Wasser längst nicht mehr, Wallace' Hemden befinden sich *»in einem Zustand höchst unbehaglichen Schmutzes«*, wie er später berichtet, unwillkürlich Naserümpfen evozierend. Dann gerät das Schiff gleich mehrfach in Unwetter. Anfang September, da sind sie immer noch weit draußen auf dem Atlantik, erlebt Wallace zum ersten Mal einen richtigen Sturm auf See; ausgerechnet auf einem Schiff, dessen morsches Holz er mit den Fingern aus den Planken lösen kann. Die Segel der *»Jordeson«* zerreißen, ihr Deck wird unter schäumenden Wogen begraben, die Pumpen sind ununterbrochen in Gang; ein gewaltiger Brecher zerschmettert das Oberlicht der Kajüte und ergießt sich über die Männer darin. Wallace rechnet in diesem Moment fest mit dem Untergang des maroden Schiffes. Die letzte Zuversicht raubt ihm der Kapitän der *»Jordeson«*, als der sich mit einer großen Axt neben sich zur Ruhe begibt, *»um die Masten zu kappen, wenn das Schiff im Sturm kentern sollte«*, wie er nüchtern kommentiert.

Aber das Schiff übersteht den Sturm; nur um kurz darauf, da sind sie bereits im Ärmelkanal, ein letztes Mal vom Schicksal heimgesucht zu werden. Dieser Orkan ist sogar noch stärker, einer der schlimmsten, den es dort je gegeben hat und dem manches Schiff zum Opfer fällt. Auch die *»Jordeson«* wird zwei Tage umhergewirbelt, lässt die Männer an Bord durchnässt die Nacht durchwachen. Selbst Kapitän Turner wünscht sich, während die Brecher über das Deck schlagen, sie wären in ihren Rettungsbooten statt auf diesem verrotteten Seelenverkäufer. Wieder steht das Wasser mehr als einen Meter hoch in Kajüten und Laderaum, doch wieder geht das Schiff nicht unter. Nach achtzig Tagen auf See, weit mehr als doppelt so lange, wie die Passage von Pará üblicherweise dauert, erreichen sie die englische Kanalküste.

Londoner Zwischenspiel: Am 1. Oktober 1852 geht Alfred Russel Wallace im kleinen Fischerort namens Deal, knapp nördlich von Dover, an Land; dankbar, den Gefahren entkommen zu sein, und froh, nach mehr als vier Jahren endlich wieder englischen Boden zu betreten. »*Oh, welch glorreicher Tag*«, jubelt er. Im Inn des Ortes nimmt er als Erstes ein heißes Bad, diniert dann mit den beiden Kapitänen; es gibt Beefsteak und Pflaumentörtchen. Nicht schlecht für einen Schiffbrüchigen. Aber doch nicht gerade die Art und Weise einer Rückkehr, wie Wallace sie sich noch am oberen Rio Uaupés ausgemalt hat. Drei Tage später ist er in London – mit kaum mehr als den Kleidern, die er am Körper trägt: einem zerschlissenen Tropenanzug, und mit kaum etwas von dem in den Händen, weshalb er an den Amazonas aufgebrochen war. Der Naturalienhändler und Agent Samuel Stevens nimmt Wallace in Empfang, schleppt ihn zum Schneider und lässt ihn anschließend von Frau Stevens senior in ihrem Haus eine Woche lang bei besten Mahlzeiten regelrecht aufpäppeln.

Stevens erweist sich als ein überaus umsichtiger Agent – und als seine Rettung. Zwar ist es nur ein geringer Trost, aber immerhin hat er Wallace' Naturaliensammlung vom Amazonas vorsichtshalber versichern lassen. Zusammen mit dem Erlös für jenes Material, das Wallace zuvor unbeschadet nach England schicken konnte, bekommt er so knapp 200 Pfund; erwartet hatte er aus dem Verkauf der Sammlung schätzungsweise 500 Pfund. Immerhin: selbst in seinen besten Zeiten in Wales hatte er weit weniger. Vor allem muss er sich nicht darum sorgen, erneut als Landvermesser oder Lehrer Arbeit zu suchen; er kann stattdessen in den kommenden Monaten recht komfortabel in London leben.

Schwer wiegt nun der Verlust seiner Aufzeichnungen. Was wollte Wallace nicht alles in eigenen Abhandlungen dem interessierten britischen Fachpublikum darlegen: In den Fußstapfen eines Humboldts, Natterers, Spix und Schomburghs unterwegs, so seine Pläne dort oben am Rio Negro, wollte er zuerst einen ausführlichen Reisebericht verfassen, das Tagebuch seiner Wanderungen und Erkundungen fremder Welten. Anschließend wollte er den Fischen des Amazonas eine eigene Abhandlung widmen, für die er Zeichnungen und Notizen von vielleicht hundertfünfzig verschiedenen Arten angefertigt hatte. Eine dritte Arbeit sollte die Palmen behandeln, für die er gleichfalls das Material zusammentrug. Schließlich wollte er ein großes Werk zur gesamten Naturkunde verfassen – von der Geographie und Geologie bis zur Flora und Fauna Amazoniens einschließlich einer Anthropologie der dort ansässigen Naturvölker. Es würde die *»physikalische Geschichte des Großen Amazonenstromes«* werden, so schwebte es ihm als Titel vor. Darin würde er sich vor allem dem Vorkommen und der Verbreitung der Tiere und Pflanzen widmen, denn dass solch einer biologischen Geographie eine entscheidende Rolle zukommt, dessen ist sich Wallace mittlerweile sicher.

Große Pläne, von denen sich nun freilich weniger realisieren ließ; jetzt, da ihm das Material fehlt, allen voran die eigentliche Sammlung an Naturalien. Andererseits stellt ihn der Verlust auch in gewisser Weise frei; allein die Bearbeitung seiner Schmetterlinge vom Amazonas hätte ihn gut und gerne zwei oder gar drei Jahre beschäftigt. Die Zeit würde er nun sparen, sinniert Wallace mit einer Brise bitterer Ironie. Aber er sollte nach vorn blicken, nicht zurück, nimmt er sich vor. *»Verlorenem nachzutrauern war, wie ich wusste, unnütz, und so versuchte ich, so wenig wie möglich an das zu denken, was hätte sein können, und mich mit den tatsächlichen Gegebenheiten zu befassen.«*

Im Schlepptau von Samuel Stevens besucht Wallace bereits am 4. Oktober 1852 – er kann nach dem wochenlangen Schaukeln auf See noch immer nicht recht stehen – zum ersten Mal eines der Treffen der Entomologischen Gesellschaft in London. Später wird er auch an den Treffen der Zoologischen Gesellschaft teilnehmen. In dem illustren Zirkel gelehrter Naturkundler Englands ist sein Name mittlerweile bestens bekannt; dafür haben die Verkäufe und Mitteilungen von seiner abenteuerlichen Amazonas-Reise gesorgt. Fortan wird man ihn regelmäßig in diesen Kreisen sehen, denen er als Gast angehört – nicht als Mitglied wohlgemerkt. Aber Wallace' Status ändert sich merklich. Die clubartigen, zuvor strikt geschlossenen wissenschaftlichen Vereine öffnen sich in dieser Zeit ohnehin, und Stevens schleust Wallace hinein (so wie später auch Bates). Durch Stevens' Vermittlung wurden viele naturkundlich Interessierte mit wertvollen Insekten, anderen Naturalien und Informationen aus Amazonien versorgt. Spätestens seit seiner Rückkehr unter spektakulären Umständen ist

Wallace beinahe zu einer Art von Berühmtheit geworden; er erntet wohlwollende und ermunternde Kommentare, stets gemischt mit dem Bedauern über den Verlust seiner Sammlung.

Wallace beschließt, sich seinen geplanten Abhandlungen zu widmen; denen, die er nun noch erarbeiten kann. Er mietet ein Haus in der Upper Albany Street, nahe Regent's Park, wo er mit seiner Mutter sowie Schwester Fanny und seinem Schwager wohnt, die aus Wales herüberkommen. Zum Zoologischen Garten und dem alten British Museum ist es nicht weit; auch Stevens' Büro liegt um die Ecke, ebenso die Räume der naturkundlichen Gesellschaften, die ihm jetzt wichtig werden. Dort lernt er nicht nur andere Naturforscher kennen, darunter auch den jungen Zoologen und Anatomen Thomas Henry Huxley, von dessen Kenntnissen er beeindruckt ist und den er noch mehr bewundert, als er erstaunt erfährt, dass dieser zwei Jahre jünger als er selbst ist. In diesem Kreis ermutigt und ermuntert, macht sich Wallace selbst an die Arbeit. Wenn er schon von seiner Sammlung kaum etwas in den Händen hält, will er doch wenigstens einige Beobachtungen und Befunde vorweisen können. Zu etwas müssen die Monate und Jahre voller Gefahren, Entbehrungen und Anstrengungen in Amazonien doch gut gewesen sein. Gestützt auf seine Aufzeichnungen, die er von Bord der *»Helen«* retten konnte, und eine Reihe von Briefen, die er zurück nach England geschickt hatte, vor allem aber dank seines phänomenalen Gedächtnisses gelingt es Wallace, gleich mehrere naturkundliche Beiträge zu Papier zu bringen und in den einschlägigen Annalen der Wissenschaft zu veröffentlichen. Es geht darin um Affen und um Schmetterlinge – und um die Frage, wo einzelne Arten jeweils vorkommen.

Erste Einsichten – In gelehrten Kreisen: Zum ersten Mal trägt Wallace, der dabei ohne Zweifel hinreichend aufgeregt ist, im Dezember 1852 vor der Zoological Society eine eigene Abhandung vor. Sein Thema: die Affen vom Amazonas und ihr musterartiges Vorkommen entlang des großen Flusssystems. Er erlaubt sich darin erstmals versteckte Formulierungen, die widerspiegeln, worüber er jetzt immer häufiger nachdenkt: *»Von der akkuraten Bestim-*

mung der Verbreitung einer Tierart hängen viele interessante Fragen ab.« Und dann führt er einige dieser interessanten Fragen einzeln auf. »*Sind nächstverwandte Arten jemals durch weite, zwischen ihnen liegende Landstriche getrennt? Welche physischen Ursachen begrenzen Arten und Gattungen?«*

Dahinter zeigt sich, so meinen Wissenschaftshistoriker heute, was damals bereits in Wallace' Kopf vorgeht. Sie haben ähnliche Hinweise auch in einer weiteren Abhandlung gefunden. Gut ein Jahr später, im November und Dezember 1853, trägt Wallace bei der Entomological Society in London seine Beobachtungen zu den Schmetterlingen Amazoniens vor. Bis heute liefert diese Arbeit eine wunderbare Zusammenfassung zur Ökologie und Verbreitung jener tropischen Insekten, »*the glory of South American entomology, in which the Amazon Valley is particular rich*«, wie Wallace schreibt. Ihn beschäftigen darin unter anderem die großen, wunderschönen Tagfalter aus der Familie der Heliconidae – der Passionsblumenfalter. Ihre Raupen ernähren sich von den Blättern, die erwachsenen Tiere vom Nektar der gleichnamigen Pflanzen. Von ihnen kennt man zu Wallace' Zeiten sechzig oder siebzig Arten aus dem Amazonas-Becken, und bis heute sind sie eines der Steckenpferde der Evolutionsforscher. Wallace und Bates hatten sich bereits im Frühjahr 1850, als tagelange Regenfälle in Santarem am Amazonas sie zur Untätigkeit verdammten, über das eigenartige Vorkommen verschiedener *Heliconius* unterhalten – und dabei einmal mehr die Frage nach der Entstehung immer wieder ähnlicher, aber nicht gleicher Arten diskutiert. Die Spekulationen des anonymen Autors der »*Vestiges*« und dessen Entwicklungstheorie gingen Wallace nie aus dem Kopf. Seine Beobachtungen in den folgenden Monaten und Jahren zeigen ihm, dass Tiere und Pflanzen tatsächlich ihre Grenzen haben; zuallererst in räumlicher Hinsicht.

Wallace fällt auf, wie örtlich begrenzt das Vorkommen einzelner Arten am Amazonas ist und dass nahe verwandte Arten an verschiedenen Ufern oder Abschnitten im großen Amazonas-Flusssystem vorkommen. Bei den Heliconiden, so stellt er fest, »*haben sämtliche Gruppen in außerordentlich reicher Zahl nächstverwandte*

Arten und Varietäten hervorgebracht, die sich deutlich voneinander unterscheiden und die jede für sich nur in einem eng umgrenzten Gebiet vorkommen«. Es ist ein Schlüsselsatz. Und ein frühes Zeugnis dafür, dass er spätestens hier in London auf dem richtigen Weg ist – um nicht zu sagen, dass er Darwin bereits auf den Fersen ist (den er in dieser Zeit erst noch kennenlernen soll). Bei immer mehr Arten, bei Schmetterlingen ebenso wie Affen und Vögeln, findet Wallace solch ein Muster bestätigt. Überall sieht er nun, dass regelmäßig die miteinander nächstverwandten Arten auch am nächsten benachbart sind. Diese Erkenntnis setzt sich in seinem Kopf fest; es wird der Kerngedanke seines später auf der Insel Sarawak formulierten Naturprinzips werden, das ihn zur Evolutionstheorie führt.

Obgleich seine Überlegungen kaum mehr als versteckte Hinweise und allenfalls Randbemerkungen in diesen frühen Abhandlungen sind, rümpften einige Mitglieder in den Gelehrtenzirkeln Londons bereits die Nase über ihn. Wie könne sich dieser Naturaliensammler, der er doch nur sei, aufschwingen, in ihren Kreisen haltlose Spekulationen über das Walten eines göttlichen Schöpfers bei der Verteilung der Lebewesen von sich zu geben und damit Lehren anzuzweifeln, deren Richtigkeit doch Generationen der besten Geistesgrößen versichern. Andere aber nehmen Wallace ausdrücklich in Schutz. Man solle ihn doch nicht als *»bloßen Sammler«* abtun, um ihm den Respekt zu versagen, vielmehr seine Überlegungen gründlich prüfen wie die anderer Naturforscher auch. Wallace indes weiß, dass er längst noch nicht zu ihresgleichen zählt. Seine Amazonas-Reise, so abenteuerlich und anregend sie auch für ihn gewesen sein mag, war nicht ertragreich genug, um ihm jene Anerkennung zu sichern, nach der er strebt. Und das große Rätsel der Artenfrage war noch ebenso ungelöst wie vor seinem Aufbruch in die südamerikanischen Tropen.

Wallace wertet also weiter seine Aufzeichnungen aus, die er glücklich vor dem Feuer auf der *»Helen«* retten konnte. Von den Fischen, die er am Rio Negro fing und mit Bleistift zeichnete, hat er etwa zweihundert Skizzen. Er gibt sie an das Britische Museum für Naturgeschichte, wo sie nach seinem eigenen Bekunden aber erst Jahrzehnte später verwendet werden, als der zuständige Kurator etwa einhundert neue Fischarten aus Amazonien beschreibt. Wallace selbst veröffentlicht nur eine kurze Notiz dazu; und erst am Ende seines Lebens fügt er seiner Autobiographie ein halbes Dutzend dieser Bleistiftskizzen bei; zur Anschauung, wie er schreibt. Für eine solide zoologische Veröffentlichung fehlen ihm die eigentlichen Objekte, die auf dem Atlantik in Flammen aufgingen. Ein Grund mehr, seinen Verlust zu beklagen; zumal er jetzt in London auf peinliche Weise erfahren soll, dass es ohne Anschauungsmaterial in der Naturkunde eben nicht recht geht. Damit sind wir bei der Palmen-Episode.

Ein »peinliches« Buch über Palmen und der »absurde« Amazonas-Bericht: In jener Blechschachtel von der *»Helen«* rettet Wallace auch seine sorgfältig ausgeführten Skizzen von Palmen, denen er am Amazonas begegnet ist und für die er vor allem als einer der Ersten notiert, wie die Indianer die verschiedenen Teile dieser ebenso eindrucksvollen wie lebenswichtigen Pflanzen nutzen. Aufzeichnungen über immerhin 48 Palmenarten trägt Wallace zusammen und veröffentlicht 1853 auf eigene Kosten sein kleines Büchlein *»Palm Trees of the Amazon and Their Uses«*, illustriert durch Lithographien seiner im Gelände angelegten Zeichnungen. Es ist das erste Mal, dass jemand eine Art populären Bestimmungsführer für eine bestimmte Pflanzengruppe vorlegt. Allerdings werden nur 250 Exemplare dieses schmalen Bändchens gedruckt. Wallace beschreibt darin ein Dutzend neuer Arten, unter anderem auch jene bereits erwähnte Piassava-Palme *Leopoldinia piassaba*, die er als Erster als Lieferant jener wichtigen Pflanzenfasern erkennt und auf deren nur begrenztes Vorkommen am Rio Negro er hinweist. Wo ihm Aufzeichnungen fehlen, ergänzt er aus dem Gedächtnis.

Mit dem Ergebnis sind einige Experten, wie etwa Sir William Jackson Hooker, einflussreicher Direktor des Royal Botanic Garden in Kew nahe London, nicht ganz glücklich. Von Hooker bekommen Wallace und Bates wichtige Empfehlungsschreiben, als sie nach Südamerika aufbrechen. An ihn haben die beiden dann auch die ersten Belegstücke von Palmen – wenigstens einige Teile der Pflanzen – geschickt (einige befinden sich noch heute dort, obgleich sie lange Zeit völlig unbeachtet blieben; unverständlich, denn immerhin sind es die Einzigen aus dem Pflanzenreich von Wallace' gesammelten Objekten, die überhaupt erhalten sind). Tatsächlich erweisen sich zwei Drittel der von Wallace als vermeintlich neu beschriebenen Palmen später nur mehr als Formen bereits beschriebener Arten. Doch geschenkt; denn das passiert den besten Naturkundlern. Dazu gehört auch Alexander von Humboldt, der zusammen mit Aimé Bonpland ebenfalls neue Palmenarten aus Südamerika beschrieben hat und in deren Fußstapfen sich Wallace am oberen Rio Negro und bei der Beschäftigung mit Palmen begibt.

Tatsächlich erfuhr Humboldt durch die Indianer auch von der Piassava, als er bei Javita zwischen Orinoco und Rio Negro unterwegs war; aber es gelang ihm nicht, die Palme selbst zu finden. Wallace entdeckt, was Humboldt entging, und veröffentlicht die Beschreibung der *Leopoldinia piassaba* samt Zeichnung jetzt erstmals in seinem Palmenbuch. Doch jetzt schwingt sich William Hooker, der Wallace' Buch in einem Magazinartikel bespricht, zum gnadenlosen Richter auf. Wallace stelle größere Autoritäten der Botanik infrage, als er selbst es sei, kritisiert Hooker in sarkastischem Ton. Doch bleibe er bedauerlicherweise Früchte und Blüten auch in diesem Fall schuldig; ohne diese indes seien Wallace' Beschreibungen der Pflanzen kaum etwas wert. Das sitzt. Dabei weiß man doch inzwischen, welchen bedauerlichen Verlust Wallace auf der Rückreise aus Südamerika erlitt. Hooker aber ist noch nicht fertig. Er hoffe, so ätzt er weiter, dass bald andere Forscher am Amazonas Wallace' Versäumnis nachholen. Touché. Und dann der finale Stoß: Wallace' Buch sei eher etwas für am Zeichnen Interessierte denn geeignet für die Bibliothek eines Botanikers. Ein unfaires Urteil, betrachtet man das ganze Buch und Wallace' Leistung. Aber es ist für Wallace auch eine Warnung, wie gern Wissenschaftler sich den kleinsten Mangel der Arbeiten anderer herausgreifen und dann wenig ausgewogen urteilen. Einmal mehr wird ihm schmerzlich bewusst, wie sehr ihm seine mühevoll gesammelten Naturalien fehlen. Sein Palmenbuch gerät bald in Vergessenheit; auch Wallace erwähnt es später kaum mehr. Nach ihm kommen andere Palmenforscher mit entsprechendem Material und präziseren Befunden.

Ähnlich ergeht es ihm mit seinem Reisewerk, das Ende 1853 ebenfalls erscheint: *»Narrative of Travels on the Amazon and Rio Negro«*. Auch hier ist bereits jene Mischung aus Reise- und Forschungsbericht angelegt, mit der Wallace später aus dem malayischen Archipel berichten wird. Hier nun beschreibt er chronologisch, was er unterwegs am Amazonas sah und was ihm begegnete. Von dem Buch werden nur 750 Exemplare gedruckt; kein großer Erfolg, weder beim Verkauf noch was die Kommentare einiger Kritiker angeht. Darwin wird darüber sagen, er sei davon *»etwas enttäuscht«*, und dass es arm an Fakten sei. Auch dies sicher ein nicht ganz ungerechtfertigtes Urteil. Leider fehlt der Erstausgabe auch die geographisch so wichtige Karte vom Lauf des Rio Negro, die erst später fertig wird. Wallace selbst bezeichnet sein Reisewerk gegenüber seinem Freund George Silk als ein *»absurdes Buch«*, mit dem er später selbst nicht glücklich ist: absurd vielleicht, weil sein Anspruch noch zu groß ist, als dass er diesem schon gerecht werden kann.

Dabei ist das Buch, obgleich oberflächlicher als später andere, dennoch durchaus lesbar. Wallace schildert darin anschaulich und authentisch seine Abenteuer am Amazonas; und wir können dabei verfolgen, wie er vom Naturaliensammler zum Naturforscher wird. Nirgends jedoch findet sich in seinem Bericht ein Hinweis auf die Frage, die ihn zu dieser Zeit bereits beschäftigt – danach, wie Arten entstehen. Wallace' Bericht seiner Reise am Amazonasstrom und Rio Negro (der 1855 auch auf Deutsch erscheint) wird kaum beachtet; heute ist er so gut wie vergessen. Zwar knüpft er damit an die Berichte so berühmter Vorgänger wie Humboldt und Darwin an, ihm fehlt aber noch die später von ihm so perfekt beherrschte Technik, in eleganter und eloquenter Weise naturkundliche Theorien und Überlegungen mit einer persönlichen Schilderung seiner Reisen zu verweben. Immerhin ist es sein erster Versuch als Reiseschriftsteller und Naturkundler. Vor allem aber verhilft das Buch ihm zu einiger Aufmerksamkeit und zu wichtigen Kontakten.

Mitte Juni 1853 präsentiert er bei der Royal Geographical Society seine Arbeit samt Karte über den Rio Negro. Unter den aufmerksamen Zuhörern ist auch der Präsident der Gesellschaft, Sir Roderick Murchison. An ihn wendet sich Wallace mit der Bitte, eine weitere Reise zu unterstützen. Denn inzwischen steht für Wallace fest: Wenn er erreichen will, weshalb er vor Jahren an den Amazonas reiste, dann muss er sich jetzt nochmals aufmachen. Es gehört jedoch zu den gern gepflegten Legenden, dass sein Ziel schon unverrückbar feststeht. Dass er jedoch tatsächlich in den indo-australischen Archipel reist, verdankt er letztlich doch wieder glücklichen Umständen. Denn das erste Schiff gen Asien verpasst Wallace, der daran nicht ganz unschuldig ist, weil er sich da auf dem Weg in die Schweiz befindet; dann will er zwischenzeitlich sogar nach Ostafrika. Aber der Reihe nach.

Neue Reisepläne: »Seit ich aus Pará abgereist bin, habe ich mir fünfzig Mal geschworen, dass ich mich nie mehr dem Ozean anvertrauen werde, falls ich England je wieder erreiche. Aber die guten Vorsätze waren schnell vergessen«, berichtet Wallace einem Freund, kaum dass er aus Südamerika zurück wieder festen britischen Boden unter den Füßen spürt. Während er in nur wenigen, indes überaus produktiven Monaten, die angefüllt sind mit angestrengter Arbeit, mehrere Abhandlungen fertigstellt, nehmen Wallace' Reisepläne konkrete Gestalt an. Sollen die Anden oder Asien, vielleicht die Philippinen, das Ziel seiner nächsten Wanderungen werden, überlegt er. Kaum der Gefahr entronnen, ist er mit den Gedanken schon wieder in entfernten Gebirgen und auf abgelegenen Inseln unterwegs. Als Naturaliensammler hat er sich auf Reisen in tropischen Ländern bewährt. Als solcher nochmals aufzubrechen, würde ihm am ehesten ein Leben sichern, wie er es sich vorstellt: ungebunden und unabhängig, sein eigener Herr. Je reicher an Arten ein Gebiet, desto mehr kann er sammeln; und je abgelegener die Region und je unbekannter die dort lebenden Tier- und Pflanzenarten, desto besser seine Chancen, umso größer der Verdienst. Die neue Expedition soll ihm indes nicht nur Geld einbringen. Wallace ist unverbesserlich und hartnäckig; er ist nach wie vor versessen darauf, die große Artenfrage zu klären. Tatsächlich weiß kaum jemand davon, welche Lösung Charles Darwin in Downe längst gefunden hat, da der dazu beharrlich schweigt.

Wallace besucht regelmäßig die Treffen der gelehrten Gesellschaften und schaut sich in den Insekten- und Vogelsammlungen des Britischen Museums um. Bald erscheint die malayische Inselwelt als das lohnendeste Reiseziel für einen forschenden und sammelnden Naturkundler wie ihn; wunderbar reich an Arten und dabei noch beinahe ausnahmslos wenig bekannt und besucht. Für einen Naturaliensammler, der vom Erlös seine Reise finanzieren und auch später davon leben will, ist dies neben der Artenvielfalt eindeutig das wichtigste und letztlich lukrativste Kriterium überhaupt. Wallace weiß, dass Bates und andere Sammler in Südamerika unterwegs sind, die dort sicher nicht auf ihn warten. Er muss anderswo sein Glück versuchen. Im Februar 1853 hört Wallace bei der Zoologial Society in London einen anregenden Vortrag von George Windsor Earl zur Tierwelt der malayischen Halbinsel (er wird uns später noch begegnen). Im März trifft er mit Sir James Brooke zusammen, der erst unlängst zum »*Weißen Raja*« von Sarawak wurde, dem Herrscher von britischen Gnaden über den Norden Borneos. Brooke schwärmt ihm von Asien vor, bietet ihm seine Unterstützung an, sollte er in Sarawak etwa nach dem geheimnisvollen Waldmenschen, dem Orang-Utan, suchen wollen. Eine Einladung mit Folgen – nicht nur für die Waldmenschen, sondern auch für die Biologie.

Mitte Juni 1853 wird Wallace bei der Royal Geographical Society vorstellig, deren Vorstand er ein Gesuch samt Reise-Exposé einreicht. Darin bittet er um freie Schiffspassage auf einem der Regierungsschiffe, für die er selbst keine Mittel aufbringen könne. Sein Ziel: Malaysia und der angrenzende Archipel bis hinauf zu den Philippinen. Seine Studien im naturhistorischen Museum, so erläutert er, hätten ihm gezeigt, dass dies eine der am wenigsten erforschten Regionen sei. Von dort wolle er geographische Informationen mitbringen und natürlich Naturalien sammeln. Seine Amazonas-Reise habe seine Qualitäten als Naturaliensammler und Naturkundler bewiesen, auch wenn er – aufgrund bekanntermaßen höchst unglücklicher Umstände – vom Amazonas weniger vorzuweisen habe, als er einst besaß. *»Als ein Beweis meiner Fähigkeiten als Reisender«*, so Wallace in seinem Gesuch, möge man sich daran erinnern, *»dass ich in Südamerika, alleine und ohne andere Hilfe etliche hundert Meilen weiter als jemals vor mir ein europäischer Reisender vorgedrungen bin«*. Sein Vortrag über die Expedition am Rio Negro bis zum Oberlauf des Rio Uaupés, insbesondere seine detaillierte Karte dazu, verschafft ihm einiges an Ansehen und Respekt bei den Mitgliedern der Gesellschaft.

Tatsächlich ist die königliche Geographen-Vereinigung so etwas wie das Reisebüro des britischen Empire. Ihre führenden Köpfe empfehlen, von Sir Roderick Murchison unterstützt, dass Wallace ohne eigene Kosten auf einem der Schiffe der britischen Admiralität nach Asien reisen möge. Doch dann tut sich über Wochen nichts. Wallace hakt nach; als er dann keine bestimmte Nachricht erhält, macht er sich auf nach Frankreich und in die Schweiz – zu einer Erkundungsreise mit George Silk, seinem Freund aus der gemeinsamen Zeit in Hertford. Wallace unterschätzt, welche Schwungkraft das Rad bekommt, das er gerade erst in Bewegung gesetzt hat. Plötzlich muss alles ganz schnell gehen. Er solle sich bitte umgehend auf einen Segler nach Ceylon begeben; von dort könne er weiter nach Singapur reisen, teilt ihm der Sekretär der Geographischen Gesellschaft mit. Als Wallace die Nachricht Ende August in Paris erreicht, zögert er. Auf eigene Kosten von Ceylon bis weiter nach Singapur und Borneo zu reisen, übersteige seine Mittel, teilt er aus Frankreich ausweichend dem Sekretär mit; er wolle doch lieber auf eine Passage direkt nach Singapur warten. Und dann, vielleicht um nicht undankbar zu wirken, bietet Wallace an, er könne auch in ein anderes britisches Interessengebiet, etwa zu den schneebedeckten Bergen unter der Tropensonne Ostafrikas, reisen. Der Sekretär und die Geographen-Gesellschaft mögen bitte entscheiden; aber er, Wallace, sei jetzt erst einmal zwei Wochen in den Schweizer Alpen unabkömmlich, die Geologie und Botanik dort riefen, er könne erst später abreisen.

Kurze Zeit hat Wallace die Möglichkeit einer Expedition nach Ostafrika offenbar wirklich in Erwägung gezogen, aber dann schnell wieder verworfen. Der Herbst des Jahres 1853 vergeht, Wallace stellt das Manuskript für sein Amazonas-Reisebuch fertig und wartet ungeduldig, was aus seinem Gesuch bei der britischen Admiralität wird, nun doch nach Singapur und von dort weiter in den Archipel zu reisen. Unterdessen versichert er sich der Hilfe von Samuel Stevens, der wieder als sein Agent agieren soll; wofür der übrigens ein Fünftel von allem als Kommission kassiert. Stevens wird seine »*lifeline*«, wie Wallace später schreibt; nicht nur seine Sicherheitsleine, sondern gleichsam seine ständige Verbindung in die Heimat. Mit Stevens habe es während der ganzen Jahre ihrer Zusammenarbeit niemals eine Unstimmigkeit oder einen Punkt gegeben, in dem sie sich uneinig gewesen wären, so Wallace später in seinen Lebenserinnerungen. »*Während der langen Zeit meiner Abwesenheit in Übersee*«, schreibt er, »*hat er sich um meine private Sammlung gekümmert und die Dubletten zum besten Preis verkauft*«. Stevens wird ihn mit Geld und allen Gütern des täglichen Bedarfs eines Sammlers versorgen. Er berichtet auch, wie es mit den Verkäufen von Wallace' Frachtsendungen aus Asien geht, die dieser über die Jahre nach London schickt, wie es um andere Sammler und Freunde steht, was es überhaupt Neues in der viktorianischen Welt und der der Wissenschaftler gibt. Und er sorgt dafür, dass Briefe und Manuskripte, die Wallace unterwegs schreibt und nach London schickt, in respektablen Journalen publiziert werden.

Während des Londoner Intermezzos erweist sich Stevens als der Türöffner für Wallace, nicht nur bei den wissenschaftlichen Gesellschaften. Jeder naturkundlich Interessierte kennt Stevens und verkehrt in der einen oder anderen Weise mit ihm. So dürfte es auch Stevens gewesen sein, der noch vor dessen Abreise einen besonderen Deal für Wallace einfädelt. Damals ist William Wilson Saunders, ein wohlhabender Versicherungsmakler mit einer Leidenschaft für Insektenkunde und Botanik, gerade dabei, eine umfangreiche Privatsammlung aufzubauen (die heute nicht mehr existiert, deren Teile es aber weit verstreut noch gibt). Saunders bietet Wallace an, für jedes Insekt, das dieser im malayischen Archipel fängt – mit Ausnahme der gewöhnlichen Käfer und

Schmetterlinge, auf die sich bereits viele andere Sammler kapriziert haben –, »*one shilling each*« zu zahlen, gleichgültig ob Männchen oder Weibchen; und es dürfen gern auch zwei von jeder Art sein. So wenig das pro Tier sein mag, angesichts dessen, was Wallace sammeln wird, ist es ein kleines Vermögen. Vor allem aber sicherte es Wallace bereits vor Reiseantritt einen Abnehmer.

Erste Begegnung mit Charles Darwin: Eines Tages, wir wissen nicht genau, wann, wird Wallace im Naturhistorischen Museum in der Great Russell Street in London einem bereits da schon sehr bekannten Naturforscher vorgestellt. Es ist Charles Darwin. Ihr erstes Aufeinandertreffen hinterlässt bei beiden keinen bleibenden Eindruck. Darwin erwähnt es nicht einmal in seiner Autobiographie. Und Wallace, der in seinen Lebenserinnerungen einigen wichtigen Zeitgenossen ganze Kapitel widmet, schreibt zwar natürlich von Darwin; doch er beginnt dessen Würdigung erst mit ihrem zweiten persönlichen Treffen, das erst viele Jahre später stattfindet. Ihre erste Begegnung, zu der es wohl Ende 1853 oder zu Beginn des Jahres 1854 kommt, behandelt Wallace ebenso wenig wie übrigens auch ihren Briefwechsel in den entscheidenden Jahren 1857 und 1858, als er sich in der Inselwelt des Malayischen Archipels aufhält und Darwin vor die schwerste Entscheidung seines Lebens stellt. Doch wir eilen voraus.

Von ihrem kurzen Treffen in London, das offenbar nur wenige Minuten dauert, »*in denen nichts von Bedeutung ausgetauscht wurde*«, so Wallace, wissen wir überhaupt nur, weil er sich kurz vor seinem Tod dieser Begegnung erinnert. Darwin kommt in dieser Zeit, Ende 1853 und Anfang 1854, nur noch gelegentlich von seinem Landhaus in Downe in der Grafschaft Kent nach London und ins Britische Museum. Zu beschäftigt ist er mit dem Abschluss seiner Arbeit an den Rankenfüßern, kleinen sessilen Meereskrebsen, denen er eine große systematische Studie widmet.

Wallace selbst bereitet sich noch immer auf sein nächstes großes Abenteuer vor. Im Januar 1854 erhält er schließlich Order, sich umgehend auf ein Schiff zu begeben, das im Hafen von Portsmouth darauf wartet, nach Singapur abzusegeln. Doch das wird nach tage- und wochenlanger Verzögerung zwecks anderweitiger Verwendung abbeordert. Wieder muss Wallace bei Sir Roderick Murchison vorstellig werden. Und dem gelingt es endlich, ihm ein Ticket erster Klasse auf dem nächsten Postdampfer der Peninsular & Oriental Steam Navigation Company zu verschaffen, die gerade im Auftrag der britischen Admiralität ihren Dienst nach Ostasien und Australien ausbaut. Bereits nach kurzer Zeit, am 4. März 1854, geht ihr Dampfer »*Euxine*« von Southampton nach Singapur ab, mit Alfred Russel Wallace an Bord.

Endlich ist er unterwegs. Anderthalb Jahre, seit er vom Amazonas zurückkehrte, ist er an Bord eines Dampfers, der ihn diesmal auf die andere Seite des Globus bringen wird, ans Ende des Archipels – und zum Anfang der Evolutionsbiologie. In der Inselwelt zwischen Asien und Australien wird sein Leben eine höchst erstaunliche Wendung nehmen. Acht Jahre später soll er als gemachter Mann und einer der bekanntesten Naturforscher seiner Zeit zurückkehren. Dass es dazu kommt, ist letztlich – wie wohl immer im Leben – ein Produkt des allgegenwärtigen Zufalls. Geschichte kennt nur, was Geschichte ist, so sagt man. Deshalb ist die Katastrophe mit der »*Helen*« in unserer Geschichte so wichtig. Denn ohne den Verlust von Wallace' Südamerika-Sammlung mitten im Atlantik hätten sich die Dinge anders entwickelt. Hätte nicht erst das Balsamöl und dann sein Schiff Feuer gefangen, wären seine Aufzeichnungen und Aufsammlungen, seine Naturalienexemplare vom Amazonas, erhalten geblieben, hätte er seine Notizen und Befunde besser und erfolgreicher in Büchern und Publikationen verwerten können. Wallace wäre vielleicht für den Rest seines Lebens zu Hause geblieben, wie das Darwin nach seiner Fahrt auf der »*Beagle*« getan hat, so wurde später spekuliert. Es wäre Wallace anders ergangen. Es wäre ihm etwas entgangen.

Erster Klasse in den Malayischen Archipel

(April–Oktober 1854)

An Bord gibt sich das britische Empire ein Stelldichein. Englische Offiziere und Kadetten auf dem Weg nach Indien, schottische Angestellte unterwegs nach Kalkutta, staatlich bestellte Übersetzer mit Ziel Goa und China, Geschäftsleute auf dem Weg nach Australien. Dazu der Rest der Welt, Spanier, ein Franzose und ein Portugiese, vor allem Holländer, die in ihre mit festem Griff gehaltene Überseekolonie von Java bis zu den Gewürzinseln streben. Mit ihnen vor allem wird Alfred Russel Wallace künftig zu tun haben.

Unterwegs auf dem P & O-Dampfer seiner Majestät der britischen Königin schildert Wallace in einem Brief an seinen Schulfreund George Silk, den er in seiner Autobiographie wiedergibt, ausführlich die bunte Gesellschaft an Bord der »*Euxine*«. Recht vergnüglich und interessant sei die Reise bisher, berichtet er. Ein paar Stunden Aufenthalt in Gibraltar, die Sierra Nevada im Süden Spaniens zieht vorbei, ein Tag auf Malta, dann hinüber zur anderen Küste des Mittelmeeres und Ankunft in Alexandria. Wer nach Asien damals nicht die längere, wenngleich kostengünstigere Passage um die Südspitze Afrikas nehmen will, dessen Route führt von hier über Land: von Alexandria nach Kairo und weiter nach Suez am Roten Meer. Für den Transport der Passagiere werden kleine zweirädrige, von jeweils vier Pferden gezogene Omnibusse eingesetzt, darin jeweils sechs Reisende. Wallace notiert in seinen

Lebenserinnerungen, wie vor allem die Post auf diesem Weg über die Landenge in Ägypten transportiert wird; Jahre bevor die Briten dort eine Eisenbahnlinie bauen oder gar an den Suezkanal zu denken ist, wie wir ihn kennen.

Dieser Postweg spielt eine Schlüsselrolle in unserer Geschichte, da wichtige Briefe und Manuskripte zwischen Wallace und Darwin hier vorbeitransportiert werden – und uns noch die genauen Postlaufzeiten beschäftigen werden. So wollen wir uns kurz mit Wallace umsehen, der in Alexandria von Bord geht und auf Eseln zu kleinen Booten gebracht wird, die ihn und seine Mitreisenden einen Tag lang durch das Nildelta gen Süden schippern. Die Fahrt geht vorbei an der malerisch anmutenden Szenerie des oberen Nils, auf dem endlos viele Boote unterwegs sind; dann die Pyramiden, endlich zum Sonnenuntergang Kairo. Die Stadt, so Wallace, sei *»sehr pittoresk und sehr dreckig«*, zudem laut und voller Menschen. Am kommenden Morgen geht es mit jenen Pferde-Omnibussen weiter, eine Fahrt durch die Wüste – alle fünf Meilen werden die Pferde gewechselt, und so kommen die Reisenden alle drei Stunden zu einer Mahlzeit an einer komfortablen Raststelle. Entlang der gut ausgebauten Route sieht Wallace Hunderte Skelette von Kamelen am Straßenrand liegen – und ab und an einen Geier an den Kadavern. Kamele schleppen die schweren Güter, die Post und Pakete und alles Gepäck der P & O-Passagiere über die ägyptische Landenge. Eine endlose Kamelkarawane mit sechshundert Kisten Post ist allein bei Wallace' Passage im März 1854 unterwegs. Wallace genießt den eintägigen Wüstenritt, der ihn gegen Mitternacht nach Suez bringt, *»einen elenden kleinen Ort, mit einem winzigen, dunklen und dreckigen Basar«*, erinnert er sich. Nachdem am nächsten Tag Post und Gepäck verladen sind, geht Wallace an Bord der *»Bengal«*, eines komfortablen P & O-Dampfers, größer und luxuriöser noch als der zuvor. Er erfreut sich, Sir Murchison sei Dank, am Komfort der ersten Klasse. Ein Stop in Aden am Ausgang des Roten Meeres, einer in Galle, dem alten holländischen Hafen im Süden Ceylons, dann via Penang durch die Straße von Malaka. Nach einer Reise von anderthalb Monaten erreicht Wallace am 20. April 1854 Singapur, Drehscheibe des Handels schon damals und das Sprungbrett Englands in Südostasien.

Vor ihm liegt eine Inselwelt, die sich knapp 6500 Kilometer bis nach Australien erstreckt – ein Gebiet, noch größer als von Küste zu Küste der breiteste Teil Südamerikas und unendlich reich an faszinierenden Tier- und Pflanzenarten. *»Für mich begannen acht aufregende Jahre auf Wanderschaft durch den Malayischen Archipel, die zum zentralen und maßgeblichen Ereignis meines Lebens werden sollten«*, resümiert Wallace am Ende seines Lebens. Seine Odyssee wird ihn kreuz und quer durch diese Inselwelt führen, über insgesamt 22 500 Kilometer – Wallace hat es selbst nachgerechnet. Er wechselt mehr als 96 Mal sein Basislager, unternimmt mehr als 60 Einzelreisen; vielleicht sind es auch 70, Wallace weiß dies später nicht mehr genau zu sagen. Zwischen Malaysia und Neuguinea besucht er sämtliche große Inseln und jede nennenswerte Inselgruppe, wenn auch nicht jede einzelne kleinere Insel (unmöglich, es sind an die zehntausend). An einigen Orten ist er zwei- oder dreimal, einige Strecken muss er mehrfach zurücklegen. Und immer muss er seine gesamte Ausrüstung und wenigstens Teile seiner Aufsammlungen mit sich transportieren. *»Das Einpacken und Auspacken wurde zur ständigen Plage meines Lebens während der acht Jahre dort«*, schreibt Wallace später. Von der Malayischen Halbinsel fährt Wallace nach Borneo, besucht später auch Java und Sumatra; dann weiter zur Kette der kleinen Sundainseln, die sich von Bali und Lombok bis Timor erstrecken, das er später ebenfalls erreicht. Zuerst aber Celebes (das heutige Sulawesi) und die Gewürzinseln oder Molukken, vor allem Ternate und Halmahera, Bacan und Ceram. Sein am weitesten entfernter Abstecher führt ihn, wie wir bereits gesehen haben, auf die Aru-Insel am östlichen Rand des Archipels. Nach Australien dagegen gelangt er nie; wohl aber in den weitgehend unerforschten Nordwesten Neuguineas, zur Vogelkop-Halbinsel und zu den vorgelagerten Inseln – ins Land der Paradiesvögel, der Phalangen und anderer Beuteltiere.

Er ist auf Handelsschiffen und Postdampfern unterwegs, auf Praus oder mit Auslegerbooten, in Kanus und Einbäumen. Er trotzt den Unwägbarkeiten des tropischen Wetters ebenso wie tropischen Krankheiten und der permanenten Belästigung durch Parasiten. Er lernt so viel Malayisch, dass er sogar in entlegenen Orten das Nötigste auftreiben kann. Er lebt wie die Einheimischen und macht nicht viel Aufhebens, wo er unterkommt; nicht selten wohnt er in einfachen palmwedelgedeckten Hütten, die sich beinahe überall finden. An einigen Orten, etwa in Sarawak und auf Aru, bleibt er monatelang. Er ernährt sich von dem, was es vor Ort zu essen gibt, was er tauschen oder kaufen kann – und oft genug lebt er von jenen Tieren, denen er zuvor als Sammlungsstücke das Fell oder Federkleid abgezogen hat.

Zoologische Ausbeute: »Es war der Hauptzweck aller meiner Reisen, naturgeschichtliche Gegenstände zu erhalten; zunächst für meine Privatsammlung, dann Duplikate zu sammeln für Museen und Liebhaber«, umreißt Wallace eingangs seines Reiseberichts seinen selbstgewählten Auftrag. Da jede seiner einzelnen Reisen, jeder neue Abstecher auf wieder eine andere Insel immer etwas Zeit zur Vorbereitung in Anspruch nimmt, schätzt Wallace, dass er von den acht Jahren nicht mehr als sechs wirklich mit Sammeln zubrachte. Was er dann indes alles zusammenträgt, berichtet er mit großem Stolz. Zu Recht: Es ist ein gewaltiges Unterfangen. Und kein Zweifel: Er ist überaus fleißig, sehr umtriebig und ausgesprochen erfolgreich. Die Zahl der gesammelten Arten wird für ihn zum Maßstab für den Wert eines Tages; sie entscheidet darüber, ob die Stimmung gut oder ob sie schlecht ist. Unentwegt und überall, wo er hinkommt, fängt Wallace vor allem Schmetterlinge, Käfer und Vögel, wenn er nicht seine Proben präpariert und bearbeitet. Wenn die Regenzeit, Verletzungen oder Erkrankungen ihn ans Haus oder gar Bett fesseln, nutzt er die Zeit dafür, seine Aufzeichnungen zu vervollständigen, Notizen zu überarbeiten, Briefe und Berichte zu schreiben. Vor allem aber wird er naturkundliche Abhandlungen dazu verfassen, was er gesehen und gefunden hat; und dann auch theoretische Aufsätze darüber, wie es in der Natur zugeht.

Wallace' Aufenthalt im Archipel übertrifft alle Erwartungen – seine eigenen und auch die seines Londoner Naturalienhändlers

Samuel Stevens. Seit der Erfahrung mit dem Zoll in Barra und der anschließenden Katastrophe auf dem Atlantik ist Wallace vorsichtig geworden. Aus Asien übersendet er sein Sammelgut jetzt einzeln nach jeder größeren Reiseetappe. Insgesamt sind es zwanzig umfangreiche und wertvolle Frachtsendungen, werden Wissenschaftshistoriker später rekonstruieren. Der vorangegangene Dublettenverkauf finanziert jeweils die nächste Reise und Exkursion. So arbeitet sich Alfred Russel Wallace sammelnderweise von West nach Ost durch den Archipel – ein Amateur mit Ambitionen und dem Anspruch, hinter das Artenrätsel zu kommen.

Die Sammlung, die er dabei zusammenträgt, ist außergewöhnlich groß. Tatsächlich sind es mehr Objekte, als selbst große Naturkundemuseen wie etwa das in London zu dieser Zeit besitzen. Was man wissen muss: Wallace legt während seiner Expedition zwei Sammlungen an, die er sorgfältig getrennt hält. Allein seine Privatsammlung, in der er sich auf Vögel, Schmetterlinge, Käfer und einige Landschnecken beschränkt, umfasst etwa 20 000 Insekten von etwa siebentausend Arten und rund 3000 Vögel von etwa tausend verschiedenen Arten. In seiner Dublettensammlung sind es insgesamt, wie Wallace eigens auflistet, nicht weniger als 125 660 Einzelstücke – vom Käfer bis zum Krokodil, vom imposanten Orang-Utan bis zum handtellergroßen *Ornithoptera*-Falter, vom schillernden Paradiesvogel zur Perlmuttschnecke. Kein anderer Naturforscher seiner Zeit, vor ihm oder nach ihm, bringt allein einen solchen biologischen Schatz zusammen. Von Darwins nicht mehr als 5400 zoologischen Gegenständen seiner *»Beagle«*-Reise wollen wir hier nicht reden. Dennoch ist ein weiterer Vergleich hilfreich. Als Wallace' früherer Begleiter Henry Walter Bates nach mehr als einem Jahrzehnt am Amazonas zurückkehrt, hält er seine exakt 14 712 Exemplare, von denen etwa 8000 für die Wissenschaft neue Arten sind, nach eigenem Bekunden für eine Sammlung, *»wie sie kein Naturkundler zuvor oder danach«* gesammelt hat. Er irrt offenkundig angesichts dessen, womit Wallace kurz darauf zurückkehrt.

Das meiste, was Wallace sammelt, sind Insekten, zusammen mehr als 110 000 Stücke, die er fängt, nadelt, trocknet, verschifft und verkauft; die dann in den Kabinetten anderer viktorianischer Sammler landen, die aber über die Jahre auch von Forschern bearbeitet werden. Charakteristisch insbesondere für die Stücke in seiner Privatsammlung sind kleine runde und blaue Etiketten, auf denen sorgfältig der jeweilige Fundort vermerkt ist. Er sammelt mehr als achtzigtausend Käfer (es sind 83 200, Wallace ist auch hier sehr genau) mit siebentausend Arten. Zweitausend sind es allein von der Insel Borneo, die Hälfte davon sammelt er dort im Umkreis von nur ein paar Kilometern. Insgesamt erweisen sich etwa neunhundert davon als neue Arten. Allein seine Käfersammlung wird am Naturhistorischen Museum in London dreißig Schubladen füllen. Wallace fängt auch etwa dreizehntausend Schmetterlinge, anderthalbtausend Arten allein wieder auf Borneo. Er entdeckt neue Arten des prächtigen Vogelschwingen-Falters *Ornithoptera*, mit Flügeln so groß wie Handteller. Dazu noch viele weitere neue Arten, allein 50 neue Pieridae und 96 der 130 bekannten Arten der Papilionidae, wie Wisssenschaftshistoriker später akribisch vermerken; dreiundzwanzig sind es allein von Borneo. Dazu kommen 900 Arten von Hautflüglern – Bienen und Wespen also, aber auch 280 verschiedene Ameisen, darunter wohl an die 200 neue Arten. Nur eine von vielen ist die nach ihm benannte Wallace-Riesenbiene. Zu Wallace' Zeiten als *Megachile pluto* beschrieben, trägt dieser zu den Mörtelbienen gestellte Hautflügler heute den nicht eben leichtgängigen Namen *Chalicodoma (Eumegachilana) pluto.* Vollkommen schwarz und mit geradezu bedrohlich anmutenden Kiefern, ist sie die größte der Bienen weltweit. Die Weibchen werden beinahe vier Zentimeter lang.

Wallace trägt außerdem 400 Säuger und Reptilien zusammen, überdies noch 7500 Muscheln und Schnecken. Vergessen wir nicht einen besonderen Schatz seiner Sammlung: die 8050 Bälge von Vögeln, die er zurückbringt; erlegt mit feinem Schrot, um das Gefieder zu schonen. Unter diesen Trophäen, die dazu immer erst durch gewaltsamen Tod werden, finden sich auch die begehrten Paradiesvögel, etwa der von ihm auf der Gewürzinsel Bacan entdeckte und nach ihm benannte *Semioptera wallacei;* im Deutschen wird er leider etwas ignorant nur mehr Bänderparadiesvogel genannt. Alle diese Vogelbälge werden am Britischen Museum von den Vogelkundlern, aber auch von Wallace selbst eingehend studiert. Sie haben die Artenkenntnis über den Archipel erheblich bereichert. Nehmen wir nur die Greifvögel der Region, von denen Wallace 72 der 87 bekannten Arten sammelt, oder die 84 Arten an Tauben, die er besonders schätzt. Insgesamt sind es 212 neue Vogelarten, die allein auf Wallace zurückgehen.

Alles in allem fängt und schießt sich Wallace im Malayischen Archipel ein recht beachtliches Vermögen zusammen. Britische Wissenschaftshistoriker haben überschlägig ermittelt, dass Wallace allein für den Verkauf der Käfer und Schmetterlinge sowie anderer Insekten, die an das Britische Museum gehen, 750 Pfund erlöst haben dürfte. Dazu kommen noch jene anderen Insekten, für die William Wilson Saunders das Vorkaufsrecht hat, mit nochmals 500 Pfund. Und gar nicht eingerechnet sind dabei die Vögel und alle übrigen Wirbeltiere, vom Orang-Utan bis zum Paradiesvogel und Frosch. Ohne Zweifel: *»In finanzieller Hinsicht waren meine acht Jahre im Archipel erfolgreich«*, resümiert Wallace. Tatsächlich verfügt er in den ersten Jahren nach seiner Rückkehr über die stattliche Summe von 300 Pfund als regelmäßige Ausschüttung jener Anlagen, die Stevens für ihn aus den Verkaufserlösen tätigt. Da sind noch nicht jene 200 Pfund jährlich eingerechnet, mit denen Wallace aus dem schrittweisen Verkauf von Teilen seiner Privatsammlung rechnet. Und doch reicht es nicht; Wallace gerät Jahre nach seiner Rückkehr in Geldnöte, wie wir noch sehen werden.

Hatte sich Wallace vor seiner Reise noch in einschlägigen Werken kundig gemacht, welche Arten aus dem Archipel bereits bekannt sind, stellt er bald fest, dass beinahe alles, was er während seiner Expedition erbeutet, für die Wissenschaft neu ist – ein Füllhorn an geradezu verschwenderischer Vielfalt, von der man lange kaum etwas wusste. Wallace liefert das Material für nicht weniger als 1500 Insekten- und Vogelarten, die nach und nach beschrieben werden, die er aber erstmals entdeckt. Darunter sind einige so seltene Raritäten, dass sie nach ihm kaum jemals wieder gesichtet werden. Jene Riesenbiene von Bacian ist so ein Beispiel. Und von einem seltenen Schmetterling der Aru-Inseln kennen wir überhaupt nur drei Exemplare in allen Museumssammlungen der Welt, ebenso von einem Falter aus Timor. Allerdings meinen Fachleute heute, Wallace' Material sei nicht immer in dem Umfang genutzt worden, wie das unmittelbar nach seiner Reise durch den Archipel möglich gewesen wäre. Viele von Wallace' Stücken wandern nach dem Verkauf durch Stevens in private Sammlungen und anschließend oft durch viele Hände, ohne dass erkannt wird, dass es sich um bisher noch nicht beschriebene Arten handelt. Nicht nur ist das Füllhorn der Natur, aus dem er im indo-australischen Archipel schöpft, ganz enorm. Offenbar ist auch seine ungeheure Materialsammlung allzu umfangreich und unübersehbar, die er über die Jahre nach England zurückschickt. Dennoch liefert Wallace wesentliches Material für unzählige wissenschaftliche Abhandlungen; zuerst einmal für ihn selbst, aber dann auch für andere, bis heute. All dies macht die Wallace-Expedition durch den Malayischen Inselarchipel zur erfolgreichsten Ein-Mann-Unternehmung der Naturkunde überhaupt.

Wallace' Expedition ist indes nicht nur die Erfolgsgeschichte eines eifrigen Sammlers; sie verwandelt ihn endgültig zum Naturkundler, ja sie lässt ihn zu einem der größten Naturforscher des viktorianischen Zeitalters werden. Wallace hat bereits am Amazonas ein Ziel und eine Mission; er sucht nach einer Lösung für die große Artenfrage. Was er dann während seines Londoner Zwischenspiels über die Amazonas-Affen und Tagfalter veröffentlicht, zeigt uns heute mehr als irgendeinem seiner Zeitgenossen, dass er dieses Ziel nicht aufgegeben hat, als er durch den Archipel reist. Doch erst hier wird er tatsächlich finden, wonach er sucht – eine Theorie der organismischen Evolution.

Dabei sind nicht nur die unzähligen neuen Schmetterlings- und Käferarten seiner asiatischen Sammlung an sich wichtig. Eine Schlüsselrolle kommt den Serien zu, die Wallace von den häufigeren dieser Arten sammelt; ganz gezielt, wo immer er ist, auf jeder der Inseln im riesigen Archipel, wo immer er sie finden kann. Für gewöhnlich versucht Wallace, wenigstens sechs Exemplare von jeder dieser Arten zu bekommen. Diese Dubletten verkaufen sich gut, weiß er als Naturaliensammler. Aber der Naturforscher in ihm erkennt so auch, welche ungeheure Vielgestaltigkeit und Variabilität es innerhalb jeder Art gibt, mit welchen feinen Nuancen die Natur spielt. Anschaulich führen seine Aufsammlungen ihm vor Augen, durch welche markanten Merkmale sich einerseits einzelne Arten voneinander trennen lassen; wie ähnlich sich andererseits aber nächstverwandte Arten sind. Wallace sortiert sämtliche Formen nach Spezies und Sammelort – und er notiert seine Eindrücke und Überlegungen.

Bei seiner Reise ans Ende des Archipels stößt er auf diese Weise in neue Regionen vor – als Reisender und als Denker. Seine Gedanken zu Vorkommen und Verbreitung der Tiere verwandeln nicht nur ihn, sondern die Naturkunde – und schließlich unser Verständnis von uns selbst. Sie helfen ihm, auf die Idee von Abstammung und Auslese zu kommen und so das Arbeitsprinzip der Evolution zu durchschauen. Ungleich wichtiger noch als die überaus reiche Materialiensammlung ist Wallace' Reise, was seine beiden wohl wichtigsten Abhandlungen angeht. Die eine schreibt er Anfang 1855, noch ist kein Jahr seit seiner Ankunft im Archipel vergangen, in Sarawak im Norden Borneos. Die andere ist jener berühmte Aufsatz, den er drei Jahre später, Anfang 1858, von der Gewürzinsel Ternate an Charles Darwin schicken wird. Beide Arbeiten erwähnt er nicht einmal in seinem Reisewerk über den Malayischen Archipel. Es sei eines der vielen Zeichen seiner ihm eigenen Bescheidenheit, urteilen seine Biographen.

Seine Aufzeichnungen folgen dabei einem immer gleichen Muster; er notiert, was er sieht, die Tiere, wie sie gefärbt sind, ihren Fang: »*In den ersten Tagen erlebte ich einen schönen gelbgrünen Trogon (Harpactes reinwardtii), den prächtig kleinen grauen Fliegenfänger (Pericrocotus miniatus), der gleich einer feurigen Flamme zwischen den Büschen flattert, und den seltenen und eigentümlich schwarz und karmesinrot gefärbten Pirol. Alle diese Arten sind nur in Java gefunden und scheinen sogar auf den westlichen Teil begrenzt zu sein. In einer Woche bekam ich nicht weniger als 24 Vogelspezies, und in 14 Tagen wuchs diese Zahl an auf 40 Spezies. Große und schöne*

Schmetterlinge waren auch ziemlich zahlreich. In dunklen Hohlwegen fing ich den herrlichen Papilio argyna, dessen Flügel gepudert erscheinen mit Körnchen von goldenem Grün, verdichtet in Bändern und mondförmigen Flecken.« Lange ist es bei Wallace nur konstatierendes Beobachten, kein Entdecken von Neuem; lange ist er in erster Linie ein naturkundlicher Sammler, der stets akribisch die Zahl der von ihm gesammelten Tiere notiert.

Überhaupt verrät der Bericht seiner Reise, so anschaulich Wallace diese in allen Details schildert, wenig darüber, was ihn wirklich antreibt; abgesehen von dem offenkundigen Umstand, dass er durch das Sammeln von Naturalien für sein Auskommen und seinen Ruf sorgen will. Einige Wissenschaftshistoriker wie John Langdon Brooks vermuten sogar, Wallace habe in seinem Reisebericht ganz bewusst Hinweise auf die Theorie von der Entstehung der Arten ausgelassen. Als sein *»Malayischer Archipel«* 1869 erscheint, den er übrigens Charles Darwin in großer Hochachtung widmet, steht dieser samt ihrer gemeinsamen Theorie im Kreuzfeuer der Kritik. Möglicherweise will Wallace die nicht noch weiter befeuern. Wir werden also andere Zeugnisse und Quellen befragen müssen. Erst darin zeichnet sich ab, dass Wallace gleich am Beginn seiner Reise durch den Archipel – und ohne es selbst schon zu wissen – an einem der wichtigsten Meilensteine im Wettlauf um die Evolutionstheorie angekommen ist.

Von der Jagd auf Tiger und Käfer – Singapur und Malaka: »Ich hatte beschlossen, ab dem ersten Tag meines Aufenthalts im Osten von allen Inseln und spezifischen Lokalitäten, die ich besuchte, eine vollständige Sammlung von bestimmten Gruppen anzulegen, um sie nach der Rückkehr für eigene Forschungen zu nutzen; denn ich war sicher, dass ich dadurch ein äußerst wertvolles Material erhielt, das mir dabei helfen konnte, die geographische Verteilung von Tieren im Archipel zu erarbeiten und außerdem Licht in etliche andere Probleme zu bringen«, lesen wir in Wallace' Autobiographie. Also doch: Spricht hier nicht der Forscher, der – wenngleich im Rückblick – darlegt, was ihn im Gelände umgetrieben hat, welche Fragen ihn angetrieben haben? Eines dieser anderen Probleme, wie Wallace es nennt, ist zweifelsohne jene ewige Frage nach der Entstehung von Arten. Das im Grunde beste Anschauungsmaterial dazu läuft Wallace in Singapur ständig vor die Füße – es ist der Mensch selbst.

»Wenige Plätze sind für den Reisenden aus Europa in dieser Hinsicht interessanter als die Stadt und die Insel Singapur«, schreibt Wallace; denn kaum irgendwo käme man mit mehr asiatischen Rassen unterschiedlichster Religion und Lebensweise in Berührung. Wallace ist offenbar seit seiner frühesten Kindheit an der walisischen Grenze von den verschiedenen Ausprägungen des Menschen fasziniert. Singapur, unter britischer Hoheit, angetrieben durch chinesische Händler und andere Kaufleute, ist ein Querschnitt unterschiedlichster Kulturen und Schmelztiegel von einheimischen Malaien, Portugiesen aus Malaka, Indern, Bengalen und Parsen, Javanern, Chinesen und Kaufleuten aus aller Welt – eine pulsierende Stadt und ein Mikrokosmos einer zunehmend weltumspannenden Migration. Wohin sich Wallace später im indo-australischen Archipel wendet, stets ist er aufs Neue von den verschiedenen Menschenformen gefesselt, denen er begegnet. Für jede neue Insel, die er bereist, schildert er in seinem Bericht die dort ansässigen Rassen, wie es bei ihm heißt – dem Sprachgebrauch seiner Zeit entsprechend; auch welche Sprache sie sprechen, ihre besonderen Merkmale, wie und wovon sie leben. Und er notiert die rasanten Veränderungen, denen die Menschen sogar auf abgelegenen Inseln des Archipels ausgesetzt sind. Er sorgt sich um ihre Zukunft angesichts der immer weiter vorrückenden Zivilisation.

Wallace ist heute in Fachkreisen vor allem deshalb ein Begriff, weil er eine nach ihm benannte Trennlinie der Tierwelt ausmacht, die mitten durch den Archipel verläuft. Was indes selbst Fachleute kaum wissen: Es waren seine ethnologischen Beobachtungen an den Bewohnern der Region und eben nicht an der Tierwelt, wie bislang immer angenommen, die Wallace zuallererst auf den Gedanken einer markanten Grenzlinie bringen. *»Noch ehe ich zu der Überzeugung gelangt war, dass die östlichen und westlichen Hälften des Archipels zu verschiedenen Haupterdteilen gehörten, fühlte ich mich veranlasst, die Einheimischen des Archipels unter zwei* *radikal voneinander verschiedene Rassen zu gruppieren«*, schreibt er einleitend im *»Malayischen Archipel«*. Allerdings ist die Position der beiden Linien, für die Tierwelt und für den Menschen, nicht vollständig deckungsgleich, wie wir noch sehen werden. Das aber mache sie nicht weniger bemerkenswert, meint Wallace. Es sei in jedem Fall mehr als bloßer Zufall, dass beide Grenzen just in der gleichen Region und trotz allem sehr eng benachbart lägen, fährt er in seinem Reisebericht fort. Den verschiedenen Ethnien und ihrem Miteinander im Archipel widmet Wallace in seinem Werk ein eigenes, das letzte und abschließende Kapitel. Es ist ein Hinweis mehr, dass er den Menschen stets im Blick hat, auch wenn er nach Paradiesvögeln und Papilioniden sucht.

Kurz nach der Ankunft in Singapur findet Wallace Quartier in einer römisch-katholischen Mission, geleitet von einem französischen Jesuiten. Sie ist in Bukit Timah gelegen, einige Kilometer außerhalb der Stadt beinahe mitten auf der Insel und umgeben von Dschungel. Dort leben sogar noch Tiger. Beinahe jeden Tag werde ein Chinese von einer dieser Raubkatzen getötet, berichtet Wallace. Er selbst bekommt aber keine zu Gesicht, sondern entdeckt nur einige Abdrücke von Tatzen. Und er entgeht mit Glück einer jener getarnten, tiefen Grubenfallen, in der die Einheimischen versuchen, Tiger zu fangen. Darin aufgepflanzte Bambusspeere dürfen sie nicht mehr verwenden, nachdem unglücklicherweise ein Reisender und nicht ein Tiger zu Tode kam, als er versehentlich in eine dieser Gruben stürzte.

Die Hügel um Bukit Timah sind Wallace' erstes Jagdgebiet in Asien; zu seiner Überraschung erweist sich die Gegend als überaus reich an Käfern. *»In nur zwei Monaten brachte ich nicht weniger als 700 Arten zusammen, von denen eine große Anzahl neu war; darunter waren allein 130 verschiedene Arten der eleganten Bockkäfer (Cerambycidae), die Kenner so sehr schätzen.«* Was man indes wissen muss: Wallace profitiert beim Sammeln kurzfristig von der Zerstörung der ursprünglichen Tropenwälder auf der Insel Singapur, und das gleich zweifach. Es sind vor allem Chinesen, die unablässig den Wald roden, für Gemüse und Pfefferplantagen (kein Wunder, dass die Tiger dort bald nur noch Menschen als Beute finden). Wallace nutzt nicht nur die breiten Schneisen, die so entstehen, um immer weiter in den Wald vorzudringen; vorübergehend bieten die gerodeten Freiflächen mit ihrem Übermaß an abgeschlagenem Baumholz, Laub und Sägespänen gerade holzfressenden Bockkäfern einen idealen Lebensraum, der indes bald ihr letzter sein wird.

Die erste Frachtsendung, die Wallace bereits Ende Mai 1854, fünf Wochen nach seiner Ankunft, an Samuel Stevens abschickt, enthält – neben Schmetterlingen und einigen anderen Insekten – vor allem eine reiche Ausbeute an Käfern. Zusammen sind es mehr als eintausend Exemplare von 222 verschiedenen Insektenarten, darunter vierzig bis dahin noch nicht beschriebene. Akribisch hält Wallace von nun an fest, was er an Material nach England schickt. Er hat seine Lektion aus dem Amazonas-Debakel gelernt und legt ein separates kleines Notizbuch an, das ihm als Register für sämtliche Frachtsendungen dient, die er über die Jahre an Stevens nach London auf den Weg bringt; angefangen mit jener ersten aus Singapur im Mai 1854 bis zur letzten Sendung im November 1861 von Java (da ist er bereits auf dem Rückweg). Nichts wird in den dazwischenliegenden siebeneinhalb Jahren verschickt, ohne dass Wallace sorgfältig die Absendedaten der Fracht notiert, die Namen der Schiffe, besondere Instruktionen an Stevens, auch überschlägige Schätzungen, was die gesammelten Stücke beim Verkauf wohl an Erlös erzielen könnten und für wie viel sie später tatsächlich verkauft werden; alles penibel verzeichnet auf mehr als vierzig Notizbuchseiten. Anders als die Briefpost, die den kürzeren und schnelleren Weg über die Landenge zwischen Suez und Alexandria nimmt, geht sämtliche schwere Fracht auf die Reise um das Kap der Guten Hoffnung. Das ist deutlich günstiger, aber dauert mit vier Monaten auch gut einen Monat länger.

Kurz darauf in Sarawak wird Wallace auch ein Register all seiner Arten anlegen, in dem er vermerkt, wann er welche Tiere sammelt. Dieses Notizbuch oder »*Species Registry*« beginnt er – praktischerweise – von beiden Seiten. So verzeichnet er vom einen Ende beginnend Vögel und Säugetiere, vom anderen Ende her trägt er die Insekten ein. In Borneo klebt er sogar die Flügel von

Käfern auf den Buchseiten ein und zeichnet ihre Kopf-Fortsätze dazu; eine praktische Hilfe, um einzelne Arten besser vergleichen zu können. Unter Wallace' Notizbüchern, die heute übrigens in den Archiven der Linnean Society und am Natural History Museum in London erhalten sind, findet sich auch ein ganz besonderes – das sogenannte »*Species Notebook*«. Wallace legt es, dem ersten Eintrag nach zu urteilen, im März 1855 auf Borneo an. Bisher war es nur einigen Wissenschaftshistorikern überhaupt bekannt, wurde aber kaum beachtet. Für uns wird dieses Notizbuch wichtig, enthält es doch Hinweise darauf, dass Wallace sich bereits Mitte des Jahres 1855 mit dem Plan für ein Buch über die Artenfrage trägt – ein Buch, das Wallace nie schreibt und zu dem man von ihm kaum jemals wieder etwas hört; das aber doch eine Rolle spielt, wenn wir die Ereignisse in chronologischer Reihenfolge rekonstruieren wollen, die zu Wallace' Entdeckung der Evolutionstheorie führen.

Ein ganz normaler Tag – Mit Charles Allen und Ali unterwegs: Jeden Tag geht Wallace in den ersten Wochen im Dschungel von Singapur – oder dem, was davon übrig ist – auf die Jagd nach Insekten. »*Der Wald hier ist sehr ähnlich dem in Südamerika*«, notiert er und bemerkt die zahlreichen Palmen, die kleiner und weniger majestätisch sind als die am Amazonas, dafür aber dornenbewehrt.

Anfangs notiert er, wie hübsch und zudem häufig hier die Vögel sind – die Trogone (oder Nageschnäbler), die er auch aus Südamerika kennt, zudem Bartvögel, Eisvögel, Honigfresser und Tauben. Er vergleicht sie mit der Vogelwelt Amazoniens, von wo er vielfach ganz andere Arten kennt. Wo dort Kolibris schwirren, sind es hier Nektarvögel. Statt der Tukane sieht er nun Nashornvögel. Vor allem aber notiert er: »*Anders als am Amazonas ist das unmittelbar auffälligste Merkmal hier die außerordentliche Armut der Tagfalter.*« Und doch werden gerade diese ihm bei seiner Reise durch den Archipel einige seiner schönsten Momente als Naturkundler bescheren.

Am Amazonas hat sich Wallace geschworen, sollte er je wieder aufbrechen, würde er einen Gehilfen engagieren, der ihm vieles an Arbeit und Routine abnehmen soll. Allein, so weiß er inzwischen, schafft man zu wenig angesichts der Vielfalt an Arten, die es zu fangen und zu präparieren gibt, und der hunderterlei Dinge, die eine naturkundliche Expedition in fernen Gefilden so mit sich bringt. Die Fürsprache von Sir Murchison und die geräumigen P & O-Dampfer haben es möglich gemacht, dass Wallace bereits aus England einen Assistenten mitbringt. Charles Allen, zu diesem Zeitpunkt sechzehn Jahre jung, ist der Sohn eines Tischlers, der für seine Schwester Fanny einige Arbeiten ausgeführt hat. Wallace heuert Charles offenbar kurz entschlossen, mit der Zustimmung der Eltern, für die Reise nach Asien an, wo Charles nun das Sammeln lernen soll.

Tatsächlich begreift er schnell, wie man Tiere schießt und fängt, doch nicht recht, wie man sie adäquat präpariert. In dieser Hinsicht ist Wallace Perfektionist, mit klaren Vorstellungen, wie die Dinge zu geschehen haben, mit großem Anspruch an sich selbst und an andere. Nach einigen frustrierenden Versuchen überlässt Wallace seinem Gehilfen allenfalls die Fliegen und Hautflügler, die delikateren Käfer präpariert er lieber selbst. Auch was die Vögel und Schmetterlinge angeht, ist er nie ganz glücklich mit Charles. Nach dem wenigen zu urteilen, was wir wissen, ist Allen offenbar weder ein außerordentlich guter Sammler noch mag Wallace ihn. In Briefen an seine Familie äußert sich dieser oft frustiert über seinen wenig umsichtigen Mitarbeiter, der ihn selbst nach einem gemeinsamen Jahr im Gelände noch in die Verzweiflung treibt. Wir kennen einen Brief Wallace' an seine Schwester mit der Bitte, dass sie sich zu Hause um einen Ersatz bemühen möge. Der Brief zeigt uns zugleich, was ein Forschungsreisender am Ende der Welt vor anderthalb Jahrhunderten können musste. Er suche *»keinen netten jungen Mann«*, so schreibt Wallace an Fanny. *»Ich wüsste lieber, ob er auch mal eine Woche lang von Reis und Salzfleisch leben kann.«* Und offenbar eine besondere Qualifikation: *»Kann er auf einem Brett schlafen? Kann er 20 Meilen am Tag laufen? Kann er arbeiten, denn Sammeln ist manchmal echte Knochenarbeit? Kann er ein Stück Holz gerade durchsägen? Bitte ihn, dir irgendetwas zu basteln, eine kleine Schachtel aus Karton, einen*

Holzpflock oder einen Flaschenstöpsel, und dann sieh' dir genau an, ob er so etwas richtig gut machen kann.«

Offenbar kann Wallace all dies weit besser als Allen. Da sein Helfer sich nicht so entwickelt, wie er es gehofft hat, zur souverän agierenden rechten Hand des Forschers nämlich, ist Wallace nicht traurig, als sie sich nach anderthalb Jahren trennen. Nach Wallace' Reisen auf Borneo bleibt Charles Allen in einer Missionsschule, wo er Lehrer wird. Doch offenbar überlegt er es sich später nochmals anders. Denn er wird uns fünf Jahre später wieder begegnen, wenn er auf den Gewürzinseln als Gehilfe zu Wallace zurückkehrt. Von Ambon aus wird er später sogar allein und unabhängig durch die Inselwelt der Molukken reisen und auch das westliche Neuguinea bereisen. So kommt Allen an Orte, wo er für Wallace sammelt, die dieser selbst nicht besucht. Als Wallace sich schließlich auf den Weg zurück nach England begibt, bleibt der nunmehr Vierundzwanzigjährige in Singapur, heiratet und gründet eine Familie; er stirbt 1892.

Wissenschaftshistoriker haben sich bemüht, Charles Allens Exkursionen zu rekonstruieren, nicht zuletzt um mehr über die genauen Fundorte und -umstände zu erfahren. In Wallace' Berichten und Erinnerungen jedoch kommt er allenfalls sporadisch vor. Einmal vermerkt er in seinem Reisebericht, als sein Gehilfe auf einer abgelegenen Molukken-Insel weilt: *»Ihm gehen die Insekten-Nadeln aus. Er war zudem krank«* – kein Zweifel also, wo Wallace' Prioritäten liegen. Obgleich Charles Allen eine durchaus nicht unerhebliche Rolle für den Sammelerfolg Wallace' spielt, hat der ihn unzureichend gewürdigt; wie übrigens auch die meisten Biographen, finden einige Historiker wie Donald B. Baker und auch Jane Camerini. Zumindest seit Allen auf Ambon wieder zu Wallace stößt und vor allem dank seiner selbstständigen Sammelreisen im abgelegenen Osten des Archipels sei er ihm kompetente Hilfe und emsiger Sammler gewesen; Grund genug jedenfalls, sich an ihn zu erinnern.

Über die Jahre hat Wallace noch andere einheimische Helfer, die gelegentlich für ihn sammeln und die er in seinem Reisebericht ebenso gelegentlich erwähnt. Doch einem von ihnen, dem zu dieser Zeit achtzehn Jahre alten Ali, setzt Wallace in seiner Autobiographie geradezu ein Denkmal. Als er Ali und seine Zusammenarbeit mit ihm schildert, ist er voller Dankbarkeit und Lob für seinen *»faithful companion«*, den *»treuen Gefährten beinahe aller meiner Wanderungen in der Inselwelt des Fernen Osten«*. Er bildet darin sogar ein Porträt von ihm ab. Ali ist Malaie und Muslim von der Insel Borneo, wo Wallace ihn 1855 in Sarawak als Gehilfen und Faktotum anheuert – ein *»Tu alles!«* eben. Ali ist willig und fähig; er wird während der gesamten Reise bei Wallace bleiben, für ihn kochen und ihn Malayisch lehren (die Sprache ist einfach und unverzichtbar, wenn Wallace auch in abgelegene Regionen des Archipels vordringen will). Umgekehrt lernt Ali von Wallace, zu schießen und Vögel abzubalgen, Insekten zu präparieren und alles zu verpacken. Er ist ein guter Bootsmann und übersteht mit stoischer Ruhe alle Gefahren ihrer Reise. Er pflegt Wallace, wenn Malariafieber ihn wieder einmal niederstreckt. Er hilft auch dabei, andere einheimische Helfer, die Wallace bei Bedarf hier und da anheuert, in den notwendigen Arbeiten zu unterweisen. Ali ist eine große, eine unverzichtbare Hilfe; mehr als jeder andere hat er zu Wallace' Erfolg bei dessen Expedition beigetragen. Wenn wir hier also Wallace' Wanderungen im Archipel verfolgen, ist er – Wallace – im Grunde ein »wir« und Ali immer dabei. Gemeinsam schlagen sie sich durch den Urwald, fischen mit Netzen nach Insekten, schießen Vögel und Säuger aus dem Geäst, rasten und essen gemeinsam – unterwegs und abends im Lager, wo immer sie sind, für sieben intensive Jahre. Ali ist Wallace' Augen, Ohren und Hände – und er bleibt bis zum Ende. Zwar heiratet Ali, als sie längere Zeit auf Ternate sind; doch seine Frau bleibt bei ihrer Familie. Als Wallace von Singapur nach England zurückkehrt, lässt er Ali als einen wohlhabenden Mann zurück, der das meiste seiner Ausrüstung und ein großzügiges Geldgeschenk für seine Dienste erhält. Wallace und Ali werden einander nie wiedersehen, der junge malayische Muslim, der ein ebenso großes Abenteuer hinter sich hat wie jener weiße Mann, der unbedingt auf der Suche nach Schmetterlingen und Paradiesvögeln an das Ende des Archipels und damit der Welt strebt.

In der Geschichte taucht Ali noch einmal kurz auf. Im Jahre 1907 trifft ein junges amerikanisches Pärchen, der Zoologe Thomas Barbour aus Harvard und seine Frau, bei einer Reise auf Ternate in den Molukken einen zu dieser Zeit etwa 70-jährigen, ergrauten Malaien mit einem Fez auf dem Kopf. *»Ich bin Ali Wallace«*, stellt sich der Mann vor, der einst Wallace' treuer Gehilfe war. Die Barbours machen ein Photo von ihm und schicken es mit einem Begleitschreiben an Wallace, das sein Zustandekommen erläutert. Der antwortet ihnen in einem langen Brief, in dem er sich der gemeinsamen Zeit mit Ali auf Reisen im Archipel erinnert. Wallace' Brief, so weiß man von Thomas Barbour, habe er später zu seinem unendlichen Bedauern verloren; was aus dem Bildnis des alten Ali auf Ternate geworden ist, wissen wir nicht.

Wallace als Reisereporter: Die tägliche Geländearbeit wird Wallace und seinen Helfern bald zur Routine. Einer der typischen – insgesamt sind es etwa dreitausend – Arbeitstage im Archipel ist streng strukturiert. *»Aufstehen um halb sechs, Bad und Kaffee. Die Insekten vom Vortag sortieren und trocknen; die Ausrüstung für den Tag vorbereiten. Um acht Uhr Frühstück, um neun geht es raus in den Dschungel ... bis zwei oder drei Uhr nachmittags. ... Zu Hause erfrischen und Kleiderwechsel. Dann setzen wir uns an die Arbeit, töten die Insekten, spießen sie auf. ... Um vier Uhr Dinner und dann nochmals bis sechs an die Arbeit. Kaffee. Anschließend Lesen oder Gespräche, oder wenn besonders viele Insekten zu bearbeiten sind, nochmals bis acht oder neun an die Arbeit. Dann ins Bett.«*

Singapur bietet ihnen bald kaum noch etwas Neues. Ende Juli 1854 geht Wallace mit einem kleinen Handelsschoner nach Malaka, knapp hundert Kilometer nördlich auf der Malayischen Halbinsel gegenüber von Sumatra gelegen. Malaka ist eine jahrhundertealte Handelsstation, in der erst die seit 1511 dort ansässigen Portugiesen ihre Spuren hinterlassen haben, bevor nach 130 Jahren die Holländer kamen und nochmals 150 Jahre später die Briten. Wallace bleibt zwei Monate, ist anfangs von der Vogel- und Insektenwelt recht angetan, obgleich Malaysia zu dieser Zeit durch Naturforscher bereits recht gut bereist und die

Tierwelt recht gut untersucht ist. Als sich Wallace und Charles Allen mit einer kleinen Truppe einheimischer Helfer landeinwärts zum Mount Ophir aufmachen, erleben sie ihr erstes richtiges Abenteuer im dichten Urwald Südostasiens. Mühsam schleppen sie sich, ihre Ausrüstung und Verpflegung durch knietiefen Schlamm. Auf den tropfnassen Blättern und Bäumen des Regenwaldes warten Egel auf jeden Säuger, dessen Haut sie anritzen und dessen Blut sie aufsaugen können. Einmal setzt sich einer dieser Schmarotzer nur daumenbreit neben Wallace' Halsvene fest. Und was macht der wahre Naturforscher? Wallace unterdrückt seinen Ekel über den an ihm saugenden Egel und bewundert diesen, der *»herrlich gezeichnet mit Streifen strahlenden Gelbs«* sei. Bei einem steilen Aufstieg zum Gipfel entdeckt Wallace erstmals Kannenpflanzen *(Nepenthes)*; und als ihnen oben angekommen das Wasser ausgeht, trinken sie aus diesen Pflanzen. In ihren trichterförmigen Blattspreiten sammeln diese nicht nur Wasser, sondern auch Insekten. Die Brühe sieht entsprechend unappetitlich aus, was Wallace nicht abhält. *»Als wir das Wasser daraus tranken, schmeckte es recht gut«*; allerdings sei es warm, setzt er hinzu; Wallace ist nie zufrieden.

Über seine Wanderungen im fernen Ostasien ist die Fachwelt in England und anderswo in den kommenden Jahren stets gut informiert. Er macht es sich zur Gewohnheit, ganze Briefe oder markierte Passagen an Stevens, aber auch andere Freunde und Kollegen zu schicken mit der Bitte, diese insbesondere in den entomologischen, aber auch allgemein zoologischen Fachjournalen abdrucken zu lassen. So liefert er eine Art Vorab-Reportage seiner Reise. Wallace berichtet zudem, wie verabredet, von der Malayischen Halbinsel aus auch an die Royal Geographical Society in London. Wenn diese also gleichsam das Reisebüro des Empire ist, dann ist Wallace einer der ersten Reiseberichterstatter. Allerdings stößt Wallace' erster Report dort offenbar auf wenig Wohlwollen. Er sei zu kurz, so schlicht das Urteil; bis heute liegt er unveröffentlicht in den Archiven. Auch sei, so bemerkt einer seiner Biographen, Wallace in den ersten Briefen mit seinem Urteil insbesondere über die Einheimischen noch nicht der, den wir später kennenlernen werden. Die Reise durch den Archipel wird ihn verändern.

Unlängst hat ein anderer Biograph, Charles Smith, herausgefunden, dass Wallace' Talent als Autor erst allmählich die rechte Betätigung findet. Am Beginn seiner Reise erledigt er recht gezielt Auftragsarbeit. Wallace, so können wir sagen, arbeitet anfangs als Reisejournalist. Er übt sich dabei in einem leichten, erzählerischen Ton und entpuppt sich durchaus als fähiger Autor. Als er am Ende seines Lebens seine Autobiographie verfasst, wird ein Kritiker ihn für seinen eleganten Stil loben. Wallace' schreibe niemals dröge, bei ihm seien sogar Tabellen und Diagramme noch *»as entertaining as they are valuably instructive«*. In seinem Fall stimmt wohl, dass Übung den Meister macht. Was wir bisher nicht wussten: dass Wallace offenbar regelrecht und formal als reisender Reporter angestellt ist; und zwar bereits, als er in Singapur ankommt. Tatsächlich hat Charles Smith eine Serie von Artikeln in den Archiven entdeckt, die Wallace – bisher unerkannt, weil nicht sämtlich namentlich gekennzeichnet – seinerzeit für einige britische Magazine verfasst hat. So schreibt er etwa für die in London erscheinende *»Literary Gazette«* gleich mehrere Berichte, als Teil einer geplanten Serie, in der der Verfasser angekündigt wird *»as an explorer of scenery, an observer of life and manners, and an enthusiastic naturalist«*. Wer außer Wallace sollte es sein, der dort in zwei Artikeln über Singapur und die Umgebung berichtet? Später folgt im selben Magazin ein Bericht über einen Ausflug zum Mount Ophir. Herausgegeben wird die *»Gazette«* von dem in London ansässigen britischen Verleger Lovell Reeve; von ihm wurde auch Wallace' Buch über die Amazonas-Reise verlegt, das durchaus positive Aufnahme fand – und ihn hinreichend qualifiziert auch für die Berichterstattung aus Asien erscheinen lässt. Wallace verfasst anonym auch mehrere Berichte für *»Chamber's Journal«* in Edinburgh, wie Charles Smith rekonstruiert hat, der indes über die Gründe für Wallace' Schreiben nur spekulieren kann. Möglicherweise war es nur ein bequemer Weg, um selbst an die Magazine zu kommen, dafür aber das Geld zu sparen? Sicher ging es Wallace auch insofern ums Geld, als Extraeinnahmen für die

Reiseberichte nicht schaden konnten. Wallace weiß anfangs tatsächlich weder, wie lange er unterwegs sein würde, noch, wie sich seine Sammlungen verkaufen werden. Seine kurze Reporterkarriere findet ihr Ende, als sich besagte Journale den feinen Künsten statt der Reisereportage und Naturkunde zuwenden (welch bekannte Wendung schon damals!). Oder aber Wallace brauchte das Schreiben nicht mehr, als er nach den ersten zwei Jahren seines Aufenthalts finanziell auf sicheren Füßen steht und zudem in den Kreisen der Wissenschaft allmählich immer mehr Aufmerksamkeit findet. Nun will er sich nicht länger ablenken lassen oder vielleicht auch nicht seinen Ruf schädigen. Das Londoner Magazin *»Literary Gazette«* wird uns gleich noch beschäftigen, wenn es um Wallace' berühmten Sarawak-Aufsatz geht und darum, wie einer der wichtigsten Essays der Evolutionsbiologie entstanden ist.

Ende September kehrt Wallace aus Malaka zurück. Er ist dort erstmals an Malaria erkrankt, doch erholt er sich, nachdem ein Arzt ihn täglich einmal ordentliche Dosen an Chinin einnehmen lässt. Nach einer weiteren Woche ist Wallace wieder im Dschungel unterwegs. In seinem Reisebericht wird er solche Malaria-Attacken meist nur erwähnen, wenn sie zu etwas gut sind, allen voran jener in die Wissenschaftsgeschichte eingegangener Fieberschub einige Jahre später auf der Insel Ternate. Zunächst aber trifft er nun in Singapur den ihm aus London bereits bekannten Sir James Brooke. Der – charismatisch, schneidig, von einnehmendem Wesen und aus distinguiertem Haus – diente einst in der britischen Armee, hat sich mutig und geradezu nach Abenteuern süchtig im Fernhandel mit Asien versucht, bevor er durch glückliche Umstände zum friedensstiftenden, aber streng und selbstgerecht agierenden Herrscher über Sarawak aufstieg, wo er seit einigen Jahren residert. Brooke ist nicht unumstritten und beschäftigt mehrere Regierungskommissionen mit Untersuchungen zur Art seiner Regierungsführung. Einmal säubert er den Norden Borneos von Piraten, die die Region unsicher machen. Dazu verhandelt er mit der britischen Krone, die er um Unterstützung bittet; er vereinbart, dass diese für jeden Piraten eine Prämie zahlt. Als Brookes kleine Armee an Kopfjägern daraufhin mehr als fünfhundert Köpfe abliefert, fragt sich mancher, ob alle tatsächlich einem Piraten gehörten.

Keine Zweifel: Sir James Brooke, der erste »*Weiße Raja*«, ist eine komplexe Figur. Wallace wird ihn verehren und einen der hübschesten, sicher aber einen der größten Schmetterlinge nach ihm benennen – den grünschwarzflügeligen Ritterfalter *Ornithoptera brookiana* (der heute in die Gattung *Trogonoptera* gestellt wird). Nur zu gern lässt Wallace sich in Singapur überreden, nach Sarawak zu gehen, als James Brooke ihn erneut dorthin einlädt. Borneo ist noch weitgehend Terra incognita der Naturkunde. Ende Oktober schifft sich Wallace ein, kommt am 1. November 1854 in Sarawak an, wo er mehr als ein Jahr bleiben wird. Diese vierzehn Monate werden eine entscheidende Etappe seiner Reise durch den Archipel, während der er der Lösung der Artenfrage einen großen Schritt näher kommt – und nun endlich auch Darwin in den Blick rückt.

Sarawak. Oder: *Das Naturgesetz des Wandels*

(November 1854–Juni 1855)

»*Note for Organic law of change*«, steht da in einem Notizbuch, in dem Alfred Russel Wallace seine Gedanken zum Geheimnis der Geheimnisse festhält. Es sind Notizen, mehr noch: eine Skizze zu einem eigenen Buch über das Gesetz der belebten Natur, jenes »*organic law*«, das neue Lebensformen entstehen und sich verändern lässt. Ein Notizbuch als die Grundlage eines Werkes von Wallace zum Artenwandel, noch dazu Jahre vor Darwin, ist ein historischer Schatz – doch er wird lange nicht gehoben.

Um es gleich vorwegzunehmen: Wallace wird dieses von ihm geplante Artenbuch nie schreiben. Wäre sein Werk aber erschienen, es markierte nicht weniger als den Beginn der Evolutionsbiologie; einen Beginn, anders und früher als jener, den wir heute in Darwins Buch über »*Die Entstehung der Arten*« sehen, das drei Jahre später erscheint. Wie war das doch gleich: Geschichte kennt nur, was Geschichte ist. Aber das kleine Notizbuch – im Format 18 mal 11 Zentimeter, mit 135 Blättern meist beidseits beschrieben – ist der Beleg dafür, dass sich Alfred Russel Wallace bereits Mitte des Jahres 1855 in einem abgelegenen Regenwald am Sadong-Fluss im Norden Borneos mit dem Plan trägt, ein ganzes Buch über die Entstehung von Arten zu schreiben. Das Büchlein belegt es und ebenso kurze Hinweise darauf in zwei seiner Briefe. Vor allem aber erhellt es, wie Wallace nach einem Weg zur Lösung der Artenfrage tastet. Wallace' Notizbuch wurde bisher meist übersehen; überschattet von dem, was kurz darauf auf der Molukken-Insel Ternate passiert. Dass Wallace dieses Buch über das Naturgesetz des Artenwandels nie schreibt, hat natürlich mit Charles Darwin zu tun und mit jenen Ereignissen, die indes angesichts vieler Legenden um den jahrelangen Wettlauf der beiden Naturforscher bisher eher vernebelt als erhellt wurden.

Das sogenannte *»Species Notebook«* mit seinen immerhin 182 Seiten nimmt unter Wallace' insgesamt vier Notizbüchern und seinen vier Reisetagebüchern aus dem Archipel – die sich heute in den Archiven der Linnean Society und am Natural History Museum in London befinden – eine besondere Stellung ein. Es ist dort unter dem Kürzel *»LinSoc-ms180«* inventarisiert und wurde – von einigen kurzen Auszügen in Fachjournalen abgesehen – bislang nie veröffentlicht. Es ist längst an der Zeit, diese Aufzeichnung von Wallace (ähnlich wie im Fall von Darwin) wenigstens online verfügbar zu machen. Wallace selbst bezeichnet sein Arten-Notizbuch nicht als solches. Als er es anlegt, überschreibt er es noch mit *»Entomological Notes Sadong River Borneo«* – Notizen zu den Insekten am Sadong-Fluss. Aber das hilft uns zugleich, die Zeit seiner Entstehung einzukreisen; denn hier gehen die Ansichten der Wissenschaftshistoriker auseinander, und wir müssen etwas genauer hinsehen.

»Am 12. März 1855 erreichte ich den Landungsplatz in Semunjon«, lautet der erste Eintrag. Es ist ein Gebiet, so überaus reich an Insekten, wie es Wallace während seiner gesamten Reise durch den westlichen und östlichen Archipel nirgendwo wieder finden wird. Dazu musste er einfach Notizen anlegen, er kann gar nicht anders. Tatsächlich notiert er auf den ersten Seiten des Büchleins seine Beobachtungen über Insekten. Doch dann nutzt er es für entsprechende Aufzeichnungen, als während der nächsten Wochen andere Beobachtungen in den Mittelpunkt seines Interesses rücken; allen voran die zu den berühmten »Waldmenschen« Borneos – den Orang-Utans, denen Wallace hier erstmals begegnet und die ihn sehr beeindrucken. Dass er dieses Notizbuch ebenfalls von beiden Enden her zu beschreiben beginnt und es sich von den äußersten Blättern hin zur Mitte mit Notizen füllt, ist ty-

pisch für ihn und uns schon bei jenen Notizbüchern begegnet, in denen Wallace erstmals in Singapur die gesammelten Arten und verfrachteten Naturalien vermerkt. Nur macht es dies nicht einfacher, die Entwicklung seines Denkens zu rekonstruieren.

Im Arten-Notizbuch finden sich neben kurzen Bemerkungen zu Insekten, zu Vogelskeletten oder zur Nahrung von Nashornvögeln auch Aufzeichnungen über das von Wallace propagierte Naturgesetz des Artenwandels. Wallace entwirft darin nicht weniger als eine Theorie von der Evolution der Lebewesen durch natürliche Gesetze, wie sie auch in der unbelebten Welt gelten – dem Kosmos mit seinen Gestirnen und auf der Erde. *»Während sich die anorganische Welt seit ihren frühesten Anfängen als das Ergebnis einer Kette von Veränderungen erwiesen hat, verursacht durch beständig waltende Kräfte, wäre es unphilosophisch ohne wirkliche Belege zu schlußfolgern, dass die mit der unbelebten so innig verbundene organische Welt gänzlich anderen Gesetzen unterworfen sein soll, die zudem nicht mehr wirken, sodass Werden und Vergehen von Arten und Gattungen zu einem späteren Zeitpunkt plötzlich zum Erliegen gekommen ist.«* Zugegeben, ein reichlich langer Satz; aber auch ein großartiger Gedanke, den Wallace darin festhält: So dynamisch und veränderlich wie die Erde selbst sind auch die Lebewesen, die sie bevölkern, alles angetrieben durch die Gesetze der Natur. *»Der Wandel ist gänzlich allmählich von der ältesten geologischen zur modernsten Epoche; und wir kommen nicht umhin anzunehmen, dass die Erde, wie sie derzeitig ist, samt ihrer Bewohner das natürliche Ergebnis eines ihnen unmittelbar vorausgegangenen Zustandes ist, verändert durch Ursachen, die zu allen Zeiten wirkten und es auch jetzt noch tun.«* Noch so ein langer Satz und erneut ein großer Gedanke: Arten entstehen aus vorausgegangenen, ihr Wandel erfolgt graduell über lange Zeiträume.

Was ist mit Wallace auf Borneo geschehen? Wie kann er, eben erst am äußersten westlichen Ausgangspunkt seiner Reise durch den Archipel angekommen, so scheinbar unvermutet eine epochale Theorie in seinem Notizbuch festhalten? Und warum wissen wir kaum etwas über dieses Notizbuch, warum wurde es bisher nie veröffentlicht? Wichtiger noch: Warum hat Wallace dieses geplante Buch zur Theorie des »*organic law*« nie veröffentlicht? Wie wir gleich sehen werden, findet Alfred Russel Wallace bereits in Sarawak einen wichtigen Mosaikstein, ja den Grundstein zur Theorie des Artenwandels: die Erkenntnis, dass Arten in enger räumlicher und zeitlicher Beziehung stehen und sich verändern, dass sie eben nicht – anders als die christliche Schöpfungsgeschichte glauben macht – durch göttliche Fügung kreiert wurden, jede getrennt für sich. Keine Frage, dass solch eine Theorie sicher ein eigenes Werk wert gewesen wäre. Wir stellen uns das also vor: Alfred Russel Wallace und ein Buch zur Evolution der Arten. Wann wird es erscheinen? Zwei Jahre vor Darwins Buch, vielleicht schon 1856 oder erst im darauf folgenden Jahr? Es hätte die Welt verändert oder doch nichts bewirkt?

Als Erster hat der amerikanische Wallace-Biograph Lewis McKinney bereits 1966 Wallace' Arten-Notizbuch in England entdeckt und ausgewertet. Immer wieder einmal wurde es daraufhin von Wissenschaftshistorikern erwähnt, so etwa 1968 von Barbara Beddall und 1984 John Langdon Brooks; für andere war es dagegen allenfalls eine Randbemerkung wert, wenn überhaupt. Indes hielten sie meist McKinneys Rekonstruktion für zutreffend, wonach Wallace dieses Arten-Notizbuch bereits unmittelbar nach seiner Ankunft auf Borneo anlegte und mit Notizen füllte, also während der Regenzeit Ende 1854 oder Anfang 1855; in jedem Fall, bevor er dann im Februar 1855 jenen Artikel verfasste, mit dem er erstmals die Wissenschaftswelt in England aufhorchen ließ. Welche Kette von Ereignissen dazu geführt haben mag, dass das Notizbuch indes nicht *vor* diesem Artikel (und mithin als Grundlage), sondern umgekehrt erst Monate *später*, also als Fortsetzung seiner Überlegungen, angelegt wurde, soll hier näher untersucht werden. Wichtig ist festzuhalten, dass Wallace – im Kopf und nachweislich in diesem Notizbuch – bereits ein ganzes Werk über Arten konzipiert. Und zwar jetzt beinahe zeitgleich mit Charles Darwin, dem Wallace bald die ersten Briefe schreibt – und der dann kurz darauf beginnt, endlich das Manuskript für sein eigenes, lange geplantes »*Species Book*« zu verfassen. Spätestens jetzt weiß Charles Darwin, dass ihm Wallace auf den Fersen ist. Und bereits in seiner ersten Antwort an Wallace macht er deutlich, dass er selbst – Darwin – bereits seit zwanzig Jahren an der Artenfrage arbeitet. Es ist mehr als eine deutliche Warnung an Wallace.

Das Haus am Sarawak – Februar 1855, zur Zeit des Monsuns: »Ein jeder Naturforscher, welcher seine Aufmerksamkeit auf die Frage nach der geographischen Verbreitung der Tiere und Pflanzen gerichtet hat, muss an den sonderbaren Tatsachen, welche sie darbietet, Interesse genommen haben. Viele dieser Tatsachen sind ganz verschieden von dem, was man hätte erwarten sollen, und sind bis jetzt zwar als höchst seltsame, aber auch als ganz unerklärbare Tatsachen angesehen worden.«

Seit Tagen sitzt Alfred Russel Wallace bereits an dem Manuskript für diesen neuen Aufsatz. Statt Schmetterlinge zu fangen, sucht er nach Worten und er ringt mit Formulierungen, um seine Gedanken klar auszudrücken. Es sind entscheidende Tage, vielleicht seine wichtigsten, die er hier in dem idyllisch direkt am Sarawak-Fluss gelegenen Haus am Fuße der Santubong-Berge verbringt. Noch hat er sich vom Malariafieber nicht völlig erholt, doch es wird einer seiner stärksten Aufsätze – einer von erheblichem Gewicht und mit schwerwiegenden Folgen. Seit Tagen regnet es unablässig und verhindert, dass er den einzigen Raum des auf massiven Bäumstämmen gebauten Stelzenhauses verlassen und wieder sammeln gehen kann. Wie immer in solchen Fällen nutzt Wallace die Zeit zum Nachdenken und Schreiben. *»Die bedeutende Vermehrung unserer Kenntnisse innerhalb der letzten zwanzig Jahre sowohl hinsichtlich der gegenwärtigen als auch der vergangenen Geschichte der organismischen Welt hat eine solche Masse von Tatsachen aufgehäuft, dass diese uns wohl eine genügende Grundlage zu einem umfassenden Gesetz abgeben können, welches sie alle begreift und erklärt und neuen Untersuchungen eine bestimmte Richtung anweist.«*

Wie ein halb durchsichtiger Perlenvorhang tropft der Regen in Schnüren vom Rand der satt getränkten Lagen aus Palmwedeln herab, mit denen die breite Veranda des kleines Hauses überdacht ist. Immer wieder schaut Wallace von seinem Manuskript auf und hinaus. Sein Blick schweift hinab zum Fluss, an dessen Ufer Nipa- und Nibong-Palmen wachsen. Träge ergießt der Sarawak hier sein schlammbraunes Wasser in die südchinesische See. *»Zu entdecken, wie die ausgestorbenen Arten von Zeit zu Zeit durch neue ersetzt wurden, bis hinunter in die allerspätesten geologischen Perioden, das ist das schwierigste, aber zugleich auch das interessanteste Problem der Naturgeschichte der Erde. Die vorliegende Untersuchung, welche aus bekannten Tatsachen ein Gesetz zu abstrahieren sucht, dessen Herrschaft bis zu einem gewissen Grade bestimmen musste, welche Arten zu einer gegebenen Zeit erscheinen konnten und erschienen, wird, so hoffe ich, als ein Schritt in gerader Richtung hin zur vollkommenen Lösung des Problems betrachtet werden.«*

Und dann formuliert Wallace als Lösung dieses Problems jenes Naturgesetz: *»Every species has come into existence coincident both in space and time with a pre-existing closely allied species.«* – Jede Art ist sowohl räumlich als auch zeitlich aus einer vorher existierenden, nahe verwandten Art in Erscheinung getreten. Kurz und knapp, ein Satz gleichsam als evolutionäres Manifest. Es ist eine Formulierung, die zeigt, wie nahe Wallace mit seinen Überlegungen zur Abfolge ähnlicher Arten in Raum und Zeit inzwischen einer Abstammungstheorie gekommen ist. Denn wenn Tochterarten aus Elternarten hervorgehen, so führt dies – rückwärts gelesen – unweigerlich zur Überlegung der gemeinsamen Abstammung und von Stammbäumen, wie wir sie heute kennen. Mit kühnem Schwung skizziert Wallace hier auf der Grundlage seiner Überlegungen zum Vorkommen verwandter Arten eine Evolutionstheorie. Verfasst bereits nach weniger als einem Jahr des Reisens im Archipel in einem seiner wohl elegantesten und schönsten Artikel. *»Wir nehmen an, das Gesetz trifft zu, und viele der wichtigsten Tatsachen in der Natur können nicht anders gewesen sein, sondern sind fast ebenso notwendige Deduktionen aus demselben, wie es die elliptischen Bahnen der Planeten aus dem Gesetze der Gravitation sind.«*

Wallace, dem mittlerweile zweiunddreißigjährigen Autodidakten aus Wales, ist ein Meisterstück gelungen. In jedem Fall ist es eine seiner wichtigsten Arbeiten, brillant strukturiert und formuliert, von einer erstaunlichen Weit- und Klarsicht, gegründet auf seiner Fähigkeit, den Stand der Kenntnis zusammenzufassen und darüber hinaus weiterzudenken. Es ist eine Arbeit von historischem Rang; sie wird zum Meilenstein der Evolutionstheorie werden. Und ihr Entstehen in Sarawak macht das Haus, das es indes längst nicht mehr gibt, oder wenigstens diesen Ort am Fuße der Santubong-Berge zu einem Mekka der Wissenschaftsgeschichte.

Zu Gast beim »weißen Raja« Sir James Brooke: Wallace ist am Beginn der Regenzeit nach Sarawak, dem heutigen Kuching, gekommen. Er wird vierzehn Monate hier im Norden Borneos verbringen, bis zum Ende einer zweiten Regenzeit. Es ist einer seiner längsten und einer seiner produktivsten Aufenthalte an ein und demselben Ort des Archipels. In den ersten vier Wochen sammelt er gemeinsam mit seinem Gehilfen Charles Allen von Sarawak aus flussaufwärts und flussabwärts. Im November 1854 öffnet er ein neues Notizbuch; später wird es im Archiv als *»Species Registry Notebook no. 3«* zu finden sein. Als ersten Eintrag darin vermerkt Wallace unter den Säugetieren: *»Macacus cynomulgus«*; gefunden in den *»Serambo Mountains, Sarawak«*. Unter dem Namen *Macaca fascicularis* (Raffles, 1821) findet sich dieser Langschwanzmakak oder Krabbenesseraffe heute in der Sammlung des Naturhistorischen Museums in London. Bis Anfang 1855 bringen Wallace und Charles immerhin 1386 Exemplare von vielen verschiedenen Tieren zusammen, die meisten Insekten; darunter wieder viele neue Formen, wie Wallace akribisch vermerkt, bevor er sie zu Stevens nach England auf die Reise schickt.

Doch es ist Monsunzeit und der Regen wird immer heftiger; es bleibt ihnen in den ersten vier Monaten wenig zu tun. Als Gäste des Raja Brooke indes sind sie in einem kolonialen Paradies gelandet. Sir James residiert in Sarawak in einem geräumigen Haus, *»The Grove«*, genannt. Es ist auf einem kleinen Hügel direkt am Fluss gelegen, mit vier großen Zimmern: Bibliothek, Esszimmer, zwei Schlafräumen, davor unter einem herabgezogenen Dach eine breite Veranda. Umgeben von einem Garten mit tropischer Vegetation, der sich bis hinab zum Fluss erstreckt. Brooke hat für sich einen eigenen Flügel anfügen lassen und überlässt das Haus seinen Besuchern. Wallace genießt die Freundschaft des Herrschers über diesen Flecken Borneos. Er verbringt Weihnachten mit dem Raja, der sich an der gepflegten Unterhaltung mit dem klugen jungen Engländer erfreut.

Die Themen ihrer abendlichen und anregenden Gespräche seien *»entweder philosophischer oder religiöser Natur«* gewesen, erinnert sich Wallace später. Wie er selbst, schätzt auch James Brooke ein *»good argument«*, die gepflegte Diskussion. Dessen Offenheit und Direktheit macht Wallace mutig, und er beginnt sogar, über seine bis dahin geheimen Gedanken zu reden. Beide stellen fest, dass sie vor geraumer Zeit bereits die *»Vestiges«* mit größtem Interesse gelesen haben, jenes kuriose Buch des – damals noch anonymen Autors – Robert Chambers. Ein Exemplar besitzt der Raja in seiner Bibliothek in Sarawak, wie wir wissen. Jetzt ist es Gegenstand vieler Gespräche zwischen Wallace und Brooke, über die sein Sekretär und Biograph uns berichtet. Wallace will seinen zögerlichen Gastgeber gern vom Gedanken einer Entwicklung der Arten überzeugen, was ihm allerdings nicht gelingt. Brooke verteidigt den Schöpfungsglauben; vor allem mag er nicht zugestehen, dass sogar der Mensch zu diesem Reich sich wandelnder und verändernder Tiere gehören soll, wie Wallace ihm darlegt. Dann wären wir ja mit den Affen verwandt, protestiert er; oder schlimmer noch, wir hätten gemeinsame Vorfahren mit den haarigen Vettern aus dem Wald; nicht vorstellbar für einen Engländer aus bestem Haus. James Brooke ist schockiert und indigniert. Was Naturkunde angeht, ist er höchst interessiert und offen; aber nun geht Wallace wirklich zu weit. Und gerade bei den Menschenaffen kennt sich Brooke aus; er hat selbst bereits 1841 eine kleine Abhandlung über den »Waldmenschen« verfasst; den Orang-Utan oder »Mias«, wie er bei den in Sarawak einheimischen Dayaks heißt.

Zwar wird Wallace Brooke nicht davon überzeugen, dass Menschenaffen Vorfahren des Menschen sind. Aber die abendlichen Diskussionen mit dem *»Weißen Raja«* stimulieren ihn. Kurze Zeit später erkrankt er an Malaria. Zur Erholung bietet Brooke ihm sein kleines Haus in Santubong an der Mündung des Sarawak an. Nur ein malayischer Koch, Ali, den Wallace inzwischen angeheuert hat, ist bei ihm. Vom Fieber und Regen an das Haus am Fluss gefesselt, hat Wallace viel Zeit, in Ruhe über die Unterhaltungen mit dem Raja nachzudenken und über jene Frage, die ihn seit der Amazonas-Reise ständig beschäftigt, die ihm genau genommen schon seit einem Jahrzehnt nicht mehr aus dem Kopf geht, seit er in Leicester von Chambers' Entwicklungstheorie gelesen hat. Arten sind nicht konstant, sie verändern sich. Gut, aber wie kann man das zeigen? Wie entstehen sie und wie entwickeln sie sich? Hat er da nicht gerade erst in einem der von Stevens nachgeschickten Magazine aus London einen Artikel zu diesem Thema gesehen? Wallace kramt in seiner Post und seinen Papieren. Tatsächlich, da ist er, der Abdruck eines Vortrags, den ein gewisser Edward Forbes vor der ehrwürdigen Royal Geological Society in London gehalten hat, deren Präsident er ist. Forbes ist Professor für Botanik am King's College in London und interessiert sich vor allem für Meeresbiologie. In jedem Fall ist er ein entschiedener Anhänger der Schöpfungslehre und argumentiert für einen göttlichen Plan in der Ordnung der Natur. Was Wallace da liest, regt seinen Widerspruch – mehr noch als jedes mit Überzeugung vorgetragene Argument während der Diskussionen mit dem Raja, die er gerade erst geführt hat. Der Artikel von Forbes macht ihn regelrecht wütend ob der offenkundigen Argumentationslücken, die sich darin auftun. Nein, denkt Wallace, so wie Forbes sich das denkt, kann es beim besten Willen nicht gewesen sein; so kann es in der Natur nicht zugehen. Und so wird ein Artikel, der ansonsten wohl eher in Vergessenheit geraten wäre, zum Auslöser des sogenannten Sarawak-Essays von Alfred Russel Wallace. Manchmal ist mithin selbst Unfug zu etwas gut. Forbes stirbt übrigens kurze Zeit nach der Veröffentlichung seines Vortrags – und verpasst so eine Kette von Ereignissen, die mit seiner irrigen Theorie ihren Anfang nehmen.

»Komplett absurd« – die Theorie des Edward Forbes. Oder: Wie Wallace ein Naturgesetz entdeckt: Dass Wallace' Sarawak-Artikel eine Erwiderung auf Forbes' Vortrag ist, bleibt niemandem verborgen, der seinen Aufsatz liest. Denn dieser lässt kein gutes Haar an des-

sen Theorie. Lange haben Wissenschaftshistoriker nach einer Erklärung gesucht, warum Wallace überhaupt im Februar 1855 im fernen Borneo über ein Naturgesetz der Arten schreibt – und damit letztlich über Evolution.

Natürlich, es regnet und er kann nachdenken; so jedenfalls schreibt Wallace später selbst. *»Ich war recht allein, nur Ali als Koch, und während der Abende und verregneten Tage hatte ich weiter nichts zu tun, als in meine Bücher zu schauen und über jenes Problem nachzugrübeln, das mir selten aus dem Kopf ging.«* Doch dann erklärt Wallace in seiner Autobiographie, nach vielen Jahren und Jahrzehnten rückblickend, dass es angeblich die Verbreitungsmuster von Tieren waren, die ihn auf die Idee mit dem Naturgesetz der Arten brachten. Indes täuscht hier die Retrospektive selbst den großen Mann. Denn Forbes erwähnt er in seinen Erinnerungen nicht mehr. Zwar nutzt Wallace natürlich seine Kenntnisse zum geographischen Vorkommen von Tieren; er steht ja in Borneo unmittelbar unter dem Eindruck solcher ganz augenfälligen Beobachtungen. Doch sein Sarawak-Artikel ist in erster Linie die verhalten-ungehaltene Antwort auf Forbes' Überlegungen zum Vorkommen ausgestorbener Lebensformen und wie diese sich über die langen Zeiträume der Erdgeschichte verteilen – eine zu dieser Zeit in England unter Fachleuten sehr lebhaft diskutierte Frage.

Wallace hält Forbes' Ideen dazu für – pardon: komplett absurd. In seinem Aufsatz selbst formuliert er das zwar netter, britisch korrekt. Forbes' Idee *»erscheint uns ganz unnötig«*, und er, Wallace, *»würde es auch wagen, selbst einige Gründe gegen die Natur der Forbes'schen Theorie vorzubringen«*. Dieser stütze seine Überlegungen, leider, auf nur mehr isolierte Tatsachen; die aber erlaubten keine Schlussfolgerungen und schon gar nicht über eine so wesentliche Frage wie die nach der Entwicklung von Arten. Was Wallace wirklich von Forbes' Idee hält, schreibt er in einem Brief an seinen Freund Henry Bates im Januar 1858; da hat sich Wallace offenbar immer noch nicht über die *»ideal absurdity«*, wie er es nun nennt, beruhigt: *»Ich habe mich über den da vorgetragenen ausgemachten Unsinn sehr geärgert, zumal eine viel einfachere Hypothese* *sämtliche Fakten erklären kann.«* Tatsächlich ist die Überlegung, die Wallace als Antwort auf Forbes entwickelt, ganz einfach; und sie bietet eine weitaus bessere Erklärung auch der eigenartigen Fossilüberlieferung, die den Forschern bis dahin Rätsel aufgibt.

Wallace wird sich später nicht mehr daran erinnern, was der eigentliche Auslöser für seinen Sarawak-Aufsatz ist. Und einige Historiker vermuten, dass eventuell auch James Brooke nicht ganz unbeteiligt daran ist. Zum einen, weil er in dieser Zeit ein anregender Gesprächspartner für Wallace ist; zum anderen könnte es sein, dass Wallace auf Forbes' Artikel in einer der Zeitschriftenbände in der Bibliothek von Brookes Haus aufmerksam wird. Denn dieser Bericht, so lässt sich heute ermitteln, ist mindestens in vier verschiedenen Journalen abgedruckt worden, Unsinn hin oder her; darunter in den Abhandlungen der Geologischen Gesellschaft im Oktober 1854. Wenigstens eines dieser Journale dürfte auch Stevens an Wallace geschickt haben, der es dann spätestens im Januar oder Februar 1855 in Sarawak liest. Wissenschaftshistoriker wollen so etwas natürlich genau wissen. Sie sind spitzfindig, wenn es um die Frage geht, wie Wallace im fernen Borneo überhaupt von Forbes' Theorie erfahren hat. Und sie sind sich nicht einig. Glaubt man dem Wallace-Biographen Peter Raby, so hat Forbes in seiner Eigenschaft als Präsident der Geological Society die Theorie bei seiner Ansprache bereits am 17. Februar 1854 vorgestellt; also unmittelbar bevor Wallace England verlassen hat. Wahrscheinlicher sei aber, so Raby, dass er die gedruckte Fassung im Journal der Gesellschaft von Stevens erhalten habe, der es nach Singapur schickt (möglich, denn immerhin ist Wallace noch kurz vor seiner Abreise Mitglied der Gesellschaft geworden).

Dagegen meint Charles Smith, Forbes habe seine Theorie am 28. April vor der Royal Institution präsentiert, einer altehrwürdigen englischen Organisation, die sich der wissenschaftlichen Ausbildung und Forschung widmet. Zum einen sei Wallace da bereits unterwegs im Archipel gewesen, zum anderen hätte er ohnehin auf andere Weise von Forbes' Theorie erfahren. Dabei spielt jenes Londoner Magazin, die *»Literary Gazette«*, eine Rolle, für die Wallace als eine Art Reisereporter aus Singapur und Malaka berichtet hat. Denn gerade einmal zwei Seiten nach der ersten Reisereportage, die Wallace in diesem Magazin veröffentlicht, folgt ein vollständiger Abdruck jenes Artikels von Forbes. Die Ausgabe der *»Literary Gazette«* von Mitte August 1854 dürfte frühestens gegen Ende des Jahres in Sarawak eingetroffen sein. Rechtzeitig genug aber für Wallace, sich gründlich über das zu ärgern, was Forbes da von sich gibt. Und bevor er sich im Februar 1855 daransetzt, seine eigene Erklärung zu entwickeln. So entstehen Meilensteine, die Biologiegeschichte machen.

In die Annalen ist Edward Forbes' Idee als sogenannte Polaritäts-Theorie eingegangen. *»On the Manifestation of Polarity in the Distribution of Organized Beings in Time«* ist der Beitrag überschrieben. Forbes glaubt an die Schöpfungslehre und sieht alles in der Natur als göttlich verursachtes Zeugnis der Schöpfung. Und damit sei bereits alles erklärt; Ende der Geschichte. Forbes beschreibt nun, dass es angeblich eine größere Formenvielfalt (auf Gattungsebene, wie man damals dachte) in den ersten Epochen der durch Versteinerungen überlieferten Erdgeschichte und dann wieder zur Gegenwart hin gibt. Artenreichtum also gleichsam an den beiden Polen der Fossilzeit. Dazwischen sei die Biota der Erde regelrecht verarmt gewesen, so Forbes; es lebten weitaus weniger Arten und Gattungen.

Wallace rauft sich die Haare. Erstens, so erklärt er dazu in seinem Aufsatz, sei die Fossilüberlieferung viel zu lückenhaft und zudem unzureichend bekannt, um solche gewagten Schlüsse zu ziehen, wie Forbes es tut, der glaubt, Zeugnisse der Vorzeit seien vollständig überliefert (ein Irrtum vieler Forscher übrigens bis heute!). Zweitens können wir nicht sicher sagen, so Wallace, dass zu irgendeinem Zeitpunkt während der Erdgeschichte überhaupt einmal mehr oder weniger Arten gelebt haben (auch das behaupten Fossilforscher oftmals heute noch!). Nun könne er zwar hier noch nicht alles ausführlich darstellen, aber *»schon vor etwa zehn Jahren«* habe sich ihm *»die Idee eines generellen Gesetzes aufgedrängt«*, und er, Wallace, habe *»seitdem eine jede Gelegenheit ergriffen, um dasselbe durch sämtliche neuerlich festgestellten Tatsachen, mit welchen ich bekannt wurde oder welche ich in der Lage war, selbst* *beobachten zu können, auf seine Richtigkeit hin zu prüfen«.* Und er fährt fort: *»Nur infolge einiger kürzlich vorgetragener Ansichten, welche eine verkehrte Richtung einzuschlagen scheinen«*, wage er es jetzt, seine Ideen der Öffentlichkeit vorzulegen.

Der Sarawak-Artikel von 1855: Der Titel wirkt etwas sperrig, entspricht aber den Gepflogenheiten der Zeit. *»On the law which has regulated the introduction of new species«*; zu Deutsch: Über das Gesetz, welches die Einführung neuer Arten reguliert hat. Wallace schickt das Manuskript an Stevens nach London; es erscheint im September 1855 in der angesehenen und in einschlägigen Kreisen gelesenen Zeitschrift *»Annals and Magazine of Natural History«*. Der Artikel kumuliert in Wallace' Credo: *»Jede Art ist sowohl räumlich als auch zeitlich aus einer vorher existierenden, nahe verwandten Art in Erscheinung getreten.«* Diesen Satz will er in Kursivschrift hervorgehoben wissen. Und als ob das nicht schon genug ist, taucht er in seinem Aufsatz gleich zweimal auf, nur durch eine kleine Wort-Volte verändert. Einmal stellt er den zeitlichen Aspekt voran, beim zweiten Mal den räumlichen. Beides ist ihm gleichermaßen wichtig für die Erklärung, warum Arten veränderlich und eben nicht konstant sind. Arten haben tatsächlich in der Natur eine räumliche oder horizontale Dimension, nämlich ihre geographische Verteilung im Raum; und eine zeitliche Achse oder vertikale Dimension in der Abfolge ihrer Vorfahrenlinie, ob überliefert oder nicht. Wo sie geographisch vorkommen, sei dabei von geologischen Veränderungen abhängig, so macht Wallace gleich mit Beginn des ersten Abschnitts deutlich. Und er erklärt, warum es kein Zufall ist, dass räumlich benachbart vorkommende Arten sich auch verwandtschaftlich nahestehen; dass nämlich die Formen verschiedener geologischer Zeitspannen zeitlich aufeinanderfolgen. Wallace kombiniert diese geologisch bekannte Abfolge mit seiner Beobachtung zum geographischen Vorkommen und postuliert einen von ihm als Naturgesetz der Arten formulierten Zusammenhang.

Damit leitet Wallace aus den zu seiner Zeit vielen Forschern vertrauten, zuerst von dem britischen Geologen Charles Lyell zusammengetragenen geologischen Beobachtungen das Prinzip einer langsamen, kontinuierlichen und graduellen Entwicklung der Arten ab. Ein mutiger und dabei doch längst überfälliger Schritt (den auch Darwin da bereits getan hat). Lyell hatte in seinem mehrbändigen Werk zu den Prinzipien der Geologie zwei Jahrzehnte zuvor erkannt, dass ähnliche Arten offenbar zeitlich aufeinanderfolgen. Wallace fasst nun zusammen, dass es nicht nur graduelle geologische Veränderungen gibt, sondern *»dass während der ganzen Reihe von Entwicklungen das organische Leben der Erde eine entsprechende Veränderung durchlaufen hat. Diese Veränderung ist ebenfalls stufenweise erfolgt, aber sie ist eine vollständige gewesen, indem nach einem gewissen Zeitraume nicht eine einzige Art existierte, welche am Beginn der Periode gelebt hatte.«*

Mit dieser Idee, dass während einer vertikalen Entwicklung vorherige Arten durch nachfolgende Arten abgelöst werden, gelingt es Wallace, den Glauben an eine Konstanz der Arten zu unterwandern. Doch bleibt die Frage, auf welche Weise diese stufenweise Veränderung und das Ablösen einer Art durch eine andere, das Ersetzen neu gegen alt, in der Natur erfolgt. *»Es drängt sich einem jeden denkenden Geiste die Frage auf –: aus welchem Grunde sind diese Dinge so? Sie könnten nicht so sein, wie sie sind, wenn kein Gesetz ihre Erschaffung und ihre Verbreitung reguliert hätte.«* Zur Lösung gibt ihm die Geographie den Schlüssel in die Hand, als er erkennt: *»Fast unabänderlich wird die nächstverwandte Art an derselben oder in der Nähe liegenden Örtlichkeit gefunden, und es ist daher die natürliche Folge der Arten durch Verwandtschaft auch eine geographische.«*

Das oftmals überraschende geographische Vorkommen konnten Naturforscher bis zu Wallace nur recht unbefriedigend erklären. Zwar brachten gewisse Verbreitungstatsachen auch Charles Darwin auf seine Erklärung, wie Arten entstehen. Doch in seiner Beschreibung der *»Beagle«*-Reise finden sich dazu nur vage Andeutungen. Als sein Reisebericht 1839 erstmals erscheint, ist Darwin noch weit davon entfernt, geographische Fakten für die Lösung der Frage nach dem Ursprung und der Entstehung von Arten zu nutzen. Doch es sind letztlich bei ihm wie bei Wallace nicht die von Forbes angeführten Fossilien, die ihn vom Gedanken einer Veränderung der Arten überzeugen, sondern geographische Befunde. Tatsächlich ist zu Darwins Zeiten der Fossilbeleg nur höchst lückenhaft bekannt, im Gegensatz zu einer Fülle von Befunden zum Vorkommen von Vögeln, Säugern, Schmetterlingen und anderen Tieren. Um ein Bild zu benutzen: Nicht nur alte Bücher und Schriftstücke geben über die Ereignisse zu früheren Zeiten Auskunft. Vieles aus der Geschichte lässt sich auch aus einer Landkarte mit den heutigen Grenzen von Ländern und Nationen ablesen. Ebenso wie wir wissen, dass bestimmte Menschen, Völker und Nationen nur in bestimmten Regionen der Erde vorkommen, waren bereits die ersten Naturforscher davon beeindruckt, dass einzelne Gebiete jeweils von charakteristischen Arten bewohnt werden. Diese gilt es für eine zoologische Geographie zu vermerken und zu verzeichnen, so wird Wallace später als regelrechtes Forschungsprogramm fordern – und damit die Biogeographie begründen.

Lange bleibt allerdings rätselhaft, warum etwa Kängurus nur in Australien leben und nicht in Europa. Andererseits kennt Wallace die eigenartigen rüsseltragenden Tapire sowohl von seiner Reise in Südamerika als auch jetzt aus Südostasien. Kolibris kommen nur in Süd- und Mittelamerika vor; in der Alten Welt, Asien und Afrika dagegen leben Nektarvögel, die ebenfalls Blütenhonig saugen. Wallace erinnert sich der Tukane im tropischen Amerika; hier in Asien sieht er nun die ähnlichen Nashornvögel. Solche Verteilungsmuster beobachtet er auch bei anderen Arten, nicht nur bei Säugern und Vögeln, sondern bei Fischen, Reptilien und vor allem Insekten sowie bei Pflanzen. Am einfachsten machen es sich die Naturforscher seiner und späterer Zeit, die solche Vorkommen mit jeweils unterschiedlichen oder gleichen Lebensbedingungen zu erklären versuchen; etwa klimatischen Bedingungen oder dem Vorhandensein bestimmter Lebensräume und Nahrung. Oft haben Reisende indes festgestellt, dass sich die Bedingungen weniger unterscheiden, als man dachte; dennoch finden sie ganz andere Arten. Andererseits lassen sich viele Pflanzen anderswo ansiedeln, als sie natürlicherweise vorkommen, sofern die klimatischen Bedingungen halbwegs ähnlich sind. Ein bestimmtes Milieu bedingt nicht immer bestimmte Arten. Obgleich also die äußeren Bedingungen in den amerikanischen und asiatischen Tropen durchaus übereinstimmen, bemerkt Wallace mit Erstaunen, dass die Fauna der Inseln im Archipel insgesamt von der amerikanischen gänzlich verschieden ist.

Statt also weiter der oft verbreiteten Behauptung zu folgen, dass gleiche äußere Bedingungen gleiche Arten hervorrufen, bringen ihn die räumlich und zeitlich vertretenen Arten zur Überzeugung, dass Arten sich wandeln. Klima und Boden haben keinen Einfluss darauf, welche Arten in einem Lande leben, so argumentiert er in seiner Arbeit. Vielmehr entscheidet allein die Einwanderungsmöglichkeit schon vorhandener benachbarter Arten. Wenn sich auf Inseln lebende Arten von den Festlandsarten deutlich unterscheiden, ist das dadurch zu erklären, dass die eingewanderten Arten nachträglich abgeändert wurden. Keineswegs aber sind dies jeweils unabhängige Neuerschaffungen, wie die Schöpfungslehre annimmt.

Der Schlüssel zur Artenfrage liegt mithin im Vorkommen und der Verbreitung lebender Arten. Wallace bemerkt aber, *»dass diese Tatsachen nie angemessen als Indizien für die Entstehung der Arten ausgewertet worden sind«*. So selbstverständlich uns das heute erscheint, was er in seinem Sarawak-Artikel ausführt; so ungewohnt und neuartig ist es im Jahre 1855. Vom Monsunregen auf Borneo zum Nachdenken verdammt, findet Wallace des Rätsels Lösung. Für die Verbreitung nicht nur im Raum, sondern auch in der Zeit ist die gemeinsame Abstammung verantwortlich. Damit niemand sein just entdecktes Naturgesetz der Arten übersieht, wiederholt Wallace es lieber nochmals, in Kursiv, versteht sich: *»Jede Art ist sowohl räumlich als auch zeitlich aus einer vorher existierenden, nahe verwandten Art in Erscheinung getreten.«*

Dagegen vermag der Glaube an Abertausende von speziellen Schöpfungsakten die beobachteten Vorkommen der Arten nicht schlüssig zu erklären. Aus der Verbreitung von Tieren und Pflanzen leitet Walace ab, dass deren Vorfahren zusammen mit dem jeweiligen Gebiet ihres Vorkommens getrennt werden, sie fortan auch getrennte Wege hinsichtlich ihrer Entwicklung nehmen und sich so die Arten verändern. Ähnliche und eng verwandte Arten erscheinen deshalb im geographischen Raum und in der geologischen Zeit nebeneinander, weil sie von gemeinsamen Vorfahren abstammen. Und wenn alle Arten miteinander zusammenhängen und jede Art jeweils aus einer nahe verwandten, ähnlichen Art entstanden sein muss, ist auch die Entstehungsgeschichte des Lebens eine Folge von graduellen, kontinuierlichen Entwicklungen. Damit beschreibt Wallace einen heute allseits bekannten und akzeptierten Vorgang der Artenbildung. Und mit völliger Klarheit erkennt er, dass diese Entwicklung zu einer reich verzweigten Abstammungslinie führt, zu einem Stammbaum, dessen Metapher er zur Illustration seiner Ideen erstmals explizit verwendet (wir kommen darauf zurück).

Mag Wallace auch lange Zeit vielleicht selbst nicht bemerkt haben, dass er eine Grenzlinie zwischen idealistischer und mechanistischer Naturauffassung überschreitet – sein Versuch, die Entwicklung der Gedanken anderer Naturforscher nachzuvollziehen, wandelt sich zur Annahme einer Entwicklung der Organismen selbst. Ohne dass dies bei ihm schon so heißt, steht dabei die Biogeographie Pate für die Evolutionsbiologie. Deshalb ist sein Sarawak-Aufsatz mehr als nur ein wunderbar klar formulierter und origineller Artikel. Er ist eine historische Arbeit, die als die eigentliche Geburtsstunde der Evolutionsbiologie gelten sollte, wenigstens der evolutionären Biogeographie. Denn sie erläutert erstmals den Zusammenhang zwischen Vorkommen und Entstehung von Arten und wertet die Verbreitung der Organismen als Hinweis auf die gemeinsame Abstammung. Oder anders ausgedrückt: Wenn Wallace und Darwin ihre Theorien kurz darauf nicht in anderen Arbeiten noch einen entscheidenden Schritt weiter entwickelt hätten, dann wäre Wallace' Aufsatz aus dem Jahre 1855 heute klarer als Gründungsdokument der Evolutionstheorie erkennbar; ebenso wie sein *»organic law«* ein Pfeiler der Vorstellung von der Veränderlichkeit der Arten ist, solider noch als vielleicht die Ideen Lamarcks oder von Chambers. Es fehlt allerdings, wie gesagt, noch ein entscheidendes Puzzleteilchen. Weder die Geologie noch die Geographie für sich können erklären, wodurch die Entwicklung der Arten vorangetrieben wird. Wallace schlägt im Sarawak-Aufsatz das Wo und Wann vor, aber nicht das Wie. Den eigentlichen Mechanismus des Artenwandels erkennt er noch nicht.

Es ist den weiteren Ereignissen geschuldet, dass die tatsächliche Bedeutung des Sarawak-Artikels nur selten wahrgenommen oder später gar gewürdigt wird. Dabei ist Wallace' erster Aufsatz zugleich eine notwendige Vorstufe und eine Ergänzung der späteren Erkenntnisse. Weil dies häufig vergessen wird, erscheint sein Aufsatz aus Ternate 1858 umso zufälliger, ja gleichsam aus dem Nichts kommend. Das aber ist historisch falsch; und auch für Darwin kam Wallace' Manuskript keineswegs so überraschend wie oft dargestellt.

Kurzer Szenenwechsel – Down House, Kent, England: Wir haben nichts verpasst. Einmal erst sind sich Darwin und Wallace an jenem nicht näher bestimmten Tag, kurz vor dessen Abreise in den Archipel, im Britischen Museum in London begegnet. Auf keinen der beiden hat dies einen bleibenden Eindruck gemacht. Nachdem Darwin seine erste handschriftliche Skizze von 35 mit Bleistift geschriebenen Seiten zwei Jahre später zu einem ausführlichen Essay entwickelt hat, versieht er diesen im Juli 1844 – da ist Wallace noch Lehrer in Leicester – mit einer testamentarischen Verfügung an seine Frau Emma und verstaut das Manuskriptpaket in seinem Haus im Örtchen Downe in der Grafschaft Kent, wo er bis zu seinem Lebensende bleibt. Seit dem Erscheinen von Robert Chambers' »*Vestiges*« im gleichen Jahr ist die Stimmung in der britischen Öffentlichkeit, was Entwicklungstheorien angeht, nicht sehr ermutigend, findet Darwin. Was Wallace begeistert und für die Entwicklungstheorie eingenommen hat, erschreckt Darwin, der bereits eine bessere Erklärung gefunden hat.

Darwin aber befürchtet zu dieser Zeit, nicht als sachkundiger Kenner des Artenwandels ernst genommen zu werden. Zwar hat er sich mit seinem Bericht von der »*Beagle*«-Reise, der 1845 in der zweiten überarbeiteten Auflage erscheint, ein Denkmal gesetzt;

er hat sich indes bis dahin vor allem als Geologe einen Namen gemacht. Darwin widmet sich daher weitere zwei Jahre dem Abschluss dieser geologischen Arbeiten, etwa über die Hebung des Andengebirges und das damit verbundene Absinken von Atollen im Pazifik, das Korallenriffe entstehen lässt, wie er glaubt (und er irrt sich nicht). Alles sehr einsichtsvolle und respektable Arbeiten, doch noch immer nicht genug für seine Reputation, denkt Darwin offenbar. Also versenkt er sich in die minutiöse morphologische und taxonomische Studie winziger Meeres-Krebschen – der Cirripedier oder Rankenfußkrebse. Darwin dürfte selbst am allerwenigsten damit gerechnet haben, dass ihn diese aufwendige Untersuchung letztlich die kommenden acht Jahre beschäftigen würde. Mit einem Preis der Royal Society für seine Monographie über diese sessilen Meereskrebse gekrönt, beendet er schließlich im September 1854 seine Arbeit daran. Jetzt, mit 45 Jahren, besitzt er die Autorität, sich zur Artenfrage zu äußern. Darwin kann nicht ahnen, dass Wallace seit Jahren ebenfalls auf der Suche nach einer Lösung für das Rätsel ist; und dass Wallace nur wenige Wochen später in Sarawak einen ersten Essay mit seinen Überlegungen verfasst.

Darwins Problem ist zu dieser Zeit noch ein ganz anderes. Der Exkurs in die Zoologie aberwitzig gestalteter Meeresorganismen lässt ihn daran zweifeln, dass überhaupt jemand sicher zwischen Arten, Unterarten und Varietäten zu unterscheiden vermag. Darwin will dieses Variieren bei den verschiedenen Individuen einer Art näher studieren und beginnt, sich mit der Zucht von Tauben und anderen domestizierten Tieren, vom Kaninchen bis zur Kuh, zu beschäftigen. Bald entdeckt er bei Tauben- und Viehzüchtern eine wichtige Parallele zu den Vorgängen, die er auch in der Natur erkennt. Ihm dient die künstliche Zuchtwahl als hilfreiche Analogie für seine Idee einer natürlichen Auslese. Selektion ist schließlich überall. Beharrlich sichtet Darwin die Befunde dazu. Er experimentiert in dieser Zeit auch selbst; etwa um herauszufinden, wie Tiere und Pflanzen sich verbreiten. So versenkt er die Samen verschiedener Pflanzen in künstlich angerührter Salzlösung, um zu überprüfen, wie salzwasserresistent sie sind und ob sie auch nach langem Aufenthalt im Meerwasser, auf einer Insel oder an einer fernen Küste angekommen, noch auskeimen könnten. Nicht in einer wissenschaftlichen Zeitschrift, sondern im populären *»Gardener's Chronicle«* berichtet Darwin von seinen Einblicken zur angewandten Biogeographie. Erst im Frühjahr 1856 hat er offenbar genug Belege und Beispiele, um sich wieder an seine Artentheorie zu machen und sein *»Species Book«* zu verfassen, geplant als ein mehrbändiges Werk. Zwölf Jahre sind vergangen, seit Chambers' *»Vestiges«* für ihn zum heilsamen Schock wurde.

Als Samuel Stevens den Herausgebern der Fachzeitschrift *»Annals and Magazin of Natural History«* das Manuskript mit Wallace' Sarawak-Aufsatz weiterreicht, entschließen die sich umgehend zur Veröffentlichung. Im September 1855 erscheint der Essay, allerdings wenig geschickt platziert zwischen zwei sehr speziellen und vergleichsweise unbedeutenden zoologischen Arbeiten. Nichts passiert. Erst allmählich setzt der Artikel jene Kette von Ereignissen in Gang, die im Folgenden rekonstruiert werden. Das ist auch die Gelegenheit, mit einigen weiteren Missverständnissen aufzuräumen, die sich um Wallace' Sarawak-Aufsatz ranken. Denn anders als Wallace selbst anfangs glaubt, und vielfach nach ihm noch vermutet wird, wurde seine Arbeit sehr wohl von einflussreichen Naturforschern seiner Zeit beachtet; von Darwin allerdings nur mehr mit Verspätung, wie wir gleich sehen werden. In Wallace' Artikel finden sich mit der Erwähnung und Diskussion sowohl der Galapagosinseln als auch des Stammbaums zudem gleich zwei geradezu ikonographische Metaphern, die heute üblicherweise allein Darwin zugeschrieben werden; sie müssen wir hier zuerst noch näher untersuchen.

Für Alfred Russel Wallace jedenfalls besteht kein Grund, sich nicht freudig und stolz seines Sarawak-Artikels zu erinnern. Doch typisch für seine (wie wir noch mehrfach sehen werden) falsche Bescheidenheit ist, dass er in seinem Buch über die *»Reise im Malayischen Archipel«* diesen Sarawak-Essay oder gar seine Folgen nicht mit einem Wort erwähnt, geschweige denn seine frühere Idee zu einem Buch über die Entstehung von Arten. Und typisch auch, dass er auch in seinen Lebenserinnerungen dieser Sarawak-Episode kaum mehr als gerade einmal eine Seite widmet, und dies erst ganz zum Schluss seines Kapitels über Borneo.

Ein Irrtum und zwei Legenden: Als Wallace über viele Monate 1855 und auch während des darauf folgenden Jahres nichts zu seinem Aufsatz über das Naturgesetz organismischen Wandels hört, wird er unruhig. Ist er vielleicht auf dem langen Postweg nach England verloren gegangen? Hat wirklich niemand von seinem Essay und seiner Theorie Kenntnis genommen? Warum erhält er dazu keinerlei Kommentare? Er bekommt sie, allmählich und mit einiger Verzögerung. Auch ist es ein weitverbreiteter und vielfach gepflegter Irrtum, dass Wallace zu dieser Zeit kaum jemandem in den viktorianischen Naturforscher-Zirkeln bekannt ist und dass noch weniger seine Arbeiten lesen. Wir wissen heute, dass sein Essay aus Sarawak von einigen einflussreichen Zeitgenossen sehr wohl in seiner Bedeutung wahrgenommen wurde, mögen sie nun seine Ansichten teilen oder nicht. Allerdings macht Wallace es ihnen nicht ganz leicht, da er sein neues Gesetz allzu unbestimmt formuliert, wie einige später anmerken. Auch habe er das Schlüsselwort »*transmutation*« nicht verwendet, mit dem die Evolution damals bezeichnet wird. Und schließlich hätte er vielleicht den Unterschied gegenüber der Schöpfungstheorie deutlicher herausstreichen sollen, was ebenfalls immer geeignet ist, große Aufmerksamkeit zu erregen. Vielleicht deshalb wird sich der von Wallace bewunderte Zoologe Thomas Henry Huxley später erinnern: *»Als ich jüngst den Artikel von Wallace nochmals las, war ich überrascht, wie er damals nur einen so geringen Eindruck auf mich machen konnte.«*

Anders ist es bei dem Geologen Charles Lyell, den Wallace in seiner Arbeit mehrfach als Kronzeuge für die geologischen Befunde gegen Forbes ins Feld führt. Als Lyell den Sarawak-Aufsatz am 26. November 1855 liest, eben von einer Reise auf die Kanaren und andere Inseln im Atlantik zurückgekehrt (wie wir aus seinen Tagebüchern und Briefen wissen), wird er nachdenklich. Das äußert sich, wie vielfach in solchen Fällen, darin, dass Lyell nun ein neues Notizbuch anlegt, um darin seine weiteren Gedanken und Überlegungen zu möglicherweise sich doch verändernden Arten festzuhalten. Doch anders als Wallace und Darwin ist Charles Lyell weder zu diesem Zeitpunkt noch später von ihrer Theorie der Entstehung von Arten überzeugt. Lyell kommt zwar zu anderen Schlüssen, wie er in späteren Ausgaben seiner Bücher erkennen lässt. Das hindert ihn aber nicht daran, später in einem Brief an Wallace zu schreiben, dessen Arbeit von 1855 enthalte »*einige Punkte, die klarer dargelegt sind, als ich dies in der Arbeit von Darwin selbst finden kann, insbesondere zur Bedeutung geologischer und zoologischer Befunde für die geographische Verbreitung und die Entstehung von Arten*«. Ein nicht zu unterschätzendes Lob.

Und auch wenn das Lob spät kommt, es tut Wallace gut. Natürlich dauern die Kommunikationswege zu dieser Zeit etwas, zumal im Fall seines Freundes Bates, der noch immer am oberen Amazonas ist. Als der mehr als ein Jahr nach Erscheinen der Sarawak-Arbeit endlich sein Exemplar erhält, schreibt er am 19. November 1856 an Wallace: »*… perfectly well done! Es ist eine derart einfache und naheliegende Idee, dass diejenigen, die sie lesen und verstehen, von ihrer Schlichtheit beeindruckt sein werden; dabei aber ist sie vollständig neu und originell.*« Es vergeht freilich nochmals mehr als ein halbes Jahr, bis er von diesem Zuspruch Bates' im Juli 1857 erfährt, als Wallace endlich in Makassar wieder Post erhält. Er ist geschmeichelt und fühlt sich bestätigt. Und wie Wallace über Umwege zur gleichen Zeit erfahren wird, ist auch der britische Zoologe und Vogelforscher Edward Blyth im indischen Kalkutta angetan von seiner Arbeit. Wallace habe die Sache recht ordentlich dargestellt, meint dieser. »*Demnach entwickeln sich auch die verschiedenen domestizierten Rassen also langfristig zu Arten.*« In London weist William J. Hamilton, Präsident der Geological Society, anlässlich seiner Jahresansprache 1856 vor der Gesellschaft darauf hin, dass jene Frage, die Wallace untersuche (übrigens ein Mann von ungewöhnlichem Kaliber, so merkt er an), »*eine von großer Bedeutung*« sei, die »*die sorgfältige Untersuchung eines jeden Geologen verdient*«. Kein Zweifel also: Der Sarawak-Aufsatz macht Wallace' Name in Wissenschaftlerkreisen bekannt. Bisher war er, wenn überhaupt, der Naturaliensammler vom Amazonas, jetzt im Malayischen Archipel unterwegs. Doch mit diesem Aufsatz aus Sarawak ist er nun ein Naturforscher, einer von ihnen. Vielleicht deshalb murren einige der Abnehmer seiner zahllosen Naturalien, die er im indo-malayischen Archipel sammelt, wie Stevens ihm berichtet. Wallace solle mit dem Theoretisieren und Spekulieren aufhören und sich auf das Sammeln konzentrieren – vor allem aber, bitte schön, solle er mehr dieser wunderbaren exotischen Sammlungsstücke schicken.

Dabei ist am wenigsten Wallace selbst verborgen geblieben, dass seine Theorie über das neue Naturgesetz noch unvollständig ist.

Darwins Ikone Nr. 1 – Wallace und die Galapagosinseln: Gerade weil Wallace jetzt im Malayischen Archipel selbst in einer Art Naturlaboratorium unterwegs ist, erstaunt die Tatsache, dass er in einem zentralen Abschnitt seines Sarawak-Aufsatzes auf die Besonderheit der Galapagosinseln zu sprechen kommt. Ist das nicht Darwins Ikone? Nein, wieder so eine Legende. Zwar war Wallace selbst niemals auf diesem Archipel im Pazifik; doch hat er aufmerksam gelesen, was Darwin in seinem Reisebericht dazu schreibt. Und während Darwin die Galapagosinseln darin in keinster Weise mit seinen Überlegungen zur Evolution in Verbindung bringt, fasst Wallace sie ausdrücklich als ein besonders anschauliches Beispiel für jenen Prozess auf, der Arten entstehen lässt. Es war Wallace und nicht Darwin, der als Erster die Bedeutung dieser Inselgruppe – heute gern als das Freilandlabor der Evolution bezeichnet – im Kontext der neuen Sichtweise von der Veränderlichkeit der Arten erkennt und explizit benennt.

»Solche Phänomene, wie sie die Galapagosinseln bieten, welche keine Pflanzen- und Tier-Gruppen eigentümlich besitzen, die aber aufs Nächste mit jenen Südamerikas verwandt sind, haben bis dato gar keine, nicht einmal eine mutmaßliche Erklärung erhalten.« Ganz recht hat Wallace hier. Gleichsam per Ferndiagnose, aber in jedem Fall mit großem Weitblick erfasst er, was das Besondere an Galapagos ist und warum *»eine jede der getrennt liegenden Inseln*

ihre eigentümlichen Arten besitzt«. Und völlig richtig nimmt er an, dass sich die Inseln entweder ursprünglich *»mit denselben Arten bevölkerten, aus denen sich verschieden modifizierte Prototypen bildeten«,* oder dadurch, *»dass die Inseln sukzessive, eine von der anderen aus, bevölkert wurden, aber dass sich neue Arten auf einer jeden nach dem Plane der vorher existierenden bildeten«.* Wieder sieht Wallace hier das Prinzip der räumlichen und zeitlichen Verbindung. *»Jede Art ist sowohl räumlich als auch zeitlich …«;* aber das hatten wir ja schon.

Darwin-affine Wissenschaftshistoriker wie etwa Andrew Berry und Janet Browne, ansonsten meist über jeden Zweifel erhaben, was die Sorgfalt ihrer Arbeit angeht, haben sich einen Lapsus erlaubt, als sie erst unlängst schrieben, Wallace habe nicht jene *»evocative connection«* wie Darwin zu Galapagos. Nein, aber im Gegensatz zu Darwin hat er diesen Archipel sogleich für seine Theorie der Arten-Entwicklung als Modellfall etabliert. Ohne Zweifel ist es ein besonderer Umstand, dass gerade Wallace – der ja so viele Inselbeispiele gleichsam vor seiner Haustür im Archipel hat – als Erläuterung für seine Theorie die Verteilung der Arten auf den Galapagosinseln nennt. Darauf hat zuerst wohl der deutsche Forscher Gerhard Wichler hingewiesen. Seine Untersuchung zu Wallace und Darwin ist indes von 1938 und heute natürlich kaum noch bekannt. Auch die amerikanische Historikerin Barbara Beddall, eine der ersten Adressen, wenn es um Wallace' Leistung geht, hat in den 1960er-Jahren erkannt, dass Darwin bezüglich Galapagos eher unsicher und vage ist.

Wallace dagegen legt eine bis heute korrekte Interpretation vor, nach der die Galapagosinseln trotz ihres vulkanischen Ursprungs recht alt sind und ihre Lebewesen durch zufälliges Verdriften per Wind und Wasser vom südamerikanischen Festland erhalten haben. Wie gesagt, alles visionär erkannt aus der Ferne, von einem Archipel auf der anderen Seite der Erde (oder wenigstens des Indowest-Pazifiks) aus. Beddall vermutet überdies, dass Wallace den ersten Brief an Darwin eigentlich vor allem deshalb schreibt, weil er wissen will, was dieser über Galapagos wirklich denkt. Dazu kommen wir gleich noch.

Zwar wissen wir, welche Bedeutung seine eigenen Beobachtungen auf Galapagos für Darwin haben und welche Rolle die Erkenntnisse über die dort lebenden Tiere spielen, die er später erhält. Nur behält er diese lange für sich und veröffentlicht kaum mehr als kurze Hinweise. So erwähnt er in seinem Reise-Journal von der *»Beagle«* nur, dass die Galapagosinseln sogenannte stellvertretende Arten besitzen; aber mit keinem Wort deutet er hier seine Gedanken zu einer Entwicklung der Arten an. An einer ins Detail gehenden Erklärung, wie es Wallace tut, versucht er sich schon gar nicht. Hier wagt Wallace sich hellsichtig vor; und so sollten wir ihm auch mehr Ehre erweisen, wenn wir von Inseln und Archipele einschließlich Galapagos reden. Immerhin ist es Wallace, der zuerst die Bedeutung Galapagos für die Abstammungstheorie hervorhebt; und der damit vermutlich jenen ikonenhaften Status von Galapagos mit zu begründen hilft, um den sich seitdem Legenden ranken. Wallace selbst wird während seiner Reise durch die Inselwelt des indo-australischen Archipels noch weitere solcher Werkstätten der Evolution finden, zuerst als er 1856 nach Celebes kommt, und dann ein Jahr später auf den Aru-Inseln.

Darwins Ikone Nr. 2 – von Stammbäumen: Wenn wir also gerade dabei sind, Legenden wie die von Galapagos und Darwin zu konterkarieren, dann darf die von Darwins Stammbaum nicht unkommentiert bleiben. Heute sind Stammbäume für den Systematiker und Evolutionsbiologen, was Karten für den Geographen sind. Und doch wird von vielen – vom Kladisten bis hin zum Kunsthistoriker – viel Ungares über solche Bäume verbreitet. In jedem Fall aber wird stets angenommen, dass es Darwin war, der zuerst einen Baum als bildliche Metapher für Abstammung und Evolution zeichnete, angefangen bei der simplen Strichzeichnung eines sich verzweigenden Baumes in seinem Notizbuch 1837 bis hin zur einzigen Abbildung, die 1859 sein Buch über *»Die Entstehung der Arten«* illustriert. In seinem ersten Notizbuch über die Transmutation skizziert Darwin auf Seite 36 einen Baum des Lebens, um sich vor Augen zu führen, was er über die Veränderung zwischen

Eltern und ihren Nachkommen denkt. Später wird Darwins berühmtes Verzweigungs-Diagramm gleichsam zum dramatischen Höhepunkt seiner »*Origin*«. Allgemein wird daher die Baum-Darstellung später immer und beinahe ausschließlich Darwin zugeschrieben. Stammbäume, Evolution und Darwin werden auf diese Weise synonym.

Doch wie bereits bei Galapagos müssen wir dem König die Krone verweigern. Es war nicht Darwin, sondern Wallace, der in seinem Sarawak-Aufsatz die ikonographische Metapher einer knorrigen Eiche zur Veranschaulichung voneinander abstammender Arten einführt. »*Er verwendet meinen Baum-Vergleich*«, notiert Darwin an den Rand des Artikels von Wallace, als er ihn endlich liest, und strichelt sich einen verzweigten Linien-Baum daneben. Jetzt rächt sich, dass Darwin zwei Jahrzehnte zwar beinahe alles gesehen, gewusst und notiert, aber auch alles für sich behalten hat. Natürlich hatte Darwin die Idee mit dem Baum zur Illustration, in Wort wie im Bild, schon vor Wallace, wie beinahe sämtliche Wissenschaftshistoriker nicht müde werden zu betonen. Geschenkt, denn Wallace kommt ihm – ohne es zu ahnen – zuvor, was die Veröffentlichung dieser Idee angeht. Und geht es nicht genau darum, in der Wissenschaft und anderswo: – darum, wer etwas als Erster publiziert?

Darwins Strichzeichnung als einzige Abbildung in seinem Werk ist zugegeben reichlich abstrakt und beeindruckt die Fachwelt vielleicht heute, wohl kaum aber seine Leser damals. Wallace dagegen entwirft verbal sehr anschaulich das Bild einer knorrigen Eiche als einen aus der Wurzel heraus entspringenden Stammbaum – und zwar lange, bevor etwa in Deutschland Ernst Haeckel eine solche Eiche mit dickem Stamm und vielen verzweigten Ästen zum ewigen Symbol macht. Wallace nutzt die Baum-Analogie, um das in der Klassifikation der Organismen verwendete natürliche System zu erläutern und auf die dem zugrunde liegende genealogische Verwandtschaft zurückzuführen, die er in seinem Sarawak-Aufsatz postuliert. Er schreibt von Verwandtschaftslinien als einer »*Verästelung, die so verwickelt ist wie die Zweige einer knorrigen Eiche oder das Gefäßsystem des menschlichen Körpers*«, und fährt fort: »*Wenn wir dann noch in Betracht ziehen, dass wir nur Fragmente dieses ungeheueren Systemes besitzen, indem der Stamm und die Hauptäste durch ausgestorbene Arten repräsentiert werden, von welchen wir keine Kenntnisse haben, während eine ungeheuere Masse von Gliederungen und Zweigen und winzigen Ästen und zerstreut liegenden Blättern vorhanden ist, welche wir in Ordnung zu bringen und deren richtige ursprüngliche Lage zueinander wir zu bestimmen haben – so wird uns die große Schwierigkeit einer richtigen natürlichen Klassifikation einleuchten.*« Das tut es, und die Metapher eines Baumes ist das beste und anschaulichste Bild dazu.

Daher liegt es wohl nahe, dass sowohl Wallace als auch Darwin auf die Idee mit dem Stammbaum kommen. Am Ende seines Aufsatzes kehrt Wallace nochmals zu der Idee eines sich verzweigenden Baumes zurück, da der nicht nur am besten die natürliche Ordnung veranschaulichen könne, sondern eben auch die genealogische Abfolge von immer neuen auseinander hervorgehenden Arten. Spätere Generationen von Systematikern, Evolutionsbiologen und Wissenschaftshistorikern haben beinahe sämtlich zur Legendenbildung von Darwins Stammbaum beigetragen, Wallace aber meist völlig ignoriert und so seine originäre Idee unterschlagen. Die Legenden um Darwin verschleiern schon bei diesem die wahre Geschichte; zugleich verhüllen sie auch Wallace. Einmal mehr jedoch sehen wir hier, wie er nun als nur mehr vermeintlicher Mann in Darwins Schatten beherzt aus diesem heraustritt, sich gar vor Darwin zu stellen vermag. Denn Wallace' Sarawak-Aufsatz beweist dessen tiefe Einblicke in den Vorgang der organismischen Evolution bereits im Jahre 1855. Dabei sind seine Beispiele und Veranschaulichungen wohl gewählt – zum einen die Galapagosinseln als Naturlaboratorium, zum anderen eine knorrige Eiche als Stammbaum-Repräsentation der genealogischen Abfolge von Arten. Und die verfehlen nicht ihre Wirkung, am wenigsten bei Darwin selbst, der von dem profitieren wird, was er in Wallace' Sarawak-Aufsatz findet – zu einer entscheidenden Zeit und an einer entscheidenden Stelle, nämlich, als er an seinem eigenen Manuskript zum großen Arten-Buch schreibt.

»Nichts sonderlich Neues« – Darwins Irrtum

(Juli 1855–Mai 1856)

»Ich war nicht weiter als eine Viertelmeile vom Hause entfernt, als ich ein Rauschen auf einem der Bäume in der Nähe hörte und emporschauend ein großes rothaariges Tier erblickte, welches sich langsam weiterbewegte, indem es sich mit den Armen an die Zweige hängte. Es ging von Baum zu Baum, bis es sich im Dschungel verlor, welcher aber so sumpfig war, dass ich ihm nicht folgen konnte.« Wallace erinnert sich gut seiner ersten Begegnung mit dem »Waldmenschen« von Borneo – dem Orang-Utan. Einer der Hauptgründe für seine Reise nach Sarawak sei gewesen, so Wallace in seinem Bericht aus dem Archipel, Orangs in ihrem natürlichen Lebensraum zu studieren. Hier, wo die ungeheuer weit sich ins Inland erstreckenden Regenwälder Borneos begannen, lebten noch zahllose dieser einzigen asiatischen Menschenaffen, obgleich ihnen die Einheimischen arg zusetzten. Er sei gekommen, so Wallace weiter, *»seine Gewohnheiten zu studieren und gute Exemplare der verschiedenen Varietäten und Arten beiderlei Geschlechtes, von den erwachsenen und jungen Tieren, zu bekommen«*.

Zu seinen Zeiten heißt das: Orang-Utans für die Wissenschaft zu schießen und ihre sterblichen Überreste in eine Museumssammlung zu geben, wo andere Naturforscher sie untersuchen können. Der Orang-Utan oder *Pongo pygmaeus* (nach moderner Taxonomie) ist der Einzige unter den vier großen Menschenaffen, der außerhalb Afrikas vorkommt; auch hier nur begrenzt in den Regenwaldgebieten von Borneo und im nördlichen Sumatra, wo er »*sich nur in den niedrig gelegenen und sumpfigen Wäldern aufhält*«. Bis zu Wallace' Ankunft weiß man über ihn in Europa wenig. Meist kennt man Orangs dort lediglich von ihren sterblichen Überresten; alles in allem dürften bis dahin nicht mehr als ein Dutzend Skelette in die Sammlungen und Museen gelangt sein. Einige wenige lebende Tiere hält man kurze Zeit in Tiergärten, wie in Regent's Park in London, wo sie großes Aufsehen erregen. Aus dem Freiland aber ist vom Orang so gut wie nichts bekannt.

»*Ungefähr nach vierzehn Tagen hörte ich, dass einer sich auf einem Baume in dem Sumpf gerade unterhalb des Hauses erging; ich nahm meine Flinte und hatte das Glück, ihn noch an derselben Stelle zu finden. Sowie ich nahte, versuchte er, sich im Laubwerk zu verstecken; aber ich schoss und beim zweiten Schuss fiel er fast tot herunter, da beide Kugeln in den Körper gedrungen waren. Es war ein Männchen, etwa halb erwachsen und kaum drei Fuß hoch.*« Kurze Zeit später geht Wallace erneut mit zwei einheimischen Dayaks auf Jagd und entdeckt ein weiteres Orang-Männchen, »*ungefähr von derselben Größe. Es fiel auf den ersten Schuss, aber schien nicht sehr verletzt zu sein, und kletterte sofort auf den nächsten Baum; ich feuerte dann wieder, und es fiel nochmals mit gebrochenem Arm und einer Wunde im Körper.*« Wallace schildert, wie seine beiden Dayaks versuchen, den verletzten Menschenaffen festzuhalten. »*Aber obgleich ein Arm gebrochen und es nur ein halb erwachsenes Tier war, so war es doch zu stark für diese jungen Wilden; es zog sie trotz aller ihrer Kraftanstrengungen nach seinem Munde hin, sodass sie es wieder loslassen mussten, um nicht ernstlich gebissen zu werden. Es kletterte nun wieder auf den Baum hinauf, und um weitere Unannehmlichkeiten zu vermeiden, schoss ich es durchs Herz.*«

Kaum hat Wallace die erste Gelegenheit zur Beobachtung, überwältigt ihn der Sammeleifer; die Jagdlust macht auch vor Menschenaffen nicht halt. Alle weiteren Begegnungen mit Orang-Utans enden für diese mit dem Tod. Oft braucht es mehrere Schüsse, die Tiere sind zäh und kämpfen lange, ziehen sich in die Baumwipfel zurück oder werden durch den Wald verfolgt. Doch am Ende jeder Jagd steht stets das Ausschlachten der Tiere.

Die Knochen werden ausgekocht und Skelett samt Schädel getrocknet. Jedes dieser Todesopfer vermerkt Wallace sorgfältig in seinem Notizbuch; es werden mehr als ein Dutzend werden. Er weiß nur zu gut, dass es in Europa einen Markt für ihre Felle, Skelette und Schädel gibt und Stevens dort einen ordentlichen Preis für sie erzielen kann. Tatsächlich wird Wallace für seine Orangs reich entlohnt; es hat sich für ihn gelohnt. Ihr Verkauf wird ihm helfen, seine weitere Expedition im Osten des Archipels zu finanzieren.

Wallace ist einer der wenigen Naturforscher seiner Zeit, vielleicht der erste überhaupt, der einen der großen Menschenaffen längere Zeit im Freiland unter natürlichen Bedingungen beobachtet. Er sieht mehr als andere von dem »Waldmenschen«. Aber auch er schießt auf sie mit der Gefühllosigkeit des professionellen Jägers und Sammlers, der er ist. Für die Dayak auf Borneo ist er damit ein Held. Er erweist den Einheimischen Sarawaks einen Dienst, denn sie sehen im Orang-Utan vor allem einen starken Konkurrenten, mit dem sie um die gleiche Nahrung – Früchte wie Durian, Rambutan und Mangosteen – kämpfen müssen; obgleich die Orangs in der Regel friedlich sind. Dass sie die Dayaks attackieren, wird bei Wallace recht reißerisch in Szene gesetzt. In seiner Reisebeschreibung durch den *»Malayischen Archipel«* tauchen sie gleich im Untertitel auf: *»...Die Heimat des Orang-Utans ...«* und so weiter. Das Frontispiz des ersten Bandes zeigt eine wilde Jagd, bei der ein Orang in den Arm eines Dayaks beißt. Allerdings unterschreibt Wallace das Bild mit *»Orang-Utan von Dayaks angegriffen«*, nicht umgekehrt. Der Holzschnitzer, der im Auftrag Wallace' später das Bild anfertigt, stützt es auf eine im Buch geschilderte Begebenheit, bei der eine Gruppe Dayaks mit Speeren und Beilen bewaffnet einem großen Männchen in der Nähe ihrer Häuser den Weg abschneiden will: *»Der vorderste Mann versuchte, seinen Speer durch den Körper des Tieres zu rennen, aber die Mias ergriff ihn mit seinen Händen, packte in demselben Moment den Arm mit dem Maule und wühlte sich mit den Zähnen in das Fleisch über dem Ellbogen ein, welches er entsetzlich zerriss und zerfetzte. Wären die anderen nicht dicht dahinter gewesen, so hätte er den Mann noch* *ernstlicher verletzt, wenn nicht getötet, da er gänzlich machtlos war; aber sie hieben das Tier bald mit den Speeren und Beilen nieder. Der Mann blieb lange krank.«*

Solche blutrünstigen Szenen setzen sich über Seiten seines Berichtes fort, in dem Wallace die Jagd und den Fang beinahe jedes einzelnen Menschenaffen minutiös beschreibt. Einmal offeriert er vier chinesischen Arbeitern der Mine am Sadong einen Tageslohn für jeden, damit sie einen großen Baum fällen, auf dem sich ein verwundeter Orang in sein Baumnest zurückgezogen hat. Diese lehnen ab, und Wallace will nicht handeln, um sich nicht selbst die Preise zu verderben; schließlich braucht er billige Hilfskräfte noch für weitere Wochen. Drei Monate später aber klettern zwei Malaien für einen geringeren Lohn denselben Baum hinauf, um jetzt den vertrockneten Körper des verendeten Tieres herunterzuholen. So habe er zwar nicht den frischen Leichnam bekommen, kommentiert Wallace, aber einen sehr schönen Schädel.

Akribisch vermerkt er in seinen Aufzeichnungen, dass er zuerst fünf Häute, fünf Schädel und zwei Skelette von Borneo aus an Stevens schickt; dann weitere drei Häute und Skelette für das Britische Museum. Später, im März 1856, gehen von Singapur aus nochmals zwei Fässer ab, darin fünf Häute in Arrak eingelegt – einem vor Ort aus Palmzuckersaft gebrannten Schnaps. *»Ich selbst habe die Körper von siebzehn frisch getöteten Orangs untersucht und habe alle sorgfältig vermessen«*, schreibt Wallace. Von Sarawak aus bringt er die Überreste von immerhin fünfzehn dieser Orang-Utans auf die Reise. Und wir wollen hier nicht verschweigen, dass unter diesem in Kisten verpackten Material auch – für uns heute bestürzend – ein menschlicher Schädel ist. Wie und unter welchen Umständen Wallace diesen erhalten hat, wissen wir nicht; nur, dass die Kopfjagd unter den einheimischen Dayaks damals in Borneo nicht unüblich ist und dass der Schädel an einen gewissen Dr. Joseph Davis gehen soll. Mit der heiklen Fracht gibt es dann ein Problem; nicht wegen des Menschenschädels allerdings, sondern weil der Zoll seiner Majestät der englischen Königin eine Abgabe für den Arrak fordert, in den Wallace die Menschenaffen eingelegt hat. *»Ich hätte wohl besser Salzlake statt Weingeist verwen-*

det«, kommentiert Wallace trocken, wo uns heute viel Bedenklicheres einfällt.

Die von Wallace auf Borneo gesammelten Orangs sind noch immer verstreut in verschiedenen Sammlungen in England und Europa zu finden. Dreizehn von ihnen tragen noch die Original-Etiketten von Wallace' Hand; die übrigen sind verschollen. Zwei der präparierten Tiere aus seiner Kollektion stehen in einem schmucklos-ernüchternden Depot des Naturhistorischen Museums in London; ihr Etikett tragen sie mit Bindfaden um den Hals, das haarlose Gesicht bleich, den starren Blick aus leblosen Glasaugen in unendliche Ferne gerichtet. Daneben noch ein Skelett, die Knochen mit Draht in aufrechter Position montiert. Das schaurig-traurige Ende einer vom Forscherdrang beseelten Jagd, von Wallace gesammelt, ohne große Sentimentalität.

Immerhin, mitfühlend ist Wallace auf seine Weise doch. Einmal adoptiert er ein junges Orang-Baby und versucht, es mit der Flasche großzuziehen. Allerdings hat er selbst es zur Waise gemacht, indem er dessen Mutter – eine *»wilde Frau aus dem Wald«*, wie er schreibt, und die Nr. 7 seiner Inventarliste wird – im Mai 1855 mit einem gezielten Schuss aus den Baumkronen holt. Da ist ihr Kind, Nr. 8, gerade vier Wochen alt und fällt mit dem Gesicht nach unten in den Sumpf unterhalb des Baumes, aus dem seine tödlich getroffene Mutter abstürzt. Als Wallace es aus dem Schlamm fischt, klammert es sich an ihn und seinen langen Bart, der es wohl an das Fell der Mutter erinnert. Wallace pflegt den kleinen Orang mit Hingabe, füttert ihn mit Reiswasser, dem er Zucker und Kokusnussmilch zusetzt, und bereitet ihm in einer kleinen Kiste eine Wiege. *»Wenn ich meinen Finger in seinen Mund steckte, sog es mit großer Kraft, zog seine Backen mit aller Macht ein und strengte sich vergeblich an, etwas Milch herauszuziehen, und erst nachdem es das eine lange Zeit getrieben hatte, stand es missmutig davon ab und fing ganz wie ein Kind in ähnlichen Umständen zu schreien an.«*

Er habe ein Waisenkind aufgenommen, berichtet Wallace in Briefen an seine Schwester und erweise sich als einfallsreiches Kindermädchen. *»Ich fürchte allerdings, man wird es für ein hässliches Baby halten, denn es hat eine dunkelbraune Haut und rote Haare und* *einen sehr großen Mund. Indes sehr schöne kleine Hände und Füße.«* Als das Orang-Baby die ersten Zähne bekommt, füttert Wallace es mit dem Löffel; er notiert für die kurze Zeit, die es lebt, sorgfältig seine Entwicklung, anteilnehmend, aber dennoch mit dem kühlen Blick des Forschers. Er verschafft sich sogar einen Langschwanzmakaken, der den kleinen Orang warm hält und ihm Gesellschaft sein soll, solange Wallace tagsüber unterwegs ist. Der Affe und das namenlose Orang-Baby werden gute Freunde. *»Während ich den Orang fütterte, pflegte das Äffchen dabeizusitzen, das, was danebenfiel, aufzunaschen und gelegentlich mit seinen Händen den Löffel aufzufangen; sobald ich fertig war, leckte es das, was noch an den Lippen des Orangs saß, ab«*, schildert Wallace in seinem Reisebericht. *»Dann legte es sich auf den Leib des armen Geschöpfes wie auf ein bequemes Kissen nieder. Der kleine hilflose Orang ertrug all dies mit der beispiellosesten Geduld, nur zu froh, überhaupt etwas Warmes in seiner Nähe zu haben, das er zärtlich in die Arme schließen konnte.«*

Doch das Baby erkrankt (an Wassersucht, wie Wallace meint) und stirbt nach drei Monaten. *»Der Verlust meines kleinen Lieblings, den ich einst großzuziehen gehofft hatte und mit nach England heimnehmen wollte, tat mir sehr leid. Monatelang hatte er mir täglich durch seine drolligen Manieren und seine unnachahmlich possierlichen Grimassen sehr viel Vergnügen bereitet.«* Wallace präpariert Haut und Skelett des kleines Tieres und findet dabei, *»dass es, als es vom Baum gefallen, einen Arm und ein Bein gebrochen haben musste, was sich aber so schnell wiedervereinigt hatte«*, dass er es nicht bemerkte. Aus seinem Notizbuch wissen wir, dass er das Fell ebenfalls in Arrak zusammen mit den Knochen einlegt; es wird später für sechs Pfund an die Sammlung des Britischen Museums gehen.

Die so offenkundig menschlichen Züge der Orangs hindern Wallace zwar nicht, diese für seine Sammlung zu erlegen. Zugleich ist er der Erste, der mit seinen akkuraten Beobachtungen viel vom Verhalten dieser Pongiden beschreibt; wie sie ihre Nester aus Zweigen in den Bäumen bereiten, wie sie weit und meist allein umherstreifen, ohne Gruppentiere zu sein wie die anderen Menschenaffen. Er erwähnt auch die auffälligen Wangenwülste der territorial dominanten Männchen, die sich von denen jüngerer Geschlechtsgenossen unterscheiden; er glaubt daher, dass zwei Formen des Orangs auf Borneo leben, für die die Dayaks sogar eigene Namen haben. Wallace denkt noch später in seinen Lebenserinnerungen, er habe damit zwei Arten beim Orang nachgewiesen. Heute wissen wir, dass die Wangenwülste dagegen lediglich unterschiedliches Alter und Status und nicht getrennte Arten ausweisen.

Der Orang-Utan hinterlässt großen Eindruck bei Wallace und beeinflusst ihn, was seine Ansichten über die Abstammung betrifft. Für ihn besteht zu diesem Zeitpunkt ohnehin kein Zweifel mehr an einer Entwicklung der Arten im Allgemeinen. Und betrifft dies nicht speziell auch den Menschen? *»Es ist sehr bemerkenswert, dass ein so großes, so eigentümliches und so hoch organisiertes Tier wie der Orang-Utan auf so begrenzte Distrikte beschränkt ist. Wenn wir weiter bedenken, dass fast alle anderen Tiere in früheren Zeitaltern durch verwandte, wenn auch distinkte Formen repräsentiert waren«*, resümiert Wallace, *»so haben wir guten Grund zu glauben, dass der Orang-Utan, der Schimpanse und der Gorilla auch ihre Vorgänger gehabt haben. Mit welchem Interesse muss jeder Naturforscher an die Zeit denken, in der die Höhlen und Tertiärablagerungen der Tropen durchsucht sind und man die frühe Geschichte und das erste Erscheinen der großen menschenähnlichen Affen endlich kennen lernen wird.«* Welch prophetische Worte, beinahe mehr als ein halbes Jahrhundert, bevor überhaupt daran gedacht wird, in Asien oder gar in Afrika nach den Zeugnissen der hominiden Evolution zu suchen; und lange bevor der Java-Mensch oder gar der Zwergmensch auf Flores gefunden werden. Wallace ist nicht nur Menschenaffenjäger, sondern zugleich ein Mann mit einer Vision für wissenschaftliche Entwicklungen weit hinter dem Horizont.

Seine Beobachtungen und Ansichten über die Menschenaffen Borneos fasst er 1856 in mehreren Artikeln in den angesehenen *»Annals and Magazine of Natural History«* zusammen, die sich zum Lieblingsjournal von Wallace entwickeln. Darin macht er auch die Verbindung des Orangs zum Menschen für jeden Leser deutlich. *»Mit welch freudiger Erwartung sehen wir in die Zukunft, die vielleicht einmal Belege liefern wird für die frühere Existenz verwandter Arten, mehr oder weniger menschlich in ihrem Aussehen und Körperbau.«* Es ist sein erstes publiziertes Bekenntnis, dass Menschen von affenähnlichen Wesen abstammen; mithin ein epochaler Artikel, zutreffend in seinen Schlussfolgerungen und zudem seiner Zeit weit voraus. Über einen Ursprung menschlicher Ahnen in Asien hatten zwar bereits Lamarck und auch Chambers, der Autor der *»Vestiges«*, wild spekuliert. Wallace ist nach Borneo gekommen, einen der solchen Ahnen nahestehenden Menschenaffen mit eigenen Augen zu sehen und zu studieren. Er bereitet mithin den Weg, auf dem wenige Jahre später auch andere den Mut finden, über die Abstammung des Menschen nachzudenken. Als Naturforscher auf dieser neuen Grundlage über die Stellung des Menschen in der Natur zu schreiben beginnen, etwa Thomas Huxley 1863 in seinem Aufsatz *»Man's Place in Nature«* oder Charles Darwin 1871 in seinem zweiten großen Werk *»Descent of Man«*, werden sie auf Wallace' Beobachtungen an den Orangs in Borneo zurückgreifen.

Dass es heute am Sadong-Fluss und an vielen anderen Orten auf Borneo längst keine Orang-Utans mehr gibt, erzählt auf eigene Weise von der traurigen Geschichte, wie wir – der vermeintliche *Homo sapiens*, der »weise Mensch« – mit unserer Selbst-Erkenntnis umgehen.

Das Camp in Simunjon, Sadong-Fluss – Sommer 1855: Wallace verbringt die ersten vier Monate seines Aufenthalts auf Borneo am Sarawak-Fluss in der Nähe der heutigen Stadt Kuching, von Santubong an der Mündung bis flussaufwärts zu den malerischen Kalkstein-Bergen bei Bau und Bedé. In Sarawak sieht er auch erstmals den handtellergroßen Ritterfalter *Trogonoptera brookiana* (den er allerdings noch zur Gattung *Ornithoptera* stellt). Doch fängt er den ersten, der vom Rajang-Fluss weit im Nordosten Sarawaks stammt, nicht selbst; er erhält den Falter durch Sir James Brooke. *»Dieses prachtvolle Tier hat sehr große und spitze Flügel, in der Form fast einer Sphinxmotte ähnlich. Es ist tief sammetschwarz, mit einem gebogenen, sich über die Flügel von einem Ende zum anderen erstreckenden Bande von glänzend metallgrünen Flecken.«* Der Brooks-Falter ist durchaus selten, Wallace selbst fängt nur zwei oder drei weitere Tiere, alles Männchen, wie er schreibt. *»Wie die Weibchen* *aussehen, können wir nur ahnen«*; tatsächlich soll das erste erst ein Jahrzehnt später gefangen werden. Wallace erweitert die Kenntnis über das Vorkommen dieser grün gezeichneten und zu den Vogelschwingenfaltern gestellten Schmetterlinge erheblich. Bis dahin waren sie nur von den Molukken und Neuguinea bekannt; jetzt fügt sich – mit einer ebenso großen wie eigentümlichen Lücke in ihrer Verbreitung – der Norden Borneos an. Gerade dadurch kommt dem zarten Schmetterling bei Wallace' Entdeckung der Evolution eine gewichtige Rolle zu. Denn er wird aus der Tatsache, dass sowohl im Raum wie auch in der Zeit vermittelnde Zwischenformen eliminiert werden, ein wesentliches Grundprinzip – das der Divergenz – im Verlauf der Artenentstehung ableiten.

Nachdem Wallace am Sarawak gerade einmal 320 verschiedene Käfer findet, hat er dort kaum noch Hoffnung auf weitere Entdeckungen. So wechselt er den Standort und geht für die kommenden neun Monate nach Simunjon an den Sadong-Fluss, einige Kilometer östlich von Sarawak, wo er auch erstmals Orangs begegnet. Unter der Aufsicht eines britischen Ingenieurs bereiten chinesische Arbeiter hier den Bau eines Kohlebergwerks vor und schlagen dazu tiefe Schneisen in den Wald. Inzwischen geht auch die Regenzeit zu Ende, es wird trockener, und mit dem zunehmenden Sonnenschein wird der Insektenfang wieder ergiebiger. Wallace findet am Sadong reichlich Käfer, Schmetterlinge und Vögel. *»Hunderte von Meilen im Umkreis nach allen Richtungen hin breitete sich ein prachtvoller Wald über Ebene und Berg, Fels und Sumpf aus.«* Wieder aber verdankt Wallace seine reichsten Fänge den Rodungen. Für die Minen und für den Bau einer Eisenbahntrasse, die zu ihnen führen soll, werden Planken und Holzschwellen gebraucht. Das vermodernde Holz gefällter Bäume lockt zahllose Bockkäfer an, die sonnigen Freiflächen zudem Schmetterlinge, Bienen, Heuschrecken und Fliegen. Ein Fest erst für sie und dann auch den Naturforscher; aber als Folge eines Frevels, der langfristig jene Vielfalt an Arten zerstören wird, die ihn in den Archipel reisen ließ.

Für Wallace bedeutet Vielfalt in erster Linie Verdienst. Nachdem er den chinesischen Arbeitern einen Cent pro gefundenen

Käfer bietet, erhält er in vierzehn Tagen so viele wie zuvor in vier Monaten. Durchschnittlich 24 Neuzugänge pro Tag kann er in seinem Notizbuch verzeichnen und vermeldet als Rekord: 76 verschiedene Arten an nur einem Tag, darunter 34 unbekannte Spezies! Alle werden sorgsam präpariert. In sechs Wochen fängt er auf diese Weise, man glaubt es kaum, eintausend verschiedene Arten. *»Von da an vermehrte sich ihre Zahl nicht mehr in so großem Maßstabe«*, merkt er später nüchtern an. Nie wieder wird Wallace in so kurzer Zeit eine so reiche Sammlung zusammenbringen wie bei den Minen von Simunjon. Insgesamt erbeutet er hier zehntausend Insekten, darunter zweitausend verschiedene Arten, *»auf kaum mehr als einer Quadratmeile Land gesammelt«*. Und das, obgleich ihn eine Fußverletzung den Juli und halben August über erheblich behindert.

Auf Käfer und Schmetterlinge ist Wallace gefasst; überrascht hat ihn aber ein später nach ihm benannter Frosch – der Wallace-Flugfrosch; *»eines der merkwürdigsten und interessantesten Reptilien [tatsächlich ist es ein Amphibium], welches ich auf Borneo fand«*. Einer der chinesischen Arbeiter bringt es ihm. *»Er versicherte mir, dass er ihn in querer Richtung einen hohen Baum gleichsam fliegend herunterkommen gesehen hätte. Als ich ihn näher untersuchte, fand ich die Zehen sehr groß und bis zur äußersten Spitze behäutet, sodass sie ausgebreitet eine viel größere Oberfläche darboten als der Körper.«* Wallace gibt eine lebhafte und anschauliche Schilderung und dazu noch eine Abbildung des hellgrünen, etwa zehn Zentimeter großen Tieres mit den hervorstehenden Augen. Im Nachlass seiner privaten Sammlung findet sich später eine Zeichnung von eigener Hand, die vor allem die Flughäute an den Zehen dieses eigenartigen Frosches sehr schön zeigt. Doch durch eine kuriose Volte der taxonomischen Geschichte wird just diese Froschart erst Jahrzehnte nach ihrer Entdeckung auch formal benannt. Das erste Exemplar, das man dazu verwendet (das sogenannte Typusexemplar), wird erst von einem gewissen Charles Hose gesammelt, einem britischen Kolonialbeamten mit zoologischem Interesse (nach dem später ein Gebirge und verschiedene Tierarten in Sarawak den Namen tragen). Der von Wallace zuerst entdeckte und von Hose dann nochmals gesammelte Flugfrosch wird schließlich im Jahre 1895 von dem britischen (aber aus Belgien stammenden) Zoologen und überaus fleißigen Artenbeschreiber George Albert Boulenger als *Rhacophorus nigropalmatus* bezeichnet. Damit steht der Name fest, Wallace bleibt der Nachruhm. Die auffälligen gelb-schwarzen Flughäute zwischen den Zehen – denen der Frosch seinen lateinischen Artnamen verdankt (schwarz an ihrer Basis) – geben den Naturkundlern lange Rätsel auf; vor allem, dass sie damit fliegen können, wird bezweifelt. Heute wissen wir, dass Flugfrösche über die Malayische Halbinsel verbreitet sind, vom Süden Thailands bis nach Sumatra und Borneo. Wie alle Ruderfrösche leben sie auf Bäumen und besitzen als Kletterhilfe verbreitete Haftscheiben an den Finger- und Zehenenden, die an Ersteren größer sind als an Letzteren. Tatsächlich kann der Wallace-Flugfrosch mithilfe seiner Flughäute bis zu zwanzig Meter weit segeln; er spannt sie beim Sprung wie kleine Fallschirme auf und gleitet so von Baum zu Baum zwischen den Stockwerken der tropischen Urwaldvegetation. Für Darwinisten werden sie interessant, weil sie zeigen, welche Rolle Variationen für den immerwährenden ziellosen Wandel des Lebens spielen und wie sich in diesem Fall einstige Schwimmhäute zur Hilfe beim Gleitflug umgestalten.

Das Notizbuch zur Artenfrage: Während Flugfrösche und andere Bewohner des Regenwaldes jeweils auf ihre Weise und ganz unmittelbar ihr Überleben sichern, setzt sich Wallace auf Borneo vor allem theoretisch mit der Entwicklung der Arten auseinander. Wieder nimmt er dazu sein *»Species Notebook«* zur Hand, als er sich mit den Gedanken derjenigen beschäftigt, die vor ihm ebenfalls mit der Idee eines Artenwandels gerungen haben, etwa ein Lamarck, Chambers und vor allem Charles Lyell.

Nur wenige Wissenschaftshistoriker, allen voran Lewis McKinney, aber auch Barbara Beddall und John Langdon Brooks, haben dieses Arten-Notizbuch bisher überhaupt ausgewertet. Wir wollen hier wenigstens einen kurzen Blick hineinwerfen. Brooks ist der Ansicht, dass insgesamt fünfundzwanzig Blätter, nummeriert als Seiten 31 bis 55, zwischen Juni 1855 (als Wallace am Sadong-Fluss auf Borneo ist) und März 1856 (da ist er zurück in Singapur) entstanden sind. In dieser Zeit macht Wallace darin kurze Notizen, überschrieben und zu Themen wie *»Proof of Design«* oder *»System of Nature«*, daneben aber auch Anmerkungen zum Skelett von Vögeln oder speziell dem Schnabel der Nashornvögel.

Die eigentlich spannenden Notizen zur Artenfrage finden sich auf den Seiten 34 bis 53. Hier legt Wallace kurze Auszüge dessen an, was er in den Arbeiten des britischen Geologen Charles Lyell gelesen hat, vor allem in dessen Buch über die Prinzipien der Geologie, womit er nun ganz und gar nicht mehr einverstanden ist. Lyell hatte wichtige Einsichten in die Dynamik geologischer Vorgänge auf der Erde; eine Dynamik, die Wallace auch bei den Lebewesen am Werke sieht, ähnlich wie vor ihm auch Darwin, der Lyell bereits früher gelesen hat. Doch anders als die beiden wird Lyell lange noch glauben, dass Arten konstant sind und sich allenfalls in bestimmten engen Grenzen verändern; auch nimmt er an, dass selbst sehr ähnliche Arten an entfernt voneinander liegenden Örtlichkeiten jeweils unabhängig voneinander erschaffen wurden. Dass sie räumlich und zeitlich aufgrund ihrer gemeinsamen Abstammung zusammenhängen, erkennt er selbst nicht. Wallace dagegen überträgt Lyells eigene Idee einer allmählich und fortwährenden natürlichen Ursache in seinem Sarawak-Aufsatz konsequent von den geologischen auf biologische Phänomene. Aus seinem Notizbuch sehen wir, wie Wallace sich gegen die Annahme wendet, Arten könnten einmal erschaffen stets unveränderlich bleiben; er sammelt hier weitere Überlegungen und Hinweise dafür, dass sich Arten entwickeln. So finden sich etwa Notizen zur Entstehung von Arten auf Inseln, wie Wallace dies bereits mit seinem Galapagos-Beispiel im Sarawak-Aufsatz angedeutet hat. Auf Seite 35 seines Notizbuches beginnt er dann jene *»Note for organic law [of] change«* und entwirft einen ersten Plan für sein Arten-Buch.

Anders als Lewis McKinney, der das Notizbuch von Wallace als einer der Ersten ausführlich gewürdigt und der es auf den Beginn seines Aufenthalts in Sarawak datiert hat, ist John Langdon Brooks überzeugt, dass die eigentlichen Artennotizen erst ab Ende Juni 1855 entstanden. Bis dahin ist Wallace viel im Gelände unterwegs – das Wetter wird zunehmend sonniger, es gilt die vielen Käfer einzufangen, vor allem aber ist er mit den Orang-Utans beschäftigt. Doch dann verletzt er sich zwischen umgestürzten Bäumen im Wald den Fuß; der entzündet sich und ein Geschwür zwingt Wallace im Juli und August zur Ruhe. Wie immer, wenn er nicht sammeln kann, beginnt er nachzudenken, zu spekulieren und Manuskripte für seine Aufsätze zu schreiben. Viele seiner Arbeiten entstehen auf diese Weise bereits unterwegs. Jetzt am Sadong-Fluss, zum Gefangenen seines Fußes geworden, entwickelt Wallace seine Überlegungen weiter. Die Aufzeichnungen dazu wird er während der zweiten Regenzeit, die er in Sarawak verbringt, und anschließend in Singapur fortsetzen, als er erneut festsitzt und lange auf eine Passage nach Makassar auf der Insel Celebes warten muss. Auch später wird Wallace darin immer wieder einmal Gedanken zur Artenfrage notieren, etwa auf den Seiten 66 bis 91 seine Überlegungen zum Menschen und seiner Abstammung. Nach hundert Seiten endet das Arten-Notizbuch. Mit seiner Ankunft auf Bali im Mai 1856 beginnt Wallace ein neues Notizbuch; das Erste von vier seiner heute noch in den Archiven erhaltenen Reisetagebücher.

Von Wallace' Plan für ein Arten-Buch wissen wir auch aus seinen Briefen, insbesondere einem, den er an Henry Walter Bates schreibt. Dieser hat – immer noch am Amazonas unterwegs und daher mit einiger Verzögerung – Wallace' Aufsatz aus Sarawak gelesen. Am 19. November 1856 schreibt ihm Bates dazu (übrigens recht überraschend, denn es ist das erste Mal, seit sich ihre Wege 1850 am Amazonas getrennt haben): *»Der Theorie stimme ich durchaus zu, und wie Du weißt, hatte ich selbst ganz ähnliche Überlegungen.«* Bates und Wallace sind nicht erst seit der Reise am Amazonas, sondern seit ihrer Zeit in Leicester und der Lektüre von Chambers' *»Vestiges«* überzeugt von der Idee veränderlicher Arten und ihrer fortwährenden Entwicklung, statt noch dem Glauben an unzählige göttliche Schöpfungsakte anzuhängen. Am 4. Januar 1858 endlich antwortet Wallace ihm. Das, was er bisher ausgearbeitet und veröffentlicht habe, sei *»nur mehr die Ankündigung einer Theorie, nicht bereits ihre Darlegung. Ich habe einen Plan ausgearbeitet und schon Teile eines Werkes verfasst, das sich diesem Gegenstand widmet.«* Zugleich erklärt er, warum es dieses Werk braucht. Denn für andere Leute als etwa Bates, die sich mit einer *»succession of species«*, wie Wallace hier die Entstehung der Arten nennt, bisher nicht näher auseinandergesetzt hätten, sei all das im Sarawak-Aufsatz Gesagte sicher noch nicht für sich verständlich genug. Es brauche ein großes Arten-Buch und als überzeugter Evolutionist will Wallace es schreiben. Der Wallace-Forscher Lewis McKinney ist sich sicher, dass es *»On the Organic Law of Change«* geheißen hätte. Schließlich beginnen beinahe sämtliche wichtige und richtungsweisende Arbeiten von Wallace aus dieser Zeit mit *»On the …«*; erst über die Palmen, die Schmetterlinge, die Affen am Amazonas, jetzt über Falter und Orangs – und eben über den Ursprung von Arten. Was Wallace nicht wissen kann: Darwins späteres Werk *»On the Origin of Species«* ist zu diesem Zeitpunkt auch für diesen noch in weiter Ferne; der Mann in Downe züchtet derweil Tauben und pflegt seine Orchideen.

Im Norden Borneos – von Kopfjägern und Motten: Lange war für Wallace alles Vorspiel. Jetzt führt sein Weg zur Entdeckung der Evolution ihn mehr oder weniger geradlinig vom Sarawak-Aufsatz über sein Arten-Notizbuch bis zum Plan einer längeren Abhandlung über die Entstehung von Arten. Beständig sammelt Wallace dazu in den kommenden Monaten und Jahren weitere Notizen und Hinweise. Dazu liefert ihm die umgebende Natur tagtäglich neue Beobachtungen und Befunde. *»Als die nasse Jahreszeit nahte, beschloss ich, nach Sarawak zurückzukehren; ich schickte alle meine Sammlungen mit Charles Allen zur See hin, während ich selbst bis zu den Quellen des Sadong-Flusses gehen wollte und von da wieder herab durch das Sarawak-Tal. Da die Tour etwas beschwerlich war, nahm ich so wenig Gepäck wie nur irgend möglich und nur einen Diener mit.«* Anfangs mit dem Boot, später zu Fuß dringt Wallace ins Innere und in die Bergregion nahe der heutigen Grenze zu Indonesien vor. Hier lebt er einige Zeit bei den Dayaks – oder Iban, wie sie heute heißen (wofür wieder Charles Hose verantwortlich ist) – in ihren typischen Langhäusern, in denen die ganze Dorfgemeinschaft zusammenkommt. Zu ihren Gebräuchen gehört immer noch die Kopfjagd und sie schmücken das Dach ihrer Häuser mit den Schädeln getöteter Feinde; abends schläft Wallace ein mit dem Blick hinauf unters Dach, wo im Rauch des häuslichen Feuers ein Dutzend Köpfe über ihm hängen. Der weiße Mann selbst ist hier die große Attraktion. Wallace berichtet, wie ihm oft nicht nur Dutzende Dayaks, sondern das ganze Dorf zuschaut, was immer er tut; auch beim Essen, was ihn aber nach kurzer Zeit nicht einmal mehr stört. Die Fahrt entlang des Sadong-Flusses erinnert ihn an seine Kanu-Expeditionen am Amazonas. Über seine neuen Freunde berichtet er in einem Brief: *»Je mehr ich von den unzivilisierten Völkern sehe, desto besser denke ich von der menschlichen Natur im Ganzen, und die wesentlichen Unterschiede zwischen zivilisierten und wilden Menschen scheinen zu verschwinden.«* Obgleich einst gefürchtete Kopfjäger, seien es *»sehr nette, einfache Leute«*; die älteren Männer berichteten ihm noch voller Stolz, wie viele Köpfe sie erworben hätten; sie glaubten, wenn man es ihnen weiterhin erlauben würde, ein paar Köpfe zu jagen, würden die Ernten besser.

Zurück in Sarawak verbringt Wallace Weihnachten wieder mit James Brooke. Er hat reiche Beute zusammengesammelt, allein 31 Säuger aus 19 Arten und 110 Vögel, die sich heute noch im Londoner Naturhistorischen Museum nachweisen lassen. Doch der Clou gelingt ihm in Peninjauh, etwa 30 Kilometer von Sarawak entfernt am Bukit Serambu; hier in den Bergen hat der *»weiße Raja«* ein kleines Haus, in kühler, frischer Luft und umgeben von dichtem Regenwald. Wallace erholt sich einige Tage, erfreut sich gemeinsam mit Brooke an einem nahen Quellbach, idyllisch unter einem überhängenden Felsen gelegen, von den Dayaks versorgt mit frischen Mangosteen und süßlich-säuerlichen Lansat-Früchten. Und nie wieder wird Wallace so erfolgreich beim Sammeln speziell von Nachtfaltern sein, wie in den Bergen von Peninjauh. Am besten sei es während des Regens, berichtet er, aber nur, wenn der Mond durch Wolken verhangen ist. Dann lockt die hellweiße Wand der Veranda des Hauses die Motten unter das lang heruntergezogene Dach. An vier sehr feuchten, dunklen Nächten gehen Wallace so 800 Nachtfalter ins Netz. Borneo wird auch aus diesem Grund ein großer Erfolg für ihn. Insgesamt wird er Stevens von 5000 Insektenarten und 25 000 Einzelstücken berichten, darunter viele, wenn nicht die meisten, neue Arten. Dass er auch 50 Farnarten sammelt, die er an den Royal Botanic Gardens in Kew gibt, und ausführlich die Kannenpflanzen *Nepenthes* untersucht, geht da beinahe unter.

Ende Januar 1856 verlässt Wallace Sarawak, um für die nächsten fünf Jahre durch den östlichen Archipel zu den Gewürzinseln, Aru und Neuguinea zu reisen. Borneo aber ist der Anfang, der Auftakt, der alles Weitere auslöst. Was Wallace spätestens seit Sarawak über die Entwicklung von Arten weiß, ist den aufmerksamen Lesern seines Aufsatzes nicht verborgen geblieben. Spätestens jetzt wird auch Charles Darwin in England berechtigterweise unruhig. So ist es zum einen durchaus kein Zufall, dass Darwin sich – nur wenige Monate nachdem Wallace Borneo verlässt – endlich daranmacht, das Manuskript seines großen Artenbuches zu verfassen. Zum anderen ist Wallace nach Sarawak keineswegs mehr jener unbekannte Wanderer, durch den Darwin dann angeblich erst Jahre später, im Mai oder Juni 1858, unvermittelt und mitten in der Arbeit aufgeschreckt wird, wie bislang oft legendenhaft kolportiert wurde.

Profitiert Darwin vom Sarawak-Aufsatz?: Über die Gründe, die Darwin schließlich veranlassen, mit seiner Abstammungs- und Selektionstheorie an die Öffentlichkeit zu gehen, sind mittlerweile derart viele Abhandlungen, Artikel und Bücher verfasst worden, dass sie in der Bibliothek eines einigermaßen darüber orientierten Wissenschaftshistorikers Regalborde zu füllen vermögen. In Darwins Schriften selbst jedoch finden wir über die unmittelbar vorangegangenen Vorgänge auffällig wenig. Beinahe ist man versucht zu denken, dass er es durchaus mit einer gewissen Beharrlichkeit vermied, seine eigenen Erinnerungen an diese Beweggründe offenzulegen. Wie dem auch sei: Ohne Zweifel spielt der erste Aufsatz von Alfred Russel Wallace aus Sarawak für ihn eine zentrale Rolle, nachdem dieser im September 1855 in den *»Annals and Magazine of Natural History«* erscheint. Was wir sicher wissen: Darwin hat dieses Journal abonniert und darin sogar selbst einige Arbeiten publiziert. Was wir nicht mit letzter Gewissheit klären können (aber gern wüssten!), ist, wann Darwin tatsächlich zum ersten Mal den in Sarawak entstandenen Aufsatz von Wallace liest. Dass es dazu unter Historikern unterschiedliche Ansichten gibt, ist aus zwei Gründen überraschend: zum einen wegen der unbestritten großen Bedeutung des Sarawak-Aufsatzes, und zum anderen wenn wir sehen, was weiter geschieht.

Ernst Mayr hat in seiner Geschichte zur Entstehung des Evolutionsgedankens spekuliert, dass Darwin auf diesen tatsächlich wegbereitenden Aufsatz von Wallace erst mit zwei Jahren Verzögerung reagiert; das wäre also im Jahre 1857, *»und auch nur deshalb, weil Wallace selbst ihm einen Brief schrieb«*. Zwar gibt es diese Korrespondenz wirklich und ein erster Brief von Wallace aus dem Archipel erreicht Darwin Ende April 1857 in England (wir kommen darauf gleich nochmals zu sprechen). Doch Mayr irrt insofern, als Darwin bereits im Frühjahr 1856 aktiv wird. Andererseits fragen sich Barbara Beddall und auch der Biograph Ross Slotten, ob Darwin nicht sogar schon kurz nach Erscheinen des Aufsatzes, also im Winter 1855, auf diesen aufmerksam wird, wie auch Lewis McKinney glaubt. Da ist Darwin gerade mit seinen eigenen Studien und Arbeiten für die Abstammungstheorie beschäftigt. Oder liest Darwin ihn doch erst Monate später, im Frühjahr 1856, als es dafür einen weiteren konkreten Anlass gibt?

Zwar weiß auch John Langdon Brooks nicht sicher zu sagen, wann denn Darwin nun Wallace' Aufsatz liest. Er aber hat festgestellt, dass Darwin diesen Aufsatz gleich zweimal gelesen haben dürfte, und zwar zu unterschiedlichen Zeiten. Brooks stützt dies auf eine detektivische Spurensuche, die ihn just Darwins eigenes Exemplar der *»Annals«* ausfindig machen ließ, das sich heute in der Bibliothek der Universität Cambridge befindet. Hier im ehrwürdigen Anderson Room, wo nur Spezialisten die Original-Aufzeichnungen und Dokumente Darwins untersuchen dürfen, kann man handschriftliche Anstreichungen und Anmerkungen in ebenjenem Exemplar entdecken, in dem Darwin den Aufsatz von Wallace gelesen hat. Es sind immerhin insgesamt 35 Markierungen und fünf Anmerkungen samt einer recht interessanten kleinen Skizze. Das Kuriose dabei: Trotz all dieser Anstreichungen irrt sich Darwin hinsichtlich der tatsächlichen Bedeutung von Wallace' Aufsatz. Zudem hat Brooks entdeckt, dass es zwei verschiedene Arten von Anstreichungen aus der Hand Darwins gibt, die offenbar mit zwei verschiedenen Bleistiften gemacht wurden. Einer mit weicherer Mine hinterließ breitere und markantere Anstreichungen; der andere war härter und hinterließ dünnere und schärfer begrenzte Striche und Zeichnungen. Unglaublich, was der spürsinnige Historiker daraus schließt! Brooks legt in seiner Studie der Vorgänge erstens die Möglichkeit nahe, dass Darwin erst beim zweiten Lesen die volle Bedeutung von Wallace' Sarawak-Arbeit in seiner ganzen Tragweite erkennt. Und zweitens, was noch schwerer wiegt, dass Darwin möglicherweise in erheblichem Maße von Wallace' Aufsatz aus dem Jahre 1855 profitiert haben könnte (also nicht erst später durch die Ternate-Arbeit 1858!). Denn Darwin habe sich an verschiedenen Stellen bei Wallace für die Ausarbeitung seiner eigenen Theorie bedient. Das wäre zwar legitim, denn wozu sonst publizieren Forscher ihre Erkenntnisse, wenn andere sie dann nicht verwenden sollen? Doch vergisst Darwin allzu oft zu erwähnen, was von seinen eigenen Überlegungen sich auch in den Veröffentlichungen anderer findet, gar auf diese zurückgeht. Durchaus keine lässliche Sünde, auch wenn sie bedauerlicherweise gleichsam so etwas wie der rote Faden ist, der sich durch die Geschichte so mancher Wissenschaftsdisziplin zieht (bis heute oder heute sogar noch mehr). Ebenso wie andere wird auch Wallace später bei Darwin allenfalls am Rande erwähnt; mit keinem Wort aber der Sarawak-Aufsatz oder gar, welche Rolle dieser für Darwin tatsächlich spielt.

Halten wir also die Ansicht der meisten Historiker fest, dass Darwin wenigstens bei der ersten Lektüre von Wallace noch nicht die Bedeutung dessen erkennt, was dieser denkt und ebenfalls entdeckt hat. Wallace macht es ihm, wie gesagt, insofern schwer, als er nicht ausdrücklich von einer »*Transmutation*« schreibt, sich also anders und für Darwin eben noch missverständlich ausdrückt. Die beiden Darwin-Biographen Adrian Desmond und James Moore bestätigen, dass Darwin durch die Wortwahl von Wallace irregeleitet wird. *»It seems all creation with him«*, notiert Darwin in einer Randnotiz nach der Lektüre des Sarawak-Aufsatzes (der ersten, wenn wir Brooks hier folgen wollen). Irrigerweise hält er Wallace sogar für einen Anhänger des Schöpfungsglaubens; ohne zu ahnen, wie unabhängig dieser in seinem Denken inzwischen von solchen Dogmen und religiösen Überzeugungen geworden ist und wie viel empfänglicher für die Argumente etwa eines Chambers' oder Lyells. *»Nothing very new«* – nichts sonderlich Neues, notiert Darwin zudem. Nachweislich findet sich vieles von Wallace' grundsätzlichen Ideen, aber auch ganz konkret einzelne Formulierungen bereits in den Texten von Robert Chambers' *»Vestiges«*, so haben Historiker wie Lewis McKinney und Joel Schwartz angemerkt; und sie zeigen auch, welche Passagen von Chambers wiederum auf Lamarck zurückgehen. Und der Historiker Frank Egerton glaubt, bei Wallace' sei deshalb wenig Neues zu finden, weil Darwin in der Sarawak-Arbeit vor allem seine eigenen Ideen wiederfinde, die Wallace aus Passagen von Darwins *»Beagle«*-Reisebericht habe; freilich ohne dass sich Wallace bewusst gewesen wäre, dies vor langer Zeit bereits bei Darwin gelesen zu haben. Jeder, der selbst schreibt und noch mehr liest, kennt die Gefahr und das Problem. Als konkreten Beleg zitiert Egerton einige Sätze von Darwin, mit denen dieser über ausgestorbene Kamelverwandte in Patagonien berichtet, und wir folgen diesmal Darwin im Originalton: *»The most important result of this discovery, is the confirmation of the law that existing animals have a close relation in form with extinct species.«* Tatsächlich: solch ein Naturgesetz oder »law«, das existierende mit ausgestorbenen Arten verbindet, wird dann bei Wallace zum Kerngedanken des Sarawak-Aufsatzes. Wenig verwunderlich, so Egerton, dass Darwin mithin wenig beeindruckt von Wallace gewesen sei. Und keine Frage: Wallace verwendet in seiner ersten großen Arbeit die Erkenntnisse und Einsichten anderer, vor allem die Lyells, Chambers' und Darwins. Doch es ist seine originäre Leistung, für die er volle Anerkennung verdient, diese

Fakten unter Hinzunahme seiner eigenen persönlichen Entdeckungen zu einer in sich geschlossenen und letztlich überzeugenden Argumentation zum Artenwandel verknüpft zu haben. Entstanden ist daraus ein *»powerful essay«*, wie Thomas Huxley später urteilen wird, zu Recht. Und Darwin, wenigstens anfangs nicht sonderlich überrascht, irrt sich, wenn er denkt, Wallace hätte hier nichts Neues geschaffen.

Andererseits vermerkt Darwin Folgendes am Rand seiner Ausgabe der *»Annals«*, und hier können wir uns seine Verblüffung nun lebhaft vorstellen: *»uses my simile of tree«*. Als Darwin bei Wallace liest, wie dieser das Prinzip der auseinander hervorgehenden Arten, die sich räumlich wie zeitlich ablösen, mit dem Gleichnis einer alten Eiche als Stammbaum erläutert, strichelt er selbst – und wir sehen ihn förmlich vor uns, wie er dabei lange sinnierend vor sich hinstarrt – eine Art sich verzweigenden Baum in die Randspalte seines Journals. Dies sei, so merkt Langdon Brooks an, der Prototyp jenes Verzweigungsschemas, das sich als einzige Illustration in Darwins späterem Buch über die *»Entstehung der Arten«* findet. Hier, am Rande eines Artikels seines Konkurrenten beim Wettlauf um die Entdeckung der Evolution, entwirft Darwin gleichsam den Erlkönig jenes genealogischen Baumes, wie er heute in der Stammesgeschichtsforschung allgegenwärtig ist, wo solche Verzweigungsschema gleichsam zur Lingua franca der Systematik geworden sind.

Wir dürfen aber bei alldem nicht vergessen, dass Darwin natürlich auch sieht, dass Wallace nirgends die Triebkraft für diese Entwicklung und die Entstehung neuer Arten benennen kann. Fraglos ist es Wallace in sehr eleganter Weise gelungen zu belegen, dass sich Arten entwickeln, ohne aber schon die Lösung gefunden zu haben. Deshalb vor allem, so meinen Historiker, sieht Darwin in Wallace' Aufsatz nichts Neues. Was diesem noch fehlt, ist die Idee vom Überleben der am besten Angepassten – jener Gedanke, den zuerst Darwin und dann Wallace ihrer Lektüre von Thomas Malthus und dessen brutaler Forderung vom *»survival of the fittest«* verdanken. Diese Mosaiksteine richtig zusammenzusetzen wird Wallace die kommenden drei Jahre beschäftigen, während er weiter Daten zur Verbreitung der Tiere im Archipel sammelt, die dann zum Schlüssel seiner Erkenntnis werden. Was Wallace indes braucht, sind nicht nur weitere Fakten und Belege; er braucht vor allem einen neuen Blickwinkel, unter dem all diese Befunde zu bewerten sind. Sein Interesse am Menschen und dessen Werden wird ihn schließlich auf den richtigen Weg bringen.

Es gibt also einiges an Verwirrung um den Sarawak-Artikel, sowohl bei den beiden Helden unserer Geschichte selbst als auch bei deren Biographen. So kann sich Wallace viele Jahre später nicht mehr daran erinnern, dass es nicht Verbreitungstatsachen, sondern unmittelbar die irrigen Ansichten eines Edward Forbes waren, die ihn während der ersten Regenzeit auf Borneo dazu brachten, sein Naturgesetz des Wandels zu formulieren. Auch von Darwin, ohnehin nicht sehr redselig, wenn es um Anstöße und unmittelbare Auslöser seiner Ideen geht, erfahren wir nicht wirklich, wann er selbst erstmals den Sarawak-Aufsatz liest und was er wirklich dazu denkt. Doch ganz unabhängig davon, welcher Interpretation der Historiker man auch folgen mag: Durch die halbe Welt getrennt, in der jeder Brief mit wenigstens drei Monaten Postweg beinahe eine gefühlte Ewigkeit unterwegs ist, sind sich Wallace und Darwin in ihrem Denken jetzt schon sehr nahegekommen. Während aber Wallace noch nichts davon ahnt und erst im Verlauf des folgenden Jahres 1857 von Darwins Arbeiten zur Artenfrage erfährt, ist Darwin bereits frühzeitig über ihn im Bilde.

Auf dem Weg zu Darwins »großem Artenbuch« – Down House, April 1856: Die Darwins in Downe haben Besuch. Mitte April sind der Geologe Charles Lyell und seine Frau gekommen, um bei ihnen ein paar gemeinsame Tage zu verbringen. Wie wir heute sicher aus ihren Briefen und Tagebüchern rekonstruieren können, macht Lyell seinen Gastgeber dabei auf Wallace' Sarawak-Artikel aufmerksam. Lyell fand diesen im vorangegangenen November derart anregend, dass er prompt ein neues Notizbuch mit Überlegungen dazu anlegte. Darwin wiederum weiß sich mit seinen ketzerischen Gedanken deutlich im Gegensatz zu Lyell. Der Geologe hatte in einem Vortrag jegliches Zugeständnis an den Evolutionsgedanken entschieden abgelehnt. Seit Darwin seinen Essay von 1844 verfasst und verstaut hat und auch seiner Frau Emma gegenüber dieses Thema tunlichst vermied, hat Darwin nur wenigen Eingeweihten überhaupt davon berichtet. Am 16. April nun erläutert er Lyell erstmals umfassend seine Theorie zur Bildung neuer Arten durch natürliche Selektion, wie er sie bisher nur Joseph Hooker dargelegt hat. Mit seiner Idee der Auslese, so Darwin, lässt sich auch die von Wallace beschriebene Naturgesetzlichkeit leicht und widerspruchsfrei erklären. Obgleich Lyell vom Artenwandel keineswegs überzeugt ist (und noch mehr als ein Jahrzehnt nicht sein wird), drängt er Darwin dennoch mit allem Nachdruck dazu, er solle seine Vorstellungen veröffentlichen, sofern er nicht riskieren wolle, dass ihm ein anderer wie etwa Wallace zuvorkomme. Denn dass sich beide auf derselben Spur befinden, das sieht Lyell – offenbar viel deutlicher als Darwin selbst. Der meint noch nicht genug Fakten gesammelt zu haben und erklärt Lyell gegenüber, noch nicht so weit zu sein. *»Ich wünschte, Sie würden wenigstens einen kurzen Abriss Ihrer Befunde geben, über Taubenzucht und so weiter, wenn Sie dies wünschen, aber in jedem Fall raus mit der Theorie«*, schreibt Lyell kurze Zeit später in einem Brief an Darwin. Der bedankt sich für den Ratschlag; natürlich sei es sehr ärgerlich, wenn ihm nun jemand zuvorkäme, aber er wolle lieber nicht vorschnell an die Öffentlichkeit gehen, nur um dies als Erster zu tun. Aber jetzt lässt ihm die Sache keine Ruhe mehr. Er bespricht sich mit Joseph Hooker, der ihm abrät. Schließlich, einen Monat nach dem Besuch von Charles Lyell – am 14. Mai 1856, wie ein entsprechender Tagebucheintrag vermerkt –, folgt Darwin dessen Rat und beginnt einen ersten kurzen Entwurf, den sogenannten *»species sketch«* als einen Überblick gewährenden Essay über seine Theorie zur Entstehung von Arten. Nach fünf Monaten gibt er diesen Plan, seine Vorstellungen in einer nur kurzen gerafften Skizze darzulegen, auf (von dieser Skizze kennen wir übrigens leider keine Manuskriptfassung oder andere Zeugnisse). Stattdessen macht Darwin sich im Oktober 1856 daran, das Manuskript zu einem mehrbändigen Werk zu verfassen. Hunderte Manuskriptseiten zu diesem Buch mit dem Titel *»Natural*

Selection« wird Darwin schreiben; doch wird das Werk zu seinen Lebzeiten nie erscheinen, weil ihm Wallace dazwischenkommt.

Letztlich sind sich die meisten Wissenschaftshistoriker bei allen Unterschieden in der Bewertung vieler Details über eines einig: Wallace' Sarawak-Aufsatz ist allein schon deshalb wichtig, weil er Lyell dazu anregt, sich mit Darwin über dieses Thema auseinanderzusetzen. John Langdon Brooks geht einen Schritt weiter und sieht in Wallace' Arbeit sowohl den Auslöser wie auch das Motiv dafür, dass Darwin sich endlich daranmacht, seine Theorie aufzuschreiben. Wallace dient bereits 1856 als Katalysator für Darwin, wenn auch auf dem Umweg über Lyell, der ihn warnt.

Bevor wir uns nun den Ereignissen um den Aufsatz von der Gewürzinsel Ternate zuwenden, müssen wir noch kurz untersuchen, wie es überhaupt zur Korrespondenz zwischen Wallace und Darwin kommt. Die meisten Biographen erklären das bislang so: Nachdem Wallace, unterwegs im Archipel und mithin recht abgeschnitten von entsprechenden Nachrichten, allzu lange keine Reaktion auf seinen Sarawak-Aufsatz bekommt, wendet er sich direkt an Charles Darwin und schreibt ihm, inzwischen auf Celebes eingetroffen, am 10. Oktober 1856 einen Brief. Erinnern wir uns daran, dass bereits der achtzehnjährige Landvermesser in Wales sich einst mit einer Frage bezüglich der eigenen Vorstellungen zu optischen Gesetzen, die bei photographischen Verfahren der Astronomie Anwendung finden könnten, an einen ihm persönlich unbekannten Gelehrten gewendet hat. Diesmal erhofft sich Wallace Rat von einem der Großen britischer Naturkunde, dessen Reisejournal er mehrfach gelesen hat. Doch nicht nur deswegen.

Meist wird dabei ein anderer, keineswegs unwichtiger Umstand übersehen. Ganz ohne Anlass dürfte es nämlich nicht gewesen sein, dass Wallace ausgerechnet an Darwin und nicht etwa an Lyell schreibt, mit dem er sich ja in den Aufzeichnungen zu seinem Arten-Buch viel mehr beschäftigt. Im Dezember 1855, als Darwin sich mit der Variation domestizierter Tiere beschäftigt, verfasst er ein Memorandum, das er an mehrere Naturkundler überall auf der Welt sendet, darunter auch Samuel Stevens und Sir James Brooke. Darin die Bitte, ihm für Vergleichszwecke verschiedene

Haustiere – Hühner und Gänse, Tauben, Katzen und Hunde – zu schicken, die an den entlegensten Ecken der Erde über Generationen gezüchtet werden. Einer derjenigen, den Darwin in diesem Zusammenhang kontaktiert, ist ein gewisser *»R Wallace«*, wie seine Aufzeichnungen zeigen. Der Bitte des bekannten Forschers kommt der junge Wallace gern nach und schickt schon wenige Monate später über Samuel Stevens nicht nur eine domestizierte Ente an Darwin, sondern von der Insel Lombok aus auch eine, wie er meint, Urform des Hausgeflügels. Darwin ist über diese und andere Zuchtexemplare übrigens sehr froh (sicher nicht von jedem lässt sich das sagen, dem von überall her aus der Welt plötzlich tote Hühner ins Haus flattern); allerdings kosten ihn diese Erwerbungen von den über die Welt verteilten Naturkundlern ein kleines Vermögen, bemerkt Darwin nach einem Jahr in einem Brief.

Wann auch immer Darwin den Sarawak-Aufsatz von Wallace liest und wann immer er ihn wirklich in seiner vollen Bedeutung wahrnimmt, spätestens im April 1856 verdichtet sich für ihn die Erkenntnis, dass mehrere Naturforscher wie Charles Lyell und Edward Blyth gelesen haben, auf welche originelle Idee vom Naturgesetz des Artenwandels Wallace gekommen ist. Darwin ist mit seiner Idee nicht mehr allein und er muss handeln. Gern hätten wir jenen ersten Brief gelesen, in dem Wallace im Herbst 1856 auf die brisante Artenfrage zu sprechen kommt. Ganz direkt will er nun offenbar von Darwin wissen, was dieser von seinen Überlegungen im Sarawak-Aufsatz hält. Allerdings wissen wir von Existenz und Inhalt dieses ersten Briefes nur indirekt, aus der späteren Antwort Darwins. Denn Wallace' Schreiben ist unglücklicherweise verloren gegangen. Es ist der erste in einer Serie verschollener Briefe in der Korrespondenz dieser beiden Männer, die ansonsten sorgfältig beinahe alles, was sie beschreiben, aufzuheben und zu archivieren pflegen. Dass ausgerechnet die entscheidensten Teile ihrer Korrespondenz nicht mehr auffindbar sind, gehört zu den ebenso auffälligen wie letztlich niemals aufgeklärten Umständen in unserer Geschichte.

Von Bali nach Aru – *Die Linie*

(Juni 1856–Juli 1857)

Wallace sitzt fest, wieder einmal. Überdies auf einer Insel, zu der er ursprünglich gar nicht reisen wollte. Allerdings bietet sie ihm jetzt durchaus reizvolle Ausblicke, wohin er sich auch wendet. Ein breiter Strand mit schwarzem vulkanischen Sand, dazu eine heftig schäumende Brandung, die hier mit laut donnerndem Getöse aufläuft. Davor reiche Korallenriffe in einer dunkel türkisfarbenen See, die sich weit entlang der Küste erstrecken. In der Ferne die breit gezackte Silhouette des höchsten Vulkanbergs im Archipel, des Gunung Rinjani, mit seiner regensatten Vegetation. All dies von der Tropensonne beschienen, die jetzt im Westen jenseits der schmalen Meeresstraße langsam tiefer wandert. Allmählich taucht sie dort drüben den Gunung Agung, den heiligen Berg im Osten Balis, in ein sanftes goldenes Licht. Fischer ziehen vor ihm ihre kleinen Boote auf den Strand von Ampanam. Wallace sitzt an der Westküste von Lombok fest. Bali ist beinahe zum Greifen nahe, der nächste Segler nach Celebes längst nicht in Sicht.

Anfangs hat er kaum Augen für die malerische Szenerie. Erst das monatelange Warten in Singapur; und jetzt geht es von hier auch erst einmal nicht weiter, zu unstet sind die Schiffsverbindungen im Sommer 1856. Niemand kann mir sagen, wann ich die nächste Passage weiter nach Osten bekomme, denkt er mürrisch. Er sieht hinüber über das goldglitzernde Meer zum Agung, dessen perfekter Vulkankegel, ins Gegenlicht getaucht, sich als dunkles

Dreieck vor dem Dunst der Ferne abhebt. Wie Rauch weht eine kleine Wolke um seine Spitze. Gerade einmal fünfundzwanzig Kilometer ist die Meeresstraße nach Bali hier breit. Zwei Tage hat es indes gedauert, bis sie um die Nordküste der Insel herum hierher nach Lombok gesegelt sind. Nur zwei Tage war er überhaupt dort; in dieser anderen Welt mit den malerischen und gepflegten Reisterrassen, mit den balinesischen Tempeln, dem hinduistischen Kult der Einheimischen, mit ihren reich verzierten Kris-Dolchen, die sie stolz tragen. Hier, diesseits der Meerenge, sind sie dagegen überwiegend Moslems. Er hätte länger auf Bali bleiben sollen, aber das Schiff fuhr bald schon weiter, und man sagte ihm, von Ampanam aus sei es leichter, eine Passage nach Makassar zu finden.

Genauso gut kann er auch hier in Lombok auf die Jagd gehen, während er auf einen Segler nach Celebes warten muss. Im Süden der Insel soll das Land nicht so kultiviert sein, dort will er es für eine Woche versuchen. So lässt er sich einen Tag lang in einem Auslegerkanu nach Labuan Tring zum Südende der Bucht rudern, geht auf Schmetterlingsfang, jagt Vögel und sammelt alles, was naturkundlich interessant ist. Stets ist Wallace ein aufmerksamer Beobachter und offen für neue Eindrücke. Die hat Lombok reichlich zu bieten. Ständig lärmen weiße Kakadus um ihn herum, ebenso auffällig die Honigsauger, von denen er bereits wenigstens drei Arten sah. In der dichten Vegetation fallen ihm einige etwa haushuhngroße Vögel auf. Es sind orangefüßige Reinwardthühner *(Megapodius reinwardt)*, weitverbreitet auf zahlreichen Inseln im östlichen Archipel; sie kommen bis in den Südwesten Neuguineas und den Nordosten Australiens vor. Diese Großfußhühner tragen sonderbare, mehr als einen Meter hohe Laubhaufen zusammen, die sich die Einheimischen nicht recht erklären können. Schnell findet Wallace heraus, dass die Weibchen darin ihre Eier durch die Wärme ausbrüten lassen, die durch das verrottende Pflanzenmaterial entsteht. Später, auf einer der Gewürzinseln weiter östlich, wird Wallace sogar eine neue Art entdecken, die nach ihm *Megapodius wallacei* benannt wird. Nirgendwo westlich von Lombok kennt man diese eigentümlichen Hühnervögel. Bereits nach wenigen Tagen auf der Insel ist Wallace klar: Hier gibt es eine erstaunliche Anzahl von Vögeln, die ihm aus den westlich gelegenen Regionen des Archipels unbekannt sind. »*Vögel sehr interessant*«, kritzelt er noch unterwegs in sein Notizbuch. »*Sehen aus wie australische Formen. Gehen nicht weiter nach Westen.*« Andererseits fehlen auf Lombok die Nashornvögel und Fasane, die Trogone und Timalien, die Bülbüls und Breitrachen, die er aus Borneo und den Wäldern im Westen kennt.

Merkwürdig kommt Wallace das vor: »*Während der wenigen Tage, welche ich an der Nordküste von Bali auf meinem Weg nach Lombok zubrachte, sah ich verschiedene für die Vogelwelt im westlichen Archipel höchst charakteristische Vögel.*« Darunter waren ihm so bekannte Arten wie die gelbköpfigen Webervögel, die schwarze Grashüpfdrossel oder Pitta, der malayische Pirol, der rosige Bartvogel, der javanische Erdstar und der dreizehige Specht. »*Auf der Insel Lombok, die durch eine Meeresenge von weniger als zwanzig Meilen Breite von Bali getrennt ist, erwartete ich natürlich, einige dieser Vögel wiederzutreffen; aber während meines dreimonatigen Aufenthalts daselbst sah ich niemals einen derselben, sondern fand eine total verschiedene Reihe von Arten, von denen die meisten nicht nur auf Java äußerst unbekannt waren, sondern auch auf Borneo, Sumatra und der Halbinsel Malaka.*«

Nicht wenige Naturforscher – darunter neben Forster, Humboldt und Chamisso auch Darwin und Hooker ebenso wie Huxley und Bates – haben ihre großartigen Karrieren mit großen Reisen begonnen, während deren ihnen bedeutende Entdeckungen gelangen. Hier, just jenseits der schmalen Meeresenge zwischen Bali und Lombok, gelingt auch Alfred Russel Wallace eine solche Entdeckung. Sie wird für immer mit seinem Namen verbunden bleiben und eine ganze Region im Archipel prägen.

Lombok. Oder: Auf Umwegen zur Erkenntnis: Umwege, so lehrt die Erfahrung, bereichern die Ortskenntnis. Und bei Wallace führen zudem noch Verzögerungen zur Erkenntnis. Eine der Sternstunden seiner Reise durch den Archipel verdankt er einer glücklichen Fügung. »*Wäre ich imstande gewesen, direkt von Singapur aus nach*

Celebes zu gelangen, so hätte ich wahrscheinlich Bali und Lombok nie gesehen und würde einige der wichtigsten Entdeckungen meiner ganzen Expedition nach dem Osten nicht gemacht haben«, notiert Wallace später.

Also zurück zum Anfang: Als Wallace am 31. Januar 1856 von Borneo nach Singapur zurückkehrt, verpasst er das einzige, just am gleichen Tag abgehende direkte Schiff zur Insel Celebes (oder Sulawesi, wie sie heute heißt). Für Monate findet Wallace partout kein weiteres Schiff, das auf direktem Weg nach Makassar geht. So sitzt er in Singapur fest. Zudem ist er beinahe pleite. Nach dem Jahr in Sarawak hat er jetzt viele Ausgaben; er kauft neue Kleidung, Munition, Ausrüstung und anderes Notwendige. Er muss darauf warten, dass ihm Stevens weitere Geldmittel aus dem Verkauf seiner Naturaliensammlung anweist (vor allem von dem der Orang-Utans erhofft er sich viel). Die mehr als drei Monate in Singapur erscheinen ihm als verlorene Zeit, bis ihn endlich im Mai 1856 ein Schiff mitnimmt. Doch auch die »*Kembang Djepoon*« (die »*Rose von Japan*«) – der Schoner eines chinesischen Kaufmanns mit javanischer Besatzung unter dem Kommando eines englischen Kapitäns – fährt nicht direkt. Für Wallace führt der Weg nach Celebes über Bali und Lombok.

Am 13. Juni 1856 kommt er in Buleleng an, nach zwanzig Tagen Überfahrt von Singapur, wie er in seinem neuen Tagebuch vermerkt, in dem er fortan seine Beobachtungen notiert. Hier an der Nordküste Balis ist das Land kultiviert und reich; weiter entwickelt als es noch lange im Süden der Fall sein wird, so berichtet man ihm. Als er am nächsten Tag ein kurzes Stück landeinwärts wandert, ist er begeistert von der reizvollen Landschaft. Allerdings entdeckt er dort kaum neue Vogelarten; und um noch weiter im gebirgigen Inneren der Insel zu sammeln, fehlt ihm die Zeit. So erkundet er lediglich die Umgebung des Hafenortes, fängt Insekten, vor allem Schmetterlinge, und schießt ein paar Vögel. »*Ich war erstaunt und erfreut zugleich*«, notiert er in seinem Bericht. »*Noch nie hatte ich außerhalb Europas einen so schönen und gut bebauten Distrikt gesehen. Eine leicht wellige Ebene dehnte sich von der Meeresküste etwa zehn bis zwölf Meilen landeinwärts aus, wo sie von einer schönen Reihe bewaldeter und bebauter Hügel begrenzt wird. Häuser und Dörfer sind nach allen Richtungen hin verstreut, zwischen ihnen dehnen sich üppige Reisfelder aus, von einem sorgsamen Bewässerungssystem durchzogen, welches der Stolz der bestkultivierten Teile Europas sein würde.«*

Auf Bali trifft Wallace eine Vogelwelt an, die er von der Malayischen Halbinsel und von Borneo kennt. Sie ist, wie ihm später klar wird, für die gesamte indisch-orientalische Region typisch; er wird viele ihrer Vertreter nochmals auf Java und Sumatra bei seiner Rückreise sehen. Und doch: *»In einem so gut bebauten Lande konnte ich nicht erwarten, viel Ausbeute für die Naturgeschichte zu finden«*, schreibt er später, *»und meine Unwissenheit über die Wichtigkeit des Fundortes für die Feststellung der geographischen Verbreitung der Tiere war schuld daran, dass ich einige Exemplare nicht mitnahm, denen ich später nie wieder begegnet bin.«* Der asiatische Kontinent und seine Insel-Ausläufer sind der typische Lebensraum für Tiere wie Tapir und Tiger, es ist das Land des Orang-Utans und anderer Affen, der Rhinozerosse, der Nashornvögel und des Argus-Fasans. Weiter nördlich, das weiß Wallace aus Berichten, leben die asiatischen Waldelefanten und andere typische Säuger der Region, wie Schweine und Rehe. Auf Bali, so haben ihm die Einheimischen berichtet, schleicht noch der Tiger durch den Dschungel. Als er auf Lombok ankommt, fürchtet dort niemand diese Raubkatze; sie kennen sie gar nicht. Stattdessen zeigt man ihm einen Tüpfelkuskus, einen Verwandten der Kängurus und ein Beuteltier wie diese. *»Auf Bali gibt es Bartvögel, Fruchtvögel und Spechte«*, notiert Wallace weiter; dagegen auf Lombok *»sind sie nicht mehr zu sehen. Dafür gibt es Kakadus, Honigfresser und Großfußhühner, die auf Bali und den westlich gelegenen Inseln unbekannt sind.«* Einigermaßen verblüfft registriert Wallace, wie zwischen diesen beiden nahe benachbarten Inseln die Organismenwelt offenbar fast vollständig wechselt. Nicht bloß einzelne Arten sind anders; vielmehr lösen sich ganze Gattungen und Familien, ja sogar Ordnungen ab. Auf Lombok sieht er weder Affen wie auf Bali und Borneo noch große Katzen oder Nagetiere. Es sind die größten faunistischen Unterschiede, überlegt er; und das über eine so vergleichsweise geringe

Distanz hinweg. Höchst eigenartig und bemerkenswert. Warum ist das noch niemandem vor ihm aufgefallen?

»Auf diesem Archipel gibt es zwei deutlich umschriebene Faunen, die sich so auffällig voneinander unterscheiden wie die Afrikas von der Südamerikas und deutlicher als die Europas von der Nordamerikas, aber da gibt es nichts auf der Landkarte oder in der Insel-Topographie, das ihre Grenzen markiert«, schreibt Wallace später. Tatsächlich könnte sich niemand markantere Unterschiede in der Tierwelt ausdenken, die südostasiatischen Arten und Tiergruppen auf der einen Seite, die australischen auf der anderen Seite. Und die reine Entfernung spielt dabei offenkundig keine Rolle. Kann es so schwer sein, von Bali nach Lombok zu schwimmen, oder für Vögel und Schmetterlinge, in umgekehrter Richtung hinüberzufliegen? Doch scheinen die Faunen hier beinahe wie mit einem Messer zerschnitten. Es sind die Endpunkte zweier großer zoologischer Abteilungen, denkt Wallace, und wenn die Inseln auch *»im äußeren Ansehen und in allen Punkten ihrer physischen Geographie einander sehr ähnlich sind, so differieren sie doch bedeutend hinsichtlich ihrer Naturgeschichte«*. Die schmale Meeresstraße zwischen Bali und Lombok markiert eine regelrechte Faunenscheide. Es sind verschiedene Welten, die hier aneinanderprallen.

Wo Welten aufeinanderstoßen – die »Wallace-Linie«: Was hat es auf sich mit ausgerechnet dieser Meeresstraße? Sie ist eigenartig in mehr als einer Hinsicht. Schmal und eher unscheinbar angesichts jener Kette kleinerer Sundainseln, die sich jenseits von Sumatra und Java bis Timor im Osten erstrecken und Asien beinahe mit Australien verbinden. Auf einer Karte würde man es nicht einmal ahnen. Wenn sich aber die Beschaffenheit der beiden Inseln Bali und Lombok so gut wie nicht unterscheidet, muss die Ursache für diesen schlagartigen Wechsel der Fauna anderswo liegen, grübelt Wallace. Sind es doch alles einzigartige Schöpfungen, jede Tierwelt für sich? Aber warum dann eine Schöpfung hier, eine andere dort? Nein, diese scharfe Trennung muss andere Ursachen haben.

Wallace lässt die Frage nicht mehr los. Achtundsechzig Vogelarten findet er auf Lombok, von denen es zwanzig nirgendwo weiter westlich gibt. Sie kommen entweder auf anderen Inseln im Osten des Archipels vor oder sind gänzlich neue Arten, überlegt er. Zurück in Ampanam wertet er sein Notizbuch aus und berichtet Ende August 1856 in einem Brief an Samuel Stevens über dieses verblüffende Phänomen. *»Die Vögel werfen ein helles Licht auf die Gesetze der geographischen Verbreitung der Tiere im Archipel«*, beginnt Wallace die entscheidende Passage seines Schreibens, das im Jahr darauf in dem Journal *»The Zoologist«* abgedruckt wird; es wird das erste schriftliche und publizierte Zeugnis seiner Entdeckung. *»Die Inseln Bali und Lombok, obgleich von nahezu gleicher Größe, mit gleichem Boden, Aussehen, Erhebung und Klima, zudem in Sichtweite voneinander, unterscheiden sich dennoch beträchtlich in ihren Naturprodukten; und tatsächlich gehören sie zwei sehr distinkten zoologischen Provinzen an.«* Im Gedanken zieht Wallace hier erstmals diese faunistische Demarkationslinie und beschreibt sie, als ob er sie bereits vor sich eingezeichnet auf einer Karte des Archipels sieht. Sie wird von fundamentaler Bedeutung für seine weiteren Überlegungen werden.

Diese Beobachtungen an der Vogelwelt von Bali und Lombok wiederholt Wallace in zahlreichen Beschreibungen, die uns die allmähliche Synthese seiner Erkenntnis zeigen. Ein Jahr später kommt er auf diese Trennlinie auch in seinem Bericht über die Aru-Inseln zu sprechen. Darin legt er ausführlich dar, dass auch viele andere Lebewesen im Insel-Archipel jeweils auf bestimmte, oft nur eine oder einige wenige Inseln begrenzt sind. Diese geographische Verteilung der asiatischen und australischen Tierwelt erzählt von der Vergangenheit und von der Verwandlung dieser Arten, vermutet Wallace. Auf einer eigens dafür von ihm angefertigten Karte des Archipels markiert er die ausgeprägte Faunenscheide mit einer roten Linie: Thomas Henry Huxley bezeichnet sie erstmals 1868 nach ihrem Entdecker als *»Wallace-Linie«*. Tatsächlich werden Wallace' Überlegungen zur Abgrenzung ganzer Faunen später zur Geburtsstunde der Biogeographie werden.

Genau genommen markiert die Entdeckung der Wallace-Linie den Beginn einer *»evolutionären«* Biogeographie. Denn es ist weder Zufall, dass Wallace ausgerechnet mitten im Archipel zu dieser Erkenntnis gelangt, noch dass es gerade zu dieser Zeit passiert – kaum mehr als ein Jahr nach dem Sarawak-Aufsatz und ebenso lange vor seiner wichtigsten Arbeit zur Entwicklung des Lebens. Wallace verknüpft das geographische Studium zur Verbreitung von Lebewesen untrennbar mit der Lösung der Artenfrage. Über die kommenden Monate und Jahre, die er weiter von Celebes nach Aru und zu den Gewürzinseln unterwegs ist, wird er diesen Zusammenhang von Evolution und Biogeographie immer mehr bestätigt finden. *»Wenn wir einen Blick auf die Karte des Archipels werfen, so scheint nichts unwahrscheinlicher, als dass die eng verbundene Inselkette von Java bis Timor in ihren Naturprodukten wesentliche Verschiedenheiten zeigen sollte. Allerdings sind gewisse Unterschiede im Klima und in der physischen Geographie zu konstatieren, aber diese entsprechen nicht der Teilung, welche der Naturforscher zu machen sich genötigt sieht«*, wird er später in seinem Reisebericht zusammenfassen. *»Keiner dieser physischen Unterschiede aber entspricht der bemerkenswerten Veränderung der Naturprodukte, welche an der Lombok-Straße, welche die Insel dieses Namens von Bali trennt, stattfindet und welche sogleich von so bedeutendem Belang und von so fundamentalem Charakter ist, dass sie ein gewichtiges Charakteristikum der zoologischen Geographie des Erdballes ausmacht.«*

Wallace erkennt, dass sich aus dem geographischen Vorkommen einzelner Tiere auch die Entwicklung der Arten verstehen und erklären lässt. Es ist durchaus keine banale Einsicht. Denn wo auf der Welt eine bestimmte Art vorkommt, ist nicht das Ergebnis übernatürlicher Kräfte und der Wille eines göttlichen Schöpfers, davon ist Wallace überzeugt. Vielmehr ist es das Ergebnis natürlicher Vorgänge um das Entstehen und Vergehen von Lebewesen. Viele Entdecker und Naturforscher vor ihm hatten bemerkt, dass sie in den unterschiedlichen Regionen der Erde – auf einzelnen Kontinenten, an bestimmten Küsten und auf Inseln – stets eine jeweils eigene und charakteristische Tier- und Pflanzenwelt antrafen. Je mehr der Globus umrundet und erkundet wurde, je mehr Vorkommen der Fauna und Flora studiert wurden, desto mehr festigten sich solche Beobachtungen zu einer unumstößlichen Tatsache: Bestimmte Tiere und Pflanzen leben nur an bestimmten Orten der Erde. Pinguine gibt es nur in antarktischen Gefilden, Eisbären nur am Nordpol – und keinesfalls umgekehrt; Albatrosse leben in südpolaren Regionen, Alken in nordpolaren Gewässern. In Australien gibt es Kängurus und Kakadus, aber keine Kojoten und Kondore wie in der Neuen Welt. Doch warum das so ist, blieb lange ein Rätsel. Natürlich vermutete man, dass die jeweiligen Lebensbedingungen verantwortlich sein mussten. Doch selbst wenn an zwei weit voneinander entfernt liegenden Orten gleiche klimatische Verhältnisse herrschen, gibt es erhebliche Unterschiede bei den jeweils dort vorkommenden Tieren und Pflanzen. Wallace' Feststellung von zwei großen, voneinander abweichenden Faunenregionen, die mitten im Archipel zusammentreffen, wirft ein ganz neues Licht auf die Naturgeschichte der Arten allgemein.

Allerdings wird weder zu Lebzeiten Wallace' noch lange nach ihm bemerkt, dass schon zuvor der aus Deutschland stammende, aber in holländischen Diensten stehende Naturforscher Salomon Müller solch eine Faunenscheide beschrieben hat. Er nannte sie sogar ganz ausdrücklich einen *»Übergangsstrich, der das ostindische Inselreich in zwei ungleiche Hälften teilt«*. Lange wusste Wallace offenbar nichts von den beiden Arbeiten Müllers, die 1842 und 1846 auf Deutsch und Holländisch erschienen (was schon damals beides kaum förderlich war, wenn viele andere Forscher davon Kenntnis erlangen sollen); nur einmal wird er Müller später in anderem Zusammenhang in seinem Reisebericht kurz erwähnen. Ebenso wenig kennen sie die meisten anderen Zoologen, die fortan stets nur von Wallace' Linie sprechen. Zwar hat einer von ihnen einmal vermutet, dass Wallace möglicherweise durch das Studium von Salomon Müllers Abhandlung *»Über den Charakter der Thierwelt auf den Inseln des Indischen Archipels«* angeregt worden sein könnte. Doch haben Historiker dafür bisher keinen Hinweis finden können. Es bleibt mithin Wallace' Linie.

Malaien und Papuas – Wallace' andere Linie: Bis heute debattieren Forscher die faunistischen Phänomene beidseits der Wallace-Linie. Entscheidend trägt dazu bei, dass allein bei Wallace (und eben nicht bei Salomon Müller) die Beobachtung jener Faunenscheide eine Erklärung bekommt, und zwar eine, die die allmähliche Entwicklung von Arten allgemein mit in Rechnung stellt. Bereits seit Wallace 1848 mit Bates an den Amazonas aufgebrochen ist, beschäftigt ihn die Frage nach dem besonderen Verhältnis einzelner Arten zum jeweiligen Ort, an dem sie vorkommen. Diese geographische Komponente ist gewissermaßen sein Forschungsprogramm geworden, mit dem er seit der Amazonas-Reise die Artenfrage untersuchen will. Doch erst hier im Archipel, bei seinen Reisen zu den vielen verstreuten Inseln, entdeckt er den musterhaften Zusammenhang zwischen jeweils ähnlichen – und mithin verwandten – Arten an benachbarten Orten. Diese besondere räumliche Verbindung von Tier und Territorium hat ihn in Sarawak bereits zu seinem Naturgesetz des Wandels geführt. Das mosaikartige Muster im Vorkommen einzelner Arten liefert Wallace nicht nur die Idee einer natürlichen Entstehung der Lebewesen; er entwickelt daraus während des kommenden Jahrzehnts ein weltumspannendes Konzept der regionalen Gliederung allen Lebens. So wie das örtliche Vorkommen eines Organismus stets auch mit dessen Entwicklung verbunden ist, so untrennbar werden dank Wallace auch Biogeographie und Evolutionsforschung miteinander verknüpft. Und so steht sein Name nicht nur bei jener Linie quer durch den Archipel Pate, sondern für eine ganze Wissenschaftsdisziplin.

Von der frühen und erstmaligen Verknüpfung zeugt eine Passage in einem viel zitierten Brief, den Wallace seinem Freund Henry Walter Bates von der Gewürzinsel Ambon am 4. Januar 1858 schreibt (dieses Datum wird bald noch wichtig werden). Darin berichtet er ihm, beinahe wortwörtlich wie in späteren Berichten, von seiner Entdeckung jener markanten Faunenscheide, die malayische und australische Tiere voneinander trennt. Das Wichtigste an der Passage ist nun, dass sie eindeutig im Kontext mit Wallace' Überlegungen zur Evolution steht. Wallace schlägt Bates vor, seine im Sarawak-Aufsatz vorgestellte Hypothese zur *»succession of species«*, der Entwicklung einzelner Arten aus ähnlichen und benachbarten Formen, auf ihre allgemeine Anwendbarkeit hin zu testen. Dafür sollten sie, so schlägt er im Brief vor, die Daten von Bates aus dem Amazonas und seine eigenen zum Vorkommen einzelner Tierarten ganz gezielt nutzen. Denn *»diese Verbindung zwischen der Abfolge naher Verwandter und der geographischen Verbreitung einer Gruppe wurde bisher nicht in der Weise gezeigt, wie wir dies tun können«.*

Dass die Zusammenfassung seiner Erkenntnisse, die er in seiner berühmten Abhandlung unter dem Titel *»On the Zoological Geography of the Malay Archipelago«* im Jahr 1859 veröffentlicht, nur wenige Monate vor Darwins Buch zur *»Origin of Species«* erscheint, ist durchaus symbolhaft. Tatsächlich wird es zu einer geradezu magischen Verbindung zwischen Wallace' faunistischer Trennlinie und seinem Gesetz zum Artenwandel, als dann schließlich noch die Idee hinzukommt, was diesen Wandel der Arten oder die Transmutation bewirkt. Denn nur zwei Monate nach seinem Brief an Bates wird Wallace dann jenes andere in die Wissenschaftsgeschichte eingegangene, vom Fieber befeuerte Aufsatzmanuskript schreiben, als ihm auf der Ternate benachbarten Insel Gilolo endlich der erlösende Gedanke zum Rätsel um die Entstehung der Arten kommt.

Das Vorkommen einzelner Arten, ihrer Varietäten und die Befunde dazu, wie sie entstehen, sind allesamt Teile eines großen Puzzles; es umfasst die reiche Inselwelt des Archipels ebenso wie die räumliche und zeitliche Nähe ihrer Lebewelt. Und es macht vor uns selbst nicht halt. Wohin Wallace sich auch wendet, überall ist er beeindruckt von der Vielfalt der im Archipel lebenden Menschen. Auf Bali, Lombok und Celebes ist Wallace noch immer in der Welt der Asiaten, meist umgeben von Malaien und Chinesen, die eine ihm inzwischen vertraute Sprache sprechen. Als er später auf den Molukken von Ternate aus zur in Sichtweite liegenden Nachbarinsel Gilolo (heute Halmahera) übersetzt, wird er erneut der papuanischen Bevölkerungsgruppe begegnen, die er zuvor während seiner Expedition auf die Kai- und Aru-Inseln am Rande des Archipels angetroffen und mit denen er Monate verbracht hat. *»Eine sorgsame Prüfung überzeugte mich, dass dieses Volk sich radikal von allen malayischen Rassen unterscheidet«,* konstatiert er. Gilolo wird gleichsam sein ethnographisches Lombok und bestätigt, was ihm erstmals am Strand von Kei Besar aufgefallen war.

Also zeichnet Wallace eine zweite, diesmal eine ethnologische Linie in seine Karte des Archipels; sie ist allgemein weitaus weniger bekannt. Diese *»Rassengrenze«*, wie sie damals noch genannt wird, verläuft weiter östlich als die Faunenscheide, die Wallace vor allem anhand der Vogelwelt und einiger anderer Tiere festlegt. Diesmal schließt sie Timor (aber nicht Roti) und Aru im Süden ein, umkreist Sumba in elegantem Bogen und verläuft in der engen Meeresstraße westlich von Gilolo weiter nach Norden. *»Hier also hatte ich die wahre Grenzlinie zwischen der malayischen und Papua-Rasse aufgefunden, und zwar an einem Orte, an dem kein anderer Autor sie erwartet hat.«* Er sei über die Entdeckung sehr erfreut, fährt er fort, *»da sie mir den Schlüssel zu einem der schwierigsten Probleme der Ethnologie gab und mich in den Stand setzte, an vielen anderen Orten die zwei Rassen voneinander zu trennen und die Mischlingsformen zu analysieren«*. Zwar stimmten die faunistische und die ethnologische Demarkationslinie nicht exakt überein, wie man nun aus seiner Karte unschwer erkennen könne, schließt Wallace seine Betrachtung, *»aber ich denke, die Nähe dieser Trennlinien ist dennoch eine bemerkenswerte Tatsache und weitaus mehr als bloße Koinzidenz«*.

Ein Rätsel für sich – die Insel Celebes: »Ich verließ Lombok am 30. August und erreichte Makassar in drei Tagen. Mit großer Befriedigung betrat ich ein Ufer, welches ich seit Februar vergeblich zu erreichen versucht hatte, und wo ich mit so vielem Neuen und Interessanten bekannt zu werden erwartete.« Für Wallace ist die merkwürdig k-förmige große Insel, die mitten im Archipel ihre fingerartigen Halbinseln in beinahe alle Richtungen streckt, so etwas wie ein *»land of promise«*, das Gelobte Land. Kaum jemand vor ihm hat auf Celebes gesammelt und so erhofft er sich von dort eine reiche Ausbeute neuer, unbekannter Arten. Zudem ist die Insel eine zentral gelegene Drehscheibe auch für seine weiteren Reisen gen Osten an den Rand des Archipels.

Doch Wallace wird von Makassar bald enttäuscht. Die holländische Ansiedlung sei zwar »*hübsch und reinlich*«, so berichtet er, aber »*ringsherum dehnen sich die flachen Reisfelder aus, jetzt kahl und trocken und hässlich mit schmutzigen Stoppeln und Unkraut bedeckt*«. Auf Celebes fehlt das Bewässerungssystem der Balinesen, das die Wirkung eines beständigen Frühlings hervorruft. Vor allem aber ist das kultivierte Flachland höchst unergiebig, was den Fang neuer und bisher unbekannter Arten angeht. Tatsächlich habe er niemals ein weniger einladendes Land gesehen als die Umgebung von Makassar, berichtet Wallace an Stevens in London. »*Die Reisfelder im Umkreis von einigen Meilen gleichen englischen Stoppelfeldern im Spätherbst und bargen ebenso wenig wie diese Vögel oder Insekten.*«

Wallace beschließt, landeinwärts zu gehen, von Ali und Charles Allen begleitet. Bald entdeckt er in den Wäldern am Rande der Ebene einige für ihn neue Vogelarten, die nur für diese Insel charakteristisch sind. Darunter ist auch ein Kuckucksverwandter, der Gelbschnabel-Malkoha (oder *Phoenicophaeus calyorhynchus* mit lateinischem Namen), der ein hell kaffeebraunes Gefieder hat, einen großen, brillantgelb, rot und schwarz gefärbten Schnabel und einen langen Schwanz »*von schön metallischem Purpur*«. Wallace fängt an den Wasserfällen des Maros-Flusses auch einige neue Formen der großen *Ornithoptera*-Falter und sechs Pracht-Exemplare von *Papilio androcles*, einem der größten Schwalbenschwanz-Schmetterlinge der Erde (er wird heute zur Gattung *Graphium* gestellt). Er beschließt, längere Zeit in der Nähe dieses Waldes zu bleiben, und versichert sich der Hilfe des örtlichen Rajas, um dort in einem Dorf eine Hütte beziehen zu können. Für anderes als neue Arten hat er aber selbst dann keine Augen, als er den lokalen Fürsten in dessen Residenz aufsucht. Bezeichnend, wie Wallace in seinem Reisebericht diesen Besuch beim Raja schildert.

»*Mehrere junge Weiber, einige seine Töchter, andere Sklavinnen, standen umher; ein paar arbeiteten an einem Gestell an Sarongs, aber die meisten faulenzten. Hier müsste ich eigentlich (wenn ich dem Beispiel der meisten Reisenden folgte) zu einer glühenden Beschreibung der Reize dieser Dämchen, der eleganten Kostüme, welche sie trugen, und der Gold- und Silber-Verzierungen, mit denen sie geschmückt waren, abschweifen. Die Jacke oder der Überwurf aus Purpur-Gaze würde in einer solchen Beschreibung vortrefflich figurieren, indem der wogende Busen darunter zum Vorschein kommt, und ›funkelnde Augen‹ und ›pechschwarzes Haargeflecht‹ und ›zierliche Füßchen‹ müssten freigiebig dazwischengestreut werden. Aber ach! Die Rücksicht auf die Wahrheit erlaubt mir nicht, allzu bewundernd auf solchen Gemeinplätzen mir freien Lauf zu lassen«*, schreibt Wallace. Zwar sähen die Prinzessinnen ganz gut aus, »*allein weder ihre Persönlichkeiten noch ihre Gewänder hatten jenen Anschein von Frische und Reinlichkeit, ohne den keine anderen Reize mit Vergnügen betrachtet werden können. Alles hatte ein schmutziges und fades Aussehen, für ein europäisches Auge sehr wenig gefällig und unköniglich.*« Dann also doch lieber wieder schöne Schmetterlinge und die Jagd auf Vögel.

Allerdings rückt die Regenzeit näher, die bald weitere Reisen ins Inland der Inseln verhindert. Dieses ist bislang nicht erforscht worden, und selbst hier, nahe der Küste, haben die Leute kaum einmal zuvor einen Europäer gesehen. »*Eine höchst unangenehme Folge davon war, dass ich sowohl Menschen als auch Tieren zum Schrecken diente*«, berichtet Wallace später einigermaßen zerknirscht. »*Wo ich ging, bellten die Hunde und schrien die Kinder, die Frauen liefen fort und die Männer starrten mich an, als wäre ich ein fremdartiges und furchtbares Kannibalen-Monstrum. Selbst die Packpferde an den Straßen und Wegen schreckten zur Seite, wenn ich mich näherte, und liefen in den Dschungel; und jenen entsetzlich hässlichen Tieren, den Büffeln, konnte ich mich nie nähern; nicht etwa aus Furcht und meiner eigenen Sicherheit wegen, sondern wegen der anderer. Zuerst streckten sie die Hälse vor und starrten mich an, brachen dann bei näherem Ansehen von ihren Halftern und Spannseilen los und rannten über Hals und Kopf fort, als ob ein Dämon hinter ihnen her wäre, ohne Rücksicht auf das, was ihnen in den Weg kam.*« So versteckt sich Wallace regelmäßig abseits des Pfades im Wald wie ein Dieb auf Hinterwegen, sobald ihm Büffel begegnen, die etwas tragen oder ins Dorf getrieben werden, »*bis sie vorüber waren, um eine Katastrophe zu vermeiden, welche nur das Missfallen, mit welchem ich schon betrachtet wurde, vermehrt hätte. Niemand konnte vorhersagen, wel-*

ches Unheil sie Kindern und Häusern zugefügt hätten, wenn ich zwischen ihnen spazieren ginge.« Kaum besser als mit den Büffeln ergeht es Wallace bei seinen Ausflügen in den Wäldern im Süden Celebes oft genug mit den Einheimischen selbst. *»Kam ich plötzlich an eine Quelle, an der Frauen Wasser schöpften oder Kinder badeten, so war eine schnelle Flucht die sichere Folge; und da das Tag auf Tag geschah, so war es nicht gerade sehr angenehm für jemanden, der es nicht liebt, gehasst zu werden, und der es nicht gewöhnt war, sich wie ein Ungeheuer behandelt zu sehen.«*

Das magische Land in der Mitte – die Wallacea: Aus einem anderen Grund aber ist Wallace vor allem enttäuscht von Celebes, nachdem er den äußersten Süden und Norden der Insel noch mehrfach besuchen wird. *»Die Insel Celebes liegt im Zentrum des Archipels«*, schreibt er; umgeben von Borneo im Westen, der Timor-Gruppe im Süden, den Molukken im Osten und den Philippinen im Norden. *»Bei dieser Sachlage ließe sich natürlich erwarten, dass die Naturprodukte dieser Centralinsel bis zu einem gewissen Grade den Reichtum und die Mannigfaltigkeit des ganzen Archipels darbieten würden, während wir nicht viel individuelle Züge in einem Lande vermuten werden, welches so gelegen ist, dass es vorwiegend dazu geeignet scheint, Einwanderungen von allen Seiten rundherum aufzunehmen.«* Verblüfft stellt Wallace fest, dass gerade das Gegenteil von dem der Fall ist, was er erwartet hat. Da ist zum einen das sonderbare Fehlen bestimmter Gruppen auf der Insel. Celebes erweist sich unter allen großen Inseln des Archipels als die ärmste, was die Anzahl der von ihm gefundenen Arten angeht. Zum anderen ist sie auch die isolierteste Insel. Und diese Isolation bringt einige für ihn verwirrende Fakten mit sich, die er lange nicht erklären kann.

Besonders auffällig ist, dass Celebes gerade im Vergleich zu dem in dieser Hinsicht reichen Borneo überhaupt nur wenige große Säugetiere hat, darunter das Anoa, ein endemisches Wildrind, und das Babirussa, ein kleiner Hirscheber mit eigenartig gebogenen Hauern. Sosehr ihn diese Tiere an asiatische oder gar afrikanische Verwandte erinnern, so sehr sind sie allein auf diese

Insel beschränkt (das Babirussa lebt zudem auf den nahe gelegenen Sula-Inseln und auf Buru in den Molukken). Andererseits gibt es daneben auch Beuteltiere wie zwei Arten des Kuskus, von dem eine, der Zwergkuskus, ausschließlich auf Celebes zu finden ist. Ähnlich wie Lombok fehlt der Insel, so notiert Wallace, ein starkes asiatisches Element; gleichwohl weist sie sich auch nicht durch einen starken australischen Charakter aus. Es fehlen Kängurus und bis auf eine Art nektarsammelnde Honigfresser; auch gibt es keine Paradies- oder Laubenvögel, wie sie aus Australien bekannt sind. Celebes ist weder das Land der Beutler noch der Säuger, es gibt keine Kängurus, kaum einmal Affen, geschweige denn Elefanten und Nashörner oder gar Tiger; überhaupt fehlen Katzen oder andere räuberische Säuger, von Schleichkatzen abgesehen, und auch die Insektenfresser. Also fehlen zwar weitgehend charakteristische Gruppen aus dem westlichen Archipel, überlegt Wallace, doch werden sie auch nicht durch östliche ersetzt. Später wird er zeigen, dass nur bis zu zwanzig Prozent der Vögel und Säuger von Celebes von den nächstbenachbarten Inseln Borneo und Java stammen. Kein Wunder, dass vom asiatischen Artenreichtum hier auf der Insel nur mehr ein magerer Rest übrig ist und verglichen mit den Faunen weiter westlich und östlich die Tierwelt verarmt und nur noch auszugsweise vorhanden ist. Zugleich unterscheidet sich die Tierwelt auf Celebes dabei sowohl von der auf Bali wie von der auf Lombok. Gleichwohl kommt Wallace zu dem Schluss, dass sich seine dort entdeckte Demarkationslinie hier weiter nördlich zwischen Borneo und Celebes fortsetzt.

Wallace' Beobachtungen der Tierwelt auf Celebes deuten auf eine eigenartige Mischung aus Arten hin, zugleich aber auf eigenständige Gruppen, deren Arten mit denen benachbarter Inseln keine oder nur wenig Übereinstimmung zeigen. Die Insel könnte älter sein als andere, überlegt Wallace; sie sei insofern anormal, als sie sogar mit Afrika einige Tierformen teile. Später wird er spekulieren, dass Celebes einst als ein östliches Fragment einem früheren großen Kontinent im Indischen Ozean angehört haben könnte. Wie auch immer: Er kann diese kuriose Insel nicht genau einer Seite des heutigen Archipels zuordnen und soll dazu später seine Meinung noch mehrfach ändern. *»Es wird möglicherweise ewig bloße Ansichtssache bleiben«*, meint Wallace.

Ob Celebes nun eher östlich oder westlich der Wallace-Linie platziert werden sollte, ist tatsächlich eine Frage, die sich bis heute nicht leicht klären lässt. Viele Gründe sprechen dafür, dass die Meeresstraßen zwischen Bali und Lombok und zwischen Borneo und Celebes durchaus nicht jene unüberwindbaren Ausbreitungsschranken sind, für die Wallace sie noch hielt. Seine berühmte Linie mitten im Archipel markiert mithin nicht so sehr eine scharfe, wie mit dem Messer gezogene biogeographische Grenze zwischen Asien und Australien. Vielmehr ist es eine Faunen-Übergangsregion, die sich zwischen Orientalis und Australis einschiebt. Sie umfasst mehr als nur Celebes, schließt vor allem die Molukken weiter östlich mit ein; und sie hat einen ganz eigenen Charakter, etwa durch die 36 Säugetierarten und 19 Vogelarten, die nirgends sonst auf der Welt vorkommen.

Diese Zwischenregion wird später zu seinen Ehren Wallacea genannt. Ein Zoologe namens Dickerson bezeichnet sie 1924 erstmals so. Was indes selbst Eingeweihte kaum wissen: Erwähnt hat der sie erstmals in einer holländischen Publikation im Zusammenhang mit einem Tiefwasserbecken zwischen den beiden Schelfbereichen des asiatischen und australischen Festlands. Die Wallacea meint ursprünglich also ein marines Phänomen; wenige Jahre später bürgert sich die Bezeichnung vor allem für die an Land zu beobachtenden zoogeographischen Verhältnisse ein. Bis heute sind die Faunengrenze und das mit ihr verknüpfte biogeographische Übergangsgebiet der Wallacea der Gegenstand zoologischer Forschungen. Und weiterhin beißen sich Forscher vor allem an der Tierwelt der die Wallacea dominierenden zentralen Insel Celebes die Zähne aus.

Von tiefen Seegräben und landfesten Brücken: Wie war das doch gleich noch mit Celebes: *»Während die Insel arm ist an der tatsächlichen Zahl ihrer Arten, ist sie doch wundervoll reich an eigentümlichen Formen; viele davon sind sonderbar oder schön und in einigen Fällen* *absolut einzig auf dem Erdenrund«*, schreibt Wallace in seinem Reisebericht. Celebes gebe ein Beispiel, *»das in hervorragender Weise zeigt, wie interessant das Studium der geographischen Verbreitung der Tiere ist. Wir können sehen, dass ihre gegenwärtige Verbreitung auf der Erde das Resultat von all den neueren Veränderungen ist, welche die Oberfläche erlitten hat.«*

Es gehört zweifellos zu Wallace' Genie, dass er die Ursachen für dieses faunistische Rätsel erahnt – und dass sein Ansatz zur Lösung bis heute im Kern korrekt ist. Denn sie liegt nicht allein in der oberflächlich sichtbaren Geographie des Inselarchipels begründet, sondern gleichermaßen in seinem Untergrund und seiner Vergangenheit. Bald nach seiner Rückkehr nach England widmet sich Wallace im Juni 1863 in einem seiner ersten Vorträge vor der Royal Geographical Society in London der *»physikalischen Geographie«* des Archipels, wie es damals heißt. Ausgehend von den beiden Regionen mit ihrer unterschiedlichen Tierwelt, markiert als Indo-Malayische Region westlich und Austro-Malayische Region östlich der mit einem roten Strich gezogenen magischen Linie, vermutet Wallace im Untergrund des Archipels zwei grundlegende Vorgänge am Werk. Einerseits, so glaubt er, wurde eine einst zusammenhängende kontinentale Fauna durch die Aktivität von Vulkanen zerrissen. Er zeichnet als fette rote Linie eine ganze Kette von Vulkanen ein, die sich wie Perlen quer durch den gesamten Archipel erstrecken. Die Tätigkeit dieser Vulkane könnte, so argumentiert Wallace, die einstmals zusammenhängende Landmassen in isolierte Teile zergliedert haben – und mit ihr die Tierwelt.

Als einen zweiten wichtigen Vorgang diskutiert er die Ausbreitung der Tiere über Landbrücken. Dabei nutzt Wallace eine Erkenntnis, die er dem britischen Geologen George Windsor Earl verdankt. Der hat bereits zwischen 1832 und 1834 vor allem die westlichen Inseln des indischen Archipels (wie dieser bei ihm noch heißt) bereist und darüber ein ganzes Buch verfasst. Vor der Geographischen Gesellschaft in London hält Earl 1845 einen Vortrag zur physikalischen Struktur und Anordnung dieser indischen Inseln. Als Wallace zwischen seinen beiden großen Expeditionen in England ist, hört er Earl im Februar 1853 erneut über die Beson-

Alfred Russel Wallace, 1853, nach Rückkehr vom Amazonas

Urwaldbaum am Amazonas

Pterophyllum scalara,
Fam. Cichlidae

Cichlosoma severum,
Fam. Cichlidae

Plecostomus guacari,
Fam. Loricariidae

Pimelodus holomelas,
Fam. Siluridae

Fünf Originalzeichnungen aus der Hand von A. R. Wallace, angefertigt während der Amazonas-Reise 1848–1852 am Rio Negro

Urwaldbaum in Sarawak, Borneo

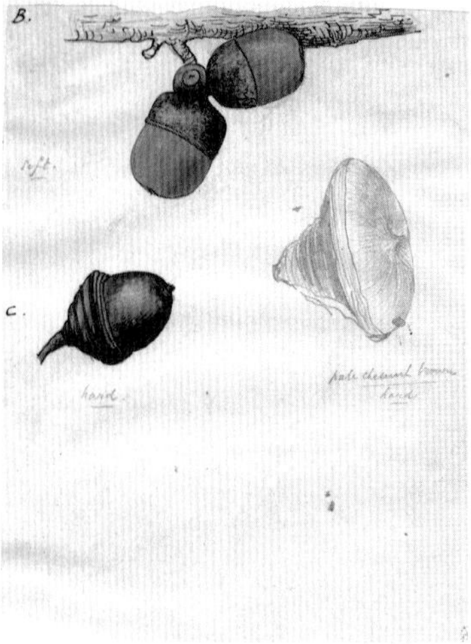

Waldfrüchte (»Eicheln«)

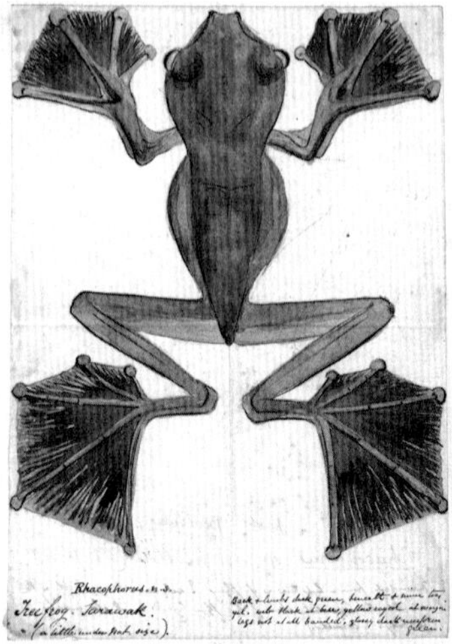

Fliegender Frosch, Borneo

Blütenstand einer von Wallace als »*honeysuckle*« (Geißblattgewächs) bezeichneten Blütenpflanze

Original-Skizzen aus der Hand von A. R. Wallace, angefertigt während der Reise durch den Indo-Malayischen Archipel 1854–1862

Der Urwald-Bungalow von Sir James Brooke in Sarawak, Borneo, 1847

Wallace' Assistent Ali, den er 1855 in Sarawak engagiert und der ihn bis 1862 auf seinen Reisen im Malayischen Archipel begleitet hat

THE

MALAY ARCHIPELAGO:

THE LAND OF THE

ORANG-UTAN, AND THE BIRD OF PARADISE.

A NARRATIVE OF TRAVEL,

WITH STUDIES OF MAN AND NATURE.

BY

ALFRED RUSSEL WALLACE,

AUTHOR OF

"TRAVELS ON THE AMAZON AND RIO NEGRO," "PALM TREES OF THE AMAZON," ETC.

NEW YORK:

HARPER & BROTHERS, PUBLISHERS,

FRANKLIN SQUARE.

1869.

Titelseite des 1869 erschienenen *»Malayischen Archipels«*; Wallace widmet dieses wichtige Reisewerk Charles Darwin

via Southampton.

Fred.k Bates Esq
5. Napier Terrace
Aylestone Road
Leicester
England

Umschlag eines Briefes von A.R. Wallace an Frederick Bates in Leicester. Abgestempelt am 3. Juni 1858 in London und in Leicester belegt er die frühe Ankunft der *»via Southampton«* nach England gehenden Postsendungen, die Wallace am 9. März 1858 auf der Molukkeninsel Ternate aufgegeben hat

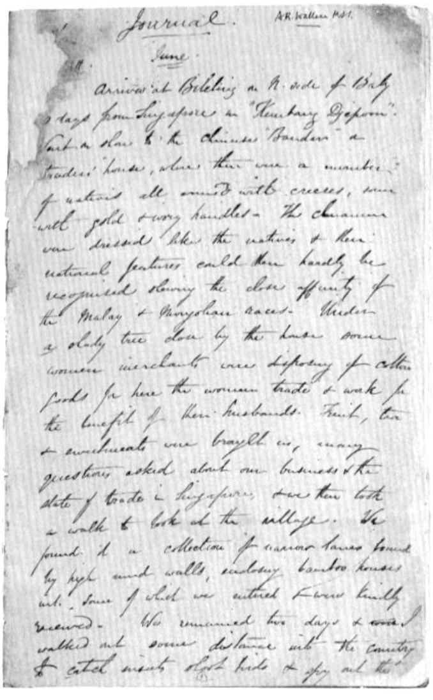

Journal. A.R. Wallace MS1.

June

Arrived at Beleling on N. side of Baly [illegible] days from Singapore in "Kembang Djepoon". Went on shore to the Chinese "Bandar" a trader's house, where there were a number of natives all armed with creeses, some with gold & ivory handles. The Chinamen were dressed like the natives & their national features could then hardly be recognized showing the close affinity of the Malay & Mongolian races. Under a shady tree close by the house some women merchants were disposing of cotton goods for here the women trade & work for the benefit of their husbands. Fruit, tea & sweetmeats were brought us, many questions asked about our business & the state of trade in Singapore, & we then took a walk to look at the village. We found it a collection of narrow lanes bound by high mud walls, enclosing bamboo houses into some of which we entered & were kindly received. We remained two days & walked out some distance into the country & [illegible]

Die erste Seite des Reisetagebuchs von Wallace, in der er über seine Ankunft auf Bali am 13. Juni 1856 berichtet

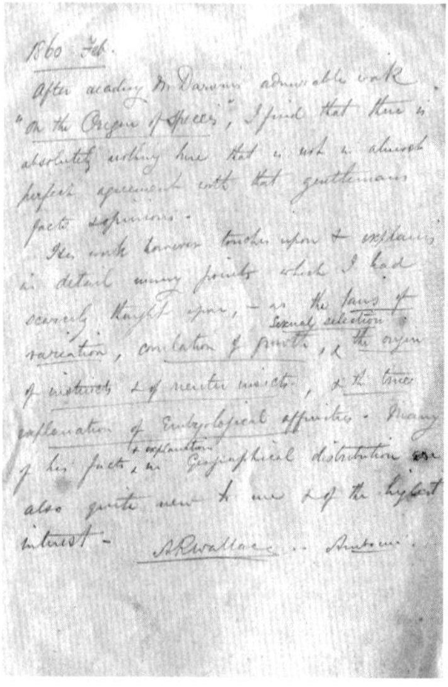

1860 Feb.

After reading Mr Darwin's admirable work "On the Origin of Species", I find that there is absolutely nothing there that is not in almost perfect agreement with that gentleman's facts & opinions.

His work however touches upon & explains in detail many points which I had scarcely thought upon, — as the laws of sexual selection variation, correlation of growth, & the origin of instincts & of neuter insects, & the true explanation of Embryological affinities. Many of his facts, & explanation in Geographical distribution are also quite new to me & of the highest interest —

A.R. Wallace .. Amboina.

Beistift-Notiz vom Februar 1860 aus der Hand von A.R. Wallace, nachdem er Darwins Buch über *»Die Entstehung der Arten«* gelesen hat

Vorsatzseite aus Wallace' 1869 erschienenem »*Malayischen Archipel*«, mit einer von ihm beschriebenen Szene, bei der die auf Borneo lebenden Dayak-Leute einen Orang-Utan angreifen

Eine Riesenschlange aus der Familie der Pythons, die sich unter dem Dach von Wallace' Hütte auf der Molukken-Insel Ambon angesiedelt hatte

Vorsatzseite aus Wallace' 1869 erschienenem *»Malayischen Archipel«*, mit einer von ihm beschriebenen Szene, bei der die auf den Aru-Inseln lebenden Papuas Jagd auf Paradiesvögel machen

Männchen und Weibchen eines von Wallace als neue Art und Vertreter einer neuen Gattung entdeckten Paradiesvogels, der nach seinem Entdecker *Semioptera wallacei*, oder Wallace' Standartenflügler, benannt wird

Alle Bilder aus dem 1869 erschienenen »Malayischen Archipel«

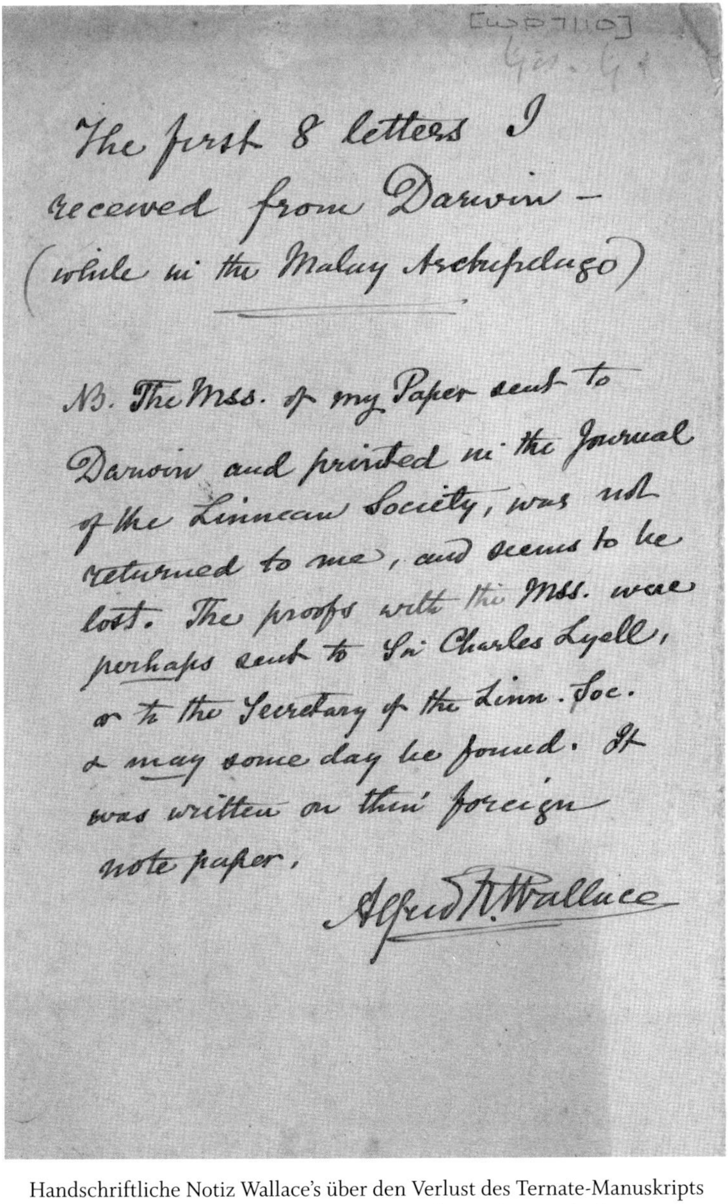
The first 8 letters I
received from Darwin —
(while in the Malay Archipelago)

NB. The MSS. of my Paper sent to
Darwin and printed in the Journal
of the Linnean Society, was not
returned to me, and seems to be
lost. The proofs with the MSS. were
perhaps sent to Sir Charles Lyell,
or to the Secretary of the Linn. Soc.
& may some day be found. It
was written on thin foreign
note paper.

Alfred R. Wallace

Handschriftliche Notiz Wallace's über den Verlust des Ternate-Manuskripts auf einem Umschlag, in dem er die ersten acht Briefe von Charles Darwin sammelte, die er einst von diesem während seiner Reisen im Malayischen Archipel erhalten hat; undatiert, vermutlich um 1902 derheiten dieser Region vortragen. Später, aber da sind wir schon im August 1859, wird Wallace auch durch Charles Darwin auf die Arbeiten von Windsor Earl aufmerksam gemacht; doch da kennt er dessen Einsichten nicht nur, sondern nutzt sie bereits für seine Erklärungen.

Earl verbindet geologische und geographische Befunde und weist auf die Existenz von zwei großen Landmassen als untermeerische Fortsätze der jeweiligen Kontinente hin, die er – erstmals, und dafür gebührt ihm ausdrücklich Anerkennung – mit einer gestrichelten Linie in entsprechenden Karten einzeichnet (wie dies bis heute getan wird). Die eine Landmasse, die sämtliche große Inseln im Westen des Archipels miteinander verbindet, bezeichnet Earl als *Great Asiatic Bank* (heute nennen wir es den Sundaschelf). Bali indes gehört laut seiner Karte schon nicht mehr dazu – ein Irrtum, wie sich zeigen wird. Am anderen Ende des Archipels umfasst die *Great Australian Bank* nicht nur den gleichnamigen Kontinent im Norden, sondern auch Neuguinea (der Sahulschelf); und zwar unter Einschluss der Aru-Inseln (aber nicht der Kai-Inseln, wie hier gleich hinzugefügt sei). Dazwischen liegen isoliert die große Zentralinsel Celebes und die versprengten Eilande der Molukken. »*Diese durch Tiefenmessungen ermittelten Bänke setzen das Festland fort*«, schreibt Earl 1845, »*und als solche verdienen sie mehr Beachtung, als ihnen bislang beigemessen wurde, denn wie sich herausstellt, hat sämtliches Land, das sich von diesen Bänken ausgehend erhebt, den gleichen Charakter wie jene Kontinente, an die sie sich anfügen.*« Es ist ein Schlüsselsatz, denn zur Begründung weist Earl darauf hin, dass auch Tiere und Pflanzen der jeweiligen Regionen ähnlich sind.

Als Wallace dann über die faunistischen Beziehungen nachdenkt, wird ihm klar, dass Earl hier eine geniale Idee hatte, vielleicht ohne dass es ihm selbst bewusst war. Denn tatsächlich steht die Meerestiefe bestimmter Regionen des Archipels mit dem Vorkommen und der Ausbreitung einzelner Tierarten in einer verblüffenden Beziehung. Doch während Earl noch annahm, dass es eine frühere Verbindung zwischen Australien mit Asien gab, dreht Wallace die Sache um. Er erkennt, dass just dort, wo seine Faunenscheide verläuft, ein Tiefseegraben den westlichen Schelf begrenzt. Dieser asiatische Festlandssockel schließt Bali und Borneo ein. Zwar wissen weder Wallace noch andere seiner Zeit, wie tief genau dieser Isthmus zu Lombok und Celebes hinüber ist; doch ohne Zweifel ist es kein Zufall, dass der hier in unbestimmte Tiefen abfallende Rand einer Flachmeerregion ausgerechnet parallel der Faunengrenze verläuft.

Wallace denkt noch einen Schritt weiter. Zu seiner Zeit weiß man bereits von vergangenen Erdepochen, in denen es wesentlich mehr Eis und Gletscher gab, die von den Polen ausstrahlend viel mehr Land bedeckten. Weil während solcher periodisch auftretenden Eiszeiten viel mehr Wasser gebunden war, sank der Meeresspiegel überall auf der Welt. Wallace vermutet nun, dass der zwischen den Inseln verlaufende Tiefseegraben jenseits von Bali und Borneo derart tief gewesen sei, dass er selbst bei den gewaltigen Meeresspiegelschwankungen nicht trocken gefallen sein dürfte. In hellsichtiger Weise destilliert Wallace aus den wenngleich noch spärlichen Erkenntnissen der Geologen und Geographen die richtige Erklärung für die Biogeographie und Entwicklung der Arten. Lauftiere und schwache Flieger konnten während der Zeiten mit niedrigem Meeresspiegel zwar über die flache und trocken gefallene Java-See die heutigen Inseln wie Sumatra, Java und Borneo erreichen und von dort später auch auf die Vulkaninsel Bali gelangen. Doch hier kamen dann Tiere wie Tiger, Tapir, Nashorn und andere nicht weiter. Denn Lombok und Celebes waren nicht in dieser Weise durch landfeste Brücken mit dem asiatischen Kontinent verbunden. Ganz ähnlich erging es den australischen Arten im Osten des Archipels. Der steigende Meeresspiegel hat sie dort auf den zahllosen Inseln im Laufe der Zeit und in einer höchst zufälligen Weise isoliert. So machte es die Geographie des Archipels den Arten schwer, durch Laufen oder Schwimmen, Flattern oder Fliegen festen Boden zu erreichen. Aus einstmals gemeinsamen Abstammungslinien entstanden in der Isolation neue Varietäten und eigenständige Arten. Denn nur die besten Schwimmer konnten überhaupt isolierte Inseln erreichen oder Fledermäuse und Schmetterlinge, die der Wind dorthin bläst. Reptilien und Insekten dagegen gelangen oft zufällig per Pflanzenfloß selbst auf abgelegene Inseln, etwa wenn Bäume in einen Fluss stürzen und ins Meer geschwemmt werden und so per Strömung zur nächsten Insel verfrachtet werden.

Auf diese Weise, so erkennt Wallace richtig, wirkt die Inselwelt des indo-australischen Archipels wie ein faunistischer Filter. *»Das ergibt sich in einer noch schlagenderen Weise, wenn wir die Zahl der Arten aufzählen, welche mit denen von Java und Australien auf jeder Seite identisch sind«*, schreibt er und listet dazu für die Vögel jeweils deren Anzahl auf. Demnach werden es immer weniger asiatische Arten, je weiter östlich man geht: 33 Arten auf Lombok, 23 auf Flores, 11 auf Timor. Dagegen sind es bei den australischen Vögeln 11 Arten auf Timor, 5 auf Flores und nur noch 4 auf Lombok. Später werden andere Forscher an anderen Tieren, etwa an Reptilien, dasselbe Muster bestätigen und finden, dass die Zahl asiatischer Formen stets gen Osten abnimmt, die australischer dagegen gen Westen. Auf diese Weise halten sich beide Faunengebiete in etwa die Balance. Mittendrin in diesem Zwischengebiet der Wallacea leben die Tiere von Celebes.

Gut ein Jahrhundert vor der Theorie wandernder Kontinentalplatten und Ozeanböden erwägt Wallace höchst komplizierte und komplexe Vorgänge, die im Untergrund des asiatischen und australischen Festlands und der dazwischenliegenden Meeresgebiete ablaufen. Tatsächlich gehören zu den daran beteiligten geologischen Kräften und tektonischen Aktivitäten vor allem auch jene zahllosen Vulkanausbrüche und Erdbeben, deren Zeuge Wallace bei seinen Reisen durch den Archipel gelegentlich wird (in Lombok vermutet er Letztere einmal sogar als Ursache von Tsunamis). Doch in welchem enormen Ausmaß diese Kräfte sowohl für das Heben und Senken wie auch das horizontale Wandern riesiger Landmassen und winziger Kontinentalfragmente sorgen, die die gesamte Region zwischen Asien und Australien in ständiger Bewegung halten, das alles kann er nicht einmal ahnen.

Mit seinem Besuch auf Bali und Lombok sowie anschließend auf Celebes beendet er seine erste Erkundung im westlichen Teil des Archipels. Vor ihm liegen weiter östlich die Gewürzinseln und vor allem Neuguinea, das Land der Paradiesvögel. Für die kommenden zwei Jahre wird Wallace in diesem Teil des Archipels hin und her kreuzen. So hofft er, dem wechselnden Monsun zu entgehen, der ihn zu längeren und lästigen Sammelpausen zwingen würde, bliebe er an einem Ort. Im Dezember 1856, als die Regenzeit auf Celebes einsetzt, ist er auf dem Weg nach Aru. So abgelegen die auf dem australischen Schelf gelagerten Inseln sind, von so zentraler Bedeutung werden sie für Wallace.

Ein Evolutionist auf Aru: Aru ist der letzte Mosaikstein zum großen geographischen Puzzle, das im indo-australischen Archipel für Wallace ausgelegt ist. Vom Gedanken an eine Evolution der Organismen ist Wallace bereits überzeugt, als er an den Amazonas aufbricht und mehr noch, seit er tagtäglich die Tierwelt Südostasiens sieht. In Sarawak formuliert er mit seinem Naturgesetz des Wandels den engen räumlichen und zeitlichen Zusammenhang aller Arten. Auf Lombok und Celebes erkennt er, wie drastisch sich die Fauna von der auf Bali oder Borneo unterscheidet; wie eigenartig verarmt und doch auch wieder ganz eigen die Tierwelt östlich jener magischen Linie ist.

Jetzt auf Aru begegnet er Kakadus und Kängurus, hier leben Kuskus und Kasuar – allesamt Arten, deren Verwandte ansonsten ähnlich, wenn nicht identisch mit denen Australiens und Neuguineas sind; bis hin zu ganz ähnlichen Gattungen und Familien. Dagegen kommt keine einzige der Familien von Vögeln und Säugern aus dem westlichen Teil des Archipels vor. Die Aru-Inseln sind gleichsam die kleine Schwester der großen Insel Neuguinea. Und dann geht ihm mit dem Vogelschwingenfalter *Ornithoptera* eine neue, nur für Aru typische Art ins Netz. Wir erinnern uns: Es ist jene, die mit ihren drei markanten Flügelflecken zwischen dem *priamus* von den Molukken mit vier Flecken und dem *poseidon* von Neuguinea mit zwei Flügelflecken vermittelt.

So zart der Falter, so solide hier die Faktenlage. Wallace begreift – buchstäblich, als er den Schmetterling in den Händen hält – eines der Grundgesetze der Natur: das ewige Spiel von Variation und Wandel. Überall im Archipel, auf eng benachbarten

Inseln und unter wechselnden Umweltbedingungen, leben eng verwandte Arten, die in immer wieder abgewandelter Form vorkommen. Andererseits gibt es umso größere Unterschiede, je weiter entfernt voneinander die Arten leben. Beides erweist sich als ein stets wiederkehrendes Verteilungsmuster; ein Puzzle, das ihm hilft, seine Idee zur Entstehung von Arten weiter auszuformulieren. Jede neu entstehende Art hat sich stets aus einer ihr nahestehenden früheren Art in derselben Region entwickelt, überlegt Wallace; nehme man weiter an, das Gesetz vom allmählichen Werden und Vergehen der Arten träfe zu, dann wäre die faunistische Übereinstimmung von Aru und Australien samt Neuguinea doch geradezu eine logische Konsequenz. Natürlich, sagt sich Wallace, so muss es sein! Das jeweilige Vorkommen erklärt sich, weil einige Arten ausgestorben sind, andere aber modifiziert wurden.

Um Darwins fünfwöchigen Aufenthalt auf dem Galapagos-Archipel im September und Oktober 1835 ranken Legenden; ihm erschloss sich die Bedeutung dieser Inseln und ihrer Tier- und Pflanzenwelt indes erst in der Rückschau. Dagegen macht Wallace auf Aru klarsichtig tiergeographische Beobachtungen, die er unmittelbar im Sinne des Entwicklungsgedankens zu deuten weiß. Dazu verknüpft er die heutige Verbreitung der Tiere und die Geschichte der Faunen mit der physikalischen Geschichte ihrer jeweiligen Lebensräume. Wallace hat keinen Zweifel, dass Aru einstmals Teil eines gewaltigen Kontinents war, der Neuguinea und Australien und einige der vorgelagerten Inseln umfasst; so viel lässt sich aus den Karten von Windsor Earl sicher sagen. Daher die großen Übereinstimmungen der meisten Arten, die seit Urzeiten dort vorkommen. Doch dann gibt es auch jüngere Variationen und Modifikationen, die erst in jüngster Zeit hinzukamen, als Aru durch das Absenken der Landmasse und den ansteigenden Meeresspiegel zu einer isolierten Insel am Rande des Archipels wurde. Hier kommt der dreifleckige *Ornithoptera* ins Spiel. Es wird Wallace' Credo werden, dass sich das Auftreten heutiger Arten überhaupt nur verstehen lässt, wenn man neben den gegenwärtig wirkenden Faktoren – wie etwa Feinde, Nahrung und anderes in der Umwelt der Tiere – auch die geologische Geschichte ihrer Lebensräume mit einbezieht. So liefert ein Blick auf die Geologie und Geschichte einer Region wichtigere Hinweise als allein die gegenwärtigen ökologischen Verhältnisse. In jedem Fall lassen sich aus den geographischen Fakten Rückschlüsse auf historische Vorgänge ziehen und umgekehrt.

Das fehlende Teil des Puzzles: Am Ende des Archipels angekommen hat Wallace beinahe sämtliche Teile des Puzzles zusammengesetzt. Allerdings liefert die geographische Verbreitung allein noch keinen Aufschluss darüber, wie diese Verwandlung der Arten abläuft und wie sich neue Arten entwickeln. Wallace sieht zwar, dass bestehende Arten durch einen bestimmten natürlichen Ablauf und die Weitergabe ihrer Eigenschaften neue hervorbringen und dass dabei das jeweilige geographische Vorkommen eine Rolle spielt. Aber eine Frage, das letzte Teilchen in dem großen Puzzle, wird ihn auf seiner weiteren Reise durch die Inselwelt noch unablässig beschäftigen: Warum setzen sich unter den vielen lokalen Variationen und Varianten, Modifikationen und Abwandlungen nur jeweils einige an einem bestimmten Ort durch? Die Natur hat in dem inselreichen Archipel mit den immer wieder anderen Formen ihr ganzes Füllhorn ausgeschüttet. Diese Vielfalt und Fülle bereitet seit Jahren nun schon die Jagdgründe für Wallace. Doch wer oder was entscheidet darüber, welche Variation und Volte wo zum Zuge kommt? Offenbar haben doch nicht alle überall die gleiche Chance, sonst gäbe es nicht den *Ornithoptera priamus* nur auf Ambon und den *poseidon* auf Neuguinea, aber eben nicht auf Aru.

Darwin studiert solche Varianten und Veränderungen just zur gleichen Zeit bei Haustieren, vom Huhn bis zum Hund, bei Tauben, Pferden, Ochsen und Orchideen. Für ihn werden Garten, Stall und Gewächshaus zum Laboratorium, die Landwirtschaft zur Analogie. Was Darwin als Züchter lernt, beobachtet der Sammler Wallace derweil anhand zahlloser Varietäten im Inventar seiner Fänge. Statt in einer englischen Grafschaft macht Wallace seine Beobachtungen in einem fernen Archipel. Für ihn werden Inseln wie Aru und Ambon zum Natur-Laboratorium, in dem er der Entwicklung von Arten beinahe wie unter einem Brennglas zusehen kann.

Bei seiner Rückkehr von Aru nach Makassar im Juli 1857 hat er nicht nur eine reiche Beute an naturkundlichen Objekten im Gepäck, sondern auch Stoff für eine seiner wichtigen Abhandlungen. In den folgenden Wochen verfasst er das Manuskript zu »*On the natural history of the Aru Islands*«, das im Dezember des gleichen Jahres in den »*Annals and Magazine of Natural History*« publiziert wird. Es ist dies die erste Analyse einer tatsächlich historischen Biogeographie, in der Wallace das Vorkommen und die Verbreitung der Tiere vollständig auf die Wirkung jener natürlichen Prozesse stützt, die sowohl für die geologischen Vorgänge wie für die Abwandlung der Lebewesen verantwortlich sind.

Mag die Reaktion auf diese Aru-Arbeit – einen der in seiner Bedeutung am meisten verkannten Aufsätze Wallace' – damals und lange danach eher verhalten und für ihn auch enttäuschend sein; von Aru ist es jetzt tatsächlich nur noch ein kleiner Schritt. Was Alfred Russel Wallace sucht, ist die eigentliche Ursache für den Artenwandel; jener Mechanismus, mit dem die Entwicklung von Arten erst tatsächlich verständlich wird.

Ternate –
Das Manuskript

(Juli 1857–Juni 1858)

Seit Stunden schütteln Fieberanfälle den hageren Mann auf seiner Holzpritsche. Um ihn herum, in der mit Palmenblättern gedeckten Hütte, stapeln sich die Utensilien und Früchte seiner Arbeit. Überall liegen kleine Holzkästchen und aus Fasern von Palmblättern geflochtene Behältnisse; darin Hunderte auf Nadeln gespießte Insekten. Zumeist sind es Käfer und Schmetterlinge, die kleine blaue Notizzettel mit Namen und Fundort tragen. Felle und Skelettknochen kleinerer Säugetiere liegen auf einem grob gezimmerten Bord. Vogelbälge hängen zum Trocknen an Stricken von den Dachstreben, halbwegs in Sicherheit vor der Armada allgegenwärtiger Ameisen. Leichter Modergeruch durchzieht die enge Hütte.

Es ist stickig heiß, der Mann liegt in Schweiß gebadet, dennoch zieht er die Decken eng um sich. Sein malträtierter Körper wehrt sich abwechselnd mit Hitzeschüben und Schüttelfrost gegen die Malaria-Erreger in seinem Blut. Von Kopf- und Rückenschmerz gepeinigt liegt er da, träumt mehr, als dass er klar denkt. Oft schon haben ihn während seiner jahrelangen Reisen durch die feucht heißen Tropen solche Fieberschübe geplagt. Er kennt den Rhythmus der Attacken, die ihn nachmittags für zwei oder drei Stunden aufs Lager werfen, dann sind die Schübe vorüber. Weil er sich nicht auf den Beinen halten kann, bleibt ihm nicht mehr zu tun, als abzuwarten. Er nutzt die Zeit zum Nachdenken.

Als ihn das Fieber wieder packt, grübelt er einmal mehr über die Frage, die ihn nun schon seit mehr als einem Jahrzehnt begleitet und quält, bohrend wie die Pein in seinem glühenden Kopf. Auch an diesem Tag verfolgt ihn das Rätsel bis in seine Fieberphantasien: Diese überbordende Vielfalt der verschiedensten Arten in den tropischen Regenwäldern und auf den Inseln des Archipels – wie ist sie zu erklären? Wie entstehen all diese Spezies? Noch entscheidender vielleicht: Was setzt ihrer Vermehrung Grenzen? Wie wird verhindert, dass die Nachkommen dieser Tierformen die Erde millionenfach überschwemmen?

Seit fast vier Jahren ist er nun schon unterwegs in der Inselwelt des Malayischen Archipels. Gerade erst sind ihm auf den Aru-Inseln vor der Küste Neuguineas einige Schmetterlingsarten aufgefallen, die zwar auf anderen Inseln weiter westlich und östlich ebenfalls vorkommen, dort aber ein wenig anders aussehen. Nicht zum ersten Mal hat er solche Abwandlungen bemerkt. Immer wieder ist er auf Arten gestoßen, die solche geographischen Varianten hervorbringen. Zwar sehen sie von Insel zu Insel immer wieder etwas anders aus; andererseits sind sie einander aber trotz aller Unterschiede in Färbung und Zeichnung doch zu ähnlich, um als völlig getrennte und eigene Arten gelten zu können. Dass dabei ein göttlicher Schöpfer seine Hand im Spiel hat, gar einer mit einem Hang zum Verspielten, zum Experimentieren, bezweifelt er bereits seit Langem.

Jetzt, im Fieberwahn auf seine Pritsche gefesselt, überfällt ihn plötzlich die Eingebung seines Lebens: Wirken sich solche Abweichungen von der Norm nicht auf das Leben der betreffenden Tiere aus? Was passiert beispielsweise, wenn sich die Umwelt auf den Inseln ändert? Und was, wenn eine dieser geographischen Spielarten besser an die neuen Verhältnisse angepasst ist als die anderen? Hätte sie nicht entsprechend günstigere Aussichten zu überleben? Noch wichtiger: Über kurz oder lang hätte sie auch mehr Nachkommen. Solche Vorteile bei der Fortpflanzung müssten schließlich, während eines schier endlosen Zeitraums mit weiteren Veränderungen, die Bestände der Angepassten anwachsen lassen. Über zahllose Episoden solcher Abänderungen und Anpassungen käme es zu einer Abfolge nahe verwandter Arten. Natürlich, diese Auslese ist der Ursprung neuen Lebens.

Ein »hastiger erster Entwurf«: Da ist sie, die Antwort auf seine dringendste Frage, die Lösung des Rätsels von der *»Transmutation«* – der Evolution, wie man später sagen wird. Endlich ist dem Fiebernden in seiner Hütte klar, wonach er die Jahre hindurch gesucht hat: Es muss die Umwelt sein, begreift er, die bei diesem allgegenwärtigen Kampf ums Dasein die Auswahl trifft. Stets sind es die äußeren Umstände wie Veränderungen des Klimas, des Nahrungsangebots, etwaige Konkurrenten oder Feinde: Die Natur selbst merzt die Mehrzahl aller Nachkommen aus; nur die jeweils Tauglichsten überleben, sie vermehren sich und geben ihre vorteilhaften Merkmale an die folgenden Generationen weiter. Dank dieses natürlichen Prozesses der Auslese der am besten Angepassten entwickeln sich im Laufe der Zeit neue Arten. Dies muss jenes *»generelle Prinzip«* sein – gleich einem Naturgesetz, das ihm so lange keine Ruhe ließ. Dabei ist es durchaus naheliegend – jetzt, wo es gedacht ist, eine ebenso brillante wie simple Idee.

In der nächsten Stunde versucht der noch immer Fiebernde, die Vor- und Nachteile seiner neuen Theorie abzuwägen. Er kann das Ende der Fieberschübe kaum erwarten, um seine Gedanken endlich zu Papier zu bringen. Noch am selben Abend skizziert er den ersten Entwurf seiner Überlegungen. Während der nächsten beiden Abende präzisiert er seine Formulierungen. Schließlich, am dritten Tag, stellt er das knapp zwanzigseitige Manuskript mit dem Aufsatz *»On the tendency of varieties to depart indefinitely from the original type«* fertig; Über die Neigung der Varietäten, sich unbegrenzt aus ihrer Ausgangsform zu entwickeln. Dieser Aufsatz wird Geschichte machen und nicht weniger das Manuskript dazu.

Die Hütte, in der er seine Aufzeichnungen macht, liegt an einem der abgelegensten Flecken der Erde, von dem kaum jemand einmal gehört hat. Dodinga auf Gilolo – oder Halmahera, wie die Malaien und Holländer die Insel nennen; *»an der Spitze einer tiefen Bucht, Ternate gerade gegenüber gelegen, ein kleines Stück ein Flüsschen hinauf, das einige Meilen landeinwärts führt. Das Dorf ist klein* *und vollständig von niedrigen Hügeln umgeben.«* Hier, beinahe am Ende des Archipels, kommt Alfred Russel Wallace der entscheidende Gedanke, die Idee seines Jahrhunderts. Doch jetzt zögert er, ist unsicher, was er tun soll. Er ist gerade erst fünfunddreißig Jahre geworden und in seiner Heimat durchaus kein ganz Unbekannter mehr; auch wenn jener erste Aufsatz zur Artenfrage, von dem er sich so viel erhofft hat, damals während der Regenzeit in Sarawak, bislang nur wenig Reaktionen ausgelöst hat. Wird es ihm mit diesem neuen Aufsatz vielleicht ähnlich ergehen? Ist sein generelles Prinzip tatsächlich der gesuchte Mechanismus des Artenwandels? Ob sein neuer Einfall wissenschaftlich haltbar ist und wie andere angesehene Naturforscher das einschätzen, kann Wallace nur erfahren, wenn er sein Manuskript in die Heimat schickt.

Doch an wen? Wieder an die *»Annals and Magazine of Natural History«*, das Journal, in dem er bereits einiges veröffentlicht hat; wo damals wenige Monate nach Zusendung auch sein Sarawak-Aufsatz erschienen ist? Andererseits, wenn nun an seinem Gedanken nichts wirklich dran ist, sollte er das Manuskript nicht vielleicht vorher an einen kundigen Naturforscher schicken, der diese Idee beurteilen kann? Vielleicht an Henry Bates, so überlegt er; doch der ist auf der anderen Seite der Erde. Es würde nicht nur Monate, sogar ein Jahr oder länger dauern, bis Bates antwortet. Nein, so lange will Wallace nicht warten; so lange kann er nicht warten. Die Vorstellung, das Rätsel tatsächlich gelöst zu haben, lässt ihn regelrecht erschaudern. Oder ist es noch immer das Fieber?

Er könnte seinen Aufsatz an Charles Lyell schicken, den wohl berühmtesten Naturwissenschaftler seiner Zeit. Der könnte seine Idee sicher beurteilen, auch wenn er der Vorstellung eines Artenwandels eher kritisch, um nicht zu sagen: ablehnend gegenübersteht, wie Wallace aus Lyells Schriften weiß. Doch wenn Wallace' neue Theorie etwas taugt und zu erklären vermag, wie es in der Natur zugeht, dann ließe sich Lyell vielleicht überzeugen. Allerdings kennt Wallace ihn nicht persönlich, er ist ihm nie vorgestellt worden. Ihm jetzt so einfach schreiben und sein Manuskript beilegen kommt ihm nicht gut vor. Er hatte vor vielen Jahren schon einmal Ähnliches bei einem berühmten, mit astronomischen Beobachtungen beschäftigten Ingenieur gemacht – von dem er dann nie etwas hörte. Wallace könnte seinen Agenten Stevens in London bitten, das Manuskript an Lyell weiterzuleiten. Und dann kommt ihm eine Idee: es an Charles Darwin schicken, natürlich! Darwin könnte es prüfen und gegebenenfalls – sofern davon überzeugt – an Lyell weitergeben. Mit Darwin steht Wallace seit Kurzem in Korrespondenz. Darwin kann er sich gewissermaßen zum Verbündeten gegen Lyells Ablehnung der Idee vom Artenwandel machen. Gerade erst hat Darwin ihm in einem Brief zu seinem Sarawak-Aufsatz gratuliert, mit dessen Aussagen er völlig einverstanden ist, und ihm berichtet, dass er selbst an einem Werk zur Artenfrage arbeite. Natürlich Darwin; wer sonst, wenn nicht er, wäre geeigneter zu beurteilen, ob etwas mit seiner im Fieber geborenen Theorie anzufangen ist.

Wallace weiß, dass der nächste Postdampfer auf seiner regelmäßigen Tour Anfang März wieder nach Ternate kommt. Auf die Schiffe im holländischen Kolonialdienst ist Verlass. Er muss die Fangsaison hier auf Gilolo beenden, um rechtzeitig hinüber auf die kleine Vulkaninsel zu kommen. Am 1. März 1858, so vermerkt Wallace in seinem Tagebuch, kehrt er nach Ternate zurück. Am 9. März 1858 sieht er das Postschiff *»Ambon«* in den Hafen von Ternate einlaufen. An Bord Pakete und Briefe aus England für ihn; darunter auch ein weiterer von Charles Darwin. Kurze Zeit später legt der Postdampfer wieder ab. In einem der Postsäcke das Manuskript von Wallace, das alles verändern wird; das die Welt verändern wird.

Ternate, im Januar 1858: Ternate – weit nordöstlich vor der Küste von Celebes gelegen, beinahe auf halber Strecke nach Neuguinea – ist ein kleiner Vulkanhügel; aber einer mit großer Vergangenheit. Zusammen mit der Nachbarinsel Tidore war es der Mittelpunkt des Gewürzhandels, nachdem Portugiesen und Spanier die Welt im frühen 16. Jahrhundert unter sich aufgeteilt hatten, um dann doch auf der anderen Seite der Erde um die Vorherrschaft in Ostindien zu kämpfen. Ternate diente später auch dem holländischen Seefahrtimperium als Umschlagplatz, von dem aus Gewürze und andere Kostbarkeiten der Molukken per Schiff westwärts verfrachtet wurden. Als Wallace ankommt, ist dieses Ternate indes bereits Vergangenheit, ein Mythos wie das mysteriöse Timbuktu in Afrika. Die von zahllosen Erdbeben heimgesuchte Insel besteht im Wesentlichen aus dem bis zum Krater hinauf bewaldeten und unbewohnten Vulkankegel des 1700 Meter hohen Gunung Gamalama. Als der 1840 ausbrach, zerstörte er einen Großteil der an seinem Fuß gelegenen Ansiedlungen, vor allem den Ort Ternate selbst, wo er die Forts der Gewürzhändler, die Moscheen der Einheimischen und den alten Sultanspalast in Ruinen legte.

Im geschäftigen Hafen von Ternate angekommen, kann sich Wallace den Gang zum Sultan oder Raja sparen. Er hat ein Empfehlungsschreiben für den wahren König von Ternate dabei, einen gewissen Mr Duivenboden; ein Kaufmann aus einer alten, in Ternate ansässigen holländischen Familie, der seine Erziehung in England erhalten hat. Er ist belesen und bewandert auch in den Wissenschaften; ihm gehört der halbe Ort, die meisten der Schiffe und mehr als hundert Sklaven – *»ein Phänomen in dieser Weltregion«*, schreibt Wallace. Duivenboden treibt Handel mit den Einheimischen im Norden von Neuguinea und dort will Wallace als Nächstes hin. Dank der Vermittlung von Duivenboden bezieht er ein Haus, *»etwas verfallen, aber für meine Zwecke gut geeignet, da es nahe der Stadt lag und dabei einen freien Ausblick auf das Land und den Berg bot«*, schildert Wallace sein neues Domizil. Überdies hat das Haus einen tiefen Brunnen mit erfrischend kaltem Wasser und einen verwilderten Garten mit Fruchtbäumen, darunter vor allem Mangos, an denen sich Wallace ebenso erfreut wie an dem *»ungewohnten Luxus von Milch, frischem Brot und der regelmäßigen Lieferung von Fisch und Eiern, Fleisch und Gemüse, welches ich oft schmerzlich entbehrt hatte«*. Nach einigen notwendigen Reparaturen richtet sich Wallace im Haus ein. Ternate wird in den kommenden drei Jahren zum Ausgangspunkt und Basislager für ihn. Zwischen seinen Touren zu den verschiedenen Inseln der Molukken und Neuguinea wird er immer wieder hier in dieses Haus zurückkehren, *»um meine Sammlungen zu verpacken, mich wieder zu erholen und die Vorbereitungen zu weiteren Reisen zu treffen«*. Der Hafenort bietet alles, was Wallace braucht; und er wird in diesem Haus auf Ternate *»viele glückliche Tage«* verbringen, schreibt er.

Viele haben versucht zu rekonstruieren, wo das einstöckige, aus Stein gemauerte Haus einst stand. Wallace fügt seinem Bericht den einfachen Grundriss des Hauses bei, mit zentraler Halle und vier Räumen zu beiden Seiten, eingerahmt von einer vorderen Veranda zur Straße und einer hinteren zum Garten; und er beschreibt, dass es etwas außerhalb des damaligen Ortes liegt. *»Fünf Minuten Weges die Straße entlang brachten mich an den Markt und das Ufer und nach der anderen Seite hin standen weiter keine europäischen Häuser zwischen mir und dem Berge.«* Wichtiger aber noch ist der Hinweis: *»Gerade unter meinem Hause liegt das Fort, das von den Portugiesen erbaut ist, jenseits welchem sich bis zum Strande ein offener Plan erstreckt, über den hinaus die Stadt der Einheimischen sich etwa eine Meile weit nach Nordosten hinzieht. Ungefähr in der Mitte derselben steht der Palast des Sultans, jetzt ein großes, unsauberes, halb verfallenes Gebäude von Stein.«*

Bei ihrer Suche haben die meisten Wallace' Hinweis auf das Fort zum Ausgangspunkt genommen. Die Portugiesen bauten auf Ternate gleich zwei, unter anderem im Jahre 1512 das Fort Toloko. Es ist gut erhalten, aber liegt ein paar Kilometer nördlich des Ortes und damit zu weit ab. Viel wahrscheinlicher ist, dass Wallace ein anderes Fort meinte, Benteng Oranje, um das der Ort während der vergangenen 350 Jahre herumgewachsen ist. Es wurde allerdings nicht von den Portugiesen, sondern 1607 von den Holländern gebaut. Diese halfen dem Sultan erst gegen die hinreichend unbeliebten spanischen Besatzer, um dann selbst ihr Monopol für Gewürznelken zu gründen. Das Fort hat indes portugiesische Grundmauern, die offenbar dauerhafter waren als die Herrschaft der Erbauer selbst; zumindest haben sie den zahlreichen Erdbeben auf Ternate recht gut widerstanden. Heute ist das Fort durch eine indonesische Armeeeinheit besetzt; die aber erlaubt es zu besichtigen. In der Nähe finden sich Dutzende Häuser mit der einfachen Architektur, die Wallace beschreibt. Eines dieser Häuser, in der Jalan Babullah No. 4 und im Besitz einer chinesischen Familie, wird von jedermann in Ternate als »*Wallace's House*« bezeichnet. Grundriss und Garten stimmen halbwegs überein. Lange blieb es reichlich vernachlässigt, mit einem eingestürzten Dach aus Sagopalmplättern; mittlerweile ist es mit Wellblech neu gedeckt, die Mauern sind gestrichen. Doch ist es deutlich größer und mit einer säulenbestandenen Veranda ausgestattet, anders also als das einfache Haus, das Wallace beschreibt. Es hat vielleicht nur überdauert, weil ein Teil der ausufernden Sultansfamilie hier lebte, während Wallace' Haus der wachsenden Stadt anheimgefallen ist. Wir werden es nicht mehr genau wissen; und doch bleibt Ternate ein historischer, ein magischer Ort. Denn er gibt – selbst wenn nicht gänzlich korrekt – einem der wichtigsten Aufsätze der Evolutionsbiologie einen Namen und bietet den Schauplatz für die vorletzte Etappe im Wettlauf um die Entdeckung der Evolution.

Es war Gilolo und nicht Ternate: Der Moment und der Ort, in dem Wallace endlich die erlösende Idee kommt, werden Geschichte. Jeder hat in seinem Leben solche unvergesslichen Momente auf die eine oder andere Weise erlebt; jeder weiß, dass diese sich auf ewig in unserer Erinnerung einbrennen, obgleich die Begleitumstände mit der Zeit verschwimmen und – auch durch unser eigenes Zutun bei der Erzählung – mehr oder weniger abgewandelt werden. Die Zeit verändert auch die Zeitzeugen und ihr Zeugnis. Denn manchmal geben wir einer bestimmten Version der Wahrheit den Vorzug. Auch Alfred Russel Wallace hat über seine historische Erkenntnis während der Fieberattacken mehrfach berichtet; insgesamt siebenmal in schriftlichen Dokumenten, aber sämtlich mit dem Abstand von Jahrzehnten. Er selbst hat so den Moment seiner Entdeckung zu einer der meisterzählten Anekdoten der Evolutionsbiologie gemacht – in seiner Version der Geschichte, die ein Jahrhundert hindurch weitergegeben wurde.

Das letztlich Kuriose daran ist – zumal es sich um eines der zentralsten Ereignisse der Biologie- und Wissenschaftsgeschichte handelt –, dass es einige auffällige Lücken und Widersprüche in Wallace' Darstellungen gibt. Und obgleich diese bereits zu seinen

Lebzeiten ersichtlich waren, hat er sie nie aufgeklärt. Zum einen ist uns heute angesichts der hier nachverfolgten Vorgeschichte klar geworden, dass Wallace keineswegs – wie meist dargestellt – plötzlich, überraschend und eher zufällig irgendwo im Nirgends die Lösung der großen Artenfrage erkennt. Ebenso wenig wie bei Darwin auf Galapagos gibt es bei Wallace tatsächlich jenen einzigartigen Heureka-Moment der Wissenschaftslegende; viel eher ist sein Einfall die naheliegende und logische Konsequenz aus mühsam zusammengetragenen Befunden und Beobachtungen. Und wie bei Darwin ist es auch bei Wallace die Kombination zweier grundlegender, aber bereits für sich bekannter Ideen; der einer räumlichen und zeitlichen Abfolge und des Überlebens des am besten Angepassten bei der Auseinandersetzung mit der Natur.

Zum anderen, und vordergründiger, hat Wallace diese Entdeckung sehr wahrscheinlich gar nicht auf Ternate selbst gemacht. Obgleich sein Manuskript, entsprechend dem Zusatz, als Ternate-Aufsatz in die Annalen der Wissenschaft eingegangen ist, sind die meisten (wenngleich nicht alle!) Historiker der Ansicht, dass es im Februar 1858 auf Gilolo entstand. In Ternate hat Wallace seine logistische Basis, seine postalische Adresse, vermuten die einen. Er könnte es hinzugesetzt haben, weil er den Essay erst nach seiner Rückkehr von der Nachbarinsel fertiggestellt und von hier abgeschickt hat, meinen die anderen, um einige der Widersprüche zu erklären.

Eines steht fest: Das ansonsten komfortable Ternate ist kein Jagdgrund für den Naturalienjäger. Wallace will hinüber auf die große Nachbarinsel Gilolo, von der das kleine Ternate durch einen schmalen, weniger als zehn Kilometer breiten Meeresarm getrennt ist. Die Insel, die ihre vier fingerförmigen Halbinseln weit in die Molukkensee streckt, ist dicht bewaldet und kaum erforscht. Seine eigenen Aufzeichnungen jedoch geben kein klares Bild der Vorgänge; erst recht nicht sein ansonsten ausführlicher Bericht über die Reisen im *»Malayischen Archipel«*. Obgleich die Entdeckung des Selektionsprinzips ein so einschneidendes Ereignis ist, handelt Wallace ausgerechnet dieses Kapitel auffällig kurz ab und fasst mehrere Aufenthalte sowohl auf Ternate als auch Gilolo über die Jahre zusammen. Unter der irreführenden Angabe *»Gilolo – März und September 1858«* schreibt er: *»Ich besuchte diese große und wenig bekannte Insel nicht oft und verhältnismäßig kurze Zeit, aber erlangte doch eine beträchtliche Kenntnis ihrer Naturgeschichte.«* Aber im Kapitel zuvor, wenige Seiten früher, berichtet er: *»Am Morgen des 8. Januar 1858 kam ich auf Ternate an.«* Und setzt dann kurz darauf hinzu: *»Bald nach meiner ersten Ankunft in Ternate ging ich nach Gilolo, von zwei Söhnen des Herrn Duivenboden und von einem jungen Chinesen, einem Bruder meines Wirtes, der uns ein Boot und Bemannung lieh, begleitet.«* Wo also war Wallace wirklich? Im Januar auf Ternate, anschließend auf Gilolo? Im Februar wieder auf Ternate und dann nochmals im März auf Gilolo?

Wallace habe hier ganz bewusst für Nebel gesorgt, meint der amerikanische Historiker Lewis McKinney, der auch Wallace' Reisetagebuch ausgewertet hat. Darin finden sich nur drei fragmentarische Einträge auf neun Seiten. *»Vierzehn Tage auf Ternate«* und *»einen Monat auf Gilolo«* ist dort unter anderem vermerkt. Außerdem hat Wallace in seinen Arten-Inventarbüchern jene Insekten und Vögel aufgeführt, die er nicht auf Ternate, sondern der großen Nachbarinsel Gilolo sammelte. Und es gibt noch eine dritte Quelle, jenes bisher kaum berücksichtigte Arten-Notizbuch. Darin findet sich ein Eintrag, datiert auf den *»20. Januar, 1858, Gilolo«*. Dieser bestätigt Wallace' Angabe, dass er sich also knapp zwei Wochen nach seiner Ankunft auf Ternate bereits auf die Nachbarinsel begeben hat. Dazu passt auch ein letzter, unabhängiger Beleg: ein Brief von Wallace an seinen Freund Bates, in dem er aus Ternate schreibt: *»Etwa zehn Meilen weiter östlich liegt die große Insel Gilolo. In ungefähr einer Woche gehe ich für rund einen Monat dort sammeln. Es ist die denkbar perfekte entomologische ›terra incognita‹, die sich finden lässt.«* Datiert hat Wallace diesen Brief zwar auf den 25. Januar 1858; doch das sei offenkundig nur ein Schreibfehler Wallace' gewesen, meint Lewis McKinney, als Wallace später diesen Brief in seinen Lebenserinnerungen zitiert. Denn sämtliche anderen aussagekräftigen Hinweise zeigen, dass Wallace am 19. oder 20. Januar nach Gilolo übersetzt.

»Nach drei Stunden Rudern und Segeln erreichten wir unser Ziel,

Sedingole, wo ein Haus des Sultans von Tidore steht, der dort manchmal auf die Jagd geht. Es war eine schmutzige zerfallene Hütte mit nur ein paar Bambus-Bettstellen darin. Bei einem Spaziergang über Land sah ich sofort, dass es kein Platz für mich ist. Meilenweit erstreckt sich eine mit grobem und hohem Grase bedeckte Ebene, die von Zeit zu Zeit dick mit Bäumen bestanden ist; das Waldland fing erst ein gutes Stück weiter im Inneren an den Hügeln an. Ein solcher Ort konnte wenig Vögel und keine Insekten bergen.« Wallace beschließt nach zwei unergiebigen Tagen, Sedingole (oder heute Sidangoli) zu verlassen und mit dem Ruderboot weiter südöstlich entlang des schmalen Isthmus zu fahren, der die nördliche Halbinsel gegenüber dem übrigen Teil Gilolos abschnürt. In dem Dorf Dodinga, umgeben von reichem tropischen Regenwald, der zoologische Schätze verspricht, ist eine kleine holländische Regierungsgarnison stationiert, ein Korporal und vier javanische Soldaten in den Ruinen eines alten portugiesischen Forts, das den Erdbeben nicht widerstand. Hier quartiert sich Wallace in einer kleinen Hütte ein, die er für *»fünf Gulden für einen Monat«* anmietet, wie sein Tagebuch vermerkt.

Einen Monat also will Wallace bleiben, um Insekten und Vögel zu fangen. Aber dann macht ihm die Malaria einen Strich durch die Rechnung. Bereits nach wenigen Tagen hat er die ersten Fieberattacken, die ihn für die nächsten zwei Wochen immer wieder regelrecht umwerfen; er muss das Sammeln weitgehend Ali und Charles Allen überlassen – und sich seinen vom Fieberwahn begleiteten Überlegungen. Darüber erfahren wir von Wallace nichts; nicht jedenfalls bis wenige Jahre vor seinem Lebensende – und erst als nach Darwins Tod dessen Autobiographie erscheint mit der dramatischen Darstellung der Ereignisse um die Veröffentlichung des Ternate-Aufsatzes. In Wallace' Reisetagebuch ist nur lapidar vermerkt: *»Am 1. März kehrte ich nach Ternate zurück, um die Rückkehr eines Schoners von Herrn Duivenboden aus Makassar zu erwarten, mit dem ich beschlossen hatte nach Neuguinea zu reisen.«* Der große Moment unserer Geschichte ist Wallace nicht einmal eine Randnotiz wert. Zumindest damals.

Fieber-Folklore. Oder: Fünf Gulden für die Hütte in Dodinga: Lewis McKinney hat Wallace' Aufenthalt auf Ternate und Gilolo mit detektivischer Präzision aus den wenigen verfügbaren Aufzeichnungen rekonstruiert. Einmal mehr erweist sich dabei Wallace' bisher unveröffentlichtes »*Species Notebook*« als wahre Fundgrube und als authentische und offenbar belastbarere Quelle als sein späterer, davon abweichender Reisebericht und auch seine Erinnerungen am Lebensende. Anders als der Zusatz in seinem Ternate-Aufsatz suggeriert, war Wallace im Februar aller Wahrscheinlichkeit nicht dort, sondern von Ende Januar (vermutlich etwa seit dem 20. Januar) bis zum 1. März auf Gilolo, wo er vom Fieber ans Bett gefesselt in einer Hütte in Dodinga seine geniale Eingebung hatte. Mehr noch: Lewis McKinney vermutet, dass Wallace selbst – mit einer durchaus bewussten und beabsichtigten Täuschung – zur Legendenbildung um seinen vermeintlichen Ternate-Aufsatz beigetragen hat; ja, diese vermeintliche Fieber-Folklore von Ternate eigentlich erst begründet hat. Doch warum?

Zum einen: Ebenso wie heute kaum jemand weiß, wo Halmahera liegt, kennt zu Wallace' Zeiten kaum jemand Gilolo oder gar Dodinga. Ternate ist dagegen durchaus bekannt. Aber spielt es eine Rolle? Ja, meint McKinney, denn es deckt eine Seite von Wallace' Charakter auf. Er ist ein junger und talentierter, dabei ein ehrgeiziger und inzwischen durchaus selbstbewusster Naturforscher. Er will sich einen Namen machen. Und er hat ohne Zweifel einen Hang zur Romantik, ein entschiedenes Faible für eine facettenreiche Geschichte, die er vielleicht etwas farbenfroher ausschmückt, als sie ist. Lewis McKinney geht noch weiter; er sieht hier gleichsam die Jekyll-Seite in Wallace' Persönlichkeit. Der sei einer, der anfangs naiv und entgegen der Meinung des Establishments etwa Robert Chambers' heretische These der Transmutation in den »*Vestiges*« vertritt; der an die Evolution glaubt, bevor er auch nur die ersten Fakten sieht; der sich später für unorthodoxe Theorien wie den Spiritualismus interessiert und der damals nicht allseits populären politischen Ideen wie dem Sozialismus anhängt. Und der jetzt eben auch bei der Geschichte einer spektakulären Entdeckung etwas dazutut.

Wallace hat mit dem Sarawak-Aufsatz erstmals einige Größen der viktorianischen Naturkunde auf sich aufmerksam gemacht; sie schreiben ihm Briefe oder in Briefen über ihn. Jetzt hat er *die* geniale Idee, hat das Rätsel gelöst und ist sich dessen bewusst. Doch wer kennt Gilolo, irgendwo am Ende des Archipels, am Ende der Welt, buchstäblich *»terra incognita«*? Brauchen großartige Entdeckungen nicht auch einen großartigen Topos, wenigsten einen großen Namen? Es ist ein Leichtes, stattdessen den Zusatz *»Ternate, Februar 1858«* dem Manuskript beizufügen. Nur ein schmaler Meeresarm trennt ihn ohnehin von dieser Gewürzinsel. Ternate ist in jedem Fall bekannter, exotisch und historisch zugleich. Die Welt hat von Ternate schon gehört; jetzt wird Wallace die Insel zu einem Punkt auch auf der Karte der Biologiegeschichte machen. Gilolo – oder Halmahera – ist bis heute nicht zum Mekka geworden.

Zum anderen wissen wir von alldem, was im Februar 1858 in den Molukken geschieht, nur durch Wallace' spätere Berichte, genau genommen: seine sehr viel späteren Berichte. Just dieser Umstand wirft zugleich ein Licht darauf, wie Legenden entstehen. Denn wo authentische Berichte fehlen, blühen schnell Spekulation und Folklore. Um nicht missverstanden zu werden: Wallace entdeckt in dieser Zeit und an diesem Ort das grundlegende Prinzip der Selektion, er verfasst einen erhellenden Aufsatz darüber, den er an Charles Darwin schickt. An diesen Fakten besteht kein Zweifel. Doch es sind die genauen Begleitumstände, für die sich Wissenschaftshistoriker interessieren, weil allein sie Aufschluss über die tatsächliche Veranlassung und die Ursache der Vorgänge geben. Im Fall von Wallace' vermeintlichem Ternate-Aufsatz indes bleiben sie vage, entgegen oder gerade wegen der vielfach kolportierten Fieber-Folklore.

Diese fußt allein auf Wallace' in der Retrospektive entstandenen Berichten. Wir wissen von insgesamt sieben Passagen zur Entdeckung seines generellen Prinzips, die erst mit dem Abstand von beinahe einem halben Jahrhundert von ihm selbst an unterschiedlichen Stellen publiziert wurden. Sie geben sämtlich jene romantische Darstellung, die er uns unmittelbar vor Ort und tatsächlich authentisch schuldig bleibt. In fünf dieser jeweils recht ähnlichen, wenn nicht sogar wortwörtlich identischen Passagen, die er zwischen 1891 und 1905 veröffentlicht, schildert er, dass er sein während eines Fieberanfalls *»in nur drei Tagen«* entstandenes Manuskript an Darwin schickt, und zwar *»mit der nächsten Post«*, die *»in ein oder zwei Tagen abgeht«*.

Es gibt einen einzigen, zugleich kuriosen Beleg, der zwar ebenfalls erst Jahre nach Wallace' Rückkehr von der Reise entsteht, dem aber eine gewisse Authentizität zukommt und der die späteren Lebenserinnerungen gleichsam verbürgt. Wallace kommentiert in einem Brief vom 22. November 1869 an den Dresdener Zoologen Adolf Bernhard Meyer die Entstehung seiner wichtigsten Arbeiten, als dieser für die deutschsprachige Ausgabe der Darwin-Wallace-Aufsätze über die Entstehung der Arten, die im Jahr darauf erscheint, eine Skizze von deren Leben beifügen will und dazu Wallace um eine knappe Darstellung in eigenen Worten bittet. *»Sobald der Fieberanfall vorüber war, setzte ich mich hin, verfasste den Aufsatz, schrieb ihn ab und schickte ihn mit der nächsten Post an Mr Darwin.«*

Meyer interessiert dieser Umstand, wie Wallace auf den Einfall mit der natürlichen Selektion kam, immerhin ausreichend genug, um in dem angesehenen Fachjournal *»Nature«* im Jahre 1895 eine entsprechende Notiz darüber zu platzieren. Und aus der Feder von Wallace selbst findet sich dort der Zusatz, dass sein besagter Brief *»wohl die früheste Erwähnung dazu ist und im Wesentlichen mit meinen späteren Darstellungen übereinstimmt«*. Was Wallace hier zeigt: Auch Wissenschaftler, jeder zu seiner Zeit, arbeiten an ihrem Image.

Per Postdampfer nach England – Lücken in der Beweisführung: Glauben wir Wallace' Tagebucheintrag, so ist er am 1. März 1858 wieder in Ternate. Bevor der Postdampfer am 9. März abgeht, hat er noch Zeit; ausreichend Zeit, sein Manuskript abzuschreiben, wie er im Brief an Meyer bemerkt (obgleich es weder diese Abschrift noch das ursprüngliche Manuskript heute noch gibt). Und es ist auch Zeit genug, einen Begleitbrief an Charles Darwin zu verfassen, adressiert Down House, Bromley, in Kent, den er seinem Manuskript mitgeben wird. Darin bittet er ihn, so erinnert sich Wallace später, seine Ausführung, falls sie es wert seien, gegebenenfalls an Sir Charles Lyell weiterzuleiten. Er hoffe, diese Überlegungen zur Veränderlichkeit von Arten *»seien so neu für Darwin wie für ihn«*. Von einer Veröffentlichung des Manuskriptes, so betont Wallace 1903 einmal, habe er selbst damals nicht geschrieben. In jedem Fall aber wollte er, so schreibt er in seinen Lebenserinnerungen 1905, dass Darwin es Sir Charles Lyell zeige, *»der doch seinen ersten Aufsatz so hoch schätzte«*. Es ist just dieser Hinweis in Wallace' Autobiographie, auf dem nun unlängst jene Historiker ihre Verteidigung aufbauen, die Darwin gegen die mittlerweile erhobenen Vorwürfe verteidigen, er habe möglicherweise unehrenhaft gehandelt und – schlimmer noch – er habe sich erst Wallace' Theorie zu eigen gemacht und dann dafür gesorgt, dass diese hinter ihm zurückstehen musste. Bedauerlicherweise sind ausgerechnet das handschriftliche Original von Wallace' Aufsatz sowie jener Begleitbrief an Darwin verschollen, wie eingangs geschildert. Mit dieser Briefsendung aus Ternate, die – als sie schließlich bei Darwin in England ankommt – einen wissenschaftlichen Erdrutsch auslöst, beginnt zugleich auch ein wissenschaftlicher Kriminalfall, der bis heute nicht vollständig aufgelöst ist. Fest steht indes: Hätte Alfred Russel Wallace sein Manuskript nicht an Charles Darwin, sondern direkt an ein Fachjournal wie die *»Annals«* oder ein anderes geschickt, wie er es zuvor mit anderen Arbeiten auch getan hat, er wäre Darwin mit der Veröffentlichung seiner Theorie zum Wandel der Arten zuvorgekommen und würde – im Alleingang – als der Begründer der Evolutionstheorie gelten.

Vielleicht auch wegen dieser zentralen Bedeutung ist um Wallace' Manuskript und Brief eine geradezu leidenschaftliche Debatte entbrannt, deren Wogen hoch schlagen. Während die einen beharrlich versuchen, Ungereimtheiten und offene Fragen zu verdrängen oder zu ignorieren, tragen andere über Jahrzehnte fleißig die sich verdichtenden Hinweise zusammen, die zeigen, dass hier etwas eigenartig gelaufen ist. Wieder andere vermuten, Darwin könnte wichtige Teile seiner eigenen Theorie von Wallace gestohlen haben, und bezichtigen ihn des geistigen Diebstahls. Im Zentrum der Untersuchung stehen zwei Dinge, denen wir im Einzelnen nachgehen müssen: Zum einen sind es – so kurios das erscheinen mag – die Postlaufzeiten für Briefe aus dem indo-australischen Archipel nach England. Und zwar nicht nur jenes entscheidenden Briefes, den Wallace im März 1858 mit dem Manuskript auf die Reise schickt, sondern auch jener Briefe, die Darwin an Wallace schreibt. Der Teufel steckt im Detail und hier eben in den Fahrplänen der Nederlandsch-Indische Stoomboot Maatschappij, die für die Post von und zu den Inseln im Archipel verantwortlich ist.

Zum anderen hängt die Frage, ob Darwin wirklich von Wallace profitiert oder gar abgeschrieben hat, natürlich davon ab, was sie wann in ihren Aufsätzen tatsächlich geschrieben haben und wann sie was hinzugefügt oder geändert haben. Auch hier steckt der Teufel im Detail, diesmal in Form von andersfarbigem Schreibpapier, das Darwin nutzt, um seitenlange Ergänzungen in seinem Buchmanuskript vorzunehmen, just zu einer kritischen Zeit, in der Wallace' Aufsatz bereits bei ihm eingetroffen sein könnte, er diesen aber noch nicht an Lyell weitergegeben hat. Um allerdings die Vorgänge vollständig verstehen zu können, müssen wir uns nicht nur Postfahrpläne und Buchmanuskripte ansehen, sondern zuvor noch kurz einen Blick auf die Vorgeschichte der Korrespondenz zwischen Wallace und Darwin werfen. Denn dass Wallace seinen so wichtigen Aufsatz von Ternate aus an Darwin schickt, ist ebenso folgerichtig, wie es eine Legende ist, dass Darwin durch diesen Aufsatz überrascht wurde. Vielmehr dürfte er seit beinahe zwei Jahren kommen gesehen haben, was dann tatsächlich passiert; und inzwischen ist er dann durchaus vorbereitet. Dass Wallace ihn dennoch auf dem falschen Fuß erwischt, gehört zu den besonderen Volten in dieser Geschichte.

Der Dialog beginnt – Darwins erster Brief, Mai 1857: Über die Gründe, warum Wallace überhaupt zum ersten Mal an Darwin schreibt, können wir nur Vermutungen anstellen. Dazu müssen wir in den Herbst 1856 zurückgehen, als Wallace noch auf Celebes ist. Ein Eintrag in seinem Notizbuch zeigt, dass er in dieser Zeit Darwins Reisebericht von der »*Beagle*« nochmals liest. Über

Samuel Stevens oder gar über Sir James Brooke, den Raja von Borneo, mit dem Darwin ebenfalls in Kontakt steht, hat Wallace zuvor erfahren, dass Darwin für seine Zuchtstudien auf der Suche nach Geflügel und anderen Haustieren aus exotischen Regionen ist. Von Lombok aus schickt Wallace daraufhin Hühner an Stevens mit der Bitte, diese an Darwin weiterzureichen. Ein erster Kontakt, der Wallace ermutigt, sich in einem Brief direkt an Darwin zu wenden. Ihn quält eine große Frage.

Was Wallace im Oktober 1856 an Darwin schreibt, wissen wir nicht genau. Auch dieser Brief ist eigenartigerweise verloren. Doch wissen wir aus Darwins Antwort, die erhalten und publiziert ist, nicht nur von seiner Existenz, sondern auch von einigem, was Wallace am Herzen liegt. Erstaunlich ist an diesem ersten Brief nicht nur, dass er verschollen ist; sondern auch, wie ungewöhnlich lange er angeblich unterwegs ist. Geschrieben am 10. Oktober 1856 und von Makassar auf die Reise nach England geschickt, hätte die Post sechs Monate gebraucht, wenn stimmt, was Darwin schreibt. Der antwortet Wallace erst am 1. Mai 1857 und dankt ihm darin für den Erhalt dieses Briefes, der angeblich erst wenige Tage zuvor (demnach also Ende April) angekommen sei.

Dies aber könnte bereits eine falsche Aussage sein, unterstellen einige, die sich kritisch mit den Vorgängen um Wallace und Darwin auseinandergesetzt haben. Der Brief hätte bei ordnungsgemäß funktionierendem Postsystem – und es ist perfekt organisiert, wie wir noch sehen werden – bereits nach einer üblichen Postlaufzeit von etwa zehn bis zwölf Wochen bei Darwin ankommen müssen. Historiker, die es hier sehr genau nehmen, haben ermittelt, dass Wallace' Brief Nr. 1 bereits am 12. Januar 1857 in Down House angekommen sein dürfte, drei Monate früher, als Darwin zugibt. Warum Darwin etwas anderes schreibt, wissen wir nicht; aber die weiteren Ereignisse legen nahe, dass er weder hier noch später ganz korrekt und aufrichtig gegenüber Wallace ist.

Wie auch immer. In seinem Antwortbrief bekennt sich Darwin gleich eingangs des langen Schreibens als Evolutionist. »*Aus Ihrem Brief und noch mehr aus Ihrem Aufsatz in den ›Annals‹ vor gut einem Jahr sehe ich deutlich, dass wir ganz ähnlich gedacht haben und in einem gewissen Maß zu ähnlichen Schlussfolgerungen gelangt sind«*, lässt er den Naturalienjäger wissen. *»Im Hinblick auf Ihren Aufsatz stimme ich der Richtigkeit beinahe jeden Wortes darin zu.«* Allerdings sei er, Darwin, schon sehr viel weiter in seinen Überlegungen. Dann informiert er Wallace über seine Arbeiten an seinem Arten-Buch und verbindet dies zugleich mit einer deutlichen Warnung: *»In diesem Sommer ist es zwanzig Jahre (!) her«* – hier fügt Darwin tatsächlich ein Ausrufezeichen hinzu –, *»seit ich mein erstes Notizbuch begonnen habe über die Frage, wie und auf welche Weise sich Arten und Varietäten voneinander unterscheiden.«* Gedankenstrich, Pause. *»Ich bereite jetzt mein Buch für die Veröffentlichung vor, finde aber den Gegenstand so umfangreich, dass ich, obwohl ich schon viele Kapitel geschrieben habe, nicht annehme, in den nächsten zwei Jahren damit in Druck gehen zu können.«* Die Botschaft für Wallace ist unmissverständlich: Ich bin an der Frage schon lange dran! Das ist mehr als verständlich, hat Darwin doch 1837 tatsächlich seine Transmutations-Notizen begonnen, unmittelbar nach der Rückkehr von seiner *»Beagle«*-Weltreise. Darin festgehalten hat er zudem die Lösung der Artenfrage, die er 1838 mit der Idee einer natürlichen Auslese hat.

Darwin wechselt durchaus nicht das Thema, als er dann fragt, wie lange Wallace gedenke, noch im Archipel zu sammeln und ob er ihm dadurch nicht behilflich sein könne. *»Ich würde mir wünschen, vom Bericht Ihrer Reisen dort zu profitieren, bevor mein Werk erscheint, da Sie zweifellos eine reiche Ernte an Fakten einfahren werden.«* Welche Rolle Darwin ihm zudenkt, wird aus dem Brief mehr als klar. Wallace möge Befunde sammeln und gern weitere Bälge von exotischen Haushühnern. Übrigens, fragt Darwin bei dieser Gelegenheit nach: *»Können Sie mir bestätigen, dass schwarze Jaguare oder Leoparde sich üblicherweise oder immer nur mit schwarzen verpaaren?«* Was wie ein durchaus beiläufiger Punkt erscheint, wird für Wissenschaftshistoriker aus ganz praktischen Gründen eine Rolle spielen und uns gleich nochmals beschäftigen.

Was dagegen die Frage nach der Natur von Arten angeht, die Wallace vermutlich gestellt haben dürfte, reagiert Darwin ausweichend. *»Es ist wirklich* unmöglich« – Darwin selbst hebt das Wort im Brief hervor – »*meine Ansichten hier in einem Brief zu erläutern, was die Ursachen und Wege von Variation in der Natur angeht; aber ich habe langsam eine eindeutige und handfeste Idee entwickelt. Ob diese zutreffend oder falsch ist, müssen andere beurteilen.*« Denn allein die Tatsache, dass ihr Urheber fest davon überzeugt sei, garantiere nicht die Wahrheit einer Theorie.

Wie üblich bei Darwin, endet sein Schreiben mit einigen Rückfragen zur Verbreitung von Arten auf ozeanischen Inseln, ein Gegenstand, den Wallace gerade auf den Aru-Inseln untersucht hat, und der Bitte, ihm weiterhin Zuchtrassen von Geflügel zukommen zu lassen. Nachdem Wallace diesen Brief auf Celebes erhalten hat, macht er kurze Zeit später tatsächlich einige Anmerkungen in seinem Notizbuch über ungewöhnliche Entenzüchtungen, ein für Wallace ansonsten eher abseitiges Thema. Halten wir fest: Anfangs haben Darwin und Wallace eine Geschäftsbeziehung. Darwin zahlt ein kleines Vermögen für die Fracht von ein paar Vogelbälgen aus Bali und Lombok. Später wird sich Wallace vor allem daran erinnern, dass ihre anfängliche Korrespondenz um Haushühner kreiste, als sie beide kurz davorstanden, eines der wichtigsten Naturprinzipien zu beschreiben. Doch ihr Diskurs hat begonnen.

Der Plan zum Artenbuch – Wallace' zweiter Brief, 27. September 1857: Als Darwins Brief auf Celebes eintrifft, ist Wallace entzückt. Es ist mehr als die offene Einladung eines Mannes, der ganz ähnlich denkt, sich mit ihm darüber weiter auszutauschen. Hier ist endlich ein Kontakt zum wissenschaftlichen Establishment der viktorianischen Wissenschaftsgemeinde, der bald auch anzugehören er sich wünscht und deren Anerkennung er sucht. Nachdem die Sammlungsmaterialien von den Aru-Inseln versorgt und verpackt sind und der Bericht über die Expedition zu diesen Inseln verfasst ist, schreibt Wallace erneut an Darwin. Zwar ist auch dieser zweite Brief nicht vollständig überliefert; aber diesmal existiert wenigstens ein Fragment des Schreibens. Es findet sich heute noch in der Korrespondenz Darwins, die in der Bibliothek der Cambridge University Library aufbewahrt wird, und ist ein Kuriosum, dem lange zumindest unter den Darwinforschern niemand Aufmerksamkeit schenkte. Kurios deshalb, weil Darwin es offenbar nur einer Notiz auf der Rückseite wegen für wert befunden hat, aufbewahrt zu werden. Ein Versehen?

Wallace schreibt dort über die Fortpflanzung beim Jaguar. Darwin, der damals mit der Ausarbeitung seines Buches über natürliche Zuchtwahl beschäftigt ist, kann dies als Beispiel gut verwenden. Er bat Wallace in seinem ersten Brief um Auskunft zu ebenjener Jaguar-Frage. Hier nun findet sich dessen Antwort. Wallace schreibt, dass es hinsichtlich der schwarzen Jaguare nicht sicher nachweisbar sei, dass sie sich immer nur *inter se* paaren; zumal schwarze und gefleckte Tiere in verschiedenen Regionen vorkämen und unter den zahllosen Fellen keine bekannt seien, die auf Mischlinge hindeuteten. Ein bisschen Panther geht nicht, so ist Wallace offenbar überzeugt und hält den schwarzen Jaguar durchaus für eine schlankere, eigene Form.

Was uns hier interessiert: Die Jaguar-Notiz erlaubt, das Brieffragment dem ansonsten fehlenden zweiten Brief Wallace' zuzuordnen. Wichtig ist dabei, was auf der Rückseite des Papierfetzens steht und erstmals 1972 durch den Historiker Lewis McKinney zugänglich gemacht wurde (um dann wieder vergessen zu werden). *»Es ist höchst interessant«* – hier muss McKinney einige Wörter aus dem Zusammenhang ergänzen, denn die Oberkante des Brieffragments schneidet diese ab – *»aus Ihrem freundlichen Schreiben vom vergangenen Mai zu erfahren, dass meine Ansichten über die Abfolge der Arten mit Ihren eigenen übereinstimmen; denn ich begann bereits etwas enttäuscht darüber zu sein, dass mein Aufsatz weder Diskussion ausgelöst noch zum Widerspruch eingeladen hat. Diese Theorie nur mehr aufzustellen und aufzuzeigen ist natürlich nur vorläufig und geht dem Versuch einer detaillierten Begründung voraus, zu der ich einen Plan entworfen und tatsächlich bereits begonnen habe aufzuschreiben, der aber noch viel Arbeit in Bibliotheken und Sammlungen erfordert.«* Hier schneidet die Unterkante des Fragments erneut einige Worte ab, bevor Wallace schließt, es sei *»eine Arbeit, die vorzunehmen ich mich nach meiner Rückkehr freue«*.

Darwin wusste spätestens, als er den Brief knapp drei Monate später erhält, sehr genau, was Wallace vorhat. Unmissverständlich hat Darwin ihm in seinem ersten Brief deutlich gemacht, dass er seit Langem schon an der Artenfrage arbeitet und an einem Buch schreibt. Und jetzt antwortet dieser Wallace ihm, dass er ebenfalls ein Buch über die Artenfrage plane und seine Ideen aus dem Sarawak-Aufsatz weiter ausbauen wolle. Wir wissen das, seit McKinney Wallace' »*Species Notebook*« ausgewertet hat. Was ist wohl Darwin durch den Kopf gegangen, als er von Wallace' Plänen erfährt? Lyell hatte ihn bereits vor ihm gewarnt; und tatsächlich könnte ihm dieser Wallace gefährlich werden. Erinnern wir uns, dass Darwin zu diesem Zeitpunkt bereits einen nicht unerheblichen Teil jenes Buchmanuskriptes fertiggestellt hat, in dem er ursprünglich seine Theorie der natürlichen Selektion vorstellen will. Mitte Mai 1856 hat er Arbeit an seinem »*Species Sketch*« aufgenommen, sich dann aber für ein großes Artenbuch entschieden. Mitte Oktober vermerkt Darwin in seinem Tagebuch, dass er die ersten beiden Kapitel fertiggestellt hat. Von da an legt sein Buchmanuskript schnell an Umfang zu. Es enthält den gleichen Aufbau, die gleiche Kapitelgliederung und eine ganz ähnliche Argumentationsstruktur wie bereits Darwins erste Aufsatzentwürfe aus den Jahren 1842 und 1844. Auch als Darwin dann im Mai 1857 erstmals an Wallace schreibt, arbeitet er unermüdlich an diesem Buch, das »*Natural Selection*« heißen soll (aber wegen der weiteren Ereignisse zu Lebzeiten Darwins nicht erscheint und uns nur posthum bekannt geworden ist). Jetzt im Dezember 1857 ist das neunte Kapitel fast fertig; das zehnte Kapitel wird Darwin bis zum Sommer des folgenden Jahres abschließen, sodass immerhin etwa zwei Drittel seines Werkes vollendet sind, als Wallace' Ternate-Aufsatz im Sommer 1858 eintrifft.

Was Wallace nicht wirklich ahnen kann, weiß Darwin längst: Es ist ein Wettlauf um die Entdeckung der Evolutionstheorie, bei dem Darwin auf seinen Vorsprung hofft. Lyell und Blyth haben ihn auf dessen Sarawak-Erkenntnis hingewiesen, er selbst hat den Aufsatz gelesen. Entsprechend sorgfältig wird Darwin versucht haben, den Briefen von Wallace zu entnehmen, was dieser wirklich über die Abwandlung der Arten weiß und ob er ihm sogar schon beim Mechanismus auf den Fersen ist.

Wallace ante portas – Darwins Antwort, Dezember 1857: Was Wallace ansonsten in seinem zweiten Brief schreibt, müssen wir wieder aus Darwins Antwort vom 22. Dezember erschließen. Diesmal antwortet er Wallace sofort (dessen Brief vom 27. September aus Celebes kann kaum länger als die üblichen zehn Wochen unterwegs gewesen sein). Wallace dürfte auf seinen Sarawak-Aufsatz zu sprechen gekommen sein, verschiedene Probleme der geographischen Verbreitung der Tiere über frühere Land-Verbindungen und bei der Kolonisierung ozeanischer Inseln erwähnt haben, die Wallace gerade auch in seiner Aru-Arbeit diskutiert hat. Hier ist Darwin in einigen Details durchaus nicht der Ansicht Wallace' (was wir hier aber übergehen wollen). Dann kommt Wallace zu einer Kernfrage: ob Darwin in seinem Werk plane, auch über den Ursprung und die Abstammung des Menschen zu schreiben. *»Sie fragen, ob ich auch den Menschen diskutieren werde. Ich denke, ich werde dieses Thema tunlichst vermeiden, da es so mit Vorurteilen behaftet ist; obgleich ich zugebe, dass es das wichtigste und interessanteste Problem für den Naturkundler ist.«*

Darwin schließt mit einigen Nettigkeiten am Ende seines Briefes; er beneide Wallace um dessen Reisen im Malayischen Archipel und wünscht ihm weiterhin Glück für seine Arbeiten und Überlegungen; *»may all your theories succeed«*. Doch in seinem Brief findet sich erneut nichts von seiner Theorie, kein Hinweis darauf, welche Lösung für das Artenproblem er bereits entwickelt hat. Zwar gibt Darwin just zu diesem Zeitpunkt, wie noch zu schildern sein wird, einem anderen Forscher, dem Botaniker Asa Gray in Boston, mit einer groben Skizze einen ersten Einblick in den Stand seiner Theorie. Historiker haben vermutet, dass Darwin dies sehr bewusst macht, um seine Interessen zu schützen; damit gleichsam vorausahnend seine Priorität sichert. So fragt Barbara Beddall: Warum schickt Darwin einen Auszug seiner Theorie an Gray, aber nicht an Wallace, der doch an der Artenfrage sehr viel interessierter ist? (Gleichwohl kein Forscher auf Augenhöhe mit Darwin.) Gray hält ohnehin nicht viel von Darwins ketzerischen und heretischen Spekulationen zu sich verändernden Arten; nichtsdestotrotz bittet Darwin ihn um Verschwiegenheit.

Was immer genau Darwins Absicht ist, ausgerechnet Asa Gray seine Skizze zu schicken, sie dient genau zu diesem Zweck und wird neun Monate später ein wichtiger Teil jenes delikaten Arrangements, um das es gleich gehen wird.

Wallace ist natürlich Konkurrent; keine Frage. Zumal er sich selbst noch immer mit dem Gedanken trägt, eine längere Abhandlung zur Artenfrage zu verfassen. Erst aus einem Brief an seinen Freund Bates von Anfang Januar 1858 erfahren wir übrigens, dass Wallace seinen seit Simunjon auf Borneo gehegten Plan für ein eigenes Arten-Buch offenbar aufgegeben hat. Er selbst könne sich die Arbeit wohl sparen, berichtet Wallace an Bates, da Darwin ein großes Buch dazu schreibe. *»Er wird mich davor bewahren, mehr über meine eigenen Hypothesen zu schreiben, indem er nachweist, dass in der Natur kein Unterschied darin besteht, wie Arten oder deren Varietäten entstehen.«* Es sei denn, so fügt Wallace hinzu, Darwin käme darin zu anderen Schlussfolgerungen bei einzelnen Feinheiten der Artenfrage. *»In jedem Fall werden mir die von ihm diskutierten Fakten einiges geben, womit sich arbeiten lässt.«* Das Material, das Bates am Amazonas und er selbst im Archipel gegenwärtig sammeln, werde dafür überaus hilfreich sein, so ist Wallace überzeugt; denn es belege die gestufte Abfolge von miteinander verwandten Formen und ihre geographische Verbreitung.

Spätestens seit Lyell und Blyth ihn auf Wallace' Sarawak-Aufsatz hinweisen, ändert Darwin sein Vorgehen. Glaubte er bis dahin, weiterhin alle Zeit der Welt zu haben für die Veröffentlichung seiner Theorie, merkt er spätestens im Sommer 1856, wie gefährlich nahe Wallace ihm kommen könnte. Als Darwin dann durch dessen Briefe und Arbeiten im folgenden Jahr erkennt, *wie* gefährlich Wallace für ihn wirklich ist, arbeitet er unter Hochdruck an seinem Arten-Buch und verbessert dabei zugleich Teile seiner theoretischen Überlegungen. Keine Frage: Er ist durch Wallace gefordert, lange vor der Ankunft von dessen Ternate-Aufsatz. In seiner Korrespondenz mit Wallace indes hält er diesen auf Abstand, sichert aber gleichzeitig in andere Richtung seine Priorität in der Artenfrage ab (der Auszug seiner Theorie im Brief an

Asa Gray dient allein diesem Zweck). Es ist ein überaus cleveres Vorgehen und eine wohlüberlegte Strategie; doch kann auch Darwin nicht voraussehen, was dann passiert. Er ist hinreichend geschockt, aber er fällt nicht aus allen Wolken.

»Why do some die and some live?« – Wallace' »Malthusischer Moment«: Als Wallace Ende Januar 1858 mit dem Boot von Ternate nach Gilolo übersetzt, verrichten die auf der großen Nachbarinsel im Osten beheimateten papuanischen Ruderer wie immer die schwere körperliche Arbeit. Auch diesmal entgehen Verschiedenartigkeit und Vielfalt der Menschenformen im Archipel nicht Wallace' Aufmerksamkeit. Kaum auf der Insel angekommen, erkennt er, dass ihre Bewohner sich ebenso markant von den auf Ternate ansässigen Malaien unterscheiden wie jene auf Kai und Aru weit im Südosten des Archipels. *»Eine sorgsame Prüfung überzeugte mich, dass dieses Volk sich radikal von allen malayischen Rassen unterscheidet.«* Die Erkenntnis verhilft Wallace später zur Linienführung zwischen diesen beiden Volksgruppen, wie wir bereits gesehen haben. Was indes bisher bei der Ternate-Episode oft verkannt wurde, weshalb es aber wichtig ist, diese tatsächlich auf Gilolo zu verorten: Es ist Wallace' aufmerksame Beobachtung der papuanischen Bewohner der Insel, die ihn ausgerechnet hier das letzte, das entscheidende Puzzleteilchen finden lässt.

Es ist eine malthusische Welt, die Wallace hier bewusst wird – jene Welt des Thomas Robert Malthus, dessen Aufsatz über den Überlebenskampf der Menschen er damals in Leicester gelesen hat. Malthus hatte ein halbes Jahrhundert zuvor die brutalen Konsequenzen dessen aufgeschrieben, was jeder sehen konnte: Dass Jahr für Jahr viel mehr Menschen zur Welt kommen als letztlich überleben; dass es auch beim Menschen um die begrenzten natürlichen Ressourcen stets Konkurrenz und Kampf gibt, dass die Geschichte der Erde eine Geschichte der Katastrophen ist, der Erdbeben, Hungersnöte, Kriege und so weiter, bei denen Teile der Menschheit reduziert, diese beinahe ausgelöscht werden. *»In dieser Zeit war ich von einer starken Fieberattacke heimgesucht, infolge derer ich jeden Tag einige Stunden liegen musste. Eines Tages brachte* *mir irgendetwas Malthus' ›Essay über Bevölkerung‹ in Erinnerung, den ich zwölf Jahre vorher gelesen hatte.«*

Was genau war es, das ihm Malthus' Ansichten und Einsichten in Erinnerung ruft? Darüber haben Wissenschaftshistoriker viel nachgedacht und durchaus unterschiedliche Möglichkeiten vorgeschlagen. Es sei kein Zufall, dass sich Wallace ausgerechnet hier – angesichts der augenfälligen ethnischen und anderer, insbesondere sozialer Unterschiede der Menschen auf Ternate und Gilolo – an Malthus erinnert, meinen einige. Schon immer habe sich Wallace für den Menschen interessiert, führen sie an. Ethnische Unterschiede kennt der im Grenzland zu Wales aufgewachsene *»kleine Sachse«* seit frühester Kindheit; er erinnert sich daran, als er jetzt zwischen den Malaien auf Ternate und den Papuas auf Gilolo eine Linie zieht. Die deutlich andere Bevölkerung auf Gilolo, die unter höchst einfachen und ärmlichen Verhältnissen lebt, bringt verschüttete Erfahrungen und Eindrücke aus Wallace' Kindheit und Jugend hervor, glauben auch andere. *»Ich dachte über die wirksame Begrenzung der Bevölkerungszunahme nach«*, erinnert sich Wallace der armen Verhältnisse, aus denen er stammt; an seine eigene Lebensgeschichte und die Lebensverhältnisse in der ersten Hälfte des 19. Jahrhunderts im ländlichen England, seine Begegnungen als Landvermesser mit den armen Bauern in den Highlands werden wieder lebendig. Demnach ist es letztlich das walisische Erbe, das ihn zu seinem malthusischen Moment führt.

Wallace zieht überdies eine direkte Verbindung zwischen dem Menschen und der Frage, wie Arten entstehen. Er übersetzt, was er vom Menschen weiß, auf die Tiere und erkennt, dass überall in der Natur Kampf und Wettbewerb herrschen, dass sich Lebewesen den jeweiligen äußeren Verhältnissen anpassen und dass jede Weiterentwicklung immer auch Leben kostet. *»Es sind diese Hemmungen – Krankheit, Hungersnot, Unfälle, Krieg etc. –, die die Bevölkerung niedrig halten, und ich erkannte plötzlich, dass diese Hemmungen auf die Tiere sogar eine noch viel größere Wirkung haben würden; und da die niedrigeren Tiere alle dazu neigen, sich viel rascher zu vermehren als die Menschen, während ihre Populationen im Durchschnitt* *konstant blieben, blitzte in mir plötzlich der Gedanke auf, dass die am besten Angepassten überleben würden«*, schreibt Wallace in seinen Memoiren.

Einige Historiker betonen, dass Wallace eben nicht nur das geographische Vorkommen der reichen Tierwelt des Archipels untersucht und die Unterschiede der menschlichen Bevölkerung registriert; vielmehr sei er der Erste (neben Darwin), dem es gelingt, wichtige Teile des Puzzles endlich zusammenzusetzen. Und so wie diese Teile sich zum Bild fügen, so kombiniert Wallace biogeographische Phänomene und Verteilungsmuster der Tiere mit dem Phänomen der Variation innerhalb einzelner Arten zur Theorie der Evolution. *»Dann, indem ich die Variationen betrachtete, die fortwährend bei Tieren und Pflanzen vorkommen, wurde mir die ganze Methode der Änderung der Arten klar, und in zwei Stunden meines Anfalls hatte ich die Hauptpunkte der Theorie durchdacht.«*

Er habe erkannt, so Wallace mehrfach in seinen Erinnerungen, *»dass dieser Naturprozess notwendig die Rasse verbessern musste, weil in jeder Generation die Schlechten getötet und die am besten Angepassten überleben würden«*. Was später unter dem Begriff *»survival of the fittest«* zu einigermaßen trauriger Berühmtheit kommt und Darwin natürliche Selektion nennt, heißt bei Wallace einfach nur *»general principle«*. (Das Schlagwort vom Überleben des Tauglichsten stammt übrigens nicht, wie immer wieder irrigerweise angenommen wird, von Charles Darwin, sondern von seinem Zeitgenossen Herbert Spencer.) An anderer Stelle schildert Wallace seinen Einfall so: *»Dann blitzte in mir, wie es bei Darwin zwanzig Jahre zuvor der Fall gewesen war, die Gewissheit auf, dass die, welche Jahr für Jahr diese schreckliche Vernichtung überlebten, im Ganzen diejenigen sein müssten, die eine kleine Überlegenheit besaßen, die sie befähigt, jeder besonderen Todesform, der die große Mehrheit unterlag, zu entgehen, dass – mit der wohlbekannten Formulierung – der Geeignetste überleben würde. Ich sah dann sogleich, dass die immer vorhandene Variabilität aller Lebewesen das Material verschaffen würde.«*

Weit mehr noch als Darwin, so meinen einige Historiker, habe sich Wallace also von der malthusischen These beeindrucken lassen, dass es insbesondere den enormen jährlichen Verlusten einer jeden Bevölkerung und Tier-Population geschuldet sei, dass diese auf dem gleichen Stand bleibe. Wir wollen aber nicht übersehen, dass die beiden Begründer der Theorie von der natürlichen Auslese ihr Denken in Populationen durchaus verschiedenen Wurzeln verdanken. Bei Darwin sind es die Tierzüchtung und die taxonomische Tätigkeit (wir erinnern uns seiner immerhin achtjährigen Rankenfußkrebs-Periode). Von Darwins Faszination für Haustiervarietäten hält Wallace indes nicht viel. Er stützt seine Einsichten und Schlüsse auf die direkte Beobachtung von Varietäten im Naturzustand. Bereits in seinen ersten Aufsätzen hat er sich mehrfach gegen diese Züchtungs-Analogie gewehrt und auch den Terminus Selektion in seinem Ternate-Aufsatz nicht verwendet, sondern schreibt allgemeiner von ebenjenem Natur-Prinzip. Mit der Auslese ist Wallace nie recht glücklich gewesen; später wird er sogar versuchen, Darwin dessen Begriff der natürlichen Selektion auszureden, er schlägt ihm stattdessen das Wort vom Kampf ums Dasein vor (was Darwin, glücklicherweise, nicht übernimmt).

Halten wir fest: Sowohl Darwin als auch Wallace haben unabhängig voneinander und durch im Detail etwas unterschiedliche Überlegungen die ebenso simple wie geniale Idee, zwei an sich unterschiedliche Phänomene zusammenzubringen. Die Variabilität oder natürliche Schwankungsbreite in der Ausprägung einzelner Lebewesen kombiniert mit der Übervermehrung, die zu Konkurrenz, Kampf und Auslese führt, treibt die Entwicklung der Arten voran. »*Je mehr ich darüber nachdachte, desto mehr wuchs meine Überzeugung, dass ich schließlich das lang gesuchte Gesetz der Natur gefunden hatte, das die Frage nach dem Ursprung der Arten beantwortet*«, resümiert Wallace am Ende seines Lebens, als er sich an die Ereignisse auf Gilolo erinnert. Ohne Zweifel verdankt er seinen malthusischen Moment einer Kette von Beobachtungen in reicher tropischer Natur und umgeben von fremdartigen Menschen; Eindrücke, unter denen Wallace zu dieser Zeit ganz unmittelbar steht. Es sind andere Umstände als jene, unter denen Darwin zwei Jahrzente zuvor in London den Essay von Malthus liest und so zu seiner Erklärung der Gesetze des Lebens findet. Und während Darwin später Beispiele und Belege aus seinem Garten- und Gewächshaus-Laboratorium heranzieht, stammen Wallace' Erkenntnisse aus der Natur.

Es gibt allerdings eine besondere Ironie bei der Malthus-Episode. Sowohl Darwin als auch Wallace erkennen von Malthus' Beschreibung menschlicher Verhältnisse ausgehend die Wirkung eines Naturprinzips, übertragen die Idee von Übervermehrung und Auslese vom Menschen also auf die Natur. Thomas Robert Malthus war einst den umgekehrten Weg gegangen und hatte die rasche Vermehrung vieler Tiere zum Ausgangspunkt seiner Überlegungen am Menschen genommen, ohne indes die Zusammenhänge schon wie Darwin oder Wallace klar zu sehen oder gar völlig zu verstehen. Erst wenn es einmal gedacht ist, erscheint es einfach.

Verschollene Dokumente – Rätselhaftes und Ungereimtes: Sooft und dabei so wenig detailscharf die Entdeckung des Evolutionsgedankens in den Geschichtsbüchern kolportiert wird, immer wieder hat die Forschung dazu neue und überraschende Momente zutage gefördert. Bis heute sind darunter aber auch Rätsel. Zudem geistern seit Längerem schon Verschwörungstheorien um Wallace und Darwin. Einerseits ist die Debatte darüber geprägt von der grundlegenden Sympathie für Wallace als den *»underdog«* im Vergleich zu dem in vielerlei Hinsicht bereits etablierten Darwin. Andererseits ignorieren manche Wallace schlicht und drücken sich so um entscheidende Fragen; darunter vor allem Darwin-Biographen und allen voran Janet Browne, die davon nichts wirklich wissen will.

Den Details gegenüber ignorant haben sich aber auch andere gezeigt. So weist etwa John van Wyhe, der das Darwin-Online-Projekt betreut, gern darauf hin, dass Darwin natürlich seit 1837 in seinen Notizbüchern bereits jene Idee veränderlicher Arten hat und ein Jahr später mit der Selektion auch den verantwortlichen Mechanismus erkannte; auch habe er all dies bereits in seinen Aufsätzen von 1842 und 1844 ausgearbeitet, selbst wenn diese nicht gleich veröffentlicht wurden. Doch geschenkt; denn das beantwortet keineswegs die entscheidende Frage: Ob nämlich Darwin für sein Manuskript des großen Arten-Buches in irgendeiner Weise von Wallace' Sarawak-Aufsatz 1855 und dann von seinem Ternate-Aufsatz profitiert haben könnte; und ob er dessen Ideen für seine eigene Theorie verwendet, gar bei ihm abgeschrieben haben könnte.

Unübersehbar gibt es einiges Rätselhaftes. So fehlen etwa wichtige Dokumente, Briefe und jenes entscheidende Manuskript, das Wallace an Darwin schickt. Das ist umso auffälliger, als Darwin bekanntermaßen jeden auch noch so kleinen Fetzen Papier, den er einst beschrieben hat, verwahrte und seiner Nachwelt eine enorme Materialsammlung hinterließ; nicht anders verfuhr er mit den zahllosen Briefen seiner Korrespondenten. Sie machen es Historikern überhaupt erst möglich, Leben und Entwicklung der Gedankenwelt von Forschern minutiös zu rekonstruieren. Aber ausgerechnet in der kritischen Zeit, die hier im Vordergrund steht, nicht nur die Monate im Frühsommer des Jahres 1858, sondern bereits seit 1856 und bis weit ins Jahr 1858, klafft eine auffällige Lücke. Auch die ersten Briefe von Wallace aus dem Archipel fehlen in Darwins Archiv; aus ihnen könnten wir deutlicheren Aufschluss über sein Denken erwarten. Kurioserweise fehlen auch die Briefe von Darwin, Hooker und Lyell aus der fraglichen Zeit ihres delikaten Arrangements zur Veröffentlichung von Wallace' Aufsatz. Je mehr diese dramatischen Momente in den Fokus geraten, desto schmerzlicher vermissen wir ebendiese Dokumente, desto leichter haben es jene, die den Verdacht einer Aktenreinigung nahelegen und Fälschungsvorwürfe erheben.

Ohne Frage gibt es zudem eine Reihe auffälliger Ungereimtheiten, angefangen etwa mit jener, dass Wallace' Brief vom Oktober 1856 aus Celebes im Januar 1857 in Down House eingetroffen sein müsste, Darwin – der seit Monaten geradezu fieberhaft an seinem Arten-Buch schreibt – ihn aber angeblich erst Ende April erhalten hat. Inzwischen haben namhafte und kenntnisreiche Historiker, darunter Lewis McKinney, Barbara Beddall und John Langdon Brooks, ihre Zweifel an der Lehrbuch-Darstellung um die Ereignisse der Veröffentlichung von Wallace' Aufsatz aus

Ternate ausführlich dargelegt. Andere wie der Journalist Arnold Brackmann und der Dokumentarfilmer Roy Davies haben daraus Komplott und Verschwörung gegen Wallace gestrickt. Im Zentrum steht die Frage, ob die Datierung eines wichtigen Briefes, mit dem Darwin seinem Mentor und Freund Charles Lyell gegenüber erstmals von Wallace' Aufsatz berichtet, tatsächlich korrekt ist. Darwin schreibt »*to-day*«, was stets so gelesen wurde, als hätte ihn Wallace' Brief aus Ternate an ebendiesem 18. Juni 1858 erreicht. Doch dann hätte die Postsendung wenigstens zwei, möglicherweise sogar vier Wochen länger gedauert als andere Briefe, die Wallace am 9. März 1858 mit demselben Postdampfer nach England aufgibt.

Doch warum ist das Ankunftsdatum überhaupt so wichtig? Weil Darwin just in dieser Zeit einige durchaus nicht unerhebliche Veränderungen an seinem Arten-Manuskript vornimmt. Es sind wichtige Ergänzungen und wesentliche Zusätze; und sie finden sich in seinen früheren Entwürfen nicht. Was bisher meist übersehen oder wenigstens nicht klar dargelegt wurde, ist eine regelrechte Schrittfolge, die – unsichtbar zwar, aber dennoch auf das Engste – mit Wallace verknüpft ist. So beginnt Darwin erst 1856, also nach dem Erscheinen von Wallace' Sarawak-Aufsatz und der Warnung von Lyell, dieser könne ihm zuvorkommen, ernsthaft mit der Abfassung seines großen Buch-Manuskriptes. Die Korrespondenz mit Wallace beginnt er 1857, während er am Buchmanuskript weiterarbeitet, nur zögerlich und ohne ihm von seinen Überlegungen zu berichten. Gleichzeitig aber informiert er einen eher randlich Beteiligten (Asa Gray), der nicht zu seinem engsten kollegialen und freundschaftlichen Umfeld gehört (wie Lyell und Hooker), durchaus in einigen Einzelheiten über seine Überlegungen und jüngsten Fortschritte bei seiner Theorie. Im Frühsommer 1858 schließlich, und zwar just Ende Mai und Anfang Juni, als Wallace' Brief aus Ternate eintrifft, erweitert Darwin sein Buch-Manuskript mit einem Dutzende Seiten umfassenden Einschub, nachweislich auf anderem Papier geschrieben und sicher auf ebendiese Zeit datierbar. Diese Ereignisse im Juni und Juli des Jahres 1858 werden uns gleich noch beschäftigen.

Umstritten ist also, ob Darwin möglicherweise nicht ganz aufrichtig war, was die Ankunft von Wallace' Aufsatz angeht, ob er von dessen Einsicht in einem entscheidenden Moment profitierte, ohne dies jemals zugegeben zu haben.

Von Postdampferroutenplänen – Jene eine Stunde im Hafen: Bei der Frage, ob und inwiefern sich Darwin Wallace' Aufsatz tatsächlich zunutze machte, ist die größte Rätselnuss, wann dieser seine Briefsendung aus Ternate abgeschickt und wann Darwin sie erhalten hat. Die Aktenlage dazu ist komplex und in den vielen Details durchaus verwirrend, die bisherigen Antworten mithin widersprüchlich. Wallace selbst ist uns keine wirkliche Hilfe; nicht weil seine Briefe nicht überliefert sind (dafür kann er nichts); vielmehr weil er sich ausgerechnet der Ereignisse auf Gilolo und Ternate im Februar und März 1858 erst wieder erinnert und davon berichtet, nachdem er nach Darwins Tod von der dramatischen Darstellung der Ereignisse aus dessen Autobiographie erfährt.

Kurioserweise steht und fällt das Bild, das wir uns heute von Charles Darwin machen, mit der Frage nach den Laufzeiten von Wallace' Post aus dem Fernen Osten nach England. Um die Ereignisse des Jahres 1858 zu rekonstruieren, haben Wissenschaftshistoriker minutiös die Routen und Fahrzeiten holländischer und britischer Post- und Frachtschiffe zwischen Ostindien und Europa ermittelt. Insbesondere der amerikanische Historiker John Langdon Brooks und in jüngerer Zeit Roy Davies haben gezeigt, wie eng miteinander verzahnt und mit welch geradezu metronomischer Genauigkeit getaktet die verschiedenen Postrouten und Schiffsverbindungen zwischen dem holländischen Archipel und den britischen Kolonialposten damals waren. Der von der holländischen Kolonialregierung organisierte Postdienst sei in dieser Zeit sicher und vorhersagbar gewesen, wie die Studie von Roy Davies belegt. Unverzichtbar war für ihn die Hilfe von Femme Gaastra, einem Geschichtsprofessor an der Universität in Leiden mit einer ausgeprägten Leidenschaft für die marine Historie seines einstigen Koloniallandes, der – so Davies – über eine phänomenale Kenntnis vom Muster der Schiffsrouten zu Wallace' Zeiten verfügt; genau das, was wir jetzt brauchen. Wallace übrigens dürfte seinerzeit ein ähnlich guter Kenner dieser Postschiffsverbindungen gewesen sein, der er sich für seine eigenen Expeditionen auf verschiedene Inseln im Archipel bediente.

Zwei Unternehmen teilen sich damals die Postbeförderung. Die Nederlandsch-Indische Stoomboot Maatschappij sammelt Briefe und Pakete auf den Inseln im Archipel und befördert diese jeweils am 12. eines Monats von Java aus an Bord der »*Koningin der Nederlanden*« nach Singapur. Das Unternehmen Cores de Vries bringt die Post jeweils am 26. eines jeden Monats von Batavia (dem heutigen Jakarta) nach Singapur; doch befördert die »*Banda*« nur Post von Java selbst, nicht von anderen Inseln. In Singapur wird die Post beider Schiffe von britischen P & O-Dampfern aus Hongkong kommend übernommen, die sie von dort binnen sechs Wochen nach England befördern.

Auf dieser Weise ist auch jene Post unterwegs, die Wallace Anfang März 1858 von Ternate abschickt. Zwar sind, wie gesagt, sein Brief und Manuskript an Darwin nicht mehr auffindbar, und damit lässt sich etwa über den Poststempel auch nicht erschließen, wann beides eingetroffen ist. Doch kommt hier der berühmte glückliche Zufall ins Spiel. Und der sorgt dafür, dass Wallace am 2. März – da ist er gerade zurück aus Gilolo – zudem einen Brief an seinen Freund und Weggefährten am Amazonas, Henry Walter Bates, schreibt. Diesen langen Brief faltet er und schickt ihn in einem Umschlag gemeinsam mit einem Schreiben an Bates' Bruder Frederick, der in Leicester lebt – und der von dort den Brief an Henry weiterleiten soll, der sich noch immer am Amazonas aufhält. Zwar erwähnt Wallace gegenüber Bates mit keinem Wort, dass er den Schlüssel zum Rätsel um die Entstehung der Arten gefunden haben könnte und dazu einen Artikel geschrieben hat. Doch wichtiger noch als der Inhalt dieses Briefes wird der Poststempel auf seinem Umschlag werden. Denn Brief samt Umschlag an Frederick und Henry Bates, der Ternate nachweislich am 9. März 1858 an Bord des Dampfers »*Ambon*« verlässt, sind erhalten geblieben. Wir wissen dank eines deutlich lesbaren Poststempels darauf, dass diese Sendung am 3. Juni in London und am gleichen Tag auch in

Leicester abgestempelt und damit dort eingegangen ist. Wenn der Bates-Brief bereits in den ersten Junitagen 1858 in England ist, warum nicht auch Wallace' Manuskript an Darwin?

Tatsächlich gibt es – wenigstens aufgrund der Postlaufzeiten – keinen Grund anzunehmen, Wallace' Aufsatz sei erst zwei Wochen später, also erst am besagten 18. Juni 1858, wie Darwin impliziert, in Down House angekommen. Doch solche Schlussfolgerungen rufen unmittelbar die Darwin-Verteidiger auf den Plan; nicht immer mit Erfolg. Unlängst haben John van Wyhe und Kees Rookmaaker nochmals die Fahrpläne holländischer und britischer Postdampfer untersucht und versucht darzulegen, warum das Wallace-Manuskript eben doch erst Mitte Juni Darwin erreicht hat. Sie gehen – und das ist das zentrale Element ihrer Theorie – davon aus, dass Wallace' verschollener Brief samt Manuskript die Antwort auf einen früheren Brief von Darwin sei; dies ist unser Brief Nr. 2 vom 22. Dezember 1857. Aus dem Vergleich der Postlaufzeiten sämtlicher Briefe von Wallace und Darwin lässt sich nun schließen, dass jener Brief Darwins erst am 9. März 1858 auf Ternate eintraf, mit besagtem Postdampfer *»Ambon«*. Der legt nach weniger als einer Stunde im Hafen bereits wieder ab. Seine Korrespondenz zeige, dass Wallace keinesfalls die Gewohnheit hat, unmittelbar am selben Tag – also in diesem Fall direkt am Hafen – auf gerade ankommende Post zu antworten. Mithin konnte sein vermeintliches Antwortschreiben an Darwin, gemeinsam mit jenem brisanten Evolutionsaufsatz, erst mit dem nächsten Schiff abgehen. Das aber fährt erst einen Monat später. Wallace' Sendung an Darwin hätte demnach die Molukken-Insel Ternate erst am 5. April 1858 verlassen. Mit dem Schiff wäre Wallace' Brief dann via Malta und Gibraltar am 16. Juni in Southampton eingetroffen, wäre in den frühen Morgenstunden des 17. mit dem Zug nach London gebracht und einen Tag später, am Morgen des 18. Juni 1858, einem Freitag, in Down House zugestellt worden. Da dies Darwins Darstellung der Ereignisse entspricht, sehen John van Wyhe und Kees Rookmaaker den berühmten Forscher jetzt endlich vom Vorwurf eines Plagiats, der Täuschung und des intellektuellen Betrugs, freigesprochen.

Einspruch!, rufen andere. Was van Wyhe und Rookmaaker da zur Verteidigung aufzubauen versuchen, erweist sich als Rohrkrepierer. Denn für die Annahme, dass Wallace direkt auf Darwins Dezember-Brief antwortet, gibt es keinerlei belastbare Evidenzen. Zwar habe Wallace tatsächlich Darwins Brief mit der Post am 9. März erhalten. Doch es sei absolut unrealistisch und lebensfern anzunehmen, er hätte nicht ungeachtet dessen seinen eigenen, sehr wahrscheinlich bereits Tage vorher verfassten Brief an Darwin mit dem wertvollen Manuskript und seinem genialen Einfall zur Artenfrage an Bord der *»Ambon«* gebracht. Wallace war sicher viel zu aufgeregt über seine Entdeckung, die er buchstäblich loswerden wollte, als ruhig abzuwarten und das Schiff am 9. März ohne seine Post abdampfen zu lassen. Van Wyhe und Rookmaaker aber stellen sich vor, Wallace habe erst jetzt einen Brief an Darwin geschrieben und diesen dann zusammen mit dem Manuskript im Postbüro von Ternate hinterlegt, bevor er Ende März nach Neuguinea aufbricht. Im Übrigen, so weist Roy Davies anhand seiner Einblicke in Postlaufzeiten und Schiffsverbindungen einmal mehr minutiös nach, hätte ein erst im April 1858 von Ternate mit der *»Makassar«* abgehender Brief England nicht Mitte Juni (wie van Wyhe glaubt), sondern erst am 2. Juli 1858 erreichen können. Also einen Tag nach der entscheidenden Vorstellung der Wallace-Darwin-Aufsätze vor der Linnean Society. Kein Freispruch für Darwin also.

Der Historiker Charles Smith weist darauf hin, dass wir zwar von Wallace nur seine im Abstand von Jahrzehnten rückblickende Darstellungen der Ereignisse kennen; darin schildert er mehrfach, wie er sein hastig entworfenes Manuskript binnen drei Tagen schreibt und *»mit der nächsten Post«*, die *»ein oder zwei Tage«* später abgeht, an Darwin schickt. Es sei schwer vorstellbar, dass Wallace für den Rest seines Lebens vergisst, was sicher eines seiner wichtigsten Erlebnisse gewesen sein dürfte. Doch nirgends ist in seinen Schilderungen auch nur die Andeutung von jener Verzögerung zu finden, die sich van Wyhe und Rookmaaker zurechtgereimt haben. Ihre Vorstellung, Wallace habe erst Darwins Brief erhalten und seine eigene dringende Postsendung zurückbehalten, weil keine Gelegenheit war, diese rechtzeitig abzuschicken, ist also in mehrfacher Hinsicht ohne Substanz. Die Posttransportzeiten passen nicht; vor allem aber entbehrt die Vorstellung der Fähigkeit, sich in Wallace hineinzuversetzen, der gerade auf eine der größten Erkenntnisse der Biologie gestoßen ist – die Entstehung der Lebewesen mittels natürlicher Auslese.

Es besteht kein Zweifel daran, dass Wallace diese wertvolle Fracht mit seiner revolutionären Idee schnellstens nach England auf den Weg bringt. So sieht er am 9. März 1858 sicher zu, wie der holländische Postdampfer mit seinen Briefen an Darwin und Bates an Bord den Hafen von Ternate verlässt. Die *»Ambon«* dampft über Makassar auf Celebes nach Batavia auf Java. Auf der *»Koningin der Nederlanden«* wird die Post am 12. April von dort weiter nach Singapur geschickt, wo sie am 16. April ankommt und von einem aus Hongkong kommenden Schiff der britischen P & O Steamship Company übernommen wird. Mit der für Europa bestimmten Post geht die *»Bombay«* am 21. April ab. In Suez wird die Fracht der P & O-Postdampfer weiter nach Alexandria befördert – auf dem Landweg, jenen, den auch Wallace selbst vor Jahren in entgegengesetzter Richtung nahm. Und so sehen wir einen der wichtigsten Aufsätze und Briefe der Wissenschaftsgeschichte – jenes Manuskript, das die Welt veränderte – auf dem Rücken eines Packkamels für wenigstens einen ganzen Tag quer durch die ägyptische Wüste schaukeln, um anschließend auf einem Boot den Nil abwärts zu treiben. Von Alexandria aus bringt ein weiterer P & O-Dampfer die Post nach Marseille. Von hier aus gehen die Briefe und leichteren Päckchen über Paris nach Rotterdam. Am 2. Juni erreicht die Post England; am nächsten Tag, den 3. Juni 1858, geht sie nach London. Nach gut zehn Wochen Reise von der Gewürzinsel Ternate kommt Wallace' Brief endlich in Down House in der Grafschaft Kent bei Darwin an. Was dort geschieht, ist großes Drama.

Premiere ohne Hauptdarsteller

(Juni 1858–April 1862)

Bereits von Bord aus sieht er *»mit großem Interesse auf die zerrissenen Berge, welche sich in aufeinanderfolgenden Zügen ins Innere erstreckten, wohinein der Fuß eines zivilisierten Menschen noch nie gesetzt. Es war das Land des Kasuars und des Baumkängurus, und jene dunklen Wälder bargen die außergewöhnlichsten und schönsten der gefiederten Bewohner der Erde – die mannigfaltigen Arten des Paradiesvogels. Noch ein paar Tage weiter und ich hoffte, diese und die kaum weniger schönen Insekten, welche mit ihnen zusammen vorkommen, jagen zu können.«* Wallace kann es kaum erwarten. Kurz vor dem Ziel müssen sie jedoch mit widrigen Winden kämpfen, die sie zwingen, lange hin und her zu kreuzen; bis der Wind endlich dreht und die *»Hester Helena«* mit einer westlichen Brise dicht unter die Küste bringt.

»Der Hafen von Dorey liegt in einer schönen Bucht, an deren einem Ende ein hoher Punkt hervorragt, und bietet mit seinen zwei oder drei kleinen Inseln einen geschützten Ankerplatz.« Dorey, an der Nordwestküste von Neuguinea gelegen, ist Terra incognita ganz am äußersten Ende des Archipels, ja beinahe der bekannten Welt; ein Sehnsuchtsort für einen Naturalienjäger wie Wallace. Hier will er in die Fußstapfen des französischen Naturforschers René Lesson treten, der während der Weltumsegelung auf der Korvette *»La Coquille«* 1829 erstmals Paradiesvögel von dieser Küste mitbrachte und wissenschaftlich beschrieb.

Doch es läuft nicht so, wie es sich Wallace vorgestellt hat; ganz und gar nicht. Statt unberührter Natur und Naturvölker findet Wallace in Dorey zwei deutsche Missionare vor. (Es sind Carl Wilhelm Ottow und Johann Gottlob Geissler, deren als Begründer des Christentums auf Neuguinea noch heute gedacht wird.) Sie haben sich seit etwa drei Jahren auf der Dorey vorgelagerten Insel Mansinam niedergelassen, wo sie unter einfachsten Bedingungen mehr schlecht als recht (über-)leben. Ohne Unterstützung ihrer Mission müssen sie vom Handel leben und halten sich mithin, so führt Wallace später aus, kaum selbst an das, was ihr Gott ihnen predigt. Die beiden unterstützen Wallace, als der zum Festland übersetzt, um dort ungestört sammeln zu können. Doch Wallace hat einige Mühe, die einheimischen Papuas zu überreden, ihm beim Bau einer Hütte zu helfen. Er, der sonst offen und aufgeschlossen den Menschen gegenüber ist, die er bei seinen Reisen antrifft, ist wenig angetan von den Bewohnern Neuguineas, mit denen die Unterhaltung höchst mühsam ist, da von seiner kleinen Truppe keiner ihre Sprache spricht, sie wiederum Malaisch nicht verstehen. »*Sie wohnen in den miserabelsten, gebrechlichsten und schmutzigsten Schuppen, welche zudem bar all dessen sind, was Einrichtung genannt werden könnte.*« Er schildert das zerfallene Aussehen ihrer Behausungen, unter deren Dachtraufen vielfach menschliche Schädel hängen, »*Trophäen ihrer Kämpfe mit den wilden Arfaks im Inneren der Insel, welche sie oft angreifen*«, so Wallace.

»*Man scheint keine Bürste zu kennen und die Kleider, welche sie tragen, sind oft schmutzige Rinde, Lumpen oder Sackleinwand. Auf den Wegen, auf denen sie täglich zu ihren Pflanzungen gehen, scheint nicht ein überhängender Zweig oder ein hervorstehender Dornenstrauch abgeschnitten zu werden, sodass man sich durch eine üppig wachsende Vegetation winden, unter gestürzten Bäumen und stacheligen Schlingpflanzen kriechen und durch Lachen von Schmutz und Kot waten muss, welche nicht trocknen können, weil die Sonne nicht durchdringt. Besonders die Kinder sehen oft miserabel aus und sind am ganzen Körper von Ausschlag und Wunden verunstaltet. Wenn das keine Wilden sind, wo soll man welche finden?*« Von ihrer Schnitzkunst, mit der sie die Pfähle und Latten ihrer Hütten verzieren (und die nach ihm das

Interesse der Ethnologen nicht verlieren werden), ist Wallace indes beeindruckt. Jeder der größeren Pfähle einer Hütte stellt »*eine nackte männliche und weibliche Figur dar, und anderes, noch überwältigenderes Schnitzwerk steht auf der Plattform vor dem Eingang*«.

Vielleicht sind es die Totenschädel unterm Dach, die Wallace anfangs noch skeptisch machen; aber so völlig traut er seinen neuen Nachbarn nicht. »*Da wir über die Eingeborenen etwas im Ungewissen waren, schliefen wir zuerst mit geladenen Gewehren neben uns und stellten eine Wache auf; aber nach wenigen Tagen, als wir das Volk freundlich fanden und die Überzeugung gewannen, dass sie es nicht wagen würden, uns anzugreifen, trafen wir weiter keine Vorsichtsmaßregeln.*« Nach ein paar Tagen ist eine einigermaßen komfortable Hütte aus Baumstämmen und Bambusmatten zurechtgezimmert, er ist endlich eingerichtet. »*Am folgenden Tage verließ unser Schoner die östlichen Inseln und ich sah mich als einziger europäischer Einwohner der ungeheuren Insel Neuguinea installiert.*« Ottow und Geissler unterschlägt Wallace hier großzügig; sie siedeln ja auf einer kleinen vorgelagerten Insel.

»*Wir waren in Dorey ungefähr am Ende der nassen Jahreszeit eingetroffen, eine Zeit, in der das ganze Land mit Feuchtigkeit durchtränkt ist. Die Pfade der Eingeborenen waren so vernachlässigt, dass sich gänzlich überwachsene Hohlwege bildeten, und an solchen Orten hatte sich ein furchtbarer Schmutz angehäuft. Dem nackten Papua ist das kein Hindernis; er watet durch und am nächsten Wasser wird er wieder rein; aber für mich, der ich Stiefel und Hosen trug, war es höchst unangenehm, jeden Morgen in den Schmutz gehen zu müssen.*« Trotzdem ist die Umgebung von Dorey anfangs durchaus ein guter Jagdgrund. »*Die ersten zehn Tage regnete es noch den ganzen Nachmittag und die ganze Nacht durch; aber wenn ich nur jede Stunde schönen Wetters hinausging, so brachte ich meine Vogel- und Insekten-Sammlung schon ziemlich vorwärts.*« Schlimmer wiegt dann allerdings, dass er nicht jene Vögel zu Gesicht bekommt, deretwegen er gekommen ist. »*Es scheint jedoch, dass Dorey nicht der Platz für Paradiesvögel ist, da keine der Eingeborenen daran gewöhnt sind, sie zu präparieren. Die, welche man hier kauft, kommen alle von Amberbaki, etwa hundert Meilen westlich, wohin die Doreyaner zum Handeln gehen.*« Wie sich herausstellt, hatte Lesson seine Paradiesvögel nicht selbst bei Dorey gefangen, sondern von mehreren Orten zusammengekauft.

Von der Damenwahl bei Geweihfliegen: Auch bei den Insekten erweist sich Dorey nicht als guter Sammelplatz. »*Schmetterlinge waren sehr spärlich vorhanden und meist dieselben, welche ich auf Aru bekommen hatte.*« Doch dann endlich ein Lichtblick bei den anderen Ordnungen. Unter ihnen »*waren die seltsamsten und neuesten eine Gruppe gehörnter Fliegen, von denen ich vier verschiedene Arten erhielt, die sich auf gestürzten Bäumen und verfaulenden Stümpfen aufhielten*«. Wallace entdeckt erstmals Geweihfliegen. Bis dahin der Wissenschaft unbekannt, werden sie später (zu spät, wie sich noch herausstellen wird) von dem Insektenforscher und Finanzier seiner Expedition William Saunders als neue Gattung *Elaphomyia* beschrieben. Wallace bildet diese Insekten in seinem Reisebericht »*in natürlicher Größe und charakteristischer Pose*« ab, wie sie sich bei ihren Duellen auf die mittleren und hinteren Beine aufstellen, um Kopf an Kopf miteinander zu ringen. Sie »*sind etwa einen halben Zoll lang, schlank von Körper und mit sehr langen Beinen, welche sie anziehen, um ihre Körper hoch über die Fläche zu erheben, auf welcher sie stehen. Das vordere Fußpaar ist viel kürzer und wird oft gerade nach vorn gestreckt, sodass es Antennen gleicht. Die Hörner entspringen unterhalb des Auges. Bei der größten und sonderbarsten Art, Elaphomyia cervicornis, oder Hirschgeweih-Hirschfliege genannt, sind die Hörner fast so lang wie der Körper und haben zwei Äste mit zwei kleinen Knorren nahe der Gabelung, sodass sie dem Geweih eines Hirsches ähneln.*«

Wallace ist fasziniert von diesen Tieren aus der Familie der Fruchtfliegen (Tephritidae) und widmet den vier Arten in seinem Reisebericht auf zwei Seiten eine für solche Insekten ansonsten ungewöhnlich ausführliche Beschreibung. Und doch entgeht ihm das eigentlich Besondere an diesen wie Schlupfwespen aussehenden Fliegen, die unter den Insekten die eigentlichen Paradiesvögel sind. Nicht etwa, weil ihr namensgebender Kopfschmuck bezogen auf die Körpergröße weit kapitaler ist als jener der Hirsche. Vielmehr weil hinter der bizarren Erfindung ihrer »*Geweihe*« eine treibende Kraft der Natur steckt – ein Faible der Weibchen fürs Extravagante. Denn was Wallace noch nicht weiß, hier aber hätte entdecken können: In der Natur herrscht Damenwahl – und die macht die Männchen zu Machos. So ziemlich zu den schlimmsten unter diesen zählen just jene Geweihfliegen vom Ende des Archipels, bei denen der Schönste die Fliege kriegt. Bei Elch wie *Elaphomyia* ist es dasselbe Spiel; der Showdown dient dem Kräftemessen im Kampf um die Weibchen. Statt einer Waldwiese im Tann werden bei den Geweihfliegen die von Moosen und Flechten überzogenen Baumstämme und -stümpfe im tropischen Regenwald zum Turnierplatz und anschließend zum Hochzeitsbett. Die Fliegenmännchen beziehen bestimmte Stellen auf dem vermodernden Holz, verteidigen diese gegen Rivalen und umwerben eifrig jedes sich einstellende Fliegenweibchen, das nach der Begattung ihre Eier unter der Rinde deponiert.

Zwar sieht natürlich auch Wallace die offenkundige Parallele zum Platzhirsch, obgleich der hier nur eine anderthalb Zentimeter große Geweihfliege ist. Doch er verpasst eine weitere Gelegenheit, seinen Nachruhm zu mehren – und überlässt das Feld Charles Darwin. Anhand der Geweihfliegen und der Paradiesvögel, deren balzende Schaukämpfe er bereits auf Aru beobachten konnte, hätte Wallace hier an einer abgelegenen Küste Neuguineas die besten Anschauungsobjekte gehabt, um das Phänomen der geschlechtlichen Zuchtwahl (oder sexuellen Selektion, wie man es später nennen wird) erstmals zu beschreiben. Doch er erkennt nicht das Besondere im Offenkundigen, scheint prädestiniert, in die zweite Reihe zu geraten. Gerade erst hat er – später zwar, aber unabhängig von Darwin – entscheidende Elemente der Entwicklungstheorie in seinem Ternate-Aufsatz zusammengefasst, für die der andere den wissenschaftlichen Rahm letztlich allein abschöpfen wird. Doch hier in Dorey legt sich unser kreativer Denker selbst im Angesicht der prägnantesten Beispiele nicht die entscheidende Frage vor: Warum wachsen Geweihfliegen eigentlich jene bizarren Kopfanhänge? Warum haben die Männchen der Paradiesvögel diese aberwitzigen Schmuckfederformen, mit denen sie um Weibchen balzen?

Solches Luxurieren bei Tieren – von Elch und *Elaphomyia* zu Hirsch und Pfauenhahn – gibt Darwin lange ein Rätsel auf, das ihn nicht ruhen lässt. Viele Jahre später, mehr als ein Jahrzehnt, nachdem er sein Werk über *»Die Entstehung der Arten«* veröffentlicht hat, wird Darwin ein zweites schreiben, in dem er seine Idee einer sexuellen Selektion vorstellt und ausführlich diskutiert. Es geht um die Frage, warum diese tierischen Trophäen – jene seltsamen Körperanhänge wie die lange Schwanzschleppe beim Pfau, die auffällig gefärbten Federfächer der Paradiesvögel, die hinderlichen Auswüchse der Geweihfliegen – den Männchen im Überlebenskampf nicht ausschließlich Nachteile bringen. Tatsächlich dienen sie als Requisiten in einem Schönheitswettbewerb der Natur, bei dem die Weibchen Jury und Hauptgewinn zugleich sind. Wie Darwin und Wallace inzwischen wissen, herrscht Krieg in der Natur und nur der jeweils am besten Angepasste überlebt. Doch herrscht eben nicht nur das brutale Recht des Stärkeren, so wird Darwin später vorschlagen; vielmehr überlässt die Natur in vielen Fällen den Weibchen die Qual der Wahl. Das, so Darwin, sei die eigentliche *Raison d'etre* auch des weitausladenden Hirschgeweihs und letztlich jener Formen- und Farbenfülle, mit der sich die Männchen im Tierreich schmücken – vom Vogel bis zur Fliege.

Wallace, der anders als Darwin Paradiesvögel und Geweihfliegen auf Aru und Neuguinea mit eigenen Augen sieht und sie lange beobachtet, erkennt hier buchstäblich den Wald vor lauter Bäumen nicht. Zeit seines Lebens wird er sich nicht mit Darwins Gedanken einer Damenwahl im Tierreich, tatsächlich der Auslese seitens der Weibchen, anfreunden können. Wie wir heute wissen, agieren sowohl natürliche wie auch geschlechtliche Auslese in balancierter Weise nebeneinander; und Darwins Damenwahl-Idee gehört seit wenigen Jahrzehnten (aber auch erst seitdem!) zu den spannendsten Themen biologischer Forschung.

Dem Entdecker entgeht der Ruhm des Entdeckers: Der Ruhm des Entdeckers entgeht indes nicht nur Wallace als demjenigen, der zuerst die bizarren Geweihfliegen findet. Als er seinen Reisebericht schreibt, übersieht er, dass die von ihm gesammelten Geweihfliegen korrekt eigentlich bereits anders heißen. Zwar schickt er seine Fliegen-Beute umgehend nach seiner Rückkehr aus Neuguinea an seinen Agenten Samuel Stevens in London, der sie dem Insektenkundler William Wilson Saunders verkauft. Der präsentiert sie schon im Mai 1859 anlässlich einer Zusammenkunft der Entomologischen Gesellschaft unter dem neuen Gattungsnamen *Elaphomyia*. Doch offiziell und in einer gedruckten Publikation wird Saunders diesen Namen erst nach erheblicher Verzögerung (wir wissen nicht, warum) im November 1861 einführen. Den Ruhm des ersten wissenschaftlichen Beschreibers, gleichsam der Ritterschlag des Systematikers, heimst indes ein anderer ein. Saunders und seine Benennung werden Opfer der unerbittlichen Regeln zoologischer Nomenklatur. Die bestimmen, quasijuristisch relevant, dass derjenige Name einer Art oder Gattung verbindlich gilt, der als Erster in einer Publikation veröffentlicht ist.

Was Saunders nicht weiß: Adolf Gerstäcker, Kurator für Fliegen und andere Insekten am Museum für Naturkunde in Berlin, hat kurz zuvor für ebenjene Geweihfliegen aus Neuguinea einen eigenen Namen vorgeschlagen: *Phytalmia*. Auch Gerstäcker hat Geweihfliegen ausgerechnet aus Dorey erhalten; darunter sogar solche, die nachweislich von Wallace selbst dort im Frühjahr 1858 genadelt wurden. Auf welch verschlungenen Pfaden diese Fliegen just zur gleichen Zeit auch zu Gerstäcker nach Berlin gelangen, ist eine der spannenden Detektivgeschichten in der Zoologie, die aber zu verschlungen ist, als dass wir sie hier berichten können. Uns soll hier genügen zu wissen, dass Gerstäcker durchaus von Wallace' Fliegen für Saunders wusste, und auch, dass dieser sie bereits öffentlich als eine neue, bislang unbekannte Gattung in London angekündigt hat. Doch mit den höchst kuriosen Fliegen in den Händen lässt er sich auf einen Wettlauf mit dem ahnungslosen Saunders ein.

Um diesem zuvorzukommen, schustert Gerstäcker in kürzester Zeit Zeichnung und beschreibenden Text für seine Geweihfliegen zusammen. Bereits im Juni 1860 veröffentlicht er in der »*Stettiner Entomologischen Zeitung*«, zusammen mit anderen für die Wissenschaft neuen Namen, auch die für zwei Geweihfliegen aus

Neuguinea. Weil er schneller ist, heißen diese fortan *Phytalmia cervicornis* und *Phytalmia megalotis* (gemeinerweise nutzt Gerstäcker sogar für eine Art jenen lateinischen Namen, den auch Saunders bereits vorgeschlagen hat). Mag es aus moralischen Gründen vielleicht sogar berechtigt erscheinen, wenn Saunders, Wallace und übrigens später auch Darwin Gerstäckers Namen nicht zur Kenntnis nehmen und die Tiere weiter als *Elaphomyia* bezeichnen; die zoologischen Regeln lassen nicht nur in diesem Fall keinerlei Spielraum: Wallace' Geweihfliegen heißen korrekt *Phytalmia* – nicht mit dem Namen dessen, der sie als Erster erkennt und benennt, sondern nach dem, der sie als Erster verbindlich in einer Veröffentlichung beschreibt. So werden kleine bizarre Geweihfliegen vom Ende des Archipels zum Symbol für den Ausgang auch von Wallace' Wettlauf mit Darwin um die Entdeckung der Evolutionstheorie. Den Ruhm der guten Tat heimst oft ein anderer ein; am Ende zählt, was man erzählt.

Darwin in Downe – im Juni 1858: Mit zitternden Händen liest Darwin das Manuskript, das in ihm eine Mischung aus Erstaunen und schierer Verzweiflung auslöst. *»Das Leben wilder Tiere ist ein Kampf ums Dasein. Die volle Anspannung aller ihrer Fähigkeiten und aller ihrer Kräfte ist erforderlich, um für ihre eigene Fortdauer einzustehen und für diejenige ihrer jugendlichen Abkömmlinge Sorge zu tragen.«* Rasch blättert Darwin weiter, sucht nach dem Schluss. *»Wir glauben jetzt gezeigt zu haben, dass es in der Natur eine Tendenz gibt, derzufolge bestimmte Gruppen von Varietäten sich Schritt für Schritt vom Originaltypus ausgehend weiterentwickeln. Wobei wir dieses mögliche Fortschreiten durch keinerlei Begrenzungen eingeschränkt sehen.«* Nochmals springt Darwin wenige Zeilen weiter. *»Diese Weiterentwicklung vollzieht sich in kleinen, ungerichteten Schritten.«*

Einfach unglaublich! Wallace schreibt nicht nur, dass Arten veränderlich sind; gut, das meinen inzwischen viele erkannt zu haben. Doch sie stammen voneinander an, sie spalten sich auf und entwickeln sich allmählich. Nichts wirklich Neues, das hat Darwin bereits in dem Aufsatz von Wallace aus Sarawak gelesen. Jetzt aber erkennt Darwin mit einem Anflug von Panik, was Wallace mit seinem generellen Prinzip meint; dieser hat die Auslese in der Natur als die treibende Kraft bei der Entstehung der Arten erkannt. Auch wenn Wallace diesen natürlichen Prozess in seinem Manuskript nicht so nennt, Darwin versteht sofort, dass dieser seine Gedanken auf dieselben Fakten und Umstände gerichtet hat wie er selbst – und er also nicht mehr als Einziger auf die Idee einer natürlichen Zuchtwahl gekommen ist. Ein Schock, Darwin muss sich setzen. Wallace hat – wie er – eine schlüssige Theorie von der Veränderlichkeit der Arten durch natürliche Selektion vorgelegt. Mit ihm hat er nun auch einen Mitbewerber um jenen Preis, der in der Wissenschaft dem gebührt, der als Erster etwas Neues findet – jedenfalls dem, der zuerst die neue Idee verkündet. Hat Darwin ihn also doch unterschätzt? Keine Frage, er war seit Längerem gewarnt. Hat er Wallace vielleicht doch zu lange für einen Naturaliensammler gehalten, der mit der Jagd auf bunte Vögel und Insekten beschäftigt, zur Theorie nicht befähigt ist, wie er dachte?

»Vor einem Jahr haben Sie mir empfohlen, einen Artikel von Wallace in den Annalen zu lesen. Heute schickte er mir das beiliegende Manuskript und bat mich, es an Sie weiterzuleiten. Es erscheint mir durchaus lesenswert. Ihre Worte haben sich bitter bewahrheitet – nämlich dass man mir zuvorkommen würde. Sie prophezeiten mir dies, als ich Ihnen kurz meine Ansichten zu ›natürlicher Selektion‹ in Abhängigkeit vom Ringen um die Existenz erläuterte.« Was Darwin hier in einem Brief an seinen einflussreichen Freund, den Geologen Sir Charles Lyell, schreibt, wird Geschichte machen. *»Niemals habe ich eine verblüffendere Übereinstimmung gesehen. Wenn Wallace meinen Entwurf aus dem Jahre 1842 vor sich hätte, wäre ihm kein besserer kurzer Auszug daraus gelungen. Selbst seine Begriffe stehen jetzt als Überschriften über meinen Kapiteln.«*

Die emotionale Aufgerührtheit Darwins ist unübersehbar, als er fortfährt: *»Bitte senden Sie mir das Manuskript zurück, er hat mich nicht gebeten, es zu veröffentlichen, aber ich werde ihm selbstverständlich sofort schreiben und ihm anbieten, es an irgendeine Zeitschrift zu schicken. So wird denn alle meine Originalität, welche Bedeutung sie auch immer haben möge, zunichtegemacht, obwohl mein*

Buch dadurch nicht geschmälert wird.« Und er fügt noch an: *»Ich hoffe, Ihnen sagt Wallace' Abriss zu, sodass ich ihm schreiben kann, was Sie dazu sagen.«*

Dieser berühmte Brief, den Darwin Rat suchend und um Hilfe bittend an Lyell schickt, wird später ebenso häufig zitiert werden, wie das genaue Datum seiner Entstehung unbekannt ist. Generationen von Historikern haben angenommen, dass der Brief am 18. Juni 1858 geschrieben wurde. Tatsächlich ist er undatiert, wie es bei Darwin sehr häufig der Fall ist. Nur durch Zusätze anderer Hand oder andere Hinweise lässt sich das Datum rekonstruieren. Um dieses nun spinnt sich ein ganzes Geflecht von Vermutungen und Vorwürfen. Wenn die Wallace-Biographen in jüngster Zeit etwas erreicht haben, dann, dass heute immerhin auch von den Vertretern der Darwin-Seite konstatiert wird, dass es Probleme mit der genauen Datierung von Darwins Brief an Lyell gibt.

Wir wissen, dass Darwin tagelang wie gelähmt ist, nachdem er Wallace' Briefsendung in seiner morgendlichen Post vorfindet. Ihm ist, als lese er in diesem Manuskript von fremder Handschrift seine eigene Theorie, an der er seit nunmehr zwei Jahrzehnten feilt. Das hier sind seine Gedanken, in den Worten eines anderen; es ist seine Theorie in einer leicht verständlichen und vor allem kurzen Form dargelegt. In knappen Absätzen fasste Wallace all das über den Evolutionsmechanismus zusammen, was Darwin zu diesem Zeitpunkt versucht, in einem langen Buch-Manuskript im Detail auszuarbeiten. Mit dem Manuskript von Wallace ist Darwins Priorität in der Artenfrage passé. Darwin braucht noch Monate bis zur Fertigstellung seines großen Arten-Buchs; dagegen kann Wallace' Ternate-Manuskript sofort in Druck gehen. Darwin befürchtet zu Recht, dass die Früchte seiner jahrzehntelangen Arbeit zur Fußnote in der wissenschaftlichen Literatur zu werden drohen, sobald Wallace' Aufsatz veröffentlicht ist. Was soll er nur tun?

Sein Tagebucheintrag verrät seine Erschütterung. *»Unterbrochen durch Brief von A R Wallace«* ist da vermerkt. Zweifellos ist es ein Tiefpunkt seines Lebens. So erschüttert ist er, dass ab hier seine ansonsten mit großer Sorgfalt ausgeführten Eintragungen über das, was am Tag passiert, für Tage und Wochen abbrechen.

Darwin steckt in der Zwickmühle; eine, die Lyell vorausgesagt hat, und aus der er, Darwin, sich jetzt befreien muss. Nur wie?

In seiner Verzweiflung wendet sich Darwin in jenem ersten Brief an seinen väterlichen Freund. Trotz seiner Aufgewühltheit teilt er Lyell in typisch britischem *understatement* mit, Wallace' Manuskript sei es sicherlich wert, gelesen zu werden, und er werde umgehend anbieten, es an eine Zeitschrift zu kommunizieren. Allerdings, so gibt er Lyell zu bedenken, *»ist dann all meine Originalität, was immer sie auch wert war, zunichte«*. Darwin ist hin- und hergerissen; ringt offenbar lange mit sich. In solchen Dingen, überlegt er, ist der erste Eindruck im Allgemeinen richtig; und zuerst dachte er sicherlich, es sei unehrenhaft von ihm, jetzt auch seine Theorie zu veröffentlichen. Darwin versucht sich in Wallace zu versetzen, denkt in Rollen. Wallace könne sagen, Darwin habe nicht vorgehabt, eine kurze Zusammenfassung seiner Ansichten zu veröffentlichen, bis er seine Mitteilung bekommen habe. Ist es also fair, einen Vorteil daraus zu ziehen, dass Wallace ihm freimütig, wenn auch ungefragt, seine Gedanken mitgeteilt hat und Darwin es so nun verhindert, dass er, Wallace, ihm zuvorkommt?

Tage vergehen, quälende Tage; doch von Lyell erhält er keine Antwort. So schreibt er erneut eine Woche später, am 25. Juni 1858: *»Mein lieber Lyell, es tut mir sehr, sehr leid, Sie mit dieser lediglich persönlichen Angelegenheit zu belästigen, so beschäftigt wie Sie sind.«* Doch diese Sache mit Wallace lasse ihm keine Ruhe. Und er fragt geradeheraus, ob er jetzt noch veröffentlichen könne. *»Eher würde ich mein ganzes Buch verbrennen, als dass Wallace oder irgend jemand denken sollte, ich hätte mich irgendwie unredlich benommen.«* In einem Postskriptum fügt er hinzu, er werde Lyell oder Hooker in dieser Angelegenheit nicht mehr behelligen. Allerdings schreibt er dann auch an seinen Freund, den Botaniker Joseph Dalton Hooker. Der findet schließlich gemeinsam mit Lyell eine Lösung, um Darwin nicht um die Anerkennung seiner jahrzehntelang und mit ungeheurer Akribie betriebenen Arbeit zu bringen. Hooker und Lyell treffen ein, wie viele finden, höchst *»delikates Arrangement«*, das noch anderthalb Jahrhunderte später Anlass zu Legenden wie zum Historikerstreit gibt.

Konkurrenz von der »Etna« – Dorey, im Juni 1858: Die Einheimischen bringen ihm nur selten etwas. *»Es sind arme Geschöpfe und sie schießen nur ausnahmsweise einen Vogel, ein Schwein oder ein Känguru oder selbst den schwerfälligen, opossumartigen Kuskus. Die Baumkängurus kommen hier vor, aber müssen sehr spärlich sein, da meine Jäger, obgleich sie täglich im Walde sind, niemals eines sahen.«* Wallace kann nicht mehr laufen. Bereits kurz nach seiner Ankunft hat er sich beim Insektenfang im Unterholz am Knöchel verletzt und ist, nachdem sich die Wunde im Tropenklima entzündet, wochenlang beinahe gehunfähig. Da ist er fast ans Ende der Welt gesegelt, um die überreiche Fauna der von Europäern bislang höchst selten besuchten Tropeninsel zu erkunden, einzufangen und ins Mutterland des britischen Königreichs zurückzubringen – und nun findet er sich zur Tatenlosigkeit in einer kleinen Hütte verdammt, wissend, dass er in seinem Leben kaum noch einmal in diese Region kommen wird; in *»ein Land, welches fremdartigere, neuere und schönere Naturgegenstände als irgendein anderes auf dem Erdenrund enthält. Der Naturforscher wird imstande sein, meine Empfindungen zu verstehen, der ich von morgens bis abends in meiner kleinen Hütte sitzen musste, unfähig ohne eine Krücke mich vorwärts zu bewegen.«* Draußen taumeln Schmetterlinge vorbei, rufen unbekannte Vögel im Wald.

Es ist definitiv der falsche Ort und der falsche Zeitpunkt, um fußkrank herumzuliegen. Doch es kommt noch schlimmer. Anfangs findet Wallace noch Trost in den Vögeln und Insekten, die Ali und andere Helfer für ihn einsammeln, *»aber natürlich nicht den vierten Teil von dem, was ich erhalten würde«*. Nicht nur, dass dann einige seiner Leute krank werden. Plötzlich taucht das Schiff einer holländischen Expedition in der Bucht von Dorey auf und geht wochenlang vor Anker – ausgerechnet hier und ausgerechnet jetzt; das hat ihm gerade noch gefehlt. Diese Holländer sind lästig, denkt Wallace beinahe jedes Mal, wenn er auf sie oder ihre Spuren trifft. *»In der Zeit habe ich beinahe nichts an Naturalien bekommen«*, schreibt Wallace in einem Brief an seinen Agenten Stevens. *»Jeder Vogel, Insekt oder anderes Tier, das es in Dorey zu bekommen gab von den Einheimischen, verkaufen sie an die Leute auf dem* *holländischen Dampfer, wo sich immer einer findet, der den geforderten Preis zahlt.«* Nicht nur verderben die Leute von der *»Etna«* die Preise, sie lassen auch die Nahrung knapp werden, weil sie alle Früchte und anderes Essbare aufkaufen. Es geht so weit, dass Wallace bald seine abgebalgten Vögel essen muss. Sicher ist er nicht der erste Naturforscher, der weiß, wie neue Arten schmecken.

Wallace ist in der Hoffnung nach Dorey gekommen, den Erfolg seiner Aru-Expedition zu wiederholen. Hier will er endlich Paradiesvögel sammeln, darunter die seltenen Arten, die nur hier im Nordwesten Neuguineas vorkommen; und vielleicht auch den glorreichen Vogelschwingenfalter *Ornithoptera d'urvilliana* fangen. Am 25. März ist er in Ternate an Bord der *»Hester Helena«* gegangen, jenes Schiffs, das Herr Duivenboden nach seiner Frau benannt hat. Dessen Handelsexpedition führt entlang der Nordküste Neuguineas, und so kam Wallace am 11. April auf der Insel Mansinam in der Bucht von Dorey (dem heutigen Manokwari) an. Hier wird er warten müssen, bis ihn Duivenbodens Schiff im Juli auf dem Rückweg wieder aufnimmt. Doch jetzt schon wird ihm die Zeit hier lang.

Dorey ist einer der wenigen zugänglichen Orte entlang der Nordküste Neuguineas. Warum auch die holländische Expedition auf der *»Etna«* ausgerechnet hier ist, wird schnell klar. Obgleich einige Naturkundler an Bord sind, wird sie später kaum wegen ihrer wenigen wissenschaftlichen Erträge bekannt werden. Der Expedition geht es nicht ums Fangen von Vögeln und Fliegen; ihr Auftrag ist es, den Platz für eine mögliche holländische Ansiedlung zu sondieren. Doch die Fahrt der *»Etna«* ist schlecht vorbereitet, sie ist schlecht ausgerüstet. Der holländische Dampfer liegt ohne Kohlen einen ganzen Monat in Dorey fest, der Kapitän schickt seine Männer in alle Richtungen aus, um Bäume zu fällen und Holz zu schlagen, das statt Kohlen verfeuert werden kann. Mit dem Einschlag bereiten sie auch buchstäblich den Boden für Wallace' Entdeckung der Geweihfliegen, die zur Balz das umgestürzte Totholz lieben.

Der Umgang der Europäer miteinander ist freundlich. Kapitän Roijer und Offiziere laden Wallace ein, der sie mehrfach an

Bord der »*Etna*« besucht. Dabei lernt er auch diesen Rosenberg kennen; wie heißt er doch gleich noch? Carl Benjamin Hermann von Rosenberg, ein Deutscher in holländischen Diensten, der Zoologie studiert hat und sich vor allem für Insekten interessiert. Er kommt von Sumatra und ist eigentlich als Künstler angeheuert; an Bord der »*Etna*« soll er topographische Karten zeichnen, erwirbt sich aber einen Ruf als Naturaliensammler und Ethnologe. Wallace nennt ihn seinen »*Bruder Naturforscher*«; doch bei aller Freundlichkeit sind sie dem anderen auch Konkurrenz. Später finden sich in verschiedenen, vor allem deutschen Museen und Sammlungen Naturalien von Hermann von Rosenberg; eine ganze Rüsselkäfer-Gattung wird nach ihm *Rosenbergia* genannt, darunter zwei Arten, die er aus Dorey mitbringt. Und auch die *Phythalmia* von Gerstäcker ist sehr wahrscheinlich von ihm gesammelt worden. Es gehört daher zu den besonderen (wenngleich lange übersehenen) Kuriositäten der Zoologie-Geschichte, dass heute in der Berliner Museumssammlung unmittelbar neben den von Wallace gesammelten Geweihfliegen auch solche stecken, die auf Rosenberg zurückgehen. Nach langer und verschlungener Odyssee sind hier jene Tiere wiedervereint, die die beiden Naturforscher einst im Mai und Juni in Dorey gesammelt haben, als sich ihre Wege für kurze Zeit dort am Ende des Archipels kreuzen.

Mitte Juni verlässt die »*Etna*«-Expedition Dorey, nachdem ein Versorgungsschiff ihr endlich Kohlen gebracht hat; sie wird die Küste entlang bis zur östlich gelegenen Humboldt-Bucht erforschen. Wallace ist erleichtert; und wie dem offiziellen Bericht der Holländer zu entnehmen ist, waren auch diese ihrerseits über Wallace' Aufenthalt dort nicht glücklich – allerdings weniger aus persönlichen als eindeutig geopolitischen Gründen. Nach einem Monat kehrt dann Ali zurück, den Wallace mit einem Boot die Küste entlang geschickt hat, um dort alle Paradiesvögel zu kaufen, die er finden kann. Doch Ali kommt mit leeren Händen. Wallace wird klar, dass die Tiere viel weiter im Inneren der großen Insel leben, von wo sie durch viele Hände gehen, bevor ihre Bälge hinunter zur Küste kommen, wo sie ein gutes Geschäft für die Händler sind. Und auf diesem Weg bekommt Wallace schließlich doch noch ein paar Tiere.

Endlich kommt die »*Hester Helena*« und ohne großes Bedauern verlässt Wallace am 29. Juli 1858 Neuguinea, entnervt vom ständigen Regen, von schlechtem Essen und Krankheiten, unter denen sie alle leiden; einer seiner Männer stirbt sogar. Wallace hat genug von den Heerscharen der allgegenwärtigen Ameisen, die über seinen Tisch ausschwärmen, auf dem er Insekten nadelt und Schmetterlinge zum Trocknen aufspannt, und die direkt vor seiner Nase unbeirrbar versuchen, diese Teile seiner Sammlung zur Beute zu machen. Er hat genug von lästigen Stechmücken, penetranten Parasiten und jenen blauen Schmeißfliegen, die sich in Schwärmen auf seinen Vogelbälgen festsetzen und Massen ihrer Eier in das Gefieder der Tiere legen. Diese wimmeln dann Tage später von Maden, die seine wertvollen Objekte zerstören, wenn er nicht ständig auf der Hut ist. Wallace hat eindeutig genug von Neuguinea und hofft auf eine schnelle Heimreise nach Ternate. »*Anstatt dieser aber hatten wir Windstillen und westliche Brisen und es dauerte siebzehn Tage, bis wir Ternate erreichten, eine Entfernung von nur fünfhundert Meilen, welche mit mäßigem Winde in fünf Tagen erreicht sein konnte. Es war mir ein großer Genuss, mich wieder in meinem bequemen Hause zu finden und meinen Tee und Kaffee mit Milch verzehren und an frischem Brot und Butter, Geflügel und Fisch zum täglichen Mittagbrot mich erfreuen zu können*«, schwärmt Wallace noch viele Jahre später. »*Diese Neuguinea-Reise hatte uns alle stark mitgenommen und ich beschloss, vor der Unternehmung einer neuen Expedition zu rasten und mich zu erholen.*«

Erholen muss sich zu dieser Zeit, viele Tausend Kilometer entfernt, auch Charles Darwin von Anstrengungen ganz anderer Art.

Das delikate Arrangement – London, 1. Juli 1858: Darwin bereut bitter, dass er dem Rat Lyells nicht eher gefolgt ist. In einem zweiten Brief am 25. Juni 1858 erklärt er ihm, wie ungeheuer froh er nun wäre, »*wenn ich auf etwa einem Dutzend Seiten einen Abriss meiner allgemeinen Überlegungen veröffentlichen könnte. Aber ich bin nicht überzeugt, dass ich das mit Anstand tun kann.*« Zugleich weist er

Lyell jedoch auch einen Weg, wie der Freund helfen könnte, um doch noch Darwins Priorität und öffentliche Anerkennung an der Idee der natürlichen Selektion zu sichern, ohne dabei Wallace zu übergehen. *»Wenn ich noch ehrlich publizieren könnte, so würde ich anmerken, dass ich durch Wallace' Aufsatz, den er mir zugesandt hat und der meine grundsätzlichen Schlussfolgerungen enthält, jetzt dazu angeregt wurde, einen Auszug meiner eigenen Thesen zu veröffentlichen.«*

Lyell und Hooker handeln schnell und professionell, um Darwin zu retten. Beide sind (wie auch Darwin) Mitglieder der Linnean Society; Joseph Hooker ist überdies in den Vorstand dieser erstrangigen naturforschenden Gesellschaft gewählt worden, zudem gibt er ihr Journal heraus. Beide wissen, dass durch den bedauerlichen Tod von Robert Brown, einem früheren Präsidenten der Gesellschaft, eine außerordentliche Mitgliederversammlung an das Ende der Saison, auf den 1. Juli 1858, gelegt ist. Charles Lyell soll dabei den Nachruf auf Brown halten. Dank ihres Einflusses bei der Linnean Society gelingt es Hooker und Lyell, die Papiere von Darwin und Wallace in letzter Minute, am 30. Juni, noch auf die Tagesordnung zu setzen und dem Sekretär der Gesellschaft, John Joseph Bennett, zukommen zu lassen, wie es üblich ist. So kommt es zu jener höchst denkwürdigen Doppellesung der Aufsätze von Darwin und Wallace und damit der Vorstellung einer neuen Theorie, die den Beginn der modernen Evolutionsbiologie markiert.

Das Ereignis wird allerdings immer wieder als eine angeblich gemeinsame Vorstellung beschrieben. Doch weder ist einer der beiden Urheber der neuen Theorie anwesend, noch gibt es in anderer Hinsicht etwas, das das Wort »gemeinsam« rechtfertigen könnte. Tatsächlich sind es nämlich zwei völlig voneinander unabhängige Darstellungen, ohne jeden Bezug zueinander und höchst verschieden überdies in ihrem Charakter. Vor allem Darwins Teil ist alles andere als ein in sich geschlossener, wohlformulierter Aufsatz. Vielmehr ist es ein Stückwerk fragmentarischer Abschriften, vor allem aus seinem seit 1844 unveröffentlichten Essay; ergänzt durch die Abschrift eines Briefes an einen Kollegen.

In diesem Fall ist es sehr viel mehr Wahrheit als britisches *understatement*, wenn Darwin seinen eigenen Beitrag als nicht zur Publikation bestimmt einschätzt, wie er später in einer Fußnote der gedruckten Fassung hinzusetzen wird. Und tatsächlich ist sein Beitrag auch kaum geeignet, sofort jedermann von der neuen Idee zu überzeugen. Wer damals wie heute Darwins historischen Aufsatz von 1858 liest, muss schon sehr genau wissen, was sich dort verbirgt, um überhaupt die Implikationen zu verstehen.

Die Sitzung beginnt und gleich als Erstes kommt man zu den Beiträgen von Charles Darwin und jenem Alfred Russel Wallace, der in den gelehrten Kreisen Londons noch weit weniger bekannt ist. Einer unter den etwa dreißig Anwesenden, Samuel Stevens, horcht verwundert auf, als Charles Lyell und Joseph Hooker jetzt einleitend die recht ungewöhnlichen Umstände dieser Doppelpräsentation von Wallace und Darwin erläutern. Wieso hat Wallace dieses Manuskript nicht an ihn, Stevens, geschickt? Nachdem Darwin seit geraumer Zeit – genau genommen sind es Jahrzehnte – an einer Theorie über die Natur von Arten arbeitete, sei vollkommen unabhängig von ihm auch Alfred Wallace auf eine natürliche Erklärung gekommen, die Bildung von Varietäten und das Fortbestehen von Arten durch einen Prozess natürlicher Auslese betreffend. Wallace habe dazu ein Manuskript verfasst, aus dem sich jene Theorie ergäbe, die zuvor bereits Darwin entwickelt hat. So hätten Lyell und Hooker, als sie Kenntnis davon bekamen, beschlossen, dass man nun umgehend Wallace' Manuskript gemeinsam mit einigen Manuskriptauszügen und Briefexzerpten Darwins den anwesenden Mitgliedern der Linnean Society vortragen sollte. Dann verliest der Sekretär der Gesellschaft, wie es dort üblich ist, die genannten Arbeiten. Arrangiert in alphabetischer Reihenfolge, aber mit dem Hintergedanken, dadurch auch gleich die Chronologie ihrer Entstehung anzuzeigen, wird zuerst ein Auszug aus dem Essay von Charles Darwin verlesen.

»Die gesamte Natur liegt im Krieg«, verkündet Darwin gleich im ersten Satz, *»ein Organismus kämpft mit dem anderen oder mit den äußeren Naturbedingungen.«* Beinahe wortwörtlich ist es jene Formulierung, mit der auch Wallace den zweiten Abschnitt in seinem

Manuskript einleitet. Malthus lässt grüßen. Dann erhebt Darwin die ungeheuerliche Behauptung, nicht ein liebender Gott, sondern ebenjener Kampf aller gegen alle walte in der Natur. Dieser ständige Kampf ums Dasein sei auch für die Entstehung neuer Arten verantwortlich. Denn, so Darwin, Arten wandeln sich und es überleben nur jene, die am besten angepasst seien. Ähnlich wie bei der Wahl des Züchters herrsche auch in der Natur eine Auslese; dank der natürlichen Zuchtwahl seien es kleinste Unterschiede, die darüber bestimmten, wer überleben wird und wer untergeht. Dank sich ständig verändernder natürlicher Bedingungen hätten stets jene Variationen die größte Chance zu überleben, die am besten an die jeweils vorherrschenden Bedingungen angepasst seien.

Auf diese Auszüge aus dem Essay folgt eine Abschrift aus einem Brief, den Darwin Anfang September 1857 an den Botaniker Asa Gray im amerikanischen Boston schrieb. Dieser Brief belegt, dass Darwins Ansichten zur Entstehung von Varietäten und Arten durch den natürlichen Prozess der natürlichen Auslese bereits formuliert sind, noch bevor Wallace an die Abfassung seines Manuskripts geht. Uns zeigt dies heute zweierlei: zum einen, dass Darwin die Kerngedanken seit der ersten Essayfassung über viele Jahre unverändert gelassen hat; zum anderen, dass aber auch neue Aspekte hinzugekommen sind, an denen Darwin insbesondere in den beiden vergangenen Jahren gearbeitet hat, seit er Wallace' Sarawak-Arbeit kennt. Kleinste Variationen in allen Merkmalen und Eigenschaften der Lebewesen seien ebenso wichtig wie beinahe unendliche Zeiträume, um derartige Abwandlungen hervorzubringen. Denn die Natur mache keine Sprünge; vielmehr verlaufe alles allmählich und graduell ab. Vieles, so schreibt Darwin erklärend an Asa Gray, könne er in der kurzen Skizze nicht besser erläutern; vieles müsse dieser mit seiner eigenen Vorstellung füllen. Doch die *»Natural Selection«*, so auch der Titel seines jetzt entstehenden ausführlichen Werkes, sei überall in der Natur wirksam, so Darwin weiter. Die Auslese sorge auch dafür, dass immer wieder neue Arten entstünden. Denn Arten wandelten und lösten sich ab, ähnlich wie ein Baum immer weiter wächst und oben neues Grün entwickelt, während unten tote Äste bleiben, die ausgestorbene Gattungen und Familien versinnbildlichen. Es ist just jene Stammbaum-Metapher, die auch Wallace in seinem früheren Aufsatz verwendet hat.

Wallace' Ternate-Aufsatz wird verlesen: Dann erst folgt der Beitrag von Alfred Russel Wallace mit dem Titel »*On the Tendency of Varieties to depart indefinitely from the Original Type*«. Für ihn liegt der Schlüssel zur Erklärung des Ursprungs der Arten in der Vielfalt und Vielgestaltigkeit ihrer Formen. Arten und Varietäten sind dabei das Ausgangsmaterial für natürliche Veränderungen. Das Variieren, dieses Abweichen von der Norm oder dem Typus, wie er es nennt, muss sich auf das Überleben der Varietäten auswirken. Auch für Wallace wird der Kampf ums Dasein in der Natur zum Ausgangspunkt seiner Überlegungen. Dabei sorgt stets die Umwelt – seien es Klima, Nahrung oder Feinde – für eine Auswahl. Denn wenn sämtliche Individuen überlebten, würde jede Art eine überreiche Nachkommenschaft produzieren, rechnet er vor. Allein aus einem einzigen Vogelpärchen könnten in nur 15 Jahren leicht 10 Millionen Nachkommen entstehen. Doch sofern die äußeren Bedingungen gleich blieben, explodiere auch die Zahl der Nachkommen nicht. Die Natur selbst liefert jene Kontrolle, überlegt Wallace, indem sie stets die schwächsten und am wenigsten perfekt angepassten Lebewesen ausmerzt; so überleben nur die am besten Angepassten und vermehren sich. Zugleich geben sie dabei ihre vorteilhaften Merkmale an die folgenden Generationen weiter, mit dem Ergebnis, dass durch die natürliche Auslese neue Arten entstehen. Über viele Zwischenschritte entsteht so ständig Neues, getrieben wie durch ein einziges Naturgesetz.

Sowohl Wallace als auch Darwin kombinieren in ihrer Theorie also die vielfach beobachtete Veränderlichkeit von Tieren und Pflanzen in der Natur mit den damals gut bekannten Ideen von Thomas Malthus über die Grenzen des Wachstums und folgern daraus, dass nur die am besten Angepassten überleben. Arten sind deshalb nicht konstant, sondern entstehen immer wieder neu, weil sie sich, angetrieben durch die Zuchtwahl in der Natur, verändern und anpassen müssen. Unabhängig voneinander legen beide aber noch eine weitaus wichtigere Erkenntnis nahe: dass in der Natur nicht ein allmächtiger Gott waltet, sondern ein beständiger Kampf ums Dasein und Auslese herrscht.

Dennoch endet das Treffen in London unspektakulär. Die Zuhörer reagieren nicht sonderlich überrascht auf das, was dort vorgetragen wird; niemand stellt eine Frage, keiner eröffnet eine Debatte über die neue Theorie. Die Ausführungen von Darwin und Wallace sind vielleicht nicht einfach zu verstehen, wenn man zum ersten Mal davon hört. Und der Abend wird lang, man ist ermüdet auch von der Fülle an Fakten in den fünf nachfolgenden Vorträgen. Endlich wird Tee serviert, wie es üblich ist bei der Society; Tee beruhigt. Ohne nennenswerte Diskussion über das Gehörte, das eigentlich Unerhörte, gehen die Teilnehmer dieses Gesellschaftstreffens nach Hause. So wird an diesem Abend durch Darwin und Wallace zwar das Fundament einer bis dahin noch immer überwiegend im christlichen Glauben ruhenden wissenschaftlichen Weltsicht erschüttert; doch die Mitglieder der Linnean Society schlafen ruhig.

Später vermerken Historiker einigermaßen verblüfft, dass die öffentliche Reaktion auf diese erste Vorstellung der neuen Theorie äußerst verhalten blieb. Darwins Freund und Vertrauter Joseph Hooker schreibt ihm am folgenden Tag, dass das Thema wohl zu neuartig und zu unheimlich für die alte Schule gewesen sei. Andere dagegen vermuten später, dass wenigstens einige der in wissenschaftlichen Dingen durchaus sehr kenntnisreichen Herren bei der Linnean Society (Frauen sind damals in derartigen Zirkeln nicht erlaubt) sehr wohl die Bedeutung erfasst haben dürften. Doch nicht nur die Unterstützung der neuen Theorien durch Lyell und Hooker wiegt schwer; vor allem die nachweisliche und unangefochtene Kompetenz Darwins als Naturforscher lässt sie das Gehörte der Doppellesung vorerst schweigend aufnehmen.

Auch als die Beiträge von Darwin und Wallace am 20. August 1858 im dritten Band des »*Journal of the Proceedings of the Linnean Society*« gedruckt erscheinen, erkennen nur wenige die Tragweite der Entdeckung. Unter einem gemeinsamen Titel werden die Auszüge Darwins und die Arbeit von Wallace auf achtzehn Druckseiten zusammengestellt. *»On the Tendency of Species to form Varieties; and on the Perpetuation of Varieties and Species by Natural Means of Selection«* – wer immer diesen Titel formuliert hat, wollte suggerieren, dass es eine in sich geschlossene und einheitliche Publikation sei. Nur wenigen Lesern geht auf, was sich da vor ihren Augen ereignet: die erste Veröffentlichung einer der wichtigsten Beiträge zur Geistesgeschichte. Später wird Thomas Henry Huxley, ein weiterer Freund und Verehrer Darwins, gestehen, wie ungemein denkfaul man gewesen sei, nicht selbst auf diese an sich naheliegende Lösung des allgegenwärtigen Artenrätsels gekommen zu sein.

Dagegen wird Thomas Bell, zu diesem Zeitpunkt Präsident der Linnean Society, im Jahresrückblick für 1858 bemerken, *»dass es ohne eine jener herausragenden Entdeckungen vergangen ist, die eine Forschungsdisziplin unmittelbar revolutionieren«*. Bell war von der Ausbildung her Zahnarzt, bevor er Professor für Zoologie wurde. Auf Darwins Wunsch hatte er die Reptilien wissenschaftlich bearbeitet, die dieser von seiner *»Beagle«*-Expedition mitbrachte, und war seitdem mit ihm befreundet. Doch den Biologiehistorikern wird Thomas Bell vor allem deshalb in Erinnerung bleiben, weil er sich mit dieser Einschätzung nachweislich selbst zum wohl größten Ignoranten des Darwinschen Jahrhunderts stempelt. Dabei hatte Bell, wenigstens kurzfristig, durchaus recht. Denn *unmittelbare* Folgen zogen 1858 weder der gemeinsame Vortrag noch die Veröffentlichung der Arbeiten von Wallace und Darwin nach sich. Jedenfalls sind die Auswirkungen jenes Sommers in keiner Weise mit dem Aufsehen zu vergleichen, das Darwins Buch über *»Die Entstehung der Arten«* ein Jahr später verursachen wird.

»Ich darf auf die Hilfe dieser großen Männer zählen« – Ternate, im Oktober 1858: Von dem, was sich auch in seinem Namen an jenem Abend bei der Linnean Society im fernen London zuträgt, wird Wallace als Letzter erfahren. Niemand macht sich auch nur die Mühe, ihn zuvor zu unterrichten oder gar zu fragen (was allein wegen der Laufzeiten der Post von knapp zehn Wochen, in

eine Richtung, auch kaum möglich ist). Mitte August kommt er aus Neuguinea zurück, setzt im September nochmals für einige Zeit zur Nachbarinsel Gilolo über, wo er und seine Gehilfen weitersammeln. Im Oktober schickt Wallace seine Ausbeute an Stevens nach London, immerhin 7400 Stücke; alles, was er in den Monaten auf Ternate, Gilolo und Neuguinea gesammelt hat.

Bevor er noch im selben Monat zu anderen Inseln in den Molukken aufbricht, erhält Wallace Anfang Oktober 1858 in Ternate erstmals Kenntnis von den Vorgängen in England. Joseph Hooker und Charles Darwin klären ihn in ihren Briefen vom 13. Juli 1858 über das Arrangement der gemeinsamen Vorstellung ihrer Theorie auf. Also hat Darwin etwas an seinen Überlegungen gefunden, und er hat es wie gewünscht an Lyell weitergegeben, denkt Wallace. Dann wird es sogleich öffentlich vorgestellt; wunderbar! Und noch dazu gemeinsam mit einem Aufsatz von Darwin selbst; noch besser! Wallace ist – so dürfen wir nach allem, was wir wissen, annehmen – erleichtert und glücklich. Noch dazu informiert ihn auch Stevens über einen großartigen Erfolg: Er hat Wallace' Aru-Sammlung für 1000 Pfund verkauft, ein Vermögen, von dem Wallace noch Jahre später gut wird leben können.

Unglücklicherweise sind ausgerechnet die Briefe von Hooker und Darwin verloren gegangen; aber das kennen wir ja schon. Wir wissen zumindest aus Wallace' Antwort und seinen anderen Briefen, die er sofort am 6. Oktober aus Ternate schreibt, dass jenes Arrangement aber für ihn durchaus zufriedenstellend war. Wenn er irgendwelche Vorbehalte hatte oder verstimmt war, dann werden wir es nie wissen. Die Reaktion in seinem Antwortbrief etwa an Hooker ist dabei höchst nobel und professionell. *»Erlauben Sie mir zuerst, Ihnen und Sir Charles Lyell aufrichtig für Ihren freundlichen Dienst in dieser Angelegenheit zu danken und Ihnen meine Befriedigung sowohl über den eingeschlagenen Kurs als auch über die positive Meinung zu meinem Aufsatz, die Sie so freundlich ausgedrückt haben, zu versichern. Ich kann mich nur als einen begünstigten Teil in dieser Angelegenheit betrachten«*, schreibt Wallace. Es sei ja in solchen Fällen sehr oft geschehen, dass allein der erste Entdecker einer neuen Theorie den Ruhm bekommt und jene kaum noch oder gar nicht registriert werden, die unabhängig zu ganz ähnlichen Ansichten gelangt seien, ein paare Jahre oder nur einige Stunden später. Andererseits: *»Es hätte mir großen Schmerz bereitet und mein Bedauern ausgelöst, hätte Mr Darwins Ausmaß an Großzügigkeit ihn veranlasst, meinen Artikel ohne seine eigenen und viel früheren und ohne Zweifel viel vollständigeren Ansichten zu demselbem Thema zu veröffentlichen.«* Und dann setzt Wallace zum Schluss nochmals hinzu: *»Ich möchte Ihnen erneut für den angenommenen Kurs danken, der, obwohl gerecht für beide Seiten, so vorteilhaft für mich ist.«* Kein Groll, keine Verstimmung; stattdessen Dankbarkeit und Zufriedenheit – und zu Recht auch Stolz.

Noch am gleichen Tag schreibt Wallace auch einen Brief an seine Mutter. *»Ich habe Briefe von Mr Darwin und Dr. Hooker bekommen, zwei der herausragendsten Naturforscher in England, die mich hoch erfreut haben. Ich hatte Mr Darwin einen Aufsatz über ein Thema geschickt, worüber er gerade ein großes Werk schreibt. Er zeigte es Dr. Hooker und Sir C. Lyell, die so viel davon hielten, dass sie ihn sofort vor der Linnean Society verlasen. Das macht mir gewiss, dass ich bei meiner Rückkehr nach Hause auf die Vertrautheit und Hilfe dieser großen Männer zählen darf.«* Keine Frage: Wallace ist begeistert und zufrieden. Zwar bekommt er nie Gelegenheit, sein Manuskript noch einmal zu überarbeiten, doch offenbar ist das auch nicht nötig. *»Mr Wallace' Abhandlung«*, so wird Darwin später schreiben, sei *»wundervoll im Ausdruck und vollkommen klar«*. Wer indes Wallace' Andruckfahnen gegengelesen hat, bleibt unklar. Auch später wird Wallace dieser Urfassung nur wenige Ergänzungen in Fußnoten anfügen; aufgrund der historischen Bedeutung lässt er seinen Text weitgehend unverändert. Als Wallace im November 1858 seinen Journal-Beitrag von August erhält, bittet er Stevens in einem Brief, Sonderdrucke der Veröffentlichung seiner und Darwins Theorie an Freunde wie Henry Bates und andere zu senden, die diese Arbeit möglicherweise noch nicht kennen.

Ebenso wie Wallace überrascht ist, dass sein Manuskript so unverzüglich und uneingeschränkt veröffentlicht wird, so überrascht sehen wir Darwin selbst letztlich von dem getroffenen Arrangement. Nach eigenem Bekunden hatte er anfangs erwartet, dass die Auszüge aus seinen eigenen Essays vielleicht nur mehr als Anhang zu Wallace' Artikel erscheinen. Doch durch das von Hooker und Lyell getroffene Arrangement werden sie dann als Erstes veröffentlicht. Selbst wenn Darwin nicht ganz glücklich ist damit; es ist zu seinem Nutzen. Welchen Schock es bei ihm ausgelöst hat, erfährt die Welt übrigens erst Jahrzehnte später durch Darwins Autobiographie, die drei Jahre nach seinem Tod (im April 1882) erscheint. Wallace liest erst dreißig Jahre später in dem kurz darauf veröffentlichten Briefnachlass Darwins von den Details, wie das delikate Arrangement im Juli 1858 zustande kam. Als Darwins Sohn Francis ihm ein Exemplar der editierten Briefe Darwins zuschickt, findet Wallace darin auch dessen Korrespondenz mit Lyell aus jenen Tagen abgedruckt und erfährt so von dem Kummer, den sein Brief und Manuskript aus Ternate diesem bereitet hat. *»Ich hatte ja keine Ahnung, wie ich Ihren Vater erschreckt habe«*, schreibt Wallace an Francis Darwin. Und dennoch hat Wallace niemals, in keinem Brief an Darwin, in keiner seiner späteren Arbeiten oder seiner 1905 erscheinenden Autobiographie, Anspruch auf den Weltruhm erhoben, der Darwin und dessen Buch zuteilwird. Mehr noch, nachdem er endlich mit großer Verzögerung erfahren hat, wie alles zustande kam und wie lange Darwin schon seine Theorie ausgearbeitet hat, wird er sein eigenes, erstes Buch zur Evolutionstheorie, das 1889 erscheint, *»Darwinismus«* nennen – und so einmal mehr hinter Charles Darwin zurücktreten.

Was geschah wirklich? Eine Rätselnuss für Wissenschaftshistoriker: Die Ereignisse im Frühjahr und Sommer des Jahres 1858 gehören zweifelsohne zu den von Wissenschaftshistorikern mittlerweile am gründlichsten untersuchten Episoden der Biologiegeschichte. Dennoch dauert bis heute der Disput darüber an, was wirklich geschah. Sicher ist, dass die erstaunliche Parallelität der Formulierung einer Theorie der natürlichen Auslese weitaus dramatischer verlief und komplizierter ist als bislang meist angenommen. Denn was lange als *gentlemen's agreement* zum höheren Nutzen der Wissenschaft galt, was für die einen ein Mordszufall und Zeugnis gegenseitigen Großmutes zweier bedeutender Biologen ist, das wird für andere zum Wissenschaftsmärchen; ja, schlimmer noch: für einige sogar zu einem Lügenkomplott. Für den amerikanischen Biologiehistoriker John Langdon Brooks ist es gar die übelste Fälschungsaffäre der gesamten Naturwissenschaften. In seinem Buch »*Just before the origin*« erhebt Brooks sogar den Vorwurf, Darwin könnte bestimmte Dokumente gefälscht, andere vernichtet haben. Auch hätten Lyell und Hooker die Veröffentlichung bei der Linnean Society manipuliert, um Darwins Urheberanspruch auf die Selektionstheorie zu wahren. In jedem Fall sei Wallace durch deren trickreiches Arrangement um seine Priorität bei einer der bedeutendsten naturwissenschaftlichen Entdeckungen aller Zeiten gebracht worden.

Brooks ist nicht der Erste, der solche Verdächtigungen schürt. Andere Wissenschaftshistoriker wie Lewis McKinney und Barbara Beddall wiesen ebenfalls auf das eigenartige Fehlen wichtiger Dokumente hin, darunter Brief und Originalmanuskript von Wallace an Darwin sowie die Schreiben von Hooker und Lyell an Darwin just aus der turbulenten Zeit vor jenem Juli-Treffen der Linnean Society. Auch seien im letztlich gedruckten Beitrag von Darwin vielfach Änderungen vorgenommen worden, während Wallace keine Gelegenheit hatte, sein an Darwin geschicktes Manuskript zu redigieren. Da Darwin es versäumte, viele seiner Briefe selbst zu datieren, sei dies erst nachträglich – teilweise von seinen Nachfahren – getan worden, die so der Legendenbildung Vorschub geleistet hätten. Dadurch wurde der wahre Einfluss, den Wallace' Briefe und Artikel von Anfang an auf Darwins Denken hatten, lange zu dessen Gunsten verschleiert. Alles in allem lege dies den Schluss nahe, dass es bei jenem delikaten Arrangement im Sommer 1858 nicht mit rechten Dingen zugegangen sei und dass die nachträgliche, ein Jahrhundert lang dominierende Darstellung der Ereignisse irreführend sei. Sie lasse vor allem Darwin in einem weitaus besseren Licht erscheinen, als er es möglicherweise verdiene.

Dabei geht es nicht nur darum, dass Lyell und Hooker dem

kompletten und publikationsfertigen Aufsatz von Wallace die eingestandenermaßen schnell zusammengeschusterten Fragmente aus Darwins unveröffentlichten Papieren voranstellten. Diese waren, wie Darwin explizit schreibt, niemals dazu vorgesehen; sie dienten lediglich dazu, dessen Priorität des Gedankens zu demonstrieren. Nach heutigem Standard – wonach die erste Publikation zählt und nicht die Tatsache, als Erster (oder gar besonders lange) an etwas gearbeitet zu haben – ist diese heikle Übereinkunft eine in der Tat mehr als zweifelhafte Aktion. Und Darwins eigene Korrespondenz straft ihn Lügen, wenn er sieben Monate nach der gemeinsamen Präsentation an Wallace schreibt: *»Ich hatte nicht das Geringste, absolut nichts, damit zu tun, Lyell und Hooker zu dem zu veranlassen, was sie als faire Vorgehensweise ansahen.«* Fair oder gar nobel jedenfalls war der von Darwins Freunden arrangierte Kompromiss, dem Aufsatz von Wallace Darwins Notizen voranzustellen, keinesfalls. Vor der Linnean Society gab es durchaus keine *»salomonische Schlichtung«*, wie noch so eine Legende um Darwin nahelegt. Vielmehr rettet das Arrangement Darwins Urheberschaft und bringt Wallace um die alleinige Rolle und die Erstveröffentlichung der Theorie einer Transmutation als natürlichem Prozess.

Allerdings kann sich später wohl keiner der drei Akteure mehr genau entsinnen, wie es eigentlich zu jenem Arrangement kam. So erinnert sich Lyell (der ja auf Darwins ersten Brief nicht reagiert hatte) später daran, dass Hooker ihm Wallace' Manuskript brachte, der vorschlug, daraus eine Art gemeinsame Veröffentlichung zu machen. Hooker wiederum (an den Darwin dann ebenfalls schreibt) erinnert sich später, dass Darwin ihm zuerst von Wallace' Brief berichtete und dass er ihm gegenüber diese gemeinsame Veröffentlichung vorschlug.

Wie auch immer; wichtiger ist: Das Bild, das wir uns fortan von Charles Darwin machen, steht und fällt mit den Laufzeiten der Post aus dem Fernen Osten nach England. Und weil er die Ereignisse im Sommer 1858 rekonstruieren wollte, hat vor allem John Langdon Brooks minutiös in diversen Archiven rund um den Globus recherchiert und sogar die Routen und Fahrzeiten holländischer und britischer Post- und Frachtschiffe zwischen Ostindien und Europa ermittelt. Dabei meinte er dann jene Ungereimtheiten und Lücke in der gängigen Legende von der gemeinsamen Entdeckung der Evolutionstheorie ausgemacht zu haben. Zum Schlüsselereignis wurde für Brooks der Umstand, dass Darwin selbst bekundet, er habe Wallace' Aufsatz erst Mitte Juni 1858 erhalten und noch am gleichen Tag (ebenjenem 18. Juni) an Lyell weitergeleitet. So steht es seitdem auch in den meisten Biographien, Büchern und Porträts. Doch stimmt das?

Darwins Brief vom 18. Juni: Darwins Schreiben an Charles Lyell, mit dem er diesem vom Erhalt des Manuskripts von Wallace am selben Tag berichtet, ist glücklicherweise im Original erhalten. Der Brief befindet sich heute in der Library of the American Philosophical Society in Philadelphia. Von Darwins eigener Hand verzeichnet er als Datum nur *»Down 18th«*. Francis Darwin, der später erstmals die Korrespondenz seines Vaters in Auszügen veröffentlicht, hat nachträglich in Klammern *»June 1858«* hinzufügt – und damit erheblich zur Legendenbildung beigetragen. Offenbar im besten Glauben, denn auf den von Darwin mit Tinte verfassten Briefen findet sich ein weiterer Bleistiftzusatz mit Monats- und Jahresangaben. Brooks hat dieses Darwin-Dokument eingehend untersucht und vermutet nun, dass die Bleistiftergänzung erst vorgenommen wurde, nachdem dieser Brief in Lyells Hände gelangte. Allein der Umstand jedoch, dass jemand in Lyells Nähe den Empfang des Briefes mit Juni 1858 quittiert, bedeutet nicht zwangsläufig, dass Darwin besagten Brief auch tatsächlich im Juni geschrieben hat. Könnte er nicht bereits früher verfasst, aber erst an jenem Tag abgeschickt worden sein?

Zur Schlüsselfrage, deren Beantwortung Charles Darwin zum Schurken stempeln könnte, wie viele befürchten, wird deshalb, wie lange Wallace' Brief und Manuskript tatsächlich unterwegs waren, nachdem der Postdampfer Ternate am 9. März 1858 verließ. Wie wir bereits gesehen haben, zeigen die akribischen Recherchen von Brooks und Roy Davies, dass Postsendungen im Schnitt zehn bis zwölf Wochen nach England brauchen. Wie gut die Schiffs- und Postverbindungen um die halbe Welt bereits damals funktionierten, lässt sich am Beispiel eines Manuskripts sehen, das Wallace unmittelbar nach seiner Rückkehr von den Aru-Inseln im Juli 1857 schrieb. Von Makassar auf Celebes mit dem Postdampfer nach London abgeschickt, kam es dort immerhin so rechtzeitig an, dass es sogar noch in der Dezemberausgabe desselben Jahres in einer bekannten Zeitschrift erscheinen konnte. Bedenkt man auch die Druckvorbereitung (für die wenigstens ein Monat zu rechnen ist), kann das Manuskript kaum länger als jene zehn oder zwölf Wochen unterwegs gewesen sein. Und auf einen früheren Brief, den Wallace im September 1857 aus dem Malayischen Archipel an Darwin schickte, antwortete dieser bereits im Dezember desselben Jahres, ebenfalls nicht einmal drei Monate später. Das wichtigste Indiz aber ist jener Brief an Frederick Bates in Leicester, den Bruder seines alten Freundes Henry Bates, der Ternate Anfang März 1858 mit demselben Postdampfer verlässt, mit dem Wallace auch sein Manuskript an Darwin schickt. Der Bates-Brief, der samt Umschlag und Stempel erhalten ist, wie wir bereits gesehen haben, hat England nachweislich bereits am 3. Juni 1858 erreicht, also zwei Wochen vor dem vermeintlichen 18. Juni, an dem Darwin an Lyell schreibt.

Bei dem Versuch, Darwin zu verteidigen, haben viele belesene Experten wie etwa David Kohn und andere in langen Exegesen geistige Klimmzüge unternommen (von denen wir gleich noch einige anschauen müssen), um die Rekonstruktion der Postlaufzeit von Wallace' Manuskript zu konterkarieren. Sie haben versucht, damit zugleich auch jene Absende- und Ankunftsdaten infrage zu stellen, ungeachtet der Tatsache, dass ein anderer Brief (ebenjener an Bates) zur gleichen Zeit und mit dem gleichen Schiff abgeschickt wurde und bereits Anfang Juni 1858 in England war. Was dabei allerdings stets übersehen wurde, ist, dass es gar keine Alternative zu der Postsendung am 9. März und der Ankunft Anfang Juni gibt, wie die minutiöse Recherche der Schiffsverbindungen im und vom Archipel belegt. Denn angenommen, Wallace hätte sein Manuskript erst mit dem nächsten Postdampfer abgeschickt, der einen Monat später aus Ternate geht, die Post also statt am

9. März auf der »*Ambon*« erst am 5. April auf der »Makassar« befördern lassen, dann wäre diese nachweislich erst am 2. Juli 1858 in England eingetroffen – also einen Tag nach jener denkwürdigen Vorstellung von Wallace' Manuskript. Der Grund für diese späte Ankunft, so hat Roy Davies unlängst herausgefunden, ist eine ungewöhnliche Verzögerung bei den ansonsten so präzise arbeitenden Postverbindungen, die just in dieser Zeit zwischen Batavia und Singapur einmal kurz aus dem Takt geraten war.

Das Prinzip der Divergenz: Warum aber ist die genaue Ankunftszeit so wichtig? Wissenschaftshistoriker haben inzwischen erkannt, dass in Darwins Theorie der natürlichen Auslese ein weiterer Faktor eine wichtige Rolle spielt. Es ist das bereits erwähnte letzte Puzzleteilchen zum Bild: das sogenannte »Prinzip der Divergenz«. Dieses Prinzip ist auch Wallace wichtig, weshalb er es in seinem Ternate-Aufsatz in prägnanten Worten erläutert. »*Die meisten oder vielleicht alle Abweichungen von der typischen Form einer Art müssen irgendeine endgültige, wenn auch noch so leichte Wirkung auf die Gewohnheiten oder Fähigkeiten der Individuen haben.*« Und weiter. »*Es ist ebenso einleuchtend, dass die meisten Veränderungen, sowohl günstige als auch ungünstige, die Fähigkeit, das Leben zu verlängern, beeinflussen.*« Was Wallace schließlich zwei Seiten weiter zu dem Schluss bringt: »*Hier also haben wir Fortschritt und beständige Divergenz aus den allgemeinen Gesetzen, welche die Existenz der Tiere in natürlichem Zustande regulieren, und von der unbestrittenen Tatsache, dass Varietäten häufig vorkommen, abgeleitet.*«

Von Darwin wissen wir, dass er die Darstellung dieses Prinzips nachweislich ausgerechnet in jener kritischen Zeit um Anfang Juni 1858 herum (also just, als der brisante Aufsatz von Wallace England erreicht) im Manuskript zu seinem Artenbuch in ausführlicher Form einarbeitet. Später findet sich das entsprechende Kapitel unverändert auch in Darwins Buch zur »*Entstehung der Arten*«. Dagegen fehlt eine Darlegung dieser Idee, die letztlich nicht nur ökologische Vielfalt, sondern auch die Entstehung neuer Arten erklärt, noch in Darwins früheren Theorie-Entwürfen aus den 1840er-Jahren. Wie der Wissenschaftshistoriker Dov Ospovat in mühevollem Quellenstudium herausgefunden hat, wandelt sich Darwins Verständnis von Divergieren und Anpassen in der Natur, und zwar just in jenen Jahren, in denen auch Wallace für ihn eine Rolle zu spielen beginnt.

Zugegeben: Diese Veränderungen im Verständnis dessen, was mit Divergenz gemeint ist, betreffen Feinheiten. Aber sie haben es in sich, wenn man der Evolution auf die Schliche kommen will. Denn das Divergenzprinzip ist ein zentraler Gedanke der modernen Evolutionstheorie. Darwin und ebenso Wallace haben erkannt, dass die Auswahl durch die Natur jeweils an den unterschiedlichen Merkmalen und Eigenschaften der Lebewesen ansetzt. Glaubt Darwin bis Anfang der 1850er-Jahre noch, dass sich Lebewesen stets vollständig, ja geradezu perfekt an die jeweils herrschenden Umweltbedingungen anpassen, so erkennt er zwischen 1854 und 1857 den wahren Charakter der natürlichen Anpassung, die eben gerade nicht perfekt ist und auch nicht sein kann und darf. Denn die Auslese in der Natur führt nicht zu jener absoluten Perfektion, wie etwa die Naturtheologen um William Paley vor Darwin annahmen (und die ewiggestrigen Kreationisten heute noch immer vergeblich behaupten). Vielmehr gibt es in der Natur stets eine gewisse Schwankungsbreite, jene natürliche Variation, die der Transmutation gleichsam als Spielmaterial dient. Diese Idee einer nicht perfekten, sondern relativen Adaptation ist eine Erkenntnis Darwins, die sich in seinen Essays aus den 1840er-Jahren noch nicht findet.

Nachweislich berichtet Darwin erstmals dem Botaniker Asa Gray im September 1857 in einem Brief davon. Dieser Brief ist zugleich auch das erste schriftliche Zeugnis von Darwins Vorstellung der Divergenz. Darin legt er dar, dass Arten so etwas wie ein Reservoir an Varianten darstellen, aus dem sich die Natur bedient. Während die geschlechtliche Fortpflanzung die natürliche Variation erzeugt, eliminiert der Kampf ums Dasein den größten Teil der Nachkommen wieder; einzig die jeweils am besten angepassten Varianten überleben, werden also auf natürliche Weise ausgelesen. »*In der Natur züchten sich Arten gleichsam selbst*«, meint Darwin. Die natürliche Selektion treibt im Laufe der Zeit gewissermaßen Keile zwischen die überlebenden Varianten, bringt sie dadurch immer weiter auseinander, bis daraus neue Arten entstanden sind. Jede der auf diese Weise hervorgebrachten Varianten würde eine sich ihnen bietende passende Nische im Naturgefüge ausbilden; das Ergebnis wäre jener weit gefächerte Baum des Lebens, den wir heute mit dem Evolutionsgedanken verbinden.

Endlich meint Darwin, jenes lange fehlende Prinzip gefunden zu haben, mit dem sich die Vielfalt und Fülle der Arten auf der Erde erklären lässt. In seiner Autobiographie schreibt er später, dass er sich noch genau der Stelle auf der Straße erinnere, die er mit der Kutsche befuhr, als ihm die Lösung des Problems einfiel. Unbestritten ist dieser Gedanke der divergierenden Varianten eine der wichtigsten Ergänzungen gegenüber seinen früheren Entwürfen. *»Ich bin wie Krösus, überwältigt von meinem eigenen Reichtum an Befunden«*, schreibt Darwin in einem Brief.

Darwins Ergänzung der Theorie: Anfangs beschränken sich die Ausführungen zur Divergenz in Darwins immer dicker werdendem Arten-Buch auf eine einzige Manuskriptseite (Seite 27). Doch zu einer kritischen Zeit und an dieser kritischen Stelle ergänzt Darwin dann seine Darstellung der Theorie um jenen zentralen Aspekt, indem er mit einem Einschub von weiteren 41 Seiten die alte Seite 27 ersetzt. Keine Frage: Zwar hat Darwin das Evolutionsprinzip im Kern lange vor Wallace entdeckt und Anfang der 1840er-Jahre handschriftlich in Aufsätzen skizziert. Doch könnte er, angeregt durch Wallace' klare Darstellung in dessen Ternate-Aufsatz, bestimmte Details anschließend noch besser herausgearbeitet haben. Und erst nachdem Darwin dann im Juni 1858 sein eigenes Buchmanuskript ergänzt hat, könnte er Hilfe suchend an Lyell geschrieben haben.

Jedenfalls verkündet er genau zu jener Zeit, als nach Überzeugung vieler Historiker das Manuskript von Wallace bereits in Darwins Händen ist, in einem Brief vom 8. Juni 1858 an seinen engen Freund und Vertrauten Joseph Hooker, nun endlich habe er das Problem gelöst, wie Arten entstehen. Jetzt, so Darwin, sei er zuversichtlich, dass jenes neue Prinzip sicher begründet ist. Dieser

Aspekt der Divergenz, so fügt Darwin noch hinzu, stelle zusammen mit dem Mechanismus der natürlichen Auslese den Grundpfeiler seines Buches dar. Und in diesem Punkt, so zeigt das oben stehende Zitat aus Wallace' Aufsatz, ist Darwin sich mit diesem vollständig einig.

Woher aber wissen wir, dass der Einschub aus dieser Zeit stammt? John Langdon Brooks hat durch akribischen Vergleich nicht nur belegt, dass Darwin tatsächlich jene insgesamt 41 Seiten nachträglich in das Manuskript seines 1856 begonnenen Buches »*Natural Selection*« einfügt. Auf andersfarbigem Papier geschrieben, ist dieser Zusatz eindeutig in Darwins Originalmanuskript nachweisbar, das in der Bibliothek der Universität Cambridge erhalten ist. Brooks' These ist, dass Darwin diesen ausführlichen Zusatz erst *nach* der Lektüre von Wallace' Ternate-Manuskript geschrieben hat. Dazu führt er zwei Beweisketten an: Neben jener von ihm postulierten deutlich früheren Ankunft von Wallace' Brief sind dies vor allem viele Übereinstimmungen in den Texten von Wallace und Darwin bis hin zur auffällig ähnlichen Wortwahl. Das Fazit des Historikers: Darwin könnte von Wallace' Theorie und seinen Erläuterungen zum Divergenzprinzip in den ersten Junitagen 1858 zwei Wochen früher Kenntnis gehabt haben als erst an jenem vermeintlichen 18. Juni.

Darwin hätte genug Zeit gehabt, um wichtige Ergänzungen im Entwurf seiner eigenen Evolutionstheorie vorzunehmen. Denn bis dahin – so sind sich viele Historiker inzwischen einig, selbst wenn sie Brooks' Ansicht ansonsten nicht teilen – hat sich Darwin vergeblich mit jenem Kernprinzip der Divergenz der Merkmale herumgequält. Erst durch die Merkmalsdivergenz lässt sich erklären, dass eine natürliche Auslese stets die am stärksten spezialisierten (also voneinander abweichenden oder divergierenden) Varietäten überleben lässt, weil sie am wenigsten mit anderen konkurrieren. Im Gegensatz dazu sterben die weniger spezialisierten Mittelformen aus, wenn sich die Umwelt drastisch verändert. Auf diese Weise entstehen neue, voneinander getrennte Arten.

Erst nachdem Darwin die Details des Divergenzprinzips aus

Wallace' Manuskript gleichsam herausgepickt hat, um sie in seine eigene Theorie einzubauen, erst danach habe er sich an Lyell und Hooker mit der Bitte um Rat und Tat gewandt, so meint John Langdon Brooks. Demnach wäre Darwin also nicht bloß am 18. Juni 1858 für Stunden zwischen Verzweiflung und Verblüffung, zwischen wissenschaftlichem Ehrgefühl und Prioritätsanspruch hin- und hergerissen gewesen. Hatte er vielmehr Tage und Wochen Zeit, sich zu fangen und sich zu fragen, was er tun sollte? Hat Darwin gar ein wichtiges Prinzip im Mechanismus der natürlichen Auslese von Wallace entliehen, um sein eigenes Werk zu vollenden und zu verbessern, ohne diesen als Urheber zu benennen? Immerhin blieben ihm zwei Wochen, um die entscheidenden Ein- und Umarbeitungen in seinem Buchmanuskript vorzunehmen.

Im Gegensatz zur konventionellen Sichtweise – jener Wissenschaftslegende, die Brooks zu widerlegen angetreten ist – könnten sich die dramatischen Ereignisse im Sommer 1858 auch folgendermaßen zugetragen haben: Nachdem Darwin Wallace' Manuskript in den ersten Juni-Tagen 1858 erhält, ist er verständlicherweise geschockt. Wallace ist ihm nicht nur mit einer publikationsreifen Fassung der Idee einer natürlichen Selektion zuvorgekommen. Darwin, der dazu möglicherweise ein zweites Mal jenen Sarawak-Aufsatz von Wallace aus dem Jahr 1855 liest (wenn er es bis dahin nicht ohnehin schon getan hat), begreift jetzt auch die volle Bedeutung des von Wallace erwähnten Divergenzprinzips. Hin- und hergerissen zwischen Verzweiflung und dem Bestreben, seinen Anteil an der Evolutionstheorie zu retten, schreibt er einen Brief an Lyell. Doch dann schickt er diesen nicht ab, sondern beginnt zuerst sein eigenes Buchmanuskript zur großen Artenfrage an einer entscheidenden Stelle zu ergänzen, indem er das Divergenzprinzip nochmals ausführlicher darstellt. Als er am 8. Juni damit weitgehend fertig ist, berichtet er Hooker in einem Brief von seinem Fortschritt. Zehn Tage später schickt er dann Wallace' Manuskript an Lyell mit der Bitte um Rat – und insgeheim in der Hoffnung auf dessen Hilfe. Die der dann, gemeinsam mit Hooker, auch gewährt.

Freispruch aus Mangel an Beweisen: All dies, so belegen die Postlaufzeiten und Fahrpläne der Dampfschiffe ebenso wie die Manuskript- und Textvergleiche, sind keineswegs nur haltlose Spekulationen. So wie es Tatsache ist, dass Darwin als Erster den Mechanismus der Selektion entdeckt, notiert und in seinen Essays ausformuliert hat, so hat Wallace als Erster ein publizierbares Manuskript dazu verfasst. Und doch werden wir nie sicher wissen, was wirklich geschah. Mehr als ein Anfangsverdacht sind all diese Ungereimtheiten nicht. Zugegebenermaßen fehlten kritische Beweisstücke – etwa jener entscheidende Brief von Wallace aus Ternate oder gar sein Manuskript; beides ist sehr wahrscheinlich für immer verschwunden, obgleich doch Darwin sonst so gewissenhaft alles aufbewahrt und bis heute ganze Historikergenerationen mit der Aufarbeitung seines umfangreichen Nachlasses beschäftigt. Indes beweisen das Fehlen dieser und anderer Dokumente nicht Darwins unehrenhafte Tat oder Schuld. Mag Darwin in manchen Augen auch noch so sehr unter Verdacht stehen, Wallace ausgetrickst zu haben, er kann aus Mangel an Beweisen nicht überführt werden.

Die Darwin-Biographen Peter Bowler, Malcolm Jay Kottler und Janet Browne halten den Plagiatsvorwurf für unbegründet. Schließlich weisen Wallace und Darwin entscheidende biographische Parallelen auf. Sie haben beide unabhängig voneinander längere Forschungsreisen unternommen, haben die gleichen einflussreichen Bücher – darunter Thomas Malthus' *»Essay on the Principle of Population«* und Charles Lyells *»Principles of Geology«* – gelesen und zusammen mit ihren Beobachtungen die richtigen Schlüsse zum Mechanismus der Evolution gezogen. Wenn sie dank der Koinzidenz ihrer Lebenswege und Lektüren auch beide auf gleichem Weg zu ihrem Aha-Erlebnis kamen; ihre anschließende Reaktion könnte kaum unterschiedlicher sein. Während Darwin zwei Jahrzehnte zögert zu publizieren und immer weitere Fakten sammelt, wartet Wallace gerade so lange, bis der Malariaanfall vorüber ist, um seine neue Idee zu Papier zu bringen. Entscheidender indes sei, so Bowler, Browne und Co., dass Darwin von Wallace schon deshalb nichts gestohlen haben könne, weil Darwins zentrale Ideen entweder älter seien (wie im Fall der natürlichen Selektion) oder sich im Detail deutlich von denen von Wallace unterscheiden (wie im Fall des Divergenzprinzips). Das freilich hat Darwin nicht davor bewahrt, bis ins Mark durch die Übereinstimmung in ihren Theorien erschüttert zu sein.

Kein Zweifel, dass die Ankunft von Wallace' Ternate-Manuskript entscheidend dafür war, dass Darwin endlich an die Öffentlichkeit ging. Doch im Unterschied zu John Brooks sind andere Historiker heute überzeugt davon, dass Darwin aus Wallace' Aufsätzen nichts gelernt hat, was er nicht zuvor schon selbst erkannte. Einige glauben angesichts der inzwischen deutlichen Unterschiede in ihren Auffassungen gar, dass Darwin überreagiert habe, als er Wallace' Ternate-Manuskript las. Darwins Angst, jemand sei ihm zuvorgekommen, entstand nur, weil er mehr in den Text von Wallace hineinlas, als dort tatsächlich stand, meint etwa der Darwin-Biograph Peter Bowler. Wie auch andere lässt er dabei allerdings den von Brooks betonten Umstand unberücksichtigt, dass Darwin etwa Anfang Juni 1858 den entscheidenden Abschnitt über die Divergenz grundlegend umgearbeitet hat. Seine Ideen könnten also durchaus durch Wallace' Artikel beeinflusst worden sein.

Über das Prinzip der Divergenz ist viel geschrieben worden. Allerdings zeigt schon die Anzahl dieser Publikationen, die einen ganzen Ordner füllen, dass auch heutige Forscher einige Schwierigkeiten haben, überhaupt zu verstehen, was Wallace oder Darwin eigentlich jeweils gemeint haben könnten mit diesem ominösen Prinzip der Divergenz. So eindeutig wie wir es heute sehen (oder einige Historiker sehen wollen), haben weder Wallace noch Darwin es möglicherweise verstanden und erst recht nicht in unzweideutigen Worten ausgedrückt. Wenn es anders wäre, gäbe es die vielen Artikel und Bücher über just diesen Aspekt im Wettlauf um die Evolutionstheorie gar nicht. Heute betonen einige Historiker gern den Unterschied zwischen der sogenannten »taxonomischen Divergenz«, also den Differenzen innerhalb einzelner Varietäten und Arten einerseits, und dem eigentlichen »Prinzip der Divergenz« andererseits, also jenem Prozess, der unterschiedliche

Arten erst hervorbringt. Was genau Wallace und Darwin sich davon jeweils vorgestellt haben, ist für uns heute trotz allen Nachdenkens darüber nur schwer dingfest zu machen.

Bleiben wir bei den offenkundigen Fakten und der sich verdichtenden Erkenntnis: Darwin hat in nicht unerheblichem Maße sein Manuskript zum Arten-Buch und seine Selektionstheorie verändert und präzisiert. Und zwar in einer kritischen Zeit, in der er sowohl nochmals Kenntnis von Wallace' Sarawak-Aufsatz nimmt als auch unmittelbar in jenen Tagen, als er bereits von dessen Ternate-Manuskript Kenntnis gehabt haben könnte, eigentlich: gehabt haben müsste. Und dennoch: Es wird wohl für immer ein Rätsel bleiben, was sich im Juni 1858 wirklich in Down House zutrug. Unstrittig aber ist, dass sich Darwin in großer Gefahr sah, durch Wallace um das Primat der Originalität gebracht zu werden. Denn trotz aller Notizbücher, Essays, Briefe und halb fertiger Buchmanuskripte – Darwin hat zu diesem entscheidenden Zeitpunkt nichts wirklich fertig, was zur Publikation taugt.

»Die Theorie ist Ihre und allein Ihre«: Wallace' Beitrag, obgleich er nicht unwesentlich dazu beigetragen hat, die Biologiegeschichte zu revolutionieren, ist verblüffend kurz: kaum mehr als 4000 Worte (3764 Worte sind es im Original). Während er Wallace' Manuskript als *»bewundernswert und klar formuliert«* ansieht, wie er schreibt, hält Darwin von seinem eigenen Beitrag nur wenig. Vielleicht kein Wunder: Denn kurioserweise – und lange blieb dieser keineswegs unbedeutende Umstand von Historikern gänzlich unbemerkt – ist ein wichtiger Aspekt des delikaten Arrangements nicht geklärt.

Rätselhaft ist, wer eigentlich jene Passagen aus dem von Darwin bereits 1844 verfassten Essay auswählt, der immerhin 230 Seiten hat, und wer die entsprechenden Abschriften macht, aus denen am 1. Juli vorgetragen wird. Sicher ist nur, dass Hooker Ende Juni Darwin um Kopien seines Briefes an Asa Gray und um Auszüge eines Manuskripts bittet. Ein erhaltener Brief von Darwin belegt, dass diese Abschriften am Abend des 29. Juni 1858 per Boten an Hooker geschickt werden. Per Diener ist diese Post von

Down House in drei Stunden nach Kew Garden gelangt. Doch wir wissen nicht, was Darwin ihm am 29. Juni abends mit diesem Begleitbrief versehen tatsächlich schickt und in welcher Form. Offenbar haben Hooker und Lyell dann am 30. Juni wie besessen gearbeitet; denn am Abend jenes Tages schicken sie die Manuskripte dieser historischen Beiträge, nun von Hooker sauber abgeschrieben, mit einer gemeinsamen Erklärung an den Sekretär der Linnean Society, wo diese dann wie üblich am Abend des folgenden Tages, jenem denkwürdigen 1. Juli 1858, vorgetragen werden.

John Langdon Brooks vermutet aufgrund seiner Recherchen, dass nicht etwa Lyell oder Hooker, sondern Darwin selbst die entsprechenden Auszüge aus seinem Essay von 1844 vornimmt, nachdem er sich für diese Option entschieden hat. Dies muss offenbar in aller Eile und angesichts der besonderen familiären Ereignisse im Hause Darwins unter denkbar ungünstigen Umständen geschehen sein. Im Juni sind gleich zwei seiner Kinder erkrankt. Ohne Vorwarnung hat die Krankheit zuerst seine 15-jährige Tochter Henrietta, genannt Etty, getroffen. Was mit Fieber und Halsschmerzen beginnt, erweist sich schnell als Diphtherie, die damals in England grassiert. Unmittelbar darauf trifft es sein letztgeborenes Kind. Charles Waring ist erst 19 Monate alt und die Freude des inzwischen in die Jahre gekommenen Darwin und seiner Emma, die bei der Geburt immerhin schon 48 Jahre alt war. Überall im Land verlieren Eltern ihre Kinder, gerade die jüngsten, an Scharlach, der auch in der Grafschaft Kent epidemieartige Züge anzunehmen droht; im Örtchen Downe sind bereits drei Kinder erkrankt. Nach einer Woche heftigen Fiebers stirbt am Abend des 28. Juni 1858 auch Darwins jüngster Sohn Charles Waring an Scharlach.

Daher meint die Darwin-Biographin Janet Browne, dass es sehr wahrscheinlich eher Joseph Hooker gewesen sei, der solche Textpassagen aus dem Essay Darwins ausgesucht und arrangiert habe, die man dem Fachpublikum vorlesen konnte. Es ist dies letztlich eine höchst befremdliche Vorstellung angesichts der ersten öffentlichen Vorstellung jener Theorie, die die Welt verändern sollte. Wir wissen, dass Darwin die Druckfahnen seines Beitrags am 20. Juli durchgesehen und an Hooker zurückgeschickt hat. In seiner publizierten Version finden sich gegenüber den Essay-Auszügen viele Änderungen, die Darwin sicher erst jetzt vornimmt. Dass er seinen auf eigenartige Weise zusammengestoppelten Aufsatz nicht zur Publikation vorgesehen hat, vermerkt er ausdrücklich in einer Fußnote auf der ersten Seite (und da hat er bereits mehrere Hundert kleinere und größere Korrekturen vorgenomen!).

Am 20. Juli 1858, noch während des Familienurlaubs am Meer auf der Isle of Wight, beginnt Darwin, eine ausführliche Darstellung seiner Theorie der Evolution durch natürliche Selektion auszuarbeiten. Nicht ein mehrbändiges Opus soll es jetzt werden, wie ursprünglich mit der *»Natural Selection«* geplant. Stattdessen verfasst Darwin ein neues Manuskript, eine kompakte Darstellung seiner Ansichten; nur mehr einen *»Auszug aus einem Aufsatz über die Entstehung der Arten und Varietäten durch natürliche Zuchtwahl«*, wie er die Arbeit nennen will. Als die Familie Mitte August nach Down House zurückkehrt, steckt Darwin bereits tief in der Arbeit an diesem Auszug. Über Monate hinweg wird er fortan jeden Tag jeweils mehrere Stunden höchst konzentriert in seinem Arbeitszimmer an diesem Buchmanuskript schreiben, als ob ihm jemand im Nacken säße; und mit Wallace irgendwo dort draußen im fernen Archipel mag Darwin dies auch genau so empfunden haben. Nur kurz unterbrochen durch einen einwöchigen Kuraufenthalt in Moor Park im Oktober, bringt Darwin das Manuskript seines Buches in zehn Monaten zu Ende. Selbst als er im Februar 1859 einmal mehr erkrankt und ihn wieder Magenschmerzen und Erbrechen quälen, setzt er die Arbeit fort. *»Mein Geist ist eine Maschine geworden, wie geschaffen dafür, allgemeine Gesetze knirschend aus großen Tatsachensammlungen auszumahlen«*, wird er später in seiner Autobiographie über diese Zeit schreiben. Im Mai 1859 dann ist das Manuskript des Auszugs fertig, das Darwin an seinen Verleger John Murray in London schickt, bei dem er bereits zuvor Bücher publiziert hat. Der schlägt vor, den sperrigen Haupttitel zu verkürzen. So erscheint schließlich am 24. November 1859 Darwins epochales Werk *»On the origin of species by means of natural selection«*.

Es ist Darwins Meisterstück; kein anderes wissenschaftliches Buch hat jemals eine vergleichbare Wirkung gehabt. Ganz bewusst erwähnt Charles Darwin den Menschen – diese selbst ernannte und nur mehr vermeintliche Krone der Schöpfung – nur mit einem einzigen lakonisch-kryptischen Satz im Schlusskapitel seines Werkes. »*Licht wird auch fallen auf den Ursprung des Menschen und seine Geschichte.*« Ohnehin ist jedem Zeitgenossen im viktorianischen England klar, dass auch er Teil jener von Darwin beschriebenen Natur ist, in der alle Lebewesen mit Zähnen und Klauen um ihren Vorteil und ihr Überleben kämpfen.

Seitdem gilt Darwin als der Vater der Abstammungstheorie; und obwohl Alfred Russel Wallace den unmittelbaren Anstoß zu dessen Veröffentlichung gab, wird dieser fortan stets in Darwins Schatten stehen – nicht ohne eigenes Zutun. Wallace glaubte sogar, zu viel des Lobes für seinen bloßen Rohentwurf einer Evolutionstheorie erhalten zu haben. »*Was die Theorie der natürlichen Selektion selbst betrifft, so werde ich stets behaupten, dass sie tatsächlich Ihre und allein Ihre ist*«, schreibt er 1864 in einem Brief an Darwin. »*Sie haben sie in derart vielen Details ausgearbeitet, die ich niemals bedacht hatte, und zwar Jahre bevor ich auch nur den ersten Lichtstrahl auf diesen Gegenstand fallen sah. Mein Aufsatz hätte niemanden überzeugt oder wäre nur mehr als eine geistreiche Spekulation wahrgenommen worden, während Ihr Buch die Naturforschung revolutioniert hat.*«

Fazit: Rauchende Colts und Leichen im Keller?: Heutige Forscher wissen, dass ihr Streben, als Erster eine Entdeckung zu machen, nicht selten vom sportlichen Wettstreit zum Krieg um Priorität wird; und dass dabei gelegentlich auch ein kriminelles Niveau erreicht werden kann. Und nicht nur nach heutiger Sichtweise verstößt jenes heikle Arrangement einer gemeinsamen Verlesung von Wallace' Aufsatz mit Auszügen aus Darwins Essays gegen gute wissenschaftliche Praxis. Es war eine Manipulation, wenigstens was die Art und Weise betrifft, wie die Texte der beiden arrangiert und später herausgegeben werden. Dass dieser Verstoß mit dem Hinweis auf die enorme Tragweite einer damals ebenso revolutionären wie ketzerischen Transmutationstheorie gleichsam nachträglich gerechtfertigt werden kann, ist mehr als fragwürdig.

Selbst wenn Darwin nicht direkt profitiert hat und bei Wallace nichts fand, was er nicht schon längst wusste, so bleibt unbestritten, dass er dank der ebenso knappen wie klaren Darstellung durch Wallace seine Theorie und Idee an entscheidender Stelle noch verbessert darstellen kann. Dazu dient sicher der Einschub, in dem er das Prinzip der Divergenz präzisiert. Vielleicht rührt daher jenes Gefühl der Schuld, das er Wallace gegenüber nachweislich empfindet und das erst dieser von ihm nimmt, als er nachträglich die Ereignisse billigt. Erst dann fühlt sich Darwin wie von einer Last befreit; er wird Wallace großmütig und edel nennen – zweifelsohne ein Lob, das dieser vollauf verdient. Doch wie konnte es dann kommen, dass einer, der so großzügig ist, derart aus dem Bewusstsein vieler verschwunden ist?

Und was die vielen detaillierten Darstellungen betrifft, in denen Wissenschaftshistoriker wie Evolutionsbiologen versucht haben, die Gemeinsamkeiten und Unterschiede im Denken von Wallace und Darwin zu analysieren: Selbst wenn die Vorstellung, wie Divergenz und Selektion zusammenspielen, jeweils eine etwas andere ist, spielt dies für Darwin im Juni 1858 insofern keine Rolle, als er Wallace' Idee zumindest für die gleiche wie seine hält; sonst wäre die Ankunft von dessen Ternate-Aufsatz nicht ein solcher Schock für ihn gewesen. So sind es nicht die Unterschiede, sondern weit wichtiger die Gemeinsamheiten ihrer Theorie, die die weiteren Ereignisse vorantreiben.

Dass Wallace unabhängig von Darwin den Mechanismus des Artenwandels findet, zeigt, dass der Evolutionsgedanke wie auch andere großartige Entdeckungen gewissermaßen in der Luft liegt und mehrere zugleich danach angeln. Auch große Wissenschaftler sind in die Strömungen ihrer Zeit eingebettet, schweben nicht frei im Raum. Beinahe sämtliche große Ideen sind gleich mehrfach gefunden und entwickelt worden, unabhängig voneinander und im Wesentlichen zur gleichen Zeit. Doch ist Wallace in der besten denkbaren Position, die Theorie der Arten zu entdecken. Wäre es ihm nicht gelungen, wäre es vielleicht ein anderer geworden; fraglich nur, ob noch rechtzeitig vor Darwins Veröffentlichung.

Eines wird sich Wallace zeit seines Lebens zugutehalten: Ohne ihn hätte Darwin sein Werk noch lange nicht publiziert und wohl auch nicht in einer straffen und gut lesbaren Version abgefasst. Dazu gibt erst Wallace den Anstoß. Und doch feiern wir Darwin zu Recht. Sein Verdienst bleibt es, eine solide Argumentation und jene Beweisstruktur geliefert zu haben, mit der er seine Theorie erstmals untermauert hat. Wallace sieht im Rausch seiner ersten Entdeckung nur jene Tatsachen, die sich harmonisch in seine Gedanken eingliedern. Darwin dagegen erwägt auch Aspekte, die sich nicht so leicht einfügen. Dass er viele Fragen eingehend durchdacht und abgewogen hat, macht sein Buch später beinahe unangreifbar, erleichtert es in jedem Fall aber, Einwände zu entkräften. Unbestritten ist Wallace' Rolle als Mitentdecker der Evolutionstheorie; doch in seine Rolle als Mitbeschreiber und Verfechter dessen, was Evolution mittels natürlicher Selektion tatsächlich im Einzelnen ausmacht, in diese Rolle wird er erst nach seiner Rückkehr nach England allmählich hineinwachsen.

Darwin bösartigen Betrug vorzuwerfen geht in jedem Fall zu weit. Zwar mögen die Umstände der ersten Veröffentlichung ihrer Evolutionstheorie eigenartig sein, sehr wohl ein delikates Arrangement, bei dem sich niemand die Mühe machte, Wallace um Zustimmung zu bitten. Doch Darwins Ruf und Ruhm stützt sich nicht allein auf diese gemeinsame Aufsatz-Veröffentlichung im Juni 1858; sondern vielmehr auf sein Lebenswerk und seinen großartigen Gedanken einer Auslese in der Natur, sei es die natürliche oder die geschlechtliche Zuchtwahl. Mag Darwin letztlich bekommen haben, was er wollte; es ist zweifellos etwas, was ihm zusteht. Auch Wallace hat genau das bekommen, was er wollte: wissenschaftliche Anerkennung und die Aufnahme in den Kreis der führenden viktorianischen Naturforscher. Für ihn ist der Ternate-Aufsatz letztlich nur eine Episode in seinem langen und bewegten Leben. Als er nach England zurückkehrt, ist er noch ein vergleichsweise junger Mann, der noch fünfzig seiner über neunzig Jahre vor sich hat.

Und so endet unsere Geschichte, in der zugegeben noch immer viele Fragen unbeantwortet sind. Ob es tatsächlich eine Verschwörung gab? Hat Darwin Wallace wirklich übervorteilt und ist dieser durch die gemeinsame Veröffentlichung benachteiligt worden? Eine bessere Antwort mag in den fehlenden Dokumenten und Briefen liegen. Bis sie gefunden werden, ist alles andere Spekulation. Wer diese Briefe findet, vielleicht auf einem Dachboden oder anderswo, kann vielleicht einmal unsere Fragen beantworten; vielleicht werden diese Antworten aber auch niemals gefunden.

Das Ende der Expedition: Als Darwins Arten-Buch im November 1859 erscheint, ist Wallace noch immer unterwegs in der Inselwelt der Molukken, auf der Jagd nach neuen Schmetterlingen und den Paradiesvögeln. Auf Darwins Veranlassung schickt der Verleger John Murray ein Exemplar des Buches an Wallace. Der gratuliert Darwin dazu unmittelbar nach Erhalt Mitte Februar des darauffolgenden Jahres (von der Insel Ambon aus). Wallace wird die *»Entstehung der Arten«* in den folgenden Monaten *»fünf- oder sechsmal mit wachsender Bewunderung«* lesen, wie ein Chronist vermerkt; und er ist zunehmend beeindruckt davon, wie Darwin alle Überlegungen zusammengeführt hat. Der antwortet Wallace am 18. Mai 1860: *»Sie müssen mir gestatten, Ihnen zu sagen, wie sehr ich die hochherzige Art bewundere, mit welcher Sie über mein Buch schreiben.«* Doch spräche er, Wallace, viel zu bescheiden von sich selbst. *»Sie würden, wenn Sie freie Zeit gehabt hätten, die Arbeit genauso gut, vielleicht noch besser getan haben, als ich sie gemacht habe.«*

Doch da ist Wallace entschieden anderer Ansicht. In einem Brief an Henry Bates im Dezember 1860, der sich auch in seinen Lebenserinnerungen findet, bekennt Wallace: *»Ich glaube aufrichtig, dass, mit wie viel Geduld ich immer gearbeitet hätte, ich niemals die Vollständigkeit dieses Buches, seine Evidenz, seinen Ton und Geist hätte erreichen können. Ich glaube, dass es noch nie eine so vollständige Illustration eines neuen Zweiges der menschlichen Erkenntnis durch die Arbeit eines einzelnen Mannes gegeben hat.«* Und an seinen lebenslangen Freund George Silk schreibt Wallace: *»Mr Dar-*

win hat der Welt eine neue Wissenschaft geschenkt, und meiner Meinung nach sollte sein Name über denen aller Philosophen der Antike und der Neuzeit stehen. Man kann ihn nicht genug bewundern!!!« Drei Ausrufungszeichen bis heute.

Während Darwin in England die Früchte seines jahrzehntelangen angestrengten Überlegens und seines jahrelangen fleißigen Schreibens erntet, nutzt Wallace den wirtschaftlichen Erfolg seiner Aru-Expedition, die ihn mit ausreichend Mittel versorgt, um noch zwei weitere Jahre kreuz und quer durch die Inselwelt der Molukken zu reisen, unter abenteuerlichen Verhältnissen, die mehr als einmal sein Leben in Gefahr bringen. Erst 1861 wird Wallace über Celebes und Java den Rückweg antreten. Zuvor ist die Insel Bacan (oder Batchian, wie sie bei Wallace heißt) einer der Höhepunkte im Osten des Archipels, wo er – wie sollte es anders sein – von Oktober 1859 an für einige Monate vor allem wieder Jagd auf Paradiesvögel macht; machen lässt, um genau zu sein. Denn eines Morgens kommt sein Gehilfe Ali mit einem ganz eigenartigen Beutestück zurück.

»Ich sah einen Vogel mit einer Fülle prächtiger grüner Federn auf der Brust, die in zwei glitzernden Büscheln ausliefen; aber unverständlich waren mir ein Paar langer weißer Federn, welche aus jeder Schulter gerade heraussteckten. Ali versicherte mir, dass der Vogel sie selbst so herausstrecke, wenn er mit seinen Flügeln flattere, und dass sie so geblieben, ohne dass er sie berührt. Ich merkte nun, dass ich eine schöne Beute gemacht hatte und dass es eine vollkommen neue Form des Paradiesvogels war, die höchst auffallend von jedem anderen bekannten Vogel abwich.« Wallace beschreibt ihn seitenlang in allen Einzelheiten und hält ihn für einen der wundervollsten Vögel nicht nur dieser kleinen Insel. Er erkennt ganz richtig, dass es nicht nur eine neue Art, vielmehr eine neue Gattung sein dürfte. *»Ganz anders als irgendeiner der bisher bekannten Paradiesvögel, sehr merkwürdig und sehr hübsch noch dazu«*, berichtet er begeistert auch an Stevens. *»Wenn ich ein paar mehr von ihnen werde erlegen können, schicke ich sie auf der Landroute, damit Sie herausfinden können, was ein neuer Paradiesvogel auf dem Markt wert ist«*, schreibt Wallace und erwartet wenigstens 25 Pfund das Stück.

Es mag uns erstaunen und nachdenklich machen, was Wallace dann von Bacan schreibt, kaum dass er zuvor das Evolutionsprinzip gefunden hat und inzwischen weiß, welches Aufsehen es erregt. *»Ich betrachte diesen Fund des neuen Paradiesvogels als die größte Entdeckung, die ich bislang gemacht habe.«* Nun gut, es ist die einzige unter den bis dahin zwölf bekannten Paradiesvogelarten, die auf den Molukken vorkommt (sie sind ansonsten auf Neuguinea, die unmittelbar umliegenden Inseln und den äußersten Nordosten Australiens beschränkt). Der Ornithologe George Gray am Britischen Museum in London wird diesen Paradiesvogel von Bacan, der sich tatsächlich als Vertreter einer neuen Gattung herausstellt, nach seinem Entdecker *Semioptera wallacei* oder Wallace' Standartenflügler benennen.

Derweil erlebt Wallace auf Bacan noch einen jener glücklichen Momente im Leben eines Insektenjägers, als er ein Exemplar des feurig orange- und samtfarbenen *Ornithoptera croesus* fängt. Über das prachtvolle Exemplar dieses neuen *»vogelflügeligen Schmetterlings, dem Stolz der östlichen Tropen«* schreibt er in seinem Reisebericht eine jener Passagen, in der die Besessenheit desjenigen zu spüren ist, der sich der Faszination der Natur nicht entziehen kann: *»Die Schönheit und der Glanz dieses Insekts sind nicht zu beschreiben, und nur ein Naturforscher wird die intensive Erregung nachvollziehen können, die ich empfand, nachdem ich es endlich gefangen. Als ich den Schmetterling aus dem Netz nahm und die prachtvollen Flügel entfaltete, begann mein Herz heftig zu schlagen, das Blut stieg mir zu Kopfe und ich fühlte mich einer Ohnmacht viel näher als in all den Momenten, in denen ich in Lebensgefahr geschwebt hatte. Den Rest des Tages hatte ich Kopfschmerzen, so groß war die Aufregung über etwas, was den meisten Menschen als eine sehr unzureichende Ursache dafür erscheinen mag.«*

England –
Der menschliche Geist
(1862–1876)

Diesmal will er nicht mit leeren Händen heimkommen, sogar lebende Paradiesvögel sollen die Ankunft in England zum Triumph machen. Doch einfach ist das nicht: Letztlich retten Kakerlaken jene beiden Paradiesvögel, denen Wallace wiederum eine Erste-Klasse-Rückfahrt von Singapur verdankt. Kein Wunder, dass er alle Anstrengungen unternimmt, sie am Leben zu erhalten; wenn nötig, geht er dafür auch in einer Bäckerei in Malta auf Schabenfang.

Während der Überfahrt nach Bombay kann Wallace bei einem kurzen Aufenthalt in Galle auf Ceylon noch einmal seinen Vorrat an frischen Früchten, vor allem Bananen, für die beiden Vögel aufstocken. So halten sie bis Suez durch. Es macht Wallace einige Schwierigkeiten, die Tiere mit Insektennahrung zu versorgen. *»Denn auf den ›Peninsular and Oriental Steamers‹ waren Schaben selten und nur dadurch, dass ich Fallen in den Vorratsräumen aufstellte und jeden Abend eine Stunde an dem Vorderkastell jagte, konnte ich ein paar Dutzend dieser Geschöpfe bekommen – kaum genug für eine einzige Mahlzeit.«* Dann bleibt er die ganze Nacht bei ihnen im Gepäckwaggon, in dem sie die Wüste bis Kairo durchqueren, stets darauf bedacht, das unterwegs sich langsam entwickelnde Prachtgefieder der noch jungen Tiere sauber zu halten; was keineswegs eine leichte Aufgabe ist. *»Sie machen immens viel Schmutz«*, notiert Wallace unterwegs. Im Mittelmeer wird es kühler und damit für die Vögel kritisch. Der mehrtägige Zwischenstopp auf Malta verschafft Wallace dann die mehr als willkommene Gelegenheit, sich mit einer ordentlichen Menge an Kakerlaken für die Paradiesvögel einzudecken. In einer Bäckerei irgendwo in der Altstadt von Malta macht er reiche Beute; die Schaben, in verschiedenen Bisquitbüchsen verpackt, sichern die Überfahrt bis Marseille. Bei jedem Halt schickt Wallace Telegramme nach London: *»Beide Paradiesvögel wohlauf. Erwarte Ihre Instruktionen«*. Keine Antwort, auch nicht als er mit den Tieren nach einer Nachtfahrt mit dem Zug bei strengem Frost Ende März in Paris ankommt. Wieder kabelt er an den Sekretär der Zoologischen Gesellschaft, Philip Sclater, für den die Tiere bestimmt sind. *»Ankomme London Bridge, den folgenden Mittag. Bringen Sie Schaben«*.

Am 1. April 1862 ist Wallace zurück in England; die beiden Paradiesvögel leben und werden zur großen Attraktion. Bisher ist es überhaupt nur ein einziges Mal gelungen, einen lebenden Paradiesvogel nach England zu bringen; er starb vor vierzig Jahren in Windsor. Wallace hat offenbar ein glückliches Händchen für die Tiere – und das Talent für ein besonderes Geschäft.

Einst hatte er es mithilfe von Sir Roderick Murchison irgendwie hinbekommen (beinahe eine Ewigkeit ist das her), dass die Geographen-Vereinigung ihrer Majestät ihm eine Erste Klasse-Passage nach Singapur bezahlt. Diesmal hatten die Paradiesvögel für die komfortable Überfahrt gesorgt. Lebende Tiere nach London zu bringen ist vielleicht auch der dickköpfige Versuch Wallace', die traumatischen Bilder ein für alle Mal aus seinem Kopf zu verbannen, die ihn seit dem gescheiterten Versuch am Ende seiner Amazonas-Reise verfolgen: Tiere, die sich in heller Aufregung am Bug des brennenden Schiffes im Atlantik vergeblich vor den Flammen zu retten versuchen; die Bilder des Papageien, der mit angesengtem Gefieder ins Meer stürzt.

Nach eigenem Bekunden sind Paradiesvögel stets eines der wichtigsten Motive für Wallace gewesen, durch die Inselwelt bis ans Ende des Archipels zu reisen. Dank ihrer fremdartigen Schönheit sind sie seit Langem begehrte Prunkobjekte im Inselreich ebenso wie in Europa. Verstärkt wird ihr Mythos durch die höchst fremdartige Welt, aus der sie stammen – Aru, Bacan, Weigeo und die große unerforschte Insel Neuguinea. Wallace ist es gelungen, Paradiesvögel nicht nur als Balg zu erhalten, sondern sie sogar selbst mehrfach an ihren Lebensorten aufzuspüren und zu beobachten. In seinem Reisebericht wird er später ein langes Kapitel den verschiedenen Arten dieser Vögel widmen, denen er während seiner Wanderjahre im Archipel begegnet ist; eine wichtige systematische Abhandlung dieser mythenumwobenen Vogelgruppe. Die größte Trophäe aber ist es, sie lebend mit nach London zu bringen.

Noch im Archipel bittet er seinen Agenten Samuel Stevens, sehr geschäftsmäßig und bestimmt, einen Handel zu verabreden, vielleicht mit einer Firma, die Ausstellungen im Crystal Palace betreibt, oder der Zoologischen Gesellschaft. Eine Erste-Klasse-Passage ab Singapur für ihn, wenn er Paradiesvögel lebend mitbringt; hundert Pfund dazu für den ersten Vogel, die Hälfte für den zweiten und fünfundzwanzig für jeden weiteren. »*Wenn sie den Preis nicht zahlen wollen, werde ich mir die Mühe nicht machen, selbst wenn ich die Vögel hier für nichts bekommen sollte*«, schreibt er an Stevens. Der kann schließlich den Sekretär der Zoological Society für den Handel erwärmen. In seinem späteren Reisebericht wie auch seinen Lebenserinnerungen erspart Wallace dem Leser diesen ökonomischen Aspekt und lässt es beinahe wie zufällig wirken, dass er die Tiere bekommt. »*Während ich in Singapur auf die Rückfahrt mit dem Dampfschiff nach England wartete, erwarb ich zwei lebende Kleine Paradiesvögel.*« (Wallace nennt sie noch *Paradisaea papuana;* heute werden diese zur im Norden Neuguineas weitverbreiteten *P. minor* gerechnet.) Dabei ist das Unterfangen von langer Hand geplant. Bereits bei seiner letzten Expedition im Archipel, als er von Juli bis September 1860 auf der Neuguinea vorgelagerten Insel Weigeo unterwegs ist, versucht er dort – wenngleich vergeblich –, den einzigartigen Roten Paradiesvogel *(Paradisea rubra)* lebend zu fangen. Und auch im folgenden Jahr verliert er die Idee nicht aus den Augen; als er im November 1861 auf Sumatra ankommt, hört er von jenen zwei lebenden Paradiesvögeln, die er dann im Februar 1862 tatsächlich nach einigen Verhandlungen für zusammen knapp neunzig Pfund erwerben kann. Während ein Siamang (ein wie andere Gibbons auch mit den Menschen verwandter Affe), den er von Singapur aus ebenfalls lebend auf die Reise nach England schickt, auf der viermonatigen Schiffsfahrt rund ums Kap der Guten Hoffnung verstirbt, kümmert sich Wallace höchstpersönlich um das Wohlergehen seiner beiden Passagiere. Nicht zuletzt geht es ihm auch ums Geld. Hundertfünfzig Pfund plus Ausgaben (nicht für die Kakerlaken, aber für Käfige und anderes) sowie die Überfahrt wird die Zoological Society in London ihm zahlen, ein netter Profit. Bereits im März 1862, da ist er noch in Malta, macht sie Wallace überdies zum *Fellow,* einem respektierten Mitglied der Gesellschaft, sogar der übliche Jahresbeitrag wird ihm erlassen.

Für Wallace verkörpern die Paradiesvögel jedoch nicht nur den Erfolg des Naturaliensammlers, als der er einst losgezogen ist. Sie stehen auch für das, was er als beobachtender Naturforscher im Archipel erreicht und entdeckt hat. Gerade diese Tiere sind der lebende Beweis für die natürlichen Reichtümer im Archipel; faszinierende Beispiele für die überbordende Formenvielfalt und Artenfülle tropischer Regionen und für jene Wunder der Tierwelt, die der Artenwandel und die natürliche Auslese hervorgebracht haben. Die beiden Paradiesvögel, die dann in einem großzügigen Vogelgehege in London gezeigt werden, stehen symbolisch auch für die erfolgreiche große Expedition, von der der Wanderer endlich zurückkehrt. Zugleich stehen sie für den neuen Blick, mit dem die Naturforschung dank Wallace und Darwin neuerdings die Welt und die Natur betrachtet.

Die Rückkehr des Wanderers: Als Wallace an den Amazonas reist, ist er fünfundzwanzig. Als er im April 1862 aus dem Malayischen Archipel zurückkehrt, ist er neununddreißig. Zwölf dieser vierzehn Jahre hat er auf Expedition verbracht. Am Ende ist er müde, ausgelaugt und gesundheitlich angeschlagen. Malaria und andere tropische Gefahren haben seinen Körper geschwächt; es ist ein Wunder, dass er die Strapazen überlebt hat. Zwischen Asien und Australien ist er in den letzten acht Jahren zu wenigstens achtzig

Einzelfahrten aufgebrochen, etwa eine pro Monat; und jedes Mal muss alles an Ausrüstung und Ausbeute wieder ein- und ausgepackt werden. Jetzt will Wallace nicht mehr länger mit dem gesamten Gepäck einer Expedition umherziehen. Es ist Zeit für ihn, an ein anderes Leben als an das eines Naturaliensammlers auf Reisen zu denken.

Seine Expedition quer durch den Malayischen Archipel war, keine Frage, *»das zentrale und entscheidende Ereignis in meinem Leben«*, wie Wallace resümiert; vor allem in ökonomischer Hinsicht ist es ein voller Erfolg, der ihm finanzielle Sicherheit für die kommenden Jahre und Jahrzehnte geben kann. Zudem ist er beinahe über Nacht so etwas wie eine Berühmtheit geworden; nicht nur als erfolgreicher Reisender, vielmehr als Mitbegründer der Selektionstheorie, dessen Rolle bei der Entstehung von Darwins Buch *»Origin«* in London gut bekannt ist, wenigstens in den Fachkreisen. Als Wallace zurückkehrt, verkauft sich Darwins Werk bereits in der dritten Auflage, der Autor ist auf dem Weg zu weltweitem Ruhm – und weltweiter Beschimpfung. Ihre Theorie hat auch viele Anhänger jenseits des Ärmelkanals gewonnen (wie etwa in Deutschland Ernst Haeckel) und jenseits des Atlantiks (obgleich ihr etwa Asa Gray dort immer noch verhalten gegenübersteht). Dennoch ist die Abstammungstheorie weiterhin höchst umstritten. Der Schöpfungstheorie hängen in England keineswegs nur bornierte Bischöfe der anglikanischen Kirche an, so ein Chronist; auch profunden Denkern unter den Wissenschaftlern widerstrebt der materialistische Grundgedanke in Darwins Buch.

Wallace steht weniger im Kreuzfeuer. Darwin erwähnt dessen historische Beteiligung am Zustandekommen der neuen Theorie in der neu verfassten historischen Einleitung, die er ein Jahr zuvor der dritten Auflage seines Werkes über *»Die Entstehung der Arten«* vorangestellt hat, nur in einem einzigen kurzen Satz. Immerhin; es ist für lange Zeit das einzige Mal, dass Wallace bei Darwin überhaupt seinen Namen im Zusammenhang mit der Entwicklung der Ansichten von der Entstehung der Arten liest. Weiter geht Darwin auch bei anderen wichtigen Quellen nicht, aus denen er Anregungen zu seiner Idee erhalten hat. Eine Unterlassung, die ihm Historiker später zu recht vorwerfen werden.

Dem persönlichen Verhältnis zwischen Alfred Russel Wallace und Charles Darwin tut dies allerdings keinen Abbruch. Darwins Einladung an Wallace, ihn auf seinem Landsitz in Down House zu besuchen, erreicht diesen bereits in den ersten Tagen nach seiner Rückkehr, am 7. April 1862. Wenige Wochen später, nachdem Wallace eingerichtet ist und sich etwas erholt hat, macht er sich zu Darwin auf; eine historische Begegnung, von der wir indes nichts weiter wissen. Nur so viel: *»Was mir bei Mr Wallace am meisten auffällt«*, notiert Darwin später, *»ist, dass er mir gegenüber gänzlich ohne Eifersucht ist: Er muss eine ausgesprochen gute und noble Einstellung haben. Was höher zu werten ist als bloßer Verstand.«* Offenkundig ist Darwin erleichtert. Und Wallace genießt die familiäre Atmosphäre im Hause Darwins und die Spaziergänge mit diesem entlang jenes legendären *»sandwalks«* am Rande seines Landsitzes, der durch ein kleines Wäldchen führt und von dem aus sie auf die wellige Hügellandschaft Kents blicken können. Hier hat Darwin spazierengehenderweise viele seiner Ideen entwickelt.

Zwar ist Darwin in den kommenden Jahren nur selten noch in London; doch wenn es seine Gesundheit erlaubt, treffen Wallace und er sich immer wieder einmal zum Lunch, oder er besucht Wallace in dessen Haus, um seine Naturalienschätze zu bewundern. Beide pflegen ihre freundschaftliche Verbindung über all die Jahre und trotz mancher Meinungsverschiedenheiten, die sie bei der einen oder anderen wissenschaftlichen Frage durchaus haben werden. *»Alles Verdienst, auf das ich einen Anspruch erhebe, ist, dass ich Ihnen die Veranlassung gegeben habe, sogleich zu veröffentlichen«*, schreibt Wallace an Darwin. Der spricht in seinen späten Lebensjahren von der Selektionstheorie als von Wallace' und seiner Theorie. Und in seinen Lebenserinnerungen notiert Darwin, vielleicht mit dem Abstand vieler Jahre nicht mehr ganz wahrheitsgemäß: *»Ich habe mich nie darum gekümmert, ob die Menschheit mich oder Wallace für den originaleren hielt; und sein Essay half ohne Zweifel bei der Rezeption der Theorie.«*

Wallace bleibt bescheiden und schätzt seine Rolle in einem

Brief an seinen Freund Bates so ein: »*Niemals hätte ich die Vollständigkeit seines Buches erreichen können. … Ich bin wirklich dankbar, dass es nicht mir überlassen blieb, diese Theorie öffentlich zu vertreten. Mr Darwin hat eine neue Wissenschaft begründet und eine neue Philosophie.*« In einem weiteren Brief 1869 vergleicht er Darwin mit einem Armeeführer, sich selbst dagegen sieht er gleichsam nur als Guerilla-Kämpfer und wiederholt nochmals: »*Ich bin froh, dass Darwin sich des Studiums dieses Themas bereits viele Jahre vor mir angenommen hat, und dass es nicht mir überlassen wurde, es zu versuchen und bei einem großen Werk zu scheitern, dessen er sich auf bewundernswerte Weise angenommen hat.*« Im selben Jahr wird Wallace auch sein wichtigstes Buch veröffentlichen: »*The Malay Archipelago*«. Er widmet es Charles Darwin, »*nicht nur als Zeichen persönlicher Achtung und Freundschaft, sondern als Ausdruck meiner tiefen Bewunderung für seinen Genius und seine Werke*«. Bis zu Darwins Tod 1882 pflegen beide einen regen Briefwechsel. Und schließlich wird Wallace in seiner ihm eigenen selbstbescheidenen Weise mit seinem 1889 erscheinenden gleichnamigen Buch den Begriff »*Darwinismus*« für ihre gemeinsame Evolutionstheorie etablieren.

Die Sammlung des Privatgelehrten: Durch den Verkauf seiner riesigen Naturaliensammlung voller begehrter Stücke wird Wallace zwar nicht zum gemachten Mann; doch kann er davon für die nächsten Jahre auskömmlich und ohne finanzielle Sorgen leben. Stevens hat Wallace' Anteil am Verkaufsgewinn in indische Eisenbahnaktien investiert und verschafft ihm so ein jährliches Einkommen von etwa 200 bis 300 Pfund. Bereits während der Rückreise hat Wallace von Java aus in einem Brief an seine Familie Pläne für die Zukunft geschmiedet. Das Cottage der Mutter ist zu klein, er braucht Raum zum Arbeiten, um die Ausbeute seiner Reise zu verstauen und das Material seiner Sammlung zu bearbeiten. So erwirbt seine Schwester Fanny für sie ein größeres Haus, etwas außerhalb Londons in einem Vorort im Westen. Hier in Westbourne Grove Terrace (das Haus steht noch heute) wird Wallace gemeinsam mit seiner Schwester und ihrem Mann Thomas

Sims für die kommenden Jahre leben. Im Jahr 1865 zieht er dann gemeinsam mit seiner Mutter in ein Haus in St. Mark's Crescent, nahe dem Regent's Park und nur einen kurzen Gehweg zum British Museum, den Bibliotheken und vor allem den Sitzungsräumen der gelehrten Gesellschaften entfernt. Hier wird ihn neben Darwin vor allem Charles Lyell immer wieder einmal besuchen; auch mit ihm pflegt Wallace in London eine freundschaftliche Beziehung.

In dem Haus in Westbourne Grove, in einem großen leeren Raum im oberen Stockwerk, bringt er jetzt erstmals wieder seinen großen Schatz zusammen. Denn neben den zum Verkauf bestimmten Stücken und Dubletten hat Wallace während der jahrelangen Reisen auch immer für seine eigene, ganz private Sammlung versucht, von jeder neu gefundenen Art wenigstens ein, gern auch mehrere Stücke zu behalten. In Dutzenden von Kästen und Kisten hat er diese von unterwegs aus an Samuel Stevens geschickt, unübersehbar stets mit *»private«* markiert und mit der Instruktion versehen, sie für ihn sicher zu verwahren. Jetzt macht sich Wallace daran, diese private Sammlung aufzuarbeiten. Seit ihrer Ankunft sind die Frachtkisten ungeöffnet; vieles vom dem, was er darin findet, hat er selbst seit fünf oder sechs Jahren nicht mehr gesehen. Er wird alles in Ruhe sichten und sortieren, die Stücke ausbreiten und nach einer allgemeinen Klassifizierung ordnen. Es sind, nach Wallace' überschlägiger Schätzung, dreitausend Vogelbälge von ungefähr tausend Arten, vielleicht zwanzigtausend Schmetterlinge und Käfer von etwa siebentausend Arten; dazu noch die Schalen von Landschnecken und einige ausgestopfte Säugetiere. Viele der Tiere sind der Wissenschaft noch unbekannt und harren darauf, von Wallace oder anderen Forschern beschrieben zu werden. Das Auspacken ist anstrengend, eine *»grobe und schmutzige Arbeit«*. Er merkt, wie angeschlagen er gesundheitlich durch die jahrelangen Strapazen und die vielfältigen Entbehrungen ist, die schlechte Ernährung unterwegs auf abgelegenen Inseln, die tropischen Krankheiten. Wann immer es in den folgenden Jahren in England zu einem Wetterumschwung kommt, ist Wallace höchst anfällig für Fieber und Schüttelfrost.

Die ersten Jahre verbringt er so beinahe täglich mit der Aufarbeitung seiner Sammlung. Bald wird das Material den ganzen Raum einnehmen; es ist eine der größten Privatsammlungen, und sie wird für Aufsehen unter den Naturforschern Londons sorgen. Im geräumigen Studio seines Schwagers (der sich endlich als Photograph etabliert hat) richtet Wallace kurz nach seiner Rückkehr eine kleine öffentliche Ausstellung ein. »*Als die ganze Serie der bunten Papageien, der Tauben, der Paradiesvögel und anderer auf den Tischen mit weißem Papier ausgelegt war, hätte der Anblick ihrer wunderbaren Farben, eigentümlichen Formen und ihrer exquisiten Beschaffenheit durch nichts übertroffen werden können*«, schwärmt Wallace. Jahre später wird er damit beginnen müssen, auch Teile dieser Privatsammlung zu verkaufen, um die Einnahmen aus den Eisenbahnanteilen aufzustocken. Das Leben in London ist teuer, und die Aktien sind angesichts der ökonomischen Risiken auch der damaligen Zeit allein keine verlässliche Einnahmequelle.

Anfangs widmet sich Wallace akribisch der systematischen Bearbeitung seiner Vögel, Schmetterlinge und Käfer. So entstehen in den ersten Monaten und Jahren in kurzer Folge Einzelarbeiten etwa zu den Paradiesvögeln und den Schmetterlingen des Malayischen Archipels. Diese trägt er bei den Sitzungen der wichtigsten Gesellschaften in London vor – der Zoological, Entomological und Geographical Society sowie der Linnean Society. So viel Selbstvertrauen er mittlerweile auch gefunden haben mag, er ist weiterhin schüchtern und steht bei diesen Gesellschaftsabenden nicht gern im Mittelpunkt der Aufmerksamkeit. Seine Sache ist die schriftliche Ausarbeitung des Gegenstandes. Dazu besucht er oft die Sammlungen des Britischen Museums, insbesondere die ornithologische Abteilung. Dort wird George Gray viele der von Wallace gesammelten Vögel beschreiben, darunter beispielsweise jenen Standartenwimpelträger, den einzigen Paradiesvogel von den Molukken. Überhaupt wird Wallace es später anderen überlassen, die Tiere seiner reichen Sammlung weiterzubearbeiten. Die darin verborgenen neuen Arten einzeln zu beschreiben wird für ihn eine »*vergleichsweise nutzlose Beschäftigung*«, wie Wallace später notiert. Sie ist es nicht; doch bedeuten jahrelange Expeditionen auch jahrzehntelanges Aufarbeiten; eine Tätigkeit, die sich – ähnlich wie bei Darwin, Humboldt und anderen – bis weit in seinen Lebensabend erstreckt hätte, wären nicht andere Fachleute bei einzelnen Tiergruppen zu Hilfe gekommen.

Wallace selbst verschafft diese Reise vor allem intellektuelles Kapital. Denn auf der Aufarbeitung fußen jene wichtigen Veröffentlichungen, die seinen Nachruhm begründen werden. Natürlich hat Wallace, wie wir gesehen haben, bereits von unterwegs viel geschrieben und während der vergangenen acht Jahre seiner Reise immerhin 38 Artikel und sogenannte *Letter* veröffentlicht, also separat gedruckte Auszüge aus Briefen über seine Exkursionen und Entdeckungen. Seine weiteren Publikationen belegen Wallace' außerordentliche intellektuelle Aktivität auch in den nachfolgenden Jahren; zusammen sind es mehr als 747 Aufsätze und Arbeiten, die zwischen 1848 und 1913, also über sechzig Lebensjahre hinweg, erscheinen; durchschnittlich zwölf Publikationen in jedem Jahr, wie einer seiner Biographen akribisch ermittelt hat. Vom Jahre 1862 an sind es sogar 13,5 Aufsätze pro Jahr – Wallace ist unbestritten einer der produktivsten Wissenschafter seiner Zeit (übertroffen ein Jahrhundert später nur von emsigen Essayisten wie etwa Stephen Jay Gould mit durchschnittlich 17,4 Arbeiten pro Jahr, und vergleichbar mit einem Ernst Mayr, Jared Diamond oder Edward O. Wilson). Dabei schreibt Wallace leicht, flüssig und gut lesbar – nicht nur in seinen wissenschaftlichen Fachartikeln, sondern auch vor allem in den 22 Büchern. Neben der reinen Zahl erstaunt bis heute die breite Palette an Themen aus Biologie, Geographie, Geologie und Anthropologie, zu denen er wichtige Beiträge liefert.

Bald nach seiner Rückkehr schlägt Wallace ein neues Kapitel seiner publizistischen Tätigkeit auf. *»Ich habe mich den großen Generalisierungen gewidmet«*, schreibt er rückblickend in seinen Lebenserinnerungen. Er weiß sehr wohl um seine besondere Begabung, allgemeine Schlüsse aus vielen Einzeltatsachen zu ziehen. Doch welchem großen Vorhaben soll er sich nun als Erstes widmen? *»Sicher ist es verwirrend, sich entscheiden zu müssen, mit welchem Thema Sie beginnen werden …«*, mutmaßt Darwin ebenso beiläufig wie höflich in einem Brief; auch er ist wohl neugierig, was Wallace in Angriff nehmen wird. Anders als man vielleicht erwarten sollte, wird dieser jedoch in den ersten Jahren in London kaum ein Wort zu Evolution und Selektion schreiben; stattdessen stehen anfangs biogeographische Betrachtungen im Vordergrund – und natürlich sein großer Reisebericht über den Archipel. Vor allem aber wird sich Wallace für den Menschen interessieren. Und unabhängig von theoretischen Erwägungen rücken diese auch ganz unmittelbar und in einer bis dahin von ihm erstaunlich lange vernachlässigten Weise in den Fokus. Wallace wird heiraten, wenngleich erst nach einem äußerst frustrierenden Fehlstart.

Heirat und Familie: Noch unterwegs hat Wallace sich nicht nur über seinen späteren Wohnort Gedanken gemacht. An George Silk, seinen Jugendfreund aus der Zeit in Hertford, schreibt er in einem Brief aus Singapur seine privaten Gedanken über Frauen und die Ehe; doch ohne konkrete Pläne ist er da noch jener sprichwörtliche Blinde, der von der Farbe redet. *»Ich glaube, eine gute Ehefrau ist der größte Segen, dessen sich ein Mann erfreuen kann, und der einzige Weg zum Glücklichsein.«* Früher hatte er Silk gegenüber einmal die Ansicht vertreten, dass es für ihn eine unverzichtbare Notwendigkeit sei, seine Ehefrau als intellektuelle Partnerin zu sehen. Jetzt nach längerem Nachdenken und der Einsamkeit seiner acht Jahre im Archipel hat er seine Meinung offenbar geändert. *»Sollte ein guter Stern mir jemals eine einfühlsame, gütige und häusliche Frau schenken, sind Fähigkeiten und Leistung oder gar Bildung zweitrangig«*, so Wallace.

Allerdings gestaltet sich die konkrete Suche nach der Richtigen für ihn kaum einfacher als die nach einer neuen Paradiesvogelart. Sein Freund George Silk ist dabei behilflich; auf dessen Beharren hin wird Wallace Mitglied in einem Londoner Schachclub. Wie von Silk erhofft, macht er dort die entsprechende Bekanntschaft, in diesem Fall eines Mannes, den Wallace später nur »Mister L« nennen wird (und von dem findige Forscher inzwischen die Identität feststellen konnten; es ist ein gewisser Lewis Leslie, Gründer jenes Clubs). Der sich nun entwickelnden Episode räumt der ansonsten in privaten Dingen sich so bedeckt haltende Wallace in seiner Autobiographie erstaunlich viel Raum ein; die Geschichte muss ihm offenkundig sehr nahegegangen sein. Und sie geht so: Jener Mister L, verwitwet, hat zwei unverheiratete Töchter, von denen Wallace bald die ältere (Marion Leslie, auch ihren Namen verschweigt er seinen Lesern) zu umwerben beginnt; was er ausführlich schildert. Wir wollen die Szenen wie aus einem Roman der Jane Austen hier überspringen, die regelmäßigen Besuche bei der Familie, die Einladungen zum Tee und zum Dinner, die gemeinsamen Ausflüge. Bald macht sich Wallace Hoffnungen, die Dame seines Herzens könnte seine Frau werden. Es braucht ein Jahr, bis der noch immer schüchterne und in sich gekehrte Wallace, der sich bei Gesellschaften nicht wirklich wohlfühlt, seinen Mut zusammennimmt und die Tochter des Hauses um die Ehe bittet; in einem Brief, versteht sich, nicht etwa persönlich. Die Dame antwortet verhalten, weist sein Ansinnen vorerst zurück, aber nicht endgültig ab. Er solle in jedem Fall doch bitte weiter mit ihrem Vater Schach spielen.

Nach einem weiteren Jahr – wieder Szenen aus Austens Romanen – versucht es Wallace nochmals; doch schreibt er diesmal an den Vater, bittet darum, ihn in einer persönlichen Angelegenheit zu sprechen. Der macht ihm Hoffnung, sofern die finanzielle Seite der Verbindung sich zur Zufriedenheit regeln lässt. Damit wird die Verlobung offiziell, die auf uns eher wie ein Geschäftsabschluss wirkt, bei dem die Betroffene nicht einmal zugegen gewesen zu sein scheint. Miss L wird der Familie Wallace vorgestellt, er selbst trifft sich mit ihr im Haus des Vaters an zwei oder drei Tagen der Woche. Alles nicht sehr aufregend, wenigstens nicht für uns heute. Aber immerhin, der Hochzeitstermin wird festgelegt und die nötigen Vorbereitungen getroffen.

So nüchtern die Beziehung begonnen wurde, so unerwartet (und doch wieder nicht) kommt das Ende. Eines Tages, wie schon oft, will Wallace seine Verlobte besuchen. Sie sei nicht zugegen, lässt man ihm durch den Diener mitteilen, werde aber schreiben. Leicht verwundert erwartet Wallace ihren Brief. Statt ihrer schreibt der Vater; Mister L teilt mit, die junge Frau habe es sich anders überlegt und wolle die Verlobung lösen. Wallace ist am Boden zerstört, tief getroffen und todtraurig. Schließlich kommt doch noch eine Nachricht von Miss L; ihr sei zu Ohren gekommen, so erklärt sie, Wallace unterhalte eine Beziehung zu einer anderen Frau, der Witwe eines Offiziers der britischen Armee in Indien, was Wallace ihr verheimlicht habe. Hier wird Wallace Opfer seiner eigenen Schweigsamkeit, denn tatsächlich kennt er besagte Dame, bei der er aber nie irgendwelche Absichten hegte (zudem eine Bekannte seiner Mutter), deren Umgang er lediglich als sehr angenehm empfand. Er habe es Miss L gegenüber nicht erwähnt, weil es nichts zu erwähnen gäbe und er es überdies nicht möge, über sich selbst zu sprechen, erklärt er in einem Brief an seine Verlobte – die aber antwortet ihm nicht mehr, *»und von diesem Tag an habe ich sie weder gesehen noch etwas von ihr gehört, ebenso wenig wie von ihrer Familie«*. Noch vierzig Jahre später schreibt er, dass er niemals in seinem Leben in seinen Gefühlen derart verletzt worden sei. Offenbar haben seine langen Jahre auf Expedition ihn alles andere als vorbereitet auf das gesellschaftliche Leben und Leiden in London; und offenbar war er wirklich verliebt.

Nun, verstecken muss er sich wahrlich nicht; ein in dieser Zeit entstandenes Photo, noch in Singapur während der Rückreise aufgenommen, zeigt ihn als einen seiner selbst gewissen, aufrechten Mann. Zeitzeugen werden später berichten, Wallace sei großgewachsen gewesen, mit markanten Zügen, blauen Augen sowie einer kräftigen, klaren und angenehmen Stimme und einem herzlichen Lachen, einem ausgeprägten Sinn für Humor und einem lebhaften Interesse an den verschiedensten Gegenständen und Themen – eine anziehende und charmante Persönlichkeit mit einem durch und durch sympathischen Wesen. Und was hilft besser gegen Liebeskummer als eine neue Bekanntschaft? Diesmal wird es die Liebe seines Lebens. Nur wenige Wochen nach jener unglücklichen Episode mit Miss L lernt Wallace seine spätere Frau kennen. Über seine Naturforscherfreunde in London macht er zu dieser Zeit die Bekanntschaft eines Amateurbotanikers, der führenden britischen Autorität für Moose. Dr. William Mitten, von Haus aus Chemiker und Apotheker, hilft Wallace' Freund Bates, dessen Sammlung vom Amazonas zu bestimmen und aufzuarbeiten. Als Wallace Bates im Sommer und Herbst 1864 einige Male im Haus des Mooskundlers Mitten in Hurstpierpoint in Sussex im Süden Englands besucht, lernt er dort auch die Älteste von dessen vier Töchtern, die damals achtzehnjährige Mary Annie, kennen. Nach seiner unheilvollen Erfahrung lässt sich Wallace diesmal nicht wieder so viel Zeit; er wirbt um Annie und gewinnt sie innerhalb eines Jahres für sich. Im April 1866 sind sie verheiratet; ihre gemeinsame Liebe zu Pflanzen wird sie lebenslang verbinden; und trotz des Altersunterschieds von immerhin 23 Jahren ist Annie genau jene gütige häusliche Ehefrau, die sich Wallace erträumt hatte und mit der er immerhin beinahe ein halbes Jahrhundert glücklich verbringen soll.

Annie muss die Richtige für ihn gewesen sein, denn sie hat wohl nichts daran auszusetzen gefunden, dass ihre Hochzeitsreise sie in den Norden von Wales führt, wo Wallace, mit einem dicken Werk über Gletscher bewaffnet, sich auf Bergwanderungen begibt und begeistert nach immer neuen Zeugnissen der Eiszeiten sucht, nach Schleifspuren im Gestein, Geröllablagerungen, Eislöchern und Endmoränen. Bei ihren gemeinsamen Ausflügen in die Berge werden jene eisigen Zeiten ihnen so gegenwärtig und geradezu lebendig, als ob sie sie selbst erlebten. Das unmittelbare Ergebnis dieser Hochzeitsreise ist eine Veröffentlichung von Wallace über Eismarken im nördlichen Wales, die bereits nach exakt neun Monaten, im Januar 1867, erscheint. Im Juni 1867 wird der erste gemeinsame Sohn geboren.

Alfred und Annie haben drei Kinder; das erste ist Herbert Spencer, genannt Bertie (die Namensgleichheit mit dem britischen Philosophen ist keineswegs zufällig, sondern beabsichtigt; Wallace bewundert ihn sehr). Es stirbt mit sechs Jahren, während Violet Isabel (geboren 1869) und William Greenell (geboren 1871) ihren Vater überleben werden; auf Letzteren gehen die noch heute lebenden Nachfahren Wallace' zurück. Nach ihrer Heirat leben Alfred und Annie für weitere vier Jahre in London; obgleich sie davon eines, ab Mitte 1867, auf dem Land in Hurstpierpoint im Haus der Familie Mitten verbringen. Von seiner Frau ermutigt, die gerade ihr erstes Baby geboren hat und hier dankend jede familiäre Hilfe annimmt, beginnt Wallace endlich die Arbeiten an seinem Reisebuch über den Malayischen Archipel.

Annie ist von den Biographen arg vernachlässigt worden; kein Wunder zum einen, weil auch Wallace sie kaum einmal in seiner Autobiographie erwähnt (selbst die Schilderung der unglücklichen Verlobung mit jener Miss L nimmt mehr Raum ein als die Heirat mit Annie); zum anderen, weil wir tatsächlich nicht viel mehr über sie wissen, als dass sie die Liebe zur Botanik und zum Gärtnern mit ihrem Mann teilte. Doch wollen wir hier ihre besondere Rolle insofern herausstellen, als sie für Wallace jenes familiäre Umfeld geschaffen hat, in dem sich seine publizistische Kreativität reich entfalten kann.

Die Stellung des Menschen in der Natur: Eine der zentralen Fragen, die Wallace bereits früh beschäftigt und der er sich bald ausführlicher widmet, ist die nach Herkunft und Stellung des Menschen. *»Ich habe mich mit ziemlicher Ausführlichkeit bei den mannigfaltigen und interessanten Problemen, welche sich dem Naturforscher bieten, aufgehalten. Ehe ich meinen Lesern ein Lebewohl zurufe, wünsche ich aber noch einige Bemerkungen über einen Gegenstand von noch größerem Interesse und noch tieferer Wichtigkeit zu machen, welche die Betrachtung wilden Lebens mir eingegeben, und aus welchen, wie ich glaube, der zivilisierte Mensch etwas von dem Wilden lernen kann«*, schreibt er ganz am Ende seines Reiseberichts. Eines der frühesten Zeugnisse dafür, dass es Wallace immer auch um eine Betrachtung des Menschen geht, ist jener bereits erwähnte, wenngleich nicht erhaltene Brief an Charles Darwin von 1857, als er diesen noch von den Molukken fragt, ob er vorhabe, sich in seinem Arten-Buch auch zum Menschen zu äußern (was dieser verneint, wie wir aus seiner Antwort wissen). Wallace widmet das gesamte letzte Kapitel seines »*Malayischen Archipels*« der Frage nach den Unterschieden einzelner »Menschenrassen«, wie sie bei ihm heißen (wir sprechen heute von Ethnien oder Volksgruppen, um den ebenso überfrachteten und belasteten wie auch irreführenden Rassenbegriff zu vermeiden). Wallace hat dazu gleich aus zweierlei Gründen etwas beizutragen: Einerseits, weil er eine Theorie der gemeinsamen Abstammung aller Lebewesen entwickelt, und andrerseits, weil er auch jene markante Trennlinie im Vorkommen der malayischen und papuanischen Bevölkerung des Archipels entdeckt hat. Damit stößt er auf ein überaus reges Interesse; und wir müssen uns hier kurz die Verhältnisse und das geistige Milieu im England jener Zeit ansehen, in das Wallace zurückgekehrt ist.

Es ist allgemein eine Wendezeit im Denken der Menschen; und der damit einhergehende Wandel des Weltbilds ist kaum zu überschätzen. Um den Kreationismus und die Konstanz der Arten wird heftig gestritten; zwar nicht von den breiten Massen, aber doch von den inneren Zirkeln einer geistig aufgeschlossenen Gesellschaft derjenigen, die Zeit und Muße haben, sich solchen Fragen zu widmen. Ein wichtiger Fortschritt sind die Einsicht in die Veränderlichkeit geologischer Strukturen und der Klimate der Vorzeit, eine bessere Einschätzung des tatsächlichen Alters der Erde und die Erkenntnis, dass Kontinente und Ozeane sich in dynamischer Weise verändern (wenn auch damals nur an vertikale Bewegung gedacht wird und ein horizontales Verdriften noch lange undenkbar bleibt). Darwins und Wallace' Theorie von veränderlichen, auseinander hervorgehenden Arten löst endgültig die bis dahin lange gängige Vorstellung einer statischen und unveränderlichen Welt ab. Darwins Buch hat enormen Einfluss auf die Meinungsbildung vor allem der englischen Öffentlichkeit und markiert bis heute einen entscheidenden Wendepunkt in der Geistesgeschichte. Denn nicht nur die viktorianische Gesellschaft auf den britischen Inseln, auch die Menschen auf dem Kontinent in Europa und Amerika sind aufgebracht über die Frage nach der Herkunft ihrer eigenen Spezies. Stammt der Menschen tatsächlich von affenähnlichen Vorfahren ab? Wann genau ist er aufgetreten? Und sind die »Rassen« des Menschen nur mehr Variationen des *Homo sapiens* oder doch distinkte Arten, in beiden Fällen eng verwandt, aber eben doch getrennt? Was sind eigentlich Arten und wie entstehen sie? Es sind Fragen, die noch Jahrzehnte, ja bis heute durch die Köpfe der Menschen geistern – und viele verwirren.

Darwin ist dieser Diskussion anfangs in seinem Buch über »*Die Entstehung der Arten*« ausgewichen. Nur ein lapidarer Satz findet sich am Ende dazu, in dem er dank seiner neuen Theorie andeutet: »*Licht wird auf den Ursprung des Menschen und seine Geschichte fallen.*« Noch kurz nach Erscheinen seines Werkes wird er im Januar 1860 in einem Brief erklären: »*Was den Menschen angeht, möchte ich auf keinen Fall meine Überzeugung aufdrängen; aber ich empfand es als unehrlich, meine Meinung völlig zu verheimlichen. – Natürlich steht es jedem frei, zu glauben, dass der Mensch durch ein besonderes Wunder erschien, obwohl ich persönlich dessen Notwendigkeit oder Wahrscheinlichkeit nicht sehe.*«

Einer der einflussreichsten Kontrahenten Darwins in dieser Frage ist Richard Owen, der sich erst als Professor am Royal College of Surgeons und später als Leiter der naturkundlichen Sammlungen des British Museum eine Machtposition im viktorianischen Wissenschaftsbetrieb erkämpft hat (er tat dies nicht immer mit den feinsten Methoden, aber das ist Stoff für eine andere Geschichte). Als krankhaft ehrgeizig bekannt, ist Owen offenkundig eifersüchtig auf Darwins (und Wallace') Idee mit der Abstammung der Arten. Er schreibt eine sehr abfällige Besprechung zu Darwins Buch. Owen hat dabei seine eigenen Vorstellungen, die durchaus von einer Evolution ausgehen; nur werden bei ihm Arten irrigerweise ganz unmittelbar aus anderen Arten geboren. Was einen kritischen Geist seiner Zeit zu der lästerlichen Frage veranlasst, wie es denn nach Owens Ansicht möglich sein könne, dass der Mensch wohl einst »*durch den Schoß einer Äffin*« hervorgebracht wurde? So funktioniert Evolution nun tatsächlich nicht und Owens Ideen können niemanden überzeugen.

In unserem Zusammenhang ist hier wichtig, dass bereits zu dieser Zeit jenes Rückzugsgefecht beginnt, bei dem Gläubige wie Wissenschaftler über Jahrzehnte, ja das gesamte folgende Jahrhundert hindurch immer wieder die markanten Unterschiede zwischen dem Menschen und seinen nächsten Verwandten im

Tierreich betonen. Zuerst sind dies die vermeintlich anatomischen Differenzen, später werden vermehrt die sehr viel schwerer zu fassenden mentalen Eigenschaften und sozialen Verhaltensweisen ins Feld geführt. Bis heute ist die Grenzziehung zwischen Unterschied und Gemeinsamheit eher Ansichtssache und Auslegung.

Richard Owen setzte seinen Kenntnissen entsprechend bei anatomischen Unterschieden an. So behauptet er, dass das Gehirn von Menschenaffen – wie etwa einem Gorilla – dem der übrigen Säugetiere ähnlicher sei als dem des Menschen. Nur im Gehirn des Menschen säße eine besondere Hirnstruktur, der sogenannte *Hippocampus minor.* Auch unterscheide sich laut Owen der Mensch etwa vom Schimpansen so weit wie der Schimpanse vom Schnabeltier. Thomas Henry Huxley, den Wallace seit ihrer ersten Begegnung vor allem für seine anatomischen Kenntnisse bewundert und mit dem er bald ebenfalls freundschaftlich verbunden ist, widerlegt Owen durch eigene anatomische Untersuchungen am Gehirn der fraglichen Tiere. In einem Artikel über Mensch und Affe weist er ihn und seine Behauptungen im Frühjahr 1860 in die Schranken. Huxley spart, anders als Darwin, den Menschen bei der Evolutionsdebatte fortan nicht mehr aus. Er verfasst dazu 1863 einen kleinen Essayband *»Zeugnisse für die Stellung des Menschen in der Natur«;* einen sehr populären Text, allgemein verständlich geschrieben, in dem er den Menschen erstmals in eine kontinuierliche Entwicklungsreihe mit den übrigen Menschenaffen stellt. Huxley illustriert dies mit einer ikonenhaften Darstellung einer evolutionären Reihung aus vier Skeletten von Menschenaffen – vom Gibbon über den Gorilla bis zum *Homo sapiens.* Von Darwin ist dazu ein ganz eigener, höchst hintergründig-humorvoller Kommentar überliefert: *»Ich möchte wissen, was ein Schimpanse dazu sagen würde.«*

Auch Charles Lyell lässt die Affenfrage keine Ruhe. Er publiziert ebenfalls 1863 ein Buch über *»Die Geologischen Zeugnisse für das Alter des Menschen«.* Darin räumt er aus der Sicht des Geologen mit Schöpfung und Sintflut auf und lässt die Vorfahren des Menschen neben ausgestorbenen Tieren leben, die man nur von

Fossilien kennt. Allerdings sind die Funde zur Entwicklung des Menschen im 19. Jahrhundert noch zu rar, um zu wirklich verlässlichen Aussagen zur Abstammung zu kommen.

Und in diese Zeit nun fällt auch Wallace' eigener Aufsatz zum kontroversen Thema: *»The origin of human races«*, also über *»Die Entwicklung der menschlichen Rassen unter dem Gesetz der natürlichen Zuchtwahl«*, den er im März 1864 vor der Anthropological Society in London hält (dieser wird übrigens später sogar auf Deutsch in einem Essayband veröffentlicht, aber seitdem leider kaum mehr gelesen). Wichtig ist dieser Aufsatz für uns, weil Wallace ausgerechnet bei diesem wichtigen Thema seine Meinung bald ändern wird. Doch jetzt, kurz nach seiner Rückkehr, verteidigt er noch seine und Darwins Theorie, die eben auch den Menschen einschließt. Wallace verknüpft in seinem Beitrag Überlegungen zur Abstammung mit der »Rassenbildung« des Menschen und schreibt beides der Macht der natürlichen Auslese zu, *»und da auf keine andere Weise gezeigt werden kann, dass individuelle Abänderungen jemals angehäuft und permanent gemacht werden können, um gut markierte Rassen zu bilden, so folgt daraus, dass die Differenzen, welche jetzt das Menschengeschlecht von anderen Tieren trennen, entstanden sein müssen, ehe es in den Besitz eines menschlichen Intellektes oder menschlicher Sympathien gelangte.«* In einem Wort: Der Ursprung des Menschen liegt lange zurück, genug Zeit, ihn durch frühes Abzweigen und allmähliche Veränderungen zu dem zu machen, was er heute ist – ein nackter Affe mit großem Gehirn. So komme es, dass man den Menschen *»nach dem Kopf und Gehirn beurteilt, in eine distinkte Unterklasse der Säugetiere stellt, während hinsichtlich der Knochenstruktur seines Körpers die genaueste anatomische Ähnlichkeit mit den anthropoiden Affen vorhanden ist, jeder Zahn, jeder Knochen genau homolog – was die Bestimmung des Unterschiedes zwischen Homo und Pithecus zu einem Kreuz des Anatomen macht«*. Doch die neue Theorie Darwins, so schließt Wallace seinen Beitrag, erkenne ebendiese Tatsachen voll an und trage ihnen Rechnung: Auch der Mensch sei mithin ein Produkt der natürlichen Selektion und die menschlichen Rassen gehörten alle zu unserer Art; es seien lokale Varianten und eben nicht permanent distinkte Arten. Die gegenteilige Ansicht forciert etwa in Deutschland Ernst Haeckel noch bis zu seinem Tod – zum großen Schaden für die Entwicklung der Evolutionsbiologie dort, von den politischen Folgen und Strömungen in den darauf folgenden Jahrzehnten ganz abgesehen, denen Haeckel mit diesem Irrglauben erheblich Vorschub leistet. Wallace ist, wie Darwin und viele große Denker seiner Zeit, entschieden der Ansicht, dass die gesamte Menschheit eine Einheit bildet.

Wallace' Kehrtwende bei der Menschheitsfrage: Und obgleich er an diesem Punkt niemals zweifelt, kommt es nur wenige, aber offenbar entscheidende Jahre später zu einer mysteriösen Kehrtwende Wallace' bei einer anderen Frage zum Menschen. Mysteriös deswegen, weil sich trotz aller Bemühungen einzelner Historiker wie Malcolm Jay Kottler, Joel Schwartz und Michael Shermer, die dem nachgegangen sind, die Gründe letztlich nicht völlig klären lassen. Es geht dabei um die Frage, inwieweit die natürliche Selektion auch auf den Menschen wirkt.

Die entgegengesetzten Ansichten von Wallace und Darwin bei dieser Frage werden zu einer ersten Prüfung für ihre Freundschaft, als Wallace im April 1869 erneut einen Aufsatz dazu veröffentlicht; und zwar anlässlich einer Besprechung der Neuauflagen zweier Bücher von Charles Lyell, der Darwins Idee der Evolution durch natürliche Selektion aufnimmt und sich nun öffentlich zu dieser Theorie bekennt. Wallace untersucht Lyells Bücher wie immer sehr kenntnisreich und freundlich in der Zeitschrift »*Quarterly Review*«. Doch kommt er darin dann zu einem überraschenden Schluss, weshalb sein Beitrag auch mit »*Limits of Natural Selection applied to Man*« überschrieben ist, »*Die Grenzen der natürlichen Zuchtwahl in ihrer Anwendung auf den Menschen*«. Abweichend von seiner eigenen Idee zur Erklärung des Artenwandels und der Artenvielfalt meint Wallace nun, dass allein beim Menschen das große Prinzip seine Grenzen hat. Die Natur allein könne nicht für unser Gehirn und Denken verantwortlich sein. Wenn aber die »*höheren, mentalen Fähigkeiten*«, wie Wallace schreibt, also etwa Intelligenz und Moral, nicht als Anpassung entstanden sind (wie dagegen Darwin glaubt), dann müsse es eine andere, übergeordnete und allmächtige Instanz geben.

Die Argumentation, die Wallace zu diesem Schluss bringt, müssen wir hier genauer ansehen. Denn es ist ursächlich keineswegs eine religiöse Überzeugung, sondern vielmehr eine konsequent wissenschaftliche Überlegung, die Wallace plötzlich von seiner ursprünglichen Ansicht abweichen lässt. Gerade Organe wie Gehirn (aber auch unsere Hand), der gesamte menschliche Verstand könnten nicht, so sagt Wallace, durch die natürliche Auslese und langsame Schritte der Anpassung erworben worden sein. So sei die menschliche Intelligenz doch offenkundig größer als notwendig, um zu überleben; ergo könne sie nicht das Ergebnis einer allein natürlichen Auslese sein. Tatsächlich können Anpassungsprozesse nicht mehr liefern, als bestellt wurde. Stattdessen, so Wallace, seien die spezifischen Eigenschaften des Menschen diesem von *»einer überlegenen Intelligenz«* für spezielle Zwecke und in weiser Voraussicht gegeben. Wallace argumentiert, dass etwa der Glaube an Gott, die Sympathie für die Schwachen und die Kranken weder dem Einzelnen noch dem Stamm eine Überlegenheit im Kampf ums Dasein gäben. Nach der Theorie der natürlichen Selektion aber müsse alles Anpassung sein, um im Überlebenskampf zu bestehen.

Diese Ansichten *»geben uns ein neues Argument an die Hand, um den Menschen für sich zu stellen, nicht nur als das Haupt und den Kulminationspunkt der großen Reihe der organischen Natur, sondern auch in einem gewissen Grade als eine neue und verschiedene Ordnung von Wesen«*. In seinem Beitrag führt er aus, dass in einem absichtsvollen Universum ein allgegenwärtiges höheres Wesen – was immer dies sein mag – Sorge insbesondere für den Menschen trage. Das Wort »Gott« in diesem Zusammenhang zu verwenden vermeidet Wallace bei dieser wie auch späteren Gelegenheiten; stattdessen spricht er von Mächten, Intelligenz, Kräften und Einwirkungen. Aber dieser feine Unterschied entgeht seinen Kritikern meist; und ebenso jenen, die heute glauben, ihn als Kreationisten vereinnahmen zu können. Keine Frage indes: Wallace glaubt, dass der Mensch irgendwie etwas anderes sein müsse, ohne allerdings dieses Anderssein besser als durch ebenjenes nur postulierte Anderssein begründen zu können. Seine Argumentation, so wissen wir heute, dreht sich dadurch munter im Kreis. Weil ihm eine sachlich fundierte Erklärung fehlt, geht er (anders als Darwin) einen Schritt weiter, verlässt damit aber den Boden der Wissenschaft und führt etwas Übernatürliches als Ursache an. Doch wo das sichere Wissen endet (und es ist endlich!), beginnt der Glaube. Auch Wallace weiß nicht mehr als andere und wird zeit seines Lebens eine stichhaltige Erklärung für seinen Glauben an eine höhere Intelligenz schuldig bleiben müssen. Wissenschaft und Glaube sind verschiedene Wege, sich der Welt und ihren Erscheinungen zu nähern und sich diese zu erschließen; Ersterer sind indes engere Grenzen gesetzt, und die überschreitet Wallace, ohne es zu merken – oder zumindest wahrhaben zu wollen.

Darwin erfährt noch vor Erscheinen des Beitrags von Wallace' neuen Überlegungen, befürchtet das Schlimmste und schreibt ihm in einem Brief: *»Ich hoffe, Sie haben nicht Ihr eigenes und mein Kind gänzlich umgebracht.«* Als er dann kurz darauf Wallace' Aufsatz liest, ist er entsetzt. Wie heftig er erschrocken sein muss, zeigt sein »Nein«, das er in die Randspalte des Aufsatzes kritzelt, ein dreifach unterstrichenes »Nein« mit vielen Ausrufungszeichen. *»Wenn Sie es nicht gesagt hätten«*, schreibt er an Wallace, *»hätte ich angenommen, es ist von jemand anderem und nicht Ihnen. Wie Sie bereits erwartet haben, bin ich entschieden anderer Ansicht als Sie, und das tut mir sehr leid. Ich kann keine Notwendigkeit einsehen, in Bezug auf den Menschen eine weitere letztendliche Ursache zu bemühen.«* Darwin versteht nicht, was Wallace plötzlich umtreibt, und setzt hinzu: *»Ich fürchte, wir werden uns niemals ganz vollständig verstehen.«*

Wallace meldet sich im darauf folgenden Jahr mit einem eigenen Werk zu diesem Thema zu Wort, den *»Contributions to the Theory of Natural Selection«*. In diesem Sammelband seiner Essays nimmt er auch seine beiden Aufsätze zur Frage des Menschen und der Wirkung der natürlichen Auslese auf. Doch verändert er darin nachträglich den Text seines ersten Aufsatzes aus dem Jahre 1863, in dem er noch programmatisch die Wirkung der natürlichen Auslese beim Menschen nachzuweisen angetreten war. In der Überarbeitung fügt er nun hinzu: »*So sehe ich mich zu dem Schlusse gedrängt, dass es eine Folge der eingeborenen fortschreitenden Kraft jener herrlichen Eigenschaften ist, welche uns so unermesslich weit über unsere Mitgeschöpfe erheben und uns zu gleicher Zeit den sichersten Beweis liefern, dass es andere und höhere Existenzen, als wir selbst sind, gibt, von denen diese Eigenschaften hergeleitet sein mögen und denen wir immer zustreben können.*« Wer oder welcher Natur diese »*anderen und höheren Existenzen*« sein sollen, vermag er weiterhin nicht zu sagen; aber so bringt er das intellektuell halsbrecherische Kunststück fertig, am Ende dieses ersten Essays etwas anderes zu sagen und zu behaupten, als er anfangs noch gute Gründe hatte anzunehmen.

Wallace wird diesen Denkweg sein Leben lang fortsetzen; Darwin ist von übernatürlichen Erklärungen niemals überzeugt. Er wagt sich 1871 an das brisante Thema, das er 1859 noch wohlweislich ausgeklammert hat; und beweist auch hier einmal mehr strategisches Geschick bei der Publikation und Durchsetzung seiner Theorie. Nachdem Darwin die Welt schockiert hat, wartet er ab, bis das Thema Menschwerdung in der viktorianischen Öffentlichkeit durch viele Debatten (zu der eben auch Wallace beiträgt) hinreichend bekannt und gleichsam verdaulich geworden ist. Erst dann wagt er sich mit seinem Buch »*Die Abstammung des Menschen und die geschlechtliche Zuchtwahl*« an die Öffentlichkeit. Es wird ein Beststeller der damaligen Zeit, der Darwin 1500 Pfund einbringt. Viele Jahre, schreibt Darwin im Vorwort des Buches, habe er Notizen über die Abstammung des Menschen gesammelt; freilich lange ohne die Absicht, darüber zu publizieren. Darwin weist auf die Verbindung zwischen Menschenaffen und Menschen hin, argumentiert aber eben nicht, dass der Mensch direkt von den heute lebenden Affen abstamme. Vielmehr habe der Mensch mit diesen gemeinsame Vorfahren, die ebenfalls Affen gewesen seien (was durchaus mehr als eine semantische Spitzfindigkeit ist, sondern das Grundverständnis evolutiver Vorgänge betrifft!).

Dann zeigt er ausführlich auf, wie die natürliche Auslese auch die Ausbildung und vor allem die Umbildung der Organe des Menschen einschließlich aller geistigen Fähigkeiten zu erklären imstande ist. Der Mensch sei nicht Gottes Geschöpf oder Abkömmling mysteriöser »*höherer Existenzen*« (wie Wallace annimmt); vielmehr habe sich die Menschheit auf natürliche Weise aus affenähnlichen Wesen entwickelt, wobei unsere Evolution einschließlich unseres Geistes denselben Mechanismen wie die anderer Organismen folge. Darwin verkleinert die angeblich unüberbrückbare Kluft zwischen Mensch und Tier und sieht auch unsere geistigen Fähigkeiten in der Tierwelt angelegt, indem er auf die stammesgeschichtlichen Wurzeln spezifischer menschlicher Eigenschaften verweist. Selbst so etwas Komplexes wie unsere Sprache sei nicht vollständig ausgeformt und plötzlich entstanden; vielmehr sei sie durch viele Stadien gegangen. »*Nur unser natürliches Vorurteil und jene Überheblichkeit, welche frühere Generationen dazu bewog, zu behaupten, sie stammten von Halbgöttern ab, hindert uns daran, diesen Schluss zu ziehen.*« Nicht Erkenntnisse und Tatsachen führen zur irrigen Ansicht von der vermeintlichen Krone der Schöpfung, der letztlich auch Wallace anhängt, sondern jene *sapiens*-typische Setzung seiner Sonderstellung.

An dieser Stelle kreuzt Wallace mit Darwin im offenen Disput erstmals die Degen. Und Wallace bleibt auch später bei seiner Ansicht. »*So finden wir denn, dass der Darwinismus, selbst wenn er bis zu seinen letzten logischen Folgerungen fortgeführt wird, dem Glauben an eine spirituelle Seite der Natur des Menschen nicht nur nicht widerstreitet, sondern ihm vielmehr eine entscheidende Stütze bietet*«, wird er später schreiben. Nur gut, dass Darwin da schon tot ist. Die neue Theorie Darwins sei es ja gerade, die zeige, »*wie der menschliche Körper sich aus niederen Formen nach dem Gesetze der natürlichen Zuchtwahl entwickelt haben kann; aber er lehrt uns auch, dass wir intellektuelle und moralische Anlagen besitzen, welche auf solchem Wege sich nicht hätten entwickeln können, sondern einen anderen Ursprung gehabt haben müssen – und für diesen Ursprung können wir eine ausreichende Ursache nur in der unsichtbaren geistigen Welt finden*«.

Wallace auf der Suche nach dem X-Faktor: Nicht nur die Biographen von Wallace, sondern alle, die sich mit der Entwicklung des Evolutionsdenkens und der Frage nach der Abstammung des Menschen ab der zweiten Hälfte des 19. Jahrhunderts beschäftigen, stehen hier vor einem nicht eben kleinen Rätsel. Es hat zu vielen Missverständnissen um Wallace' Standpunkt und seine Gründe geführt. Wir müssen uns dies daher etwas genauer ansehen und kommen so auch zu jener nicht weniger schwierigen Frage, woran Wallace nun eigentlich glaubt. Ist er religiös? Ist seine, wie wir gleich sehen werden, spiritualistische Grundüberzeugung vielleicht so etwas wie Religionsersatz oder Ersatzreligion? Wir müssen also untersuchen, was es mit diesem Spiritualismus auf sich hat, bevor wir die Frage beantworten können, was ihn ab 1869 zu der Ansicht bringt, dass der Mensch etwas Besonderes sei und wenigstens dessen Gehirn und Denken nicht natürlichen Gesetzmäßigkeiten wie dem Wirken von natürlicher Auslese und Anpassung unterlägen. Es ist ein zentrales Thema bis heute, und indem wir Wallace' Ideen nachgehen, erfahren wir mehr über eine der Grundfragen des Evolutionsgedankens, aber auch, warum ausgerechnet dieser Gedanke es so schwer hat in den Köpfen der Menschen.

Etwa ab dem Jahr 1863, also mit seinem vierzigsten Lebensjahr, erhalten die großen religiösen und sozialen Fragen bei Wallace eine stetig wachsende Bedeutung. Das Denken des reiferen Mannes wandelt sich zwar nicht grundlegend, aber neben den unmittelbaren Fragen zur Naturkunde bekommen auch frühere und zwischenzeitlich verschüttete Aspekte in seinem Denken wieder mehr Bedeutung. Wie wir noch sehen werden, ist dabei das eine die Ungleichheit und Ungerechtigkeit gerade in der britischen Gesellschaft, die ihm wie einst dem jungen Mann in Wales jetzt auch in London wieder vor Augen geführt wird. Das andere sind ebenjene Fragen der Abstammung und der Sonderstellung der Menschheit. Um es vorwegzuschicken, weil dies eines der grundlegenden Missverständnisse um Wallace ist: Er ist niemals wirklich religiös im eigentlichen Sinn; er findet nie, wie man in einschlägigen Kreisen sagt, zu Gott. Stattdessen ist er im Grunde eher agnostisch als atheistisch (sofern diese Begriffsschubladen auf jemanden wie ihn überhaupt zutreffen), glaubt dabei weder an einen Gott der Christenheit noch an den Gott oder die Götter einer anderen Religion, der sich Menschen überall auf der Welt verbunden fühlen.

Sämtliche seiner Überzeugungen haben nichts mit dem Kreationismus, also einer wortwörtlichen Auslegung der in der westlichen Welt vorherrschenden christlichen Schöpfungslehre zu tun; obgleich seine Argumente bei oberflächlicher Betrachtung an eine orthodoxe, aus dem 17. Jahrhundert stammende theologische Grundidee erinnern mögen – an die des angeblich perfekten Designs in sämtlichen Merkmalen und Strukturen lebender Organismen, in denen viele das vermeintliche Walten eines Gottes erkennen wollen. Um es nochmals zu sagen (weil just in allerjüngster Zeit versucht wird, Wallace entsprechend zu vereinnahmen): Er war in seiner Begründung einer Sonderstellung des Menschen und seines Gehirns in keinster Weise ein religiös motivierter Kreationist; vielmehr kombiniert er eine konsequente Auslegung der naturwissenschaftlich begründeten Theorie der natürlichen Selektion mit uns heute völlig fremden spiritualistischen Überlegungen als Teil seiner ganz persönlichen Weltsicht. Der Spiritualismus wiederum ist in den 1860er- und 1870er-Jahren eine Modeerscheinung insbesondere der viktorianischen Welt (ausgeprägt aber auch in Amerika), auf dem Kontinent glücklicherweise eher von marginalem Interesse. In keinem Fall ist es eine wissenschaftlich-methodische Vorgehensweise, die den Test der Zeit überstanden hat.

Wallace ist gleichsam auf der Suche nach dem X-Faktor der Evolution, nach irgendeinem weiteren, bis dato unentdeckten Mechanismus, der offenkundige Rätsel wie den Intellekt des Menschen und dessen vermeintlich einzigartige Stellung zu erklären vermag und für alles einen umfassenden Rahmen bietet. Ein schöner Gedanke, dem viele Denker verfallen sind, ohne dass wir wissen, ob es diesen Rahmen überhaupt gibt. Mit dieser Suche ist Wallace also durchaus nicht allein; und viele sind auch zu seiner Zeit bestrebt, Wissenschaften und Religion irgendwie miteinander zu versöhnen. Wie Wallace meinen viele Menschen, es gebe Dinge, die größer sind als wir; Dinge, die wir nicht werden erklären oder gar beweisen können (zumal es solch einen Beweis letzter Dinge in der Welt der Naturforschung nach dem modernen Selbstverständnis der Wissenschaft ohnehin nicht gibt). Tatsächlich müssen wir damit leben – leben lernen. Für viele ist Gott in diesem Zusammenhang so etwas wie die Beziehung ihrer Seele und ihres Menschseins mit dem großen Unbekannten und dem Universum, bei jedem auf seine Weise. Auch Wallace sucht hier seinen Weg. Und wir können hier bereits feststellen: Er verirrt sich dabei und vermag niemanden recht zu überzeugen. Auch verlässt er dabei mehr als einmal den wissenschaftlichen Naturalismus der meisten seiner von der Evolution überzeugten Zeitgenossen, allen voran Darwin, Huxley und auch Hooker oder später Lyell. So glaubt Wallace, in der nicht religiösen Spiritualität einen Lösungsansatz zu finden, und wird später sogar versuchen, sämtliche Erscheinungen in der Natur einschließlich des Menschen als Teile eines größeren Ganzen zu verstehen.

Offenkundig sucht Wallace seinen eigenen Weg auch und nicht zuletzt, um seine Theorie zu retten, nach der die Wirkung der natürlichen Selektion allmächtig und allgegenwärtig ist; dass es keine natürliche Kraft außer dieser gibt – bis auf die Sache mit dem Gehirn des Menschen. Das klingt paradox – und ist es tatsächlich auch. Aber es ist wichtig: Dass Wallace einerseits konsequent an der Wirkung der Idee einer allein natürlichen Auslese festhält, andererseits ausgerechnet beim Menschen diese nicht mehr verantwortlich sieht, macht sein Denken zugleich konsequent und widersprüchlich. Diesen Widerspruch werden wir noch näher beleuchten. Wallace löst damit zunächst zwar einige seiner Probleme, die ihn lange beschäftigen; doch in anderer Hinsicht liefert just dies gerade nicht die befriedigende Antwort, um die es ihm geht.

Seinen Biographen hat Wallace mit dieser spiritualistischen Ader viele Rätsel aufgegeben. Zu welchen ganz unterschiedlichen Interpretationen dies in der Folge geführt hat, soll an dieser Stelle nicht im Detail untersucht werden. Wir wollen hier nur festhalten, was für unseren Zusammenhang wichtig ist. Viele Wallace-Forscher meinen: Ob es Wallace nun bewusst ist oder nicht, sein wachsendes Interesse an mentalen und psychologischen Phänomenen lässt ihn auch seine Ansichten zur Wirkung der natürlichen Selektion ändern. »*Dieses Faktum – wenn es auch einer Erklärung spottet – möge zur Beleuchtung mancher in seinen Abhandlungen ausgesprochenen Ansichten verwandt werden*«, formulierte vor langer Zeit bereits einer von ihnen so schön. Andere zeigen sich davon nicht restlos überzeugt, halten die Dinge für komplexer; vermutlich sind sie das auch. Sicher ist: Wallace' anfängliche Beschäftigung mit dem Spiritualismus fällt just in jene Jahre nach 1863, als er in seinem ersten Aufsatz noch Darwins Ansichten zum Menschen unterstützte. Erst danach ist für ihn alles anders.

Wallace und Spiritualismus – ein Kapitel für sich: Dalton Hooker ist ohnehin nicht der größte Freund von Wallace (und nicht nur, weil er bei jenem delikaten Arrangement beteiligt war), doch ein Ereignis lässt ihn 1876 an Wallace' Verstand zweifeln: Wallace hat sich den ganzen Sommer des Jahres 1876 über damit herumgeplagt, als gewählter Vorsitzender der biologischen Sektion bei der Ausrichtung der Jahrestagung der angesehenen British Association for the Advancement of Science, kurz BAAS, mitzuwirken. Zuerst will er die Vorträge beim Jahrestreffen seiner Sektion in Glasgow gänzlich zoologisch gestalten. Doch nachdem ihm von einer anderen Sektion ein Vortragsvorschlag untergeschoben wird, den sie dort zu heikel finden, lässt er sich darauf ein, diese weitaus stärker anthropologisch auszurichten. Wallace erlaubt trotz des Einspruchs anderer den Vortrag eines gewissen William Barrett über Trance und Gedankenübertragung unter Hypnose. Humbug, protestieren daher viele seiner Kollegen; sie nehmen es Wallace übel, ihre ehrwürdige Vereinigung zu einem Forum für spiritualistische Vorträge zu machen. Nur der Titel von Barretts Beitrag wird später in ihrem Bericht über das Treffen noch erwähnt, aber keine Kurzfassung gedruckt, wie sonst üblich. Als Wallace sich im Jahr darauf um den Posten eines Sekretärs der BAAS bewirbt, wird er nicht einmal nominiert. Wallace wird kein weiteres Treffen dieser Vereinigung mehr besuchen.

Doch sein Ruf ist nicht allein deswegen ruiniert. Gravierender ist, dass er sich öffentlich zum Spiritualismus bekennt und später sogar zu dessen Sprachrohr wird. Das verträgt sich nicht mit seriöser faktenbasierter sowie auf Experimente und Beobachtungen gestützter empirischer Wissenschaft, meinen viele, die ihn daher meiden. Der Spiritualismus, als Gegenpol zum Materialismus, ist damals noch nicht eine in sich geschlossene Bewegung, die sich mit Sinn und Wertfragen des Daseins beschäftigt; sondern ein recht reges und vielfältiges Betätigungsfeld für Menschen mit durchaus sehr unterschiedlichen Interessen und Kenntnissen. Während die einen versuchen, das suspekte Treiben sogenannter Medien – Menschen, die sich zum Spiritismus (dem Glauben an den Kontakt mit den Geistern von Toten) für befähigt halten – als Unfug zu entlarven, wollen andere sich Séancen mit wissenschaftlichen Verfahren nähern. Als es einmal sogar zu einer Gerichtsverhandlung kommt, sagt Wallace zur Verteidigung des wegen Betrugs angeklagten Mediums aus, während Darwin anbietet, für die Kosten der Anklageerhebung aufzukommen.

Die Untersuchung vermeintlich übernatürlicher Phänomene, wie der Kommunikation mit Toten, der Wirkung von Kristallen und Magnetismus auf den menschlichen Geist, von Trance und Hypnose, überhaupt alles Mentale fasziniert die Zeitgenossen von Wallace. Und nachdem er kurz nach seiner Rückkehr aus dem Archipel in London erstmals mit diesen Dingen in Berührung kommt und Séancen zusammen mit seiner Schwester Fanny besucht, wird er zum Anhänger des Spiritismus. Uns heute erscheint dies alles merkwürdiger als den Zeitgenossen im viktorianischen London, wo Séancen zu den intellektuellen Vergnügungen zählen, angeblich bis hin zur Königin Victoria selbst. In seinen Lebenserinnerungen widmet Wallace der Beschreibung solcher Sitzungen in abgedunkelten Räumen breiten Raum (immerhin drei nicht eben kurze Kapitel); ebenso später einige seiner Biographen. Er berichtet von Tischrücken, von Erscheinungen und Gesprächen mit Toten oder von Musikinstrumenten, die wie von unsichtbarer Hand gespielt werden (und merkt dazu an, dass diese derart schlecht gespielt wurden, dass die Gesellschaft darum bat, man möge damit aufhören).

Etwa ab 1864, und damit zeitgleich mit der Bekanntschaft zu

seiner späteren Frau Annie, beginnt er seine eigenen Untersuchungen dieser Phänomene; sein Weltbild wandelt sich von einem rein materialistischen zu einem spiritualistischen. *»Der ganze materialistische Sinn meiner Jugend und frühen Manneszeit ist gänzlich umgeformt ins Spiritualistische und Theistische«*, wird er später schreiben. Als Grund für seine Faszination am Spiritualismus wird vor allem zweierlei angenommen: Zum einen ist Wallace tatsächlich in vielen Dingen unkonventionell, er erlaubt sich etwa, nicht nur ein romatischer Schwärmer zu sein, sondern ist auch ein wissenschaftlicher Skeptiker, der sich nicht scheut, orthodoxen Sichtweisen und Standpunkten entgegenzutreten. Derselbe freidenkende Geist, der ihn früh an die Evolution glauben ließ – wohlgemerkt wider der damaligen Mehrheitsmeinung – und schließlich auch den Selektionsmechanismus finden ließ, verführt ihn sicher auch in anderer Hinsicht, ein Freund abseitiger Ideen zu sein. Sein intellektuelles Interesse wird gleichermaßen von neuen Ideen wie vom Widerstand gegen herrschende Ansichten angezogen. *»Der den Hang aufwärts gerichtete Kampf in einem unpopulären Fall«*, schreibt er einmal an einen Freund, *»hat einen Charme, dem ich nicht widerstehen kann.«* Das erklärt vieles in Wallace' späterem Leben.

Zum anderen berichten Freunde und Zeitzeugen, dass Wallace an das Gute im Menschen und seiner Natur glaubt; dass er in ihm etwas Besonderes sieht, nicht einfach nur ein Tier wie jedes andere, sondern ein Wesen von besonderer Begabung. Zudem ist er besonders unkritisch und gutgläubig immer dann, wenn sein Gemüt angeregt wird und es noch dazu um ein Mitglied seiner Familie geht, so glauben andere. Alfred und Fanny überleben als Einzige von acht weiteren Geschwistern, mit denen sie während der Séancen hoffen in Berührung zu kommen. Und schließlich könnte sein sehr spezieller Glaube auch vom frühen Tod seines ältesten Kindes beeinflusst worden sein, mit dem er ebenfalls zu kommunizieren hofft.

Der andere Wallace: Wallace' Problem ist bei alldem nicht, dass er überhaupt glaubt. Auch Darwins Vertrauter und Mentor Charles Lyell ist lange noch von der Schöpfung überzeugt, und Francis Galton, ein Cousin Darwins, ist sogar ebenso Spiritualist wie Wallace. Dessen Problem ist, dass er glaubt, der Spiritualismus sei wissenschaftlich-experimentellen Untersuchungen zugänglich. Nachdem er ein überzeugter Unterstützer geworden ist, fordert er in seinen Schriften, gerade diese »übernatürlichen«, also scheinbar unerklärbaren Phänomene bedürften einer ernsthaften wissenschaftlichen Beschreibung. *»Der Spiritismus ist eine Experimentalwissenschaft und gewährt die einzig sichere Grundlage für eine wahre Religion.«* Wallace hält ihn sogar, statt aller existierenden Religionen einschließlich des Christentums, für die Religion der Zukunft, weil er *»an den Beweis anstatt an den Glauben appelliert und Tatsachen für Meinungen gibt«*. Nun ja.

Auch andere versuchen, sich dem Spiritualismus zu nähern und die zahllosen damit in Zusammenhang stehenden Erscheinungen zu untersuchen. Aber Wallace fehlt ihre Skepsis und Vorsicht. Dabei wird er gewarnt. *»Die Phänomene sind Ihrer Aufmerksamkeit unwürdig«*, schreibt der ihm wohlgesinnte Thomas Henry Huxley, dem er in einem Brief 1866 den Spiritualismus als *»einen neuen Zweig der Anthropologie«* schmackhaft machen will. Tatsächlich hat Wallace selbst längst den Boden der biologischen Anthropologie verlassen. Als Wallace Huxley einmal zu solch einem Geisterabend einladen will, lehnt Huxley mit den Worten ab: *»Das Geschwätz der würdigen Geister Ihrer Freunde ist nicht interessanter für mich als jedes andere Geschwätz.«* Er, Huxley, habe wenigstens ein halbes Dutzend weitaus spannenderer Untersuchungen auf dem Tisch, denen er sich lieber widmen wolle; und er habe das Studium des Spiritualismus aus demselben Grund aufgegeben wie das Schachspiel: *»Es ist zu unterhaltsam, um als rechte Arbeit gelten zu können. Und es ist zu harte Arbeit, um wirklich unterhaltsam zu sein.«*

Unbeeindruckt von diesem Urteil wie auch den Vorurteilen anderer Wissenschafter, wird Wallace nie wankend; und obgleich ihm die meisten seiner Kollegen trotz mehrfacher Versuche, sie zu überzeugen, nicht folgen mögen, arbeitet er seine Ansichten zum Spiritualismus unbeeindruckt in Büchern und Beiträgen aus. Erstmals stellt er diese im Spätsommer 1866 in dem Aufsatz

»The Scientific Aspect of the Supernatural« dar. Im Sommer 1874 erscheint dann *»A Defense of Modern Spiritualism«* als Verteidigungsschrift *»des Spiritualismus, seiner Tatsachen und seiner Lehren«*, wie es im Untertitel der im Jahr darauf in Leipzig auch auf Deutsch erscheinenden Schrift heißt. *»Ich behaupte, dass die Phänomene des Spiritualismus in ihrer Gesamtheit keiner weiteren Bestätigung bedürfen«*, meint Wallace. Und 1875 lässt er dann mit *»On Miracles and Modern Spiritualism«* eine dritte Arbeit folgen. Man darf nicht unterschätzen, dass er auch in dieser schriftstellerischen Betätigung recht erfolgreich ist. Es sichert ihm ein anderes als ein wissenschaftliches, aber ein sehr begieriges und begeisterungsfähiges Publikum. Nicht selten erscheint bei Wallace auf diese Weise sogar denjenigen der Evolutionsgedanke bekömmlicher, die Darwin zu technisch und zu ketzerisch finden. Mehr als ein Jahrzehnt später wird Wallace seinen vielleicht erfolgreichsten, zumindest finanziell einträglichsten Vortrag nicht über Evolution, sondern über Spiritualismus halten. In San Francisco kommen 1887 mehr als tausend Zuhörer zusammen, um ihn zu hören. Überhaupt findet er während seiner Reise in Amerika (wir kommen noch dazu) eine am Spiritualismus noch interessiertere Gesellschaft als in England vor. Ermutigt sicher auch durch solche Erfolge, legt er 1890 mit dem Buch *»Human Selection«* nochmals nach und ist 1898 ein engagierter Teilnehmer an einem internationalen Kongress der Spiritualisten. Schließlich kulminiert seine Sicht der Welt in zwei Werken, die er nach der Wende zum 20. Jahrhundert, 1903 und 1910 veröffentlicht (auch dazu kommen wir später).

Fassen wir also zusammen: Wallace dürfte mit seiner Exzentrik und seinem Eklektizismus ebenso verwirrend für seine Zeitgenossen gewesen sein wie für uns heute. In jedem Fall aber ist er eine vielschichtige Persönlichkeit und eine dadurch auch kontroverse Figur – *»a paradox to everyone but himself«*, wie ein Biograph es treffend formulierte. Man macht es sich zu leicht, wenn man ihn lediglich für einen auf die schiefe Bahn geratenen Gläubigen hält oder ihm umgekehrt abspricht, auch ein empirischer Forscher zu sein. Er ist nicht einfach nur vom Wissenschaftler zum Spiritualisten mutiert. Vielmehr versucht er, die Grenzen der Wirksamkeit materialistischer Faktoren, allen voran der natürlichen Selektion, auszuloten, als diese eben noch nicht abgesteckt sind. Was Wallace nicht erkennt oder sich nie eingesteht, ist, dass er sich wie viele andere auch getäuscht hat und in eine Sackgasse geraten ist. Doch sollten wir uns vor überheblicher Kritik Nachgeborener hüten. Wem ist es schon vergönnt, im verschlungenen Labyrinth des Geistes und Nachdenkens über die Welt zu allen Zeiten den Blick des über den Dingen schwebenden Sehers zu haben? Bei der Entdeckung der Evolution war Wallace genau dies gegeben, beim Spiritualismus eben nicht.

Seine quasireligiöse, oft gar als kreationistisch missverstandene Position diskreditiert ihn in den Augen vieler bis heute, die ihm dann oft auch zugleich jegliches Verständnis von Evolution und Adaptation absprechen wollen. Für Wallace ungleich wichtiger ist, dass seine bei anderen Forschern unpopulären Ansichten zum Spiritualismus (ebenso wie seine radikalen politischen Ansichten) ihm zu Lebzeiten zweifelsohne nicht unerheblich geschadet haben. Wallace wird sich noch einige Male um verschiedene Positionen bewerben – von Museumsleitungen bis zur Forstverwaltung; doch wird er keine davon bekommen. Die Gründe mögen in jedem Einzelfall verschieden sein, doch jedes Mal ist es ein herber Schlag für seinen Stolz und sein Selbstvertrauen – und überdies seinen Geldbeutel. Wallace bekommt bald finanzielle Probleme. Immerhin hat es aber auch etwas Gutes, dass er den Lebensunterhalt für sich und seine Familie nicht mit einer Anstellung verdient: Als Privatgelehrter hat er auch weiterhin mehr Zeit als andere, jene wissenschaftlichen Werke zu verfassen, die ihn dann unsterblich machen.

Biogeographie und Auslese – *Der erste Darwinist*

(1863–1889)

Wie unangenehm, diese ewigen Vorträge! Wallace schätzt es gar nicht, bei solcher Gelegenheit derart im Rampenlicht zu stehen. Am 8. Juni 1863 ist es wieder einmal so weit, diesmal bei der Royal Geographical Society. Wir haben diese distinguierte Gesellschaft schon als das Reisebüro des Empires kennengelernt. Hier hat Wallace bereits vor Jahren einmal über seine kartographischen Arbeiten am Rio Negro vorgetragen und dank der Vermittlung des Präsidenten Sir Roderick Murchison dann eine freie Passage in den Malayischen Archipel erhalten.

Zum Glück muss er seinen Beitrag jetzt wenigstens nicht selbst verlesen; das macht in routinierter Weise, und wie es üblich ist bei diesen Londoner Zusammenkünften, der Sekretär der Society, ein gewisser Mr Markham. Der hebt jetzt an, Wallace' Ansichten zur *»physikalischen Geographie des Malayischen Archipels«* vorzutragen; die Umgrenzung der Region und ihre Einteilung, die westliche indo-malayische und die östliche austro-malayische Hälfte, wie er es hier nennt; dann die Unterschiede zwischen den nichtvulkanischen Inseln wie Borneo und im Grund auch Celebes, im Gegensatz dazu die vulkanischen Inseln, die gleichsam in einem Feuerbogen (später wird Wallace dies in der Karte mit einem dicken roten Strich markieren) von Sumatra und Java über Bali nach Ternate ziehen. Dann noch einige Bemerkungen zu den feuchten Regenwäldern auf Borneo und Neuguinea, dazwischen jene Inseln mit weit trockeneren Regionen wie auf Lombok, Timor oder Celebes.

Wallace hört kaum richtig zu, als der Sekretär Markham dann auf seine Idee zu sprechen kommt, die Karte des Geologen George Windsor Earl heranzuziehen, um die Unterschiede in Vorkommen und Verbreitung der Tiere zu erklären, wie Wallace sie fand. Dadurch, so schließt der Vortrag, könnten nun geologische Ursachen genutzt werden, um biologische Phänomene plausibel zu erklären. Etwa jenes eigenartige Aufeinanderstoßen, aber eben nicht Übereinanderschieben der beiden großen Faunenreiche Asiens und Australiens mitten im Archipel. Solche Tatsachen, lässt Wallace verkünden, gelte es vermehrt ins Kalkül zu ziehen, wenn Naturforscher die Geschichte der Erde zu rekonstruieren vesuchen. Damit beendet Markham die Verlesung seines Beitrags. Applaus aus den Reihen der Zuhörer und allgemeines Kopfnicken. Wallace könnte erleichtert sein.

Hat er sich indes beim Vortrag schon nicht behaglich gefühlt, kommt nun jener Teil, bei dem ihm erst recht nicht wohl ist: die Diskussion. Präsident Murchison spricht als Erster. Er habe in all den Jahren, in denen er die Ehre hat, mit dieser Gesellschaft verbunden zu sein, noch keinen derart erhellenden Beitrag gehört, der zugleich in so vollkommener Form verschiedene Zweige der Wissenschaft zusammenbringt. Wallace atmet innerlich auf, spürt, wie seine Anspannung langsam nachlässt. Der Präsident fährt fort: *»Es gibt hier im Raum wohl niemanden, so glaube ich sagen zu dürfen, der sich nicht meiner Meinung anschlösse, dass die Gesellschaft wohl niemals zuvor einen Reisenden in ein fernes Land ausgeschickt hat, der vollständiger alle wichtigen Aspekte der örtlichen Naturgeschichte untersucht und diese in ähnlich überzeugender Weise kombiniert und mit profunderer Kenntnis vermittelt hätte.«* Nochmals flutet tosender Applaus durch den Sitzungssaal.

Anschließend erheben sich weitere Redner, die wie so häufig zuerst einmal ihre eigenen Ansichten referieren, bevor sie dann Wallace eine Frage stellen. Ein Mr Crawfurd will wissen, warum denn die Ureinwohner Neuguineas und Australiens so unterschiedlich seien, wenn doch Wallace jetzt ihrer beider Heimat in einer großen kontinentalen Region zusammenfasse; ebenso verschieden seien auch Inder von den Malaien. Und dann fährt dieser Mr Crawfurd mit weiteren Fragen zu Java, zu Celebes, zu Bali und Lombok fort. Als er endet und Wallace endlich antworten lässt, weist der lediglich lakonisch darauf hin, dass, wie die Fragen des Mr Crawfurd deutlich zeigen, die Einzelheiten komplex seien und sein, Wallace', Vortrag und Beitrag ohnehin schon viel zu lang geworden sei; ein zweiter sei nötig, noch weitere Details darzulegen.

»Sagen Sie also zu, einen solchen Beitrag zu liefern?«, fragt Crawfurd sofort zurück. *»Gewiss doch«*, verspricht Wallace; darin wolle er auch ausführlich darlegen, wie es sich mit den Unterschieden der menschlichen Rassen auf einzelnen Inseln verhalte; und natürlich ergründen, warum die Grenzlinie zwischen den Tieren deutlich weiter westlich verläuft als die zwischen den Menschengruppen. Nur so viel will er hier andeuten, dass der Mensch von Natur aus ein Wanderer sei. *»Man is a migratory animal«*, betont Wallace. Insbesondere in der in Rede stehenden Region haben die Einheimischen gelernt, mit Kanus und Auslegerbooten zu segeln und selbst gegen Meeresströmungen sich fortzubewegen. So träfe man auf die Zeugnisse eines ständigen Kommens und Gehens bei den Menschen in der Inselwelt des Archipels.

Endlich schließt der Präsident die Sitzung mit wohlwollenden Worten: *»Sie haben sich, Mr Wallace, nicht nur als ein erstklassiger Naturforscher erwiesen, sondern auch als ein guter Geologe.«* Er danke ihm nochmals für seinen höchst interessanten und instruktiven Beitrag. Ein letztes Mal Applaus. Erst später auf dem Heimweg gerät Wallace geradezu außer sich vor Freude. Er hat es geschafft! Die hervorragendsten Gelehrten der Londoner Fachgesellschaften zollen seinen Arbeiten Respekt. Auch die Zoologen, Entomologen und Anthropologen sind dann später von seiner Darstellung der Naturkunde und Naturgeschichte des Malayischen Archipels begeistert, die er anlässlich ihrer Sitzungen präsentiert. Wallace, der Schulabbrecher, Landvermesser und naturkundliche Autodidakt, ist nach langen Jahren des Reisens und Forschens endlich da angekommen, wo er immer hinwollte – auf dem Olymp der viktorianischen Naturforschung.

Der Reisebericht über den Malayischen Archipel: Zur Zeit von Wallace' Rückkehr ist das allgemeine Interesse an Reiseberichten aus fernen Teilen der Welt in England groß; am besten ist es natürlich, man kann seine Schilderungen mit Abenteuern und Gefahren garnieren. David Livingstone hat die Victoriafälle des Sambesi im östlichen Afrika entdeckt; Richard Burton und John Speke, nach ihrer Entdeckung des Tanganjikasees, haben sich aufgemacht, die Quellen des Nils zu finden und zu erforschen. Im nördlichen Kanada versucht eine Expedition nach der anderen, das Schicksal von Sir John Franklin aufzuklären, und hofft auf Spuren der Verschollenen, die sich aufgemacht hatten, die Nordwestpassage zum Pazifischen Ozean zu finden.

Die Welt scheint beinahe größer geworden zu sein, jedenfalls für ein an fernen Ländern und Kulturen interessiertes Publikum. Da ist man froh über jemanden, der den vielen hereinflutenden Einzelbefunden einen Erklärungsrahmen zu geben vermag; der es erlaubt, die vielen neuen Tatsachen einzuordnen. Wallace liefert mit der Biogeographie – der zoologischen Geographie, wie es bei ihm heißt – einen solchen Rahmen. In den ersten Jahren nach seiner spektakulären Mitentdeckung der Evolution ist es ein an sich erstaunliches Faktum, dass er vorerst kaum ein Wort darüber schreibt, sondern sich weitgehend auf die Biogeographie konzentriert. Zwischen 1858 und 1863 entsteht eine Serie von Arbeiten, die diese Disziplin begründen helfen; mehr noch als jene beiden Kapitel, die Darwin dazu in seinem Artenbuch schreibt.

Bereits von unterwegs hat Wallace im März 1859 seine Vorschläge zur besseren Abgrenzung zwischen der asiatischen und australischen Region an den englischen Ornithologen Philip Sclater geschickt, die dieser im ersten Band seiner gerade neu gegründeten Zeitschrift »*Ibis*« abdruckt. Sclater hat aufgrund der Vorkommen von Vögeln weltweit eine Einteilung in sechs zoologische Regionen als Ergebnis »*allgemeiner Gesetze der Verbreitung*« vorgeschlagen, noch fest im Schöpfungsglauben wurzelnd. Wallace sieht das natürlich vor dem Hintergrund von Abstammung und dynamischer Entwicklung. »*Dies, so denke ich, klärt die Frage der Abgrenzung beider Faunenreiche*«, schreibt er an Sclater, als er ihn auf die Faunenscheide mitten im Archipel aufmerksam macht. Im Laufe des Jahres 1859 arbeitet Wallace seine Idee weiter aus und schickt einen ausführlicheren Aufsatz *»On the Zoological Geography of the Malay Archipelago«* diesmal direkt an Charles Darwin, der den Artikel an das Journal der Linnean Society weiterleitet. Dort wird es bei der letzten Dezember-Sitzung 1859 verlesen und dann im darauf folgenden Jahr 1860 gedruckt. Nochmals, aber jetzt unter Kenntnisnahme der meisten Zoologen, weist Wallace auf die zwei großen Faunenregionen mit deutlich unterschiedlicher Tierwelt hin, die an der später nach ihm benannten Scheidelinie zwischen Bali und Lombok und westlich von Celebes aufeinandertreffen. Trotz ähnlicher klimatischer und ökologischer Verhältnisse gibt es mithin mitten im Archipel eindeutig unterschiedliche Tierwelten. *»Solche Tatsachen lassen sich nur durch eine mutige Anerkennung großräumiger Veränderungen an der Erdoberfläche erklären«*, erklärt Wallace seinen Lesern. Nicht Gottes Laune platziere die Arten dort; vielmehr lägen die Ursachen in der Geschichte des Raumes und der Evolution, im Wandel der Arten und in geologischen Umwälzungen.

Im Sommer 1863, ein Jahr nach seiner Rückkehr, stellt er dann bei jenem eingangs geschilderten denkwürdigen Treffen die geologischen Ursachen für die Vorkommen der Tiere vor. Dank seiner ausführlichen Behandlung dieser Faunen-Zusammenhänge wird Wallace nicht nur zum Namensgeber der wohl berühmtesten Faunengrenze der Erde. Mit seinen Aufsätzen und späteren Büchern zur zoologischen Geographie schafft er eine neue Perspektive, mit der Naturforscher seitdem auf die Welt schauen. Das ist drei seiner Werke geschuldet, die er in engem zeitlichen Abstand 1869, 1876 und 1880 herausbringt; alle drei sind Meisterstücke mit jeweils eigenem Charakter und eigener Bedeutung. Während das Erste jener mit wichtigen biologischen Einzelbeobachtungen gespickte Reisebericht aus dem *»Malayischen Archipel«* ist, der bis heute noch gelesen wird, begründet Wallace mit dem Zweiten und Dritten die Wissenschaftsdisziplin der Biogeographie. Kurios, dass just diese beiden letzten Werke heute kaum noch gelesen werden.

Fraglos ist Wallace' *»Malayischer Archipel«* sein bekanntestes

Buch. Es erscheint am 9. März 1869 in zwei Bänden mit 1500 Exemplaren. Da die Erstauflage schnell ausverkauft ist, folgt bereits im Oktober desselben Jahres eine zweite Auflage mit 750 Exemplaren; ebenso Übersetzungen, darunter noch im gleichen Jahr ins Deutsche und dann ins Holländische. Auszüge daraus werden in Magazinen gedruckt und bis heute immer wieder in Lese- und anderen Reisebüchern eingestreut. Es ist nicht nur erklärtermaßen das Lieblingsbuch großer Autoren wie Joseph Conrad, sondern wird auch kommerziell Wallace' erfolgreichstes Buch. Bis 1900 erlebt es zehn Auflagen und ist bis heute das Standardwerk der reisenden Naturforscher in dieser Region.

Seine besondere Bewunderung für Darwin (mit dessen *»Voyage of the Beagle«* sein eigenes Reisewerk vielfach verglichen wird) drückt Wallace dadurch aus, dass er diesem nun mit wohlgesetzten Worten den *»Malayischen Archipel«* widmet. *»Dem Verfasser der ›Entstehung der Arten‹, nicht nur als Zeichen meiner persönlichen Wertschätzung und Freundschaft, sondern auch als Ausdruck meiner tiefen Bewunderung für sein Genie und seine Werke.«* Der so Geehrte schreibt nach der Lektüre in seinem Dankesbrief, es sei erstaunlich, dass Wallace überhaupt lebend zurückgekehrt ist, angesichts aller überstandenen Gefahren, angefangen bei den Krankheiten bis hin zu unsicheren Fahrten in kleinen offenen Booten zu den abgelegensten Gewürzinseln. Außerdem: *»Ihre Beschreibungen, wie Sie diese Schmetterlinge fangen, haben mich regelrecht neidisch gemacht«*, so Darwin, *»keine Frage, dass Sammeln der einzig wahre Sport auf der Welt ist.«*

Darwin hat auch insofern Anteil an der Entstehung des Werkes, als er Wallace wiederholt dazu ermutigt und gedrängt hat. Wallace, der die meiste Zeit davon mit der Auswertung seiner Sammlung beschäftigt ist, braucht sechs Jahre für sein *»travelog«*, den er im Frühjahr 1864 beginnt und mit dem er sich lange schwertut. Erst nach der Heirat mit Annie Mitten zwei Jahre später geht er mit neuem Elan ans Werk. Doch wir dürfen nicht vergessen, wie viele andere Arbeiten Wallace ebenfalls in dieser Zeit verfasst, durch die er immer wieder abgelenkt wird.

Das Werk ist nicht streng chronologisch gegliedert; wegen der vielen doppelten Wege und sich überkreuzenden Etappen gliedert Wallace es in fünf Abschnitte, nach den großen Regionen und Inselgruppen im Archipel. Für seine Schilderung nutzt er seine abgegriffenen Reisetagebücher mit dem dunkelvioletten Einband, in denen er viele Episoden und Gedanken festgehalten hat. Jetzt zahlen sich die Anstrengung und große Selbstdisziplin aus, mit der er beinahe jeden Tag – gleichgültig wie anstrengend dieser Tag im Gelände auch gewesen sein mag – seine Einträge gemacht hat. Dabei sind die Einträge, wie ein Blick in die heute bei der Linnean Society in London verwahrten Tagebücher zeigt, stets in sorgfältiger und gut lesbarer Tintenschrift vorgenommen, unterbrochen nur durch wenige Ausstreichungen und Korrekturen. Wer sie heute liest, wird feststellen, wie wenig sich jene Prosa, die er bereits im Feld unterwegs im Archipel geschrieben hat, von jener Darstellung unterscheidet, die er dann mit reflektierendem Abstand verfasst. Und bis heute ist bei der Lektüre noch immer unmittelbar jener Enthusiasmus präsent, mit dem Wallace seine Abenteuer übersteht, ebenso jene aufregende Atmosphäre, erstmals derart viele Wunder der Natur zu erleben und zu entdecken. Wallace ist der geborene Schriftsteller, und hier spricht er direkt zu uns.

Nur über jenen Wettlauf mit Darwin um die Entdeckung der Evolutionstheorie schweigt er in seinem Bericht beharrlich – und so ahnt der Leser nicht, wie Wallace zu seinen Ideen kam. Er erwähnt nicht einmal die wichtigen Arbeiten aus Sarawak 1855, die Aru-Studie 1857 oder gar den Ternate-Aufsatz 1858. Nur einmal geht er über die reine Naturforschung hinaus, als er sich im abschließenden Kapitel zu den Menschen und ihren »Rassen« und ihrem Schicksal äußert.

Die Begründung der Biogeographie: Noch einmal sieben Jahre später lässt Wallace sein eigentliches *opus magnum* folgen, als im Mai 1876 die *»Geographical Distribution of Animals«* erscheint. Es ist die erste ausführliche und synthetische Darstellung zu Vorkommen und Verbreitung sowie zur Ausbreitung von lebenden und ausgestorbenen Tieren. *»Ich bin überzeugt, Sie haben für jede künftige Arbeit über Verbreitung einen breiten und sicheren Grund ge-*

legt«, schreibt ihm Charles Darwin knapp einen Monat danach. In jahrelanger Arbeit hat sich Wallace für diese Studie in ganz unterschiedliche neue Gebiete eingearbeitet, etwa in die Kenntnis fossiler Säuger, zu denen sich hier nun erstmals eine zusammenfassende Darstellung der damals bekannten Vorkommen findet. Auch hat ihn lange die Veränderung der Kontinente und der Wechsel des Klimas früherer geologischer Zeitepochen beschäftigt. Dazu hat Charles Lyell mit ihm, dem Autodidakten, in langen Briefen mit bis zu dreißig Seiten (wer schreibt die heute noch?) beispielsweise Eiszeitphänomene und ihre Auswirkungen auf die Säugetierfauna diskutiert (hier trägt seine Hochzeitsreise mit Annie zu den Gletschern in Wales nochmals Früchte).

Zwar gab es bereits frühere Werke zur Verbreitung von Landtieren, insbesondere von deutschen und österreichischen Forschern. Aber bei Wallace ist all dies erstmals in einen entwicklungsgeschichtlichen Rahmen gestellt und vor dem Hintergrund der Evolution interpretiert, mit drei klaren und knappen Grundprinzipien. Erstens ist jede Art nur einmal entstanden, zweitens sind Klima und Boden nicht die letzte Ursache ihres Vorkommens, und drittens verändern sich Arten und ihre Vorkommen. Im Vorwort erklärt er den neuen Plan seines Ansatzes, bei dem er nicht mehr die Verbreitung einzelner Arten für seine Schlussfolgerungen nutzt, sondern die von Gattungen und Familien. *»Denn die Arten sind zu zahlreich und repräsentieren nur die neuesten Modifikationen der Formen.«* So ist die Verbreitung der Gattung des Elefanten viel aufschlussreicher als nur die Kenntnis, wo die beiden lebenden Arten vorkommen; eine Betrachtung auf der höheren Gattungsebene nämlich führt zur Frage eines etwaigen Zusammenhangs zwischen Afrika und Asien. Zudem präsentiert Wallace in diesem Werk die erste Karte, die anhand der terrestrischen Tierwelt die Erde in biogeographische Regionen einteilt – ein Grundpfeiler der modernen Biogeographie. Hier schlägt Wallace die bis heute immer noch gültige und meistverwendete Gliederung der Landgebiete in tiergeographische Regionen vor: die paläarktische, nearktische, neotropische, äthiopische, orientalische und australische Region, Letztere getrennt durch jene nach ihm benannte markante zoogeographische Grenze quer durch den Archipel. Wallace, obgleich er einmal bemerkt, *»it was written a quarter of a century too soon«*, wird durch diese Arbeit der erste Biogeograph im modernen Sinne.

Dazu schreibt er auch noch verständlich; selbst verwickelte Gedankengänge legt er klar und deutlich dar und wird dafür vielfach gelobt. So wie er auch dafür bewundert wird, wie er ungeheure Tatsachenmengen ordnet und es dank seiner besonderen Gabe, zu verallgemeinern, auch hier versteht, aus vielen Fakten Gesetzmäßigkeiten herauszufiltern. Überdies lege Wallace, so lobt später ein Bewunderer, bei mehreren Ursachen einer Tatsache jeweils deren verschiedenartigen Anteile dar, weit entfernt von simpler Vereinfachung. Wallace vereine in seiner Schreibweise wissenschaftliche und populäre Darstellung. Was wollen wir mehr?

Allerdings ist für Wallace das Thema Biogeographie damit noch nicht erledigt; weitere vier Jahre später legt er im Oktober 1880 mit *»Island Life«* sein Werk vor allem zu den Ausbreitungsmöglichkeiten von Tieren auf Inseln vor. Es wird ebenfalls zu einem Standardwerk, das bis heute gelesen wird – oder wenigstens zitiert, denn es begründet die Insel-Biogeographie. Darin diskutiert Wallace auch nochmals ausführlich die, wie er sagt, *»anomale Insel«* Celebes oder Sulawesi und jene widersprüchlichen tiergeographischen Befunde, aufgrund derer er die Position diesseits oder jenseits jener Demarkationslinie weiterhin nicht sicher bestimmen kann. Sein letztes Wort dazu wird Wallace erst 1910 äußern, als er vorschlägt, die mittlerweile berühmte Linie müsse umgezeichnet werden. *»Ich bin zu der Ansicht gekommen, dass Celebes ein Ableger des asiatischen Kontinents ist, aber von diesem zu einem früheren Zeitpunkt bereits getrennt wurde. Daher müssen wir die Linie östlich von Celebes und auch den Philippinen eintragen.«* Ein ganzes Jahrhundert später soll Wallace mit dieser Ansicht recht behalten. Als im Januar 2013 eine Gruppe von Biogeographen unter der Federführung von Zoologen an der Universität von Kopenhagen die Weltkarte der regionalen Verteilung des Lebens anhand von Erbgutanalysen aktualisiert, verläuft jene markante Grenzlinie, die die orientalische Region gegenüber ihren Nachbarn weiter östlich abhebt, östlich der heutigen Insel Sulawesi.

»*Ganz exzellent*«, urteilt Darwin erneut in einem Brief an Wallace, als dessen Werk zur Insel-Biogeographie erscheint, »*ich halte es für das beste Buch, das Sie jemals herausgegeben haben.*« Und selbst wenn heutige Forscher kaum noch etwas von Wallace, seinem Leben und seinem umfangreichen Werk wissen: aus seinen Büchern insbesondere zur Biogeographie von Inseln zitieren sie immer noch gern; insbesondere dann, wenn sie einen einsichtsreichen Satz für die Einleitung ihrer eigenen Arbeiten suchen, in denen sie dann vielfach bestätigen, was Wallace bereits vorausgesehen hat, wenngleich natürlich nicht mit der gleichen Detailschärfe, die erst dank der heute verfügbaren neuesten Untersuchungsmethoden möglich wird. Ungeachtet dessen zeigt dies aber, wie weit Wallace nicht nur seiner Zeit in diesen Dingen voraus war, sondern wie richtig seine grundlegenden Einsichten zur Biogeographie waren.

Ein Wanderer auch in England: Wallace besitzt durchaus auch einen ausgeprägten Sinn für seinen eigenen Wohnort, den er bald aufs Land außerhalb der Metropole Englands verlegt. Bis 1870 lebt er mit seiner allmählich wachsenden Familie noch im Inneren Londons, dann beginnt ein regelrecht nomadischer Lebensstil, der ihn alle zwei oder drei Jahre umziehen lässt. Seltener und erst wieder in einem späteren Abschnitt seines Lebens bleibt er ein Jahrzehnt an einem Ort. Vielleicht ist dies ein Vermächtnis seiner vielen Wanderjahre am Amazonas und im Archipel; er könne es aber auch, so vermutet Wallace selbst, von seinem Vater geerbt haben – wie so vieles andere auch, etwa wie sein mangelndes Talent, mit Geld umzugehen, was sich in den kommenden Jahren zunehmend als prekär erweisen wird.

Tatsächlich zieht Wallace samt Familie siebenmal um, drei der Landhäuser im südlichen England baut er selbst; immer ist er zuversichtlich, dass es am nächsten Wohnort noch besser wird. Trotz dieser Unruhe erinnern sich seine Kinder an ein glückliches und warmherziges Zuhause, egal, wo sie gerade wohnen. In jedem der Häuser legen Annie und er vor allem Wert auf einen schönen Garten, den anzulegen sie sich jedes Mal von Neuem freuen. Diese

Vorliebe für das Gärtnern wird bei Wallace im Alter immer ausgeprägter; da züchtet er (wie übrigens auch Darwin) Orchideen und andere ungewöhnliche Pflanzen in einem Gewächshaus, oder er legt Teiche für seine aquatischen Pflanzen an.

Immer sind es andere Gründe, die Wallace umziehen lassen. Einmal ist es, wie 1870, eine mögliche, sich abzeichnende Stellung als Direktor des Kunst- und Naturkundemuseums in Bethnal Green in East London. Obgleich daraus nichts wird, lebt er hier mit seiner Frau, zwei Kindern, einem Kinder- und einem Hausmädchen sowie einer Köchin. Ein Jahr später erwirbt Wallace dreißig Meilen die Themse hinab in dem Ort Grays in Essex ein Grundstück in wunderbarer Lage am Nordhang des Flusses. Dort baut er, nach eigenen Vorstellungen und Plänen, ein großzügig dimensioniertes, komfortables Landhaus *»The Dell«* (das es immer noch gibt). Allerdings erweist es sich für jemanden in mittlerweile unsicheren finanziellen Verhältnissen als überdimensioniert, er muss dafür seine Insektensammlung, vor allem seine Schmetterlinge aus dem Archipel, verkaufen. Das Haus hat alles, um sein persönliches Paradies zu werden; doch bevor es fertiggestellt ist, verursacht es Ärger, als der mit der Bauausführung Beauftragte ihn betrügt und es zum Gerichtsverfahren kommt. Das endet zwar zu seinen Gunsten, aber er bleibt auf den Kosten des Verfahrens sitzen. Endlich, im März 1872, bezieht Wallace *»The Dell«*, lebt hier für vier Jahre, schreibt sein Werk *»Geographical Distribution«* und pflegt liebevoll seinen Garten.

Doch nachdem sein ältester Sohn Bertie im Alter von nur sechs Jahren dort stirbt, verkauft es Wallace 1876 wieder. Nach kurzen Stationen lebt er ab 1878 für drei Jahre in Croydon, wo es gute Schulen für die verbliebenen beiden Kinder gibt. Hier schreibt er *»Island Life«*, gerät aber ab 1880 in ernsthafte finanzielle Probleme, die ihn schließlich zwingen, in ein einfaches Cottage nach Godalming zu ziehen, wo er dann beinahe ein Jahrzehnt bleibt, bis er sein Buch über *»Darwinism«* geschrieben hat. Hinter ihm liegen da bereits beinahe zwanzig Wanderjahre durch den Süden Englands, in denen er dennoch höchst produktiv ist. Dass er wenige Jahre nach Darwins Tod diesem 1889 mit dem

Buch ein Denkmal setzt, ist symptomatisch für Wallace und zugleich für das Verhältnis der beiden Naturforscher. An der Frage nach der Wirksamkeit der natürlichen Selektion haben sich bis dahin heftige Debatten entzündet.

Natürliche Selektion. Oder: Wallace als erster Darwinist: Die Auslese ist an sich eine höchst simple Idee. *»How extremely stupid not to have thought of that«*, meinte etwa Thomas Henry Huxley einst, als er Darwins Buch über die *»Entstehung der Arten«* zum ersten Mal las. Wallace, der ja selbst ursprünglich in seinem Aufsatz immer nur von einem generellen Prinzip gesprochen hat, mag den Ausdruck Selektion (zu Deutsch Zuchtwahl) eigentlich nicht sonderlich. Er klingt ihm zu anthropomorph, zu sehr nach menschengemachter Züchtung und mithin einer Analogie, der er im Gegensatz zu Darwin nichts abgewinnen kann. Wallace schlägt Darwin vor, doch lieber den Ausdruck *»struggle for existence«* zu verwenden; doch den wiederum schätzt Darwin nicht sehr. Selektion sei ein aktiver Begriff, der eine handelnde Autorität impliziere, argumentiert Wallace in einem Brief an Darwin; dagegen sei die Metapher des *»struggle«* passiv und stehe für einen Prozess. Allerdings wird die Selektionstheorie ohnehin allzu leicht nur mit dem Begriff vom Kampf ums Dasein gleichgesetzt, was eine das Grundprinzip arg entstellende Vereinfachung ist. Später verwendet Darwin dann oft den Ausdruck *»survival of the fittest«*, das ebenfalls lange diskutierte Überleben des seiner Umwelt am besten Angepassten.

Und wo wir gerade bei Begrifflichkeit sind: Erst in den 1860er-Jahren führt der britische Philosoph Herbert Spencer den Begriff der Evolution in unserem modernen Sinn ein, wobei er explizit die Veränderung von Arten meint. Denn ursprünglich abgeleitet von »evolvere« – sich entwickeln, ablaufen, wörtlich aufrollen –, ist der Begriff anfangs lediglich zur Beschreibung des Auswickelns aus einer bereits bestehenden kompakten Struktur benutzt worden, und zwar in der Embryologie. Jetzt hat auch die einstige »Transmutation« und Entstehung der Arten im Sinne von Darwin und Wallace ihren eigenen Disziplinbegriff. Allerdings benutzt selbst Darwin ihn zunächst nicht, sondern spricht lange nur von gemeinsamer Abstammung mit Modifikation.

Wie wir bereits gesehen haben, erfährt die beiderseits gepflegte Freundschaft von Darwin und Wallace eine erste, ernsthafte Prüfung, als 1870 die *»Contributions to the Theory of Natural Selection«* erscheinen. Darin sind nicht nur Wallace' Sarawak- und Ternate-Aufsatz nachzulesen (erstmals im selben Jahr dann auch in deutscher Übersetzung), sondern seine Gedanken und Ansichten zur Stellung des Menschen und der Wirkung der natürlichen Selektion. Das Buch wird allgemein gut aufgenommen; mit Ausnahme des letzten Kapitels, in dem Wallace seine Meinung auf paradoxe Weise ändert. Dieses Paradoxon müssen wir uns hier nochmals ansehen.

Einerseits ist für Wallace die natürliche Selektion das Grundprinzip des Lebens. Er wird in diesem Grundsatz sogar noch über Darwin hinausgehen, als der kurz darauf die sexuelle Selektion als einen zusätzlichen Mechanismus vorschlägt (die haben wir bereits bei den Geweihfliegen von Neuguinea kurz angesprochen). Wallace lehnt die Idee einer gleichsam züchterischen Damenwahl ab; hier ist er mehr Darwinist als Darwin selbst. Einerseits; denn dann beschleichen ihn – und das ist das Paradoxe – jene bereits erwähnten Zweifel an der allmächtigen Wirkung der natürlichen Selektion. Diese sei nicht ausreichend als Erklärung für die Entstehung des Menschen, insbesondere nicht seines Geistes und Gehirns. Hier stößt das sonst überall waltende Nützlichkeitsprinzip an seine Grenzen, meint Wallace, der in der Folge davon in fundamentaler Weise von Darwin abweicht. Mit den Jahren werden zwar noch weitere Differenzen zwischen unseren beiden Naturforschern deutlich, auch über die unterschiedlichen Ansichten zur sexuellen Selektion hinaus (etwa bei Vorkommen und Verbreitung arktischer Pflanzen auf isolierten Bergspitzen im Zusammenhang mit den Eiszeiten oder der Ausbreitungsmöglichkeit von Pflanzensamen, die isolierte ozeanische Inseln besiedeln, der Vererbung erworbener Eigenschaften oder der sogenannten Pangenesis). Aber nirgends sind die Diskrepanzen so deutlich und die Implikationen so weitreichend wie bei der Frage zur Abstammung des Menschen und dem Ursprung der Moral.

Als Darwin mit seinem Buch zum Thema Mensch gleichsam zum Gegenschlag ausholt, schreibt er in einem Brief von November 1870 an Wallace, noch während er an den Druckfahnen arbeitet: *»Mein Buch bringt mich halb um vor Erschöpfung, und es wird mich, so fürchte ich, auch um Ihre Wertschätzung bringen.«* Heute sehen wir deutlich, dass Darwin, was die Idee der Auslese angeht, gleichsam ein Pluralist ist. Tatsächlich hat er schon am Ende des Einleitungskapitels zu seiner *»Entstehung der Arten«* geschrieben: *»Ich bin fest davon überzeugt, dass die natürliche Zuchtwahl das wichtigste, wenn auch nicht einzige Mittel der Abänderung war.«* Später wird Darwin sehr klar sehen, dass es Eigenschaften gibt, die keine Anpassung darstellen, und die Chancen zu überleben damit nicht direkt in Zusammenhang stehen. Wallace dagegen ist der Ansicht, dass bei jedem Organ sorgfältig untersucht werden muss, welchen Zweck und Ursprung es hat. Bevor darüber etwas bekannt sei, könne ein Organ oder Merkmal nicht als unnütz angesehen werden. In einem Aufsatz 1867 nennt er es *»eine notwendige Ableitung von der Theorie der natürlichen Selektion, dass nichts existiert, was nicht für ein Individuum oder jene Form, die es besitzt, nützlich ist oder einstmals nützlich war«*.

Ob nun stets die Umwelt direkt auf jedes erkennbare Merkmal wirkt und ob dies immer mit einem direkten Selektionsvorteil oder -nachteil verbunden ist, gehört zu jenen Fragen, über die Evolutionsbiologen noch ein volles Jahrhundert nach Wallace und Darwin debattieren. Wir wollen diese Debatte (die unter dem Stichwort Pan-Adaptionismus firmiert) hier nicht im Detail nachzeichnen, obwohl viel zu sagen wäre. Etwa, dass Lebewesen gleichsam integrierte Systeme sind, soll heißen: Die Veränderung eines Merkmals, auf das die Selektion wirkt und das damit angepasst wird, kann zu Veränderungen bei anderen Merkmalen führen, die indes ihrerseits nicht direkt an Auslese und Anpassung ausgerichtet sind. Bereits Darwin wusste, dass ein Organ unter der natürlichen Selektion für eine bestimmte Funktion ausgebildet worden sein kann, aber danach später in der Lage ist, anderen, nicht selektiv erworbenen Fähigkeiten zu dienen. Als das beste Beispiel dafür ist heute ebenjener umstrittene Verstand des Menschen anzusehen, bei dem es wohl vielfach zu einer solchen Koppelung und Funktionsveränderung gekommen ist. Moderne Evolutionsbiologen sprechen hier gern von einer sogenannten *»kognitiven Nische«* des Menschen, für die er mit seinen mentalen Fähigkeiten anfangs adaptiert war, die er dann aber verlassen hat.

Die Dreifach-Paradoxie von Wallace' Darwinismus: Uns geht es hier darum, festzuhalten, dass Wallace im Zusammenhang mit der natürlichen Selektion der eigentliche, lupenreine Darwinist ist. Er ist überzeugt davon, dass wirklich jedes Merkmal, jedes Organ, jede Eigenschaft, jede Verhaltensweise eine direkte und unmittelbare Anpassung an die Umwelt ist; dass sie wichtig im Kampf ums Überleben ist und darüber entscheidet, ob Lebewesen besser, also geeigneter für diesen Überlebenskampf sind oder nicht. Wallace glaubt an den ganz gegenständlichen, ewigen *»struggle for existence«*, wie er sich vor allem im Fressen und Gefressenwerden ausdrückt. Auch bei Darwins sehr hellsichtiger, aber für seine Zeit noch nicht fassbaren Idee der sexuellen Selektion kann Wallace später nur zugestehen, dass es Konkurrenz und Kampf der Männchen untereinander gibt; nicht aber, dass es dabei im Wesentlichen um die Wahl seitens der Weibchen geht. *»Wir können kaum glauben, dass nur ein Geschlecht, das weibliche, allgemein einen Geschmack für Farben haben sollte und das andere nicht.«* Und wir müssen fragen, ob die direkte Auseinandersetzung und der unmittelbare Bezug von Umwelt zu Merkmal vielleicht deshalb ein zentrales Thema für Wallace sind, weil sich darin vieles über seine Herkunft und eigene Lebensgeschichte verrät, weil er die unmittelbare Härte des Lebens kennt und sich immer durchbeißen musste.

Wie auch immer: Für Wallace gilt nur der *»pure Darwinismus«*, wie er es nennt. In seiner Autobiographie erklärt er stolz, er sei *»more Darwinian than Darwin«*. So unterstützt er Darwins Selektionstheorie nicht nur; er verteidigt die Idee der allein natürlichen Selektion auch dann vehement, als er glaubt, dass Darwin selbst seine Theorie aufzuweichen versucht. Andererseits sieht es wieder so aus, als folge Wallace Darwin nur ein Stück weit des Weges, den er dann nicht konsequent bis zum Ende geht. Damit gelingt Wallace ein eigenartiges Kunststück, aus dem uns der Widerspruch geradezu anspringt. Da ist er zeitlebens einer der energischsten Verfechter des Darwinismus – und zugleich eine sehr kritische Stimme, die dessen Grenzen aufzeigt.

Wenn wir genau hinsehen, erkennen wir, dass es eigentlich sogar drei Paradoxien sind. Einerseits ist Wallace als strikter Selektionist überzeugt, dass evolutionärer Wandel einzig durch natürliche Selektion erklärt werden kann. Deshalb lehnt er sogar Offenkundiges wie die zusätzlich wirkende sexuelle Selektion ab, obgleich sie sich – wie bei den Geweihfliegen und Paradiesvögeln – unmittelbar vor seinen Augen abspielt. Andererseits glaubt er dann die Grenzen der natürlichen Selektion dort erkannt zu haben, wo beim Menschen Gehirn und Verstand ins Spiel kommen. Einmal ist er sehr konsequent und dann wieder überhaupt nicht. Schließlich dürfen wir nicht jenes dritte Paradoxon vergessen: Er, Wallace, prägte in einer entscheidenden Zeit den Darwinismus – und überlässt gleichzeitig das Ruhmespodest allein Charles Darwin.

Wallace hat die Widersprüche und Paradoxien sicherlich empfunden und für sich gelöst. Wenigstens einige. In seinem im September 1890 erscheinenden Buch »*Human Selection*« lässt er wie im Theater jener berühmte *Deus ex machina* eine überirdische Institution auf die Bühne der Naturforschung hinabschweben, um seine Vorstellung der Selektionstheorie zu retten. So sehr Wallace damit die natürliche Auslese als einzigen wirksamen Faktor retten will, so sehr verstrickt er sich in Widersprüche und muss sich auf die Annahme einer mysteriösen höheren Intelligenz zurückziehen, die zu belegen schwerfällt. Bei aller Konsequenz ist gerade dies nicht konsequent für einen Naturforscher, sein Ansatz mithin höchst inkonsistent.

Letztlich ist Wallace im Denken wohl doch nicht so verwegen wie bei seinen abenteuerlichen Reisen am Amazonas oder im Archipel. Bei der letzten Konsequenz – nämlich zu denken, dass auch der Mensch ein Kind der Natur und der Selektion ist, er daher vollständig ins natürliche System gehört – scheut Wallace einem Springpferd vorm Wassergraben gleich zurück, wo Darwin – der Denker aus Downe – längst darüber hinweggesetzt ist.

Darwins Rettung: Ende der 1870er-Jahre hat sich Wallace' finanzielle Lage erheblich verschlechtert. Das Kapital, das er keine zwei Jahrzehnte zuvor mit dem Verkauf seiner Sammlungen erzielte, hat er durch unkluge Investitionen und weitere unglückliche finanzielle Entscheidungen längst eingebüßt; zudem unterstützt er Mutter und Verwandte. Wann immer Wallace auch versucht, das Geld zu mehren, es ergeht ihm wie seinem Vater – er verliert dadurch nur immer mehr. Bald finanziert sich Wallace damit, in einer Schule für indische Zivilangehörige Examina zu korrigieren – und vom Schreiben, von den Honoraren für Aufsätze und Bücher. So verfasst er auch Artikel für die berühmte *»Encyclopedia Britannica«*, das englische Gegenstück zum deutschen Brockhaus. Wer sich also jemals gefragt hat, wer diese wohlinformierten, kompakten Artikel verfasst hat (und vor allem warum sich wohl jemand dieser Mühe unterzieht), der sollte an Alfred Russel Wallace denken. Er war damit zugleich einer der Vorgänger jener, die heute für Wikipedia schreiben – wobei ein Wallace heute davon nicht leben könnte, da das jetzige Geschäftsmodell nur ohne Geldtransfer funktioniert. Ohne Anstellung und nur mit den Einnahmen aus seiner schriftstellerischen Tätigkeit genießt Wallace zwar große geistige Freiheit, aber nie Sicherheit.

Von 1880 an muss er sich in erheblichem Maße um seinen Lebensunterhalt und den seiner Familie sorgen. Eher zufällig und über eine gemeinsame Bekannte erfährt Charles Darwin von den prekären Verhältnissen Wallace' – und setzt sich umgehend und wirkungsvoll dafür ein, Wallace eine staatliche Pension (über die Aufnahme in die sogenannte *»Civil List«*) zu verschaffen. Thomas Henry Huxley ist Darwin dabei behilflich, Hooker dagegen hält sich auffällig zurück. Doch einmal mehr ist es dasselbe Schema wie einst beim delikaten Arrangement: Erneut tut sich eine kleine distinguierte Gruppe höchst einflussreicher Männer zusammen, um ihr Ziel zu erreichen. Diesmal funktioniert das *»old boy sys-*

tem« zu Wallace' Nutzen. Anfang 1881 teilt man ihm mit (er erfährt es just an seinem 58. Geburtstag), dass er eine jährliche Pension von 200 Pfund erhalten wird, sogar rückwirkend ab dem Vorjahr. Vertrieben sind die Sorgen, die ihn während der vorangegangenen Monate und Jahre gequält haben; und er wird immerhin weitere dreiunddreißig Jahre in finanzieller Sicherheit leben können.

Im darauf folgenden Jahr stirbt Charles Darwin. Sein Begräbnis wird zum nationalen Ereignis, als seine Freunde darauf bestehen, ihn in der Westminster Abbey beizusetzen. Es muss einem wie eine besondere Pointe vorkommen, dass Wallace – der gesellschaftliche Außenseiter – bei den Vorbereitungen dazu anfangs glatt übersehen wird. Im letzten Moment kommt jemand auf den Gedanken, auch ihn zu beteiligen. Und so ist Alfred Russel Wallace im April 1882 dann doch noch einer der Sargträger, als Darwin in London neben Isaac Newton beigesetzt wird. Es ist durchaus ein würdiges Ende der persönlichen Beziehung zweier großer Männer der britischen Naturforschung.

»Darwinismus«, England 1889: Als erster Darwinist wird Wallace die Stafette weitertragen und dabei die Selektionstheorie untrennbar und auf ewig mit Darwins Namen verbinden. Zwar wurde der Begriff *»Darwinism«* bereits im April 1860 von Huxley geprägt (dieser hat nicht nur Wallace und dessen Demarkationslinie mitten im Archipel verewigt, von ihm stammt zudem auch der oft Darwin zugeschriebene Begriff des *»missing link«* für Übergangsformen zwischen Großgruppen von Organismen, etwa Fischen und Amphibien oder Reptilien und Vögeln). Er tauchte dann 1865 auch in einer Publikation auf. Doch erst das Buch von Wallace führt letztlich zur heute weltweiten Verbreitung.

Im Mai 1889 erscheint Wallace' *»Darwinism – An Exposition of the Theory of Natural Selection«* (1891 auch auf Deutsch übersetzt). Es ist eine zeitgemäße Darstellung und Verteidigung der Selektionstheorie. Und so anspruchsvoll einst Darwins *»Entstehung der Arten«* für die gewesen sein mag, die es wirklich gelesen haben, so klar und einfach, dabei sehr überzeugend, ist nun Wallace' Evolutionsbuch. Es ist das unmittelbare Ergebnis einer zehnmonatigen Vortragstour von Oktober 1886 bis August 1887 durch die Vereinigten Staaten und Kanada. Diese wird um eine Einladung an das renommierte Lowell Institute in Boston herum arrangiert, wo Wallace eine Vortragsreihe zur organismischen Evolution unter dem Titel »*The Darwinian Theory*« hält. Wallace verbringt die Hälfte seiner Zeit in Nordamerika an der Ostküste; New York, Boston, Washington. Er besucht Museen, Bibliotheken und Akademien, erfreut sich der Treffen und Unterhaltungen mit amerikanischen Wissenschaftlern. Dann geht es hinüber nach San Francisco; er besucht den Yosemite Park und Nevada, bevor er sich via Chicago zurück nach Quebec begibt, wo er sich einschifft.

Sicherlich auch dieser Entstehung aus Vortragsskripten geschuldet, ist Wallace' Buch eine brillante und verständliche Darstellung, mit einer Fülle von Beispielen und Begründungen. Wallace geht darin zudem weit über das hinaus, was Darwin je geschrieben hat, nicht nur bezüglich der Abstammung der Arten und der Wirkung natürlicher Selektion. Hier geht es um spezielle Fragen, wie etwa zur Schutz- und Tarnfärbung bei Tieren und Pflanzen im Zusammenhang mit der von seinem Freund Bates viel beachteten Mimikry, um Anpassung und die Bildung neuer Arten (hier erkennt Wallace, dass dazu reproduktive Isolation notwendig ist) im Zusammenspiel mit der Kolonisierung von Kontinenten und Inseln.

In Anerkennung dieser gelungenen Ausarbeitung der Selektionstheorie wird Wallace 1892 auf Vorschlag von Joseph Dalton Hooker, der inzwischen Direktor des Botanischen Gartens in Kew ist, »*Fellow*« und Mitglied der Royal Society in London. Dass Wallace sich mit diesem Werk aber gleichsam selbst beerdigt hat, erkennt sofort nach Erscheinen Herbert Spencer. Er schreibt Wallace am 18. Mai 1889: »*Ich bedaure sehr, dass Sie ›Darwinism‹ als Titel benutzen, denn ungeachtet der Bedeutung, um die Sie wissen, wird der ohnehin schon irrige, wenngleich einhellige Eindruck bestätigt, Sie hätten nichts mit der Entstehung der Theorie zu tun.*« Wallace wird Darwin noch dreißig Jahre überleben; zurückgezogen im Süden Englands, als ein glücklicher Mann.

Das wundervolle Jahrhundert

(1881–1913)

»*Grundstück betreten verboten*«: Überall stehen diese Schilder. Wallace hat sie mehr als einmal verflucht; und er ignoriert sie, wo er nur kann, obgleich ihn das dann oft in Schwierigkeiten bringt. Seine Kinder, William und Violet, berichten später in Erinnerungen, wie unendlich peinlich es ihnen früher war, wenn sie bei Spaziergängen und Wanderungen durch die Felder und Wälder im Süden Englands deshalb wieder einmal mit ihrem Vater zusammen aufgegriffen werden. Damals ist das Land in den Händen weniger Großgrundbesitzer, die junkerhaft darüber entscheiden, was darauf geschieht. Und die eben auch das Durchqueren untersagen können; »Zuwiderhandlungen werden bestraft«. Regelmäßig sind die Kinder aufs Höchste alarmiert, wenn sich Wallace nicht daran hält und sie auf fremdem Grund und Boden einmal mehr vom Landbesitzer oder seinen Bediensteten angesprochen und aufgehalten werden. Allerdings sind sie auch immer wieder von Neuem überrascht, auf wie freundliche und respektvolle Art ihr Vater sich in so einem Fall aus der Affäre zu ziehen vermag. Jedenfalls hinterlässt es bei ihnen einen bleibenden Eindruck.

Es ist zwar fraglich, ob jene Landbesitzer das wissen, die sich an seinen Grenzüberschreitungen stören; aber Alfred Russel Wallace ist im späteren Leben so etwas wie eine viktorianische Kultfigur. Mag er sicherlich in wissenschaftlicher Hinsicht dann auch vom Hauptstrom isoliert eine buchstäblich exzentrische Figur sein; tatsächlich zählt er zu den wichtigsten Intellektuellen in der zweiten

Hälfte des 19. Jahrhunderts. Er kommentiert und vermittelt unermüdlich die wissenschaftlichen Entwicklungen seiner Zeit; zuerst die Theorie der Evolution durch natürliche Selektion und die Stellung des Menschen, später die immer schneller bekannt werdenden Entdeckungen auch in anderen Disziplinen. Anders als Darwin, der sehr fokussiert und gezielt seine Theorie ausgebaut und als Naturforscher seinen Ruf begründet hat, bleibt Wallace in vielerlei Hinsicht ein ruheloser Geist, der sich für vieles begeistern kann und sich bei vielen Dingen auch persönlich engagiert. Sein offenes Wesen und sein scharfer Verstand interessieren sich bald für anderes als nur die Naturforschung. Auch auf den neuen Feldern erweist sich Wallace als unkonventioneller Denker, der sich seine eigenen Gedanken macht, die indes gelegentlich für oberflächlich gehalten und missverstanden werden. Wallace schreibt über eine breite Palette an Themen – von der Evolution und Beobachtungen auf seinen einstigen Reisen, von der Schutzimpfung zur Landreform, von Menschen auf dem Mars und der Erde, unserer Stellung im Universum bis hin zum Ratgeber für den Bund der Ehe.

Dadurch, dass er auf derart vielen Gebieten aktiv ist, macht er sich in seiner Glaubwürdigkeit als Wissenschaftler angreifbar und bietet seinen Kritikern ein willkommenes Ziel. Andererseits ist er ein viel gehörtes Sprachrohr und ein Denker, der sich zu aktuellen Aspekten der Naturforschung und darüber hinaus äußert. Gerade Letzteres ist dann oft eher durch persönliche Ansichten gefärbt und wird nicht immer ernst genommen. Doch dann ist er auch wieder seiner Zeit weit voraus. Nichts hält Wallace je ab, seine Meinung zu sagen und sich gerade den gängigen Ansichten zu widersetzen; nicht immer zu seinem Besten und nicht immer auf der Grundlage besseren Wissens. Das ist beim Spiritualismus so, mit dem er bald ins eher esoterische Abseits gerät. Und das ist so bei sozialen und politischen Fragen, die Wallace in der zweiten Hälfte seines Lebens in immer stärkerem Maße beschäftigen.

So ist Wallace, als dies seinerzeit zum Thema wird, ein vehementer Gegner etwa der Pockenschutzimpfung, von der er denkt, sie richte mehr Schaden an, als dass sie nutze. Seit den 1880er-Jahren wendet er sich in seinen Schriften und Äußerungen gegen die Reihenimpfungen, aber auch gegen andere in der Öffentlichkeit kontrovers diskutierte medizinische Maßnahmen und Eingriffe, darunter etwa Eugenik und Vivisektion. Dabei wird Wallace oft missverstanden, gerade auch sein Widerstand gegen die Schutzimpfung. Hier legt er sogar eine erste epidemiologische Studie dieser Art vor. Und es wird übersehen, dass er sich nicht gegen die Impfung an sich wendet, sondern gegen die Art und Weise ihrer Durchführung. In jedem Fall bietet Wallace seinen Kritikern genug Argumente, ihn als Sonderling, Störenfried und Querkopf abzutun. Dass er sich als Wissenschaftler politisch exponiert, macht es keineswegs besser.

Was wir von »unzivilisierten« Völkern lernen können: Wallace wird von den 1880er-Jahren an keine wirklich nennenswerten neuen naturwissenschaftlichen Beiträge mehr verfassen. Nachdem er bis dahin ein bekennender Darwinist ist, weisen ihn seine Schriften in späteren Jahren als einen Sozialisten und Pazifisten aus, den nun vor allem sozialphilosophische Fragen umtreiben. Anders als Darwin, der sich in solchen Dingen stets sehr zurückgehalten hat, mischt sich Wallace aktiv in das politische Geschehen seiner Zeit ein. Die Wurzeln seines Engagements finden sich in den Erfahrungen, die er als jugendlicher Landvermesser im England der 1830er- und 1840er-Jahre gemacht hat.

Das erste publizierte Bekenntnis in diesem Zusammenhang findet sich überraschenderweise im finalen Kapitel seines Reiseberichts über den *»Malayischen Archipel«*. Hier nutzt er 1869 seine abschließende Diskussion der Naturvölker dieser Region für eine Breitseite gegen die ökonomische Ausbeutung der Massen im viktorianischen Zeitalter seiner Heimat. Es ist tatsächlich eine kuriose Fußnote, die aber immerhin kleingedruckt die gesamte letzte Seite seines eigentlichen Reiseberichts einnimmt (danach folgt nur noch ein Anhang über Schädel und Sprache der im Archipel einheimischen Völker) und in der Wallace schreibt: *»Diejenigen, welche meinen, dass unsere sozialen Zustände sich der Vollkommenheit nähern, werden meine Worte hart und übertrieben finden; aber es scheint mir* *doch das einzige Wort zu sein, welches in Wahrheit auf uns seine Anwendung finden kann. Wir (die Engländer) sind das reichste Volk der Erde und doch sind ein Zwanzigstel unserer Bevölkerung Gemeindearme und ein Dreißigstel überführte Verbrecher. Wenn man zu diesen die Verbrecher zählt, welche der Entdeckung entgehen, und die Armen, welche nur von der Privatwohltätigkeit leben (die in London allein sieben Millionen Pfund jährlich hergibt), so können wir sicher sein, dass mehr als ein Zehntel unserer Bevölkerung tatsächlich Arme und Verbrecher sind. Diese beiden Klassen erhalten wir im Nichtstun und in unproduktiver Arbeit, und jeder Verbrecher kostet uns jährlich in unseren Gefängnissen mehr als der Lohn eines ehrlichen Landarbeiters.«*

Wallace zählt bei dieser Gelegenheit – und wie gesagt: es handelt sich hier immer noch um eine Fußnote seines Reiseberichts – weitere Missstände und schreiende Ungerechtigkeiten auf, um dann zu schließen: Dass nur einige wenige Macht haben und diese auch ausüben, zeige an, dass sich *»unser System der Regierung, der administrativen Justiz, der Nationalerziehung und unsere ganze soziale und moralische Organisation in einem Zustand der Barbarei«* befinde. Wallace klagt an, dass die Lebensverhältnisse und das Elend größer seien als vorher, dass die Armeen der Armen im Angesicht des Reichtums und Luxus einiger weniger zu leiden hätten. *»Wir sollten nun klar die Tatsache erkennen, dass der Reichtum und das Wissen und die Kultur der wenigen keine Zivilisation ausmachen und uns nicht von selbst dem ›vollkommenen sozialen Zustand‹ näher bringen. Unser ungeheures Manufaktursystem, unser riesiger Handel, unsere überfüllten Städte und Ortschaften unterhalten und erneuern beständig eine Masse menschlichen Elends und Verbrechens, die absolut größer ist als jede, die jemals vorher existierte.«* Bezeichnend ist, dass Wallace dies einschiebt, wo es doch um die Beschreibung der Einheimischen und ihrer Art der Lebensumstände im Malayischen Archipel geht. *»Dieses ist die Lehre«*, so schließt Wallace vielsagend, *»welche ich aus meinen Beobachtungen des unzivilisierten Menschen gezogen habe.«*

Mag dieser Teil des Buches in bestimmten Kreisen damals auch auf wenig Beifall gestoßen sein, bei anderen findet ausgerechnet diese Passage umso lebhafteres Interesse. So ist Wallace' Archipel-

Buch auch der Beginn seiner politischen Karriere. Als der englische Sozialphilosoph John Stuart Mill jenes Abschlusskapitel liest, ist er beeindruckt davon, wie wohlwollend Wallace die Organisation jener vermeintlich »unzivilisierten« Völker schildert (der indigenen Menschen, wie wir heute sagen würden). Und es ist durchaus eine Koinzidenz und Kuriosität ganz eigener Art, wenn der renommierte Evolutionsbiologe Jared Diamond, der ähnlich Wallace auf der Jagd nach Vögeln Jahre seines Lebens bei eben solchen indigenen Stämmen etwa in Neuguinea gelebt und geforscht hat, Ende 2012 sein Buch »*Vermächtnis*« vorstellt, in dem er ganz im Sinne und Geiste Wallace' beschreibt, was wir – so der Untertitel und Tenor – von traditionellen Gesellschaften lernen können. Hier hat Alfred Russel Wallace eine Diskussion vorweggeahnt und -genommen, die offenbar wert ist, weit über ein Jahrhundert später wieder aufgenommen zu werden.

Landverstaatlichung – Wallace als Sozialreformer: Nach der Lektüre von Wallace' Buch bittet John Stuart Mill ihn um ein Treffen, bestärkt ihn in solchen politischen Meinungsäußerungen. Von 1870 an wird sich Wallace, dadurch offenbar ermutigt, dann tatsächlich vermehrt gesellschaftlichen und sozialen Fragen zuwenden, sich immer wieder in politische Debatten einmischen – und schließlich in einer Reihe von Büchern (die im Einzelnen zu besprechen den Rahmen dieses Buches sprengen würde) selbst Utopien über demokratische und soziale Staatsformen entwickeln.

Mit der Zeit wird Wallace dabei zu einem der prominentesten Kritiker bestehender Besitzverhältnisse – zu jemandem, den wir heute durchaus als Sozialisten bezeichnen würden. Doch geht er auch hier seinen eigenen Weg; er bleibt unabhängig und wird nicht Parteigänger oder Anhänger einer bestimmten Theorie oder Schule. Mit einer Ausnahme: als er nämlich Vorsitzender einer Kampagne für die Verstaatlichung von Grundbesitz wird. Zu Zeiten Wallace' gibt es in England eine starke Bewegung der sogenannten »*Land Nationalisation*«, wie dort eine Form der Enteignung von Grundbesitz heißt. Auch Wallace ist der Ansicht, dass Privatbesitz an Grund und Boden die Wurzel aller sozialen Ungleichgewichte ist, und erhebt radikale Forderungen. Auf Einladung ebenjenes John Stuart Mill wird Wallace Mitglied in der Land Tenure Reform Association, einer Reformvereinigung für Landbesitz. Als sich später die Land Nationalisation Society als eine Gesellschaft zur Landverstaatlichung gründet, wird Wallace 1881 ihr Vorsitzender und bleibt es für drei Jahrzehnte bis zu seinem Tode.

Er wird einer der energistischen Fürsprecher für Landreformen in England und Irland und veröffentlicht 1882 – wie sollte es auch anders sein – das Standardbuch der Bewegung. *»Land Nationalisation. Its Necessity and its Aims«* ist nicht sein erfolgreichstes, aber immerhin ein in zehn Auflagen gedrucktes Buch. Im Jahr darauf legt Wallace mit der Schrift *»The ›Why‹ and ›How‹ of Land Nationalisation«* nochmals nach. Das Credo der Landreform-Bewegung: *»Land is not, and cannot be property in the sense that moveable things are property«*. Ihr eigentliches Ziel ist dabei die Wiedererschaffung des englischen Bauernstandes. Dieser wurde um 1850 vernichtet und dies führte dazu, dass Massen von Industriearbeitern in oft unwürdigen, elenden und bedrängten Verhältnissen in den Städten zu leben beginnen. Das Problem ist eine englische Besonderheit, die keine Entsprechung in Deutschland hat, und sei daher hier nur kurz angerissen.

In England hat man im 19. Jahrhundert dafür gesorgt, dass beinahe das gesamte Kulturland der Insel in die Hände einiger weniger Großgrundbesitzer überging, die es einzäunen und es zu betreten verbieten konnten. »Betreten verboten«. Was Wallace und andere jedoch am meisten ärgert: Die neuen Besitzer nutzen ihr Land viel weniger, als möglich wäre; nur ein geringer Teil ist für Getreideanbau vorgesehen, dagegen wird der größere Teil zur Viehweide. Denn für diese Form der Bewirtschaftung sind nur wenige Menschen nötig. Die bis dahin freien Bauern fanden so nicht einmal mehr als Pächter Beschäftigung, während die adeligen Landbesitzer sich Vergnügungen wie der Jagd und anderem Zeitvertreib widmeten. Wallace hat diese Missstände und die aufständischen walisischen Bauern einst unmittelbar selbst erlebt. Ohne Zweifel werden hier viele Eindrücke seiner Jugend wieder lebendig, die den damals Fünfzehnjährigen für die Thesen des Reformers und Sozialisten Robert Owen empfänglich machten; zu einer Zeit – um einen Vergleich zu geben – als etwa Charles Darwin sich auf seinem Landbesitz in Down House von knapp 1200 Hektar einzurichten begann.

Die von Wallace unterstützte Landreform sollte den Staat allmählich zum Eigentümer machen, der das Land an Bauernfamilien als unkündbares Lehen geben sollte. Auch andere wie etwa Herbert Spencer engagierten sich für diese Reformen. In seinem Buch *»Social Statics«* forderte Spencer bereits 1851, dass jeder Mensch ein Anrecht auf Grund und Boden haben sollte. Wie er will nun auch Wallace das Land gerechter verteilen, damit wieder ein gesunder Bauernstand erwachsen kann, was – so Wallace' Hoffnung – zur Lösung auch vieler anderer drängender sozialer Fragen seiner Zeit beitragen sollte. Er empört sich vor allem über die gleich doppelt ungerechte Verteilung des Besitzes, weil einerseits die Masse des Volkes beinahe wie Sklaven lebt, während andererseits eine kleinere Schicht an Menschen ein sorgenfreies Leben hat. Dadurch aber hätten auch nur wenige ein Vorrecht auf Teilhabe an den geistigen Gütern der Menschheit, so Wallace. Im reichen und zivilisierten England, kritisiert er, halte man eine übergroße Anzahl von Menschen durch schlechte Bezahlung und lange Arbeitszeit nicht nur materiell im Elend. Man nähme diesen auch jede Möglichkeit, teilzunehmen an den Gütern, die den Menschen erst eigentlich vom Tier unterscheiden, nämlich an der geistigen Kultur des Volkes.

So lange Wallace' Engagement in Sachen Landreform anhält, so wenig erfolgreich ist die Kampagne – und Wallace kein geborener Politiker. Zumindest gelingt es ihm und seiner Bewegung nicht, sich gegen die der Idee entgegenstehenden Meinungen durchzusetzen. England ist Kolonialmacht, so denkt die Mehrheit, und brauche keinen Bauernstand. Vor allem aber ist das Ziel der Landreformer nicht mit den regierenden Schichten erreichbar; kaum anzunehmen, dass diese freiwillig ihre Vorrechte aufgeben würden. Hilfe erhofft sich Wallace daher von einer aufstrebenden Arbeiterpartei. So wird der fast Siebzigjährige englischer Sozialist. Deren Besonderheit auf der Insel sind, anders als auf dem Kontinent, nicht in erster Linie der Klassenkampf und die Forderung nach allgemeiner Gleichheit, getreu dem Motto: Der Staat ist alles, der Einzelne nichts. In England wollen die Sozialisten vielmehr, dass jeder Einzelne sich individuell entfalten kann. *»Der Individualismus ist die wesentliche Vorbereitung eines wirklichen sozialen Fortschritts.«* Wallace weiß, dass Menschen von Geburt an verschieden sind, daher werden auch soziale Unterschiede bestehen bleiben; doch sollte, so meint er, einem jeden seinen Anlagen gemäß ein glückliches Leben möglich sein.

Wallace' Vorstellungen vom Ideal der Vernunft, von staatlicher Gerechtigkeit und einer Gesellschaft der Zukunft gehen noch weiter. Vieles davon liest sich äußerst visionär und erweist ihn einmal mehr als weit seiner Zeit voraus. In einem allerdings irrt er: Wallace glaubt an die baldige Verwirklichung vieler seiner Utopien. Nach Jahrzehnten, nämlich kurz vor seinem Tod, muss er dann allerdings in dem Buch *»The Revolt of Democracy«* von 1913 etwas ganz Ähnliches beschreiben wie bereits zuvor in seinem Reisebericht 1869: *»Wir haben eine begrenzte obere Klasse geschaffen, die im beispiellosen Luxus lebt, während ungefähr ein Viertel unserer gesamten Bevölkerung in einem Zustand unbestimmten Mangels lebt und oftmals unter die ›Grenze der Armut‹ sinkt. Von diesen werden viele Tausend jährlich in den Abgrund völliger Not gezogen und sterben entweder direkt an Hunger oder an Krankheiten, die durch ihre Beschäftigung hervorgebracht sind.«*

Wallace ist ein Schwärmer, das hat er sogar selbst nie bestritten; immer schon einer noch dazu mit einem eigenen Kopf, mit dem Selbstbewusstsein des Andersseins und Andersdenkens; jemand, der dazu steht und weiß, dass er die Welt mit eigenen Augen sieht. Bereits aus dem Archipel hat er sich einst in einem Brief an seinen Schwager dazu bekannt. Er sei stolz darauf, ein Schwärmer zu sein, schreibt er ihm, als der ihn ermahnt, endlich nach Hause zu kommen (da seine Familie um seine Gesundheit und sein Leben fürchtet): *»Es ist für mich eine Ehre und Auszeichnung, so genannt zu werden. Wer hat je etwas Großartiges oder Gutes vollbracht, ohne ein Schwärmer zu sein? Die meisten Menschen können sich nur dafür begeistern, wie sie am besten und schnellsten reich wer-*

den. Diese Leute machen anderen den Vorwurf, Schwärmer zu sein, nur weil diese zu denken wagen, dass es auf der Welt vielleicht etwas Besseres gibt, als Geld zu scheffeln. Es kommt mir so vor, als stünde die Macht oder Fähigkeit eines Menschen, Reichtum anzuhäufen, in einem umgekehrt proportionalen Verhältnis zu seinem Reflexionsvermögen und in direkter Beziehung zu seiner Schamlosigkeit. Vielleicht ist es in Ordnung, reich zu sein, aber es ist bestimmt nicht gut, reich zu werden oder immer nur dem Geld nachzujagen.«

Ehrungen und die letzten Jahrzehnte: Zu dieser zutiefst zeitlosen Einsicht in jenem Brief setzt Wallace für sich persönlich noch hinzu: »*Und nur wenige Menschen sind schlechter disponiert, reich zu werden, als ich es bin.*« Reich wird Wallace tatsächlich nicht, aber er lebt ein überaus erfülltes Leben. Nachdem sein Buch über Darwinismus erschienen ist, zieht er 1889 nochmals um; diesmal nach Parkstone in Dorset. Er und Annie sehnen sich nach dem milderen Klima im Süden Englands und einem sonnigeren Garten. Auch als bereits über Siebzigjähriger bleibt er aktiv, hält 1897 eine Vorlesungsreihe in Davos in der Schweiz. Passend kurz vor der Jahrhundertwende lädt man ihn hier als Biologen ein, eine Geschichte der großen wissenschaftlichen Entdeckungen seines Jahrhunderts auch in der Physik, Chemie und der Astronomie vorzustellen. Wallace wählt einen programmatischen und zugleich optimistischen Titel und entwickelt daraus das 1898 erscheinende Buch »*The Wonderful Century. Its Successes and its Failures*«. Unter den achtzehn bedeutenden Gedanken und neunzehn großen Erfindungen, die der Menschheit gelungen sind, führt Wallace neben der Zell-Theorie, der Perioden-Tabelle und der Atom-Theorie natürlich auch Darwins (nicht seine!) Selektionstheorie und Lyells geologische Evolution als wichtige theoretische Fortschritte auf. Und er betont, in welch »*wundervollem Jahrhundert*« er leben durfte. Denn, so Wallace, die bedeutenden Erkenntnisse hätten den Menschen mündig gemacht, frei von Aberglaube und Furcht, frei von den Dogmen der Kirche.

Er wäre nicht Wallace, würde er nicht bei dieser Gelegenheit auch darauf hinweisen, dass es indes nicht nur wissenschaftliche

Fortschritte, sondern auch Verschlechterungen gegeben hat. Insbesondere sieht er eine große Diskrepanz zwischen den wissenschaftlichen Leistungen und den sozialen Reformen. Der Mensch, so argumentiert Wallace, habe in ethischer Hinsicht den Sinn seiner Bestimmung noch nicht erreicht. Dabei sei das Ziel klarer denn je: Menschen und Völker müssten hingeführt werden zur Erkenntnis der Wahrheit und Schönheit, wozu wiederum Freiheit und Gerechtigkeit die Voraussetzungen seien. Um die Jahrhundertwende vereint Wallace zudem einen durchaus zeittypischen Glauben an ständigen Fortschritt mit dem Gefühl, dass auch ein harmonisches Zusammenklingen des Menschen und der Natur unverzichtbar ist.

Seinen ganz persönlichen Rückblick auf das *»wundervolle Jahrhundert«* unternimmt der bereits Achtzigjährige 1905 mit seiner Autobiographie *»My Life. A Record of Events and Opinions«*. Darin lässt Wallace in zwei dicken Bänden mit jeweils mehr als vierhundert Seiten sein Jahrhundert der Wanderschaft, der wissenschaftlichen Erkenntnisse, aber auch der persönlichen Bekenntnisse und Bekanntschaften Revue passieren. Es ist ein spannendes Zeitdokument; aber auch ein Zeugnis davon, dass für ihn die Ternate-Episode und sein Manuskript an Darwin inzwischen eher zu einer Randnote seines reichen Lebens geworden sind.

So mag es vielleicht ganz in seinem Sinne sein, was uns heute als eine – wenngleich unabsichtliche – Ironie der Geschichte erscheint. Ausgerechnet ihm, Wallace, erkennt die Royal Society im Jahre 1890 ihre erstmals verliehene *»Darwin Medal«* zu; überdies, wie in einem historischen Briefdokument nachzulesen ist, ausdrücklich für seine *»independent origination of the Theory of the Origin of Species by Natural Selection«*. Auch eine weitere Ehrung erfährt er jetzt im hohen Alter. Anlass ist 1908 der fünfzigste Jahrestag der gemeinsamen Vorstellung von Darwins und Wallace' Aufsätzen bei der Linnean Society. Bei dieser Gelegenheit werden sechs der sieben Medaillen in Silber verliehen, unter anderen an Joseph Dalton Hooker, Francis Galton und Ernst Haeckel. Die einzige *»Gold Medal«* aber geht an Alfred Russel Wallace. Der meidet üblicherweise akademische Zeremonien, doch diesmal kommt er aus Dorset nach London und hält eine Rede. Und sogar darin verkleinert er nochmals seine Rolle bei der Entdeckung der Theorie. Seine Rede hat den Titel: *»Why did so many of the greatest intellects fail, while Darwin and myself hit upon the solution of this problem«*.

Und auch wenn er darauf hinweist, dass beide – Darwin und er – in frühen Jahren bereits begeisterte Käfersammler gewesen seien und deshalb die Evolutionstheorie für sie nahegelegen hätte – wieder spielt er seine Rolle bei der Entwicklung der Evolutionstheorie derart herunter, dass später in einem Bericht über diese Jubiläumsfeier ausgerechnet seine Gegenwart und seine Rede vollständig übersehen werden. Nur der Botaniker Hooker sei *»als einziger überlebender Zeitzeuge jener Ereignisse«* auch diesmal noch anwesend, meint einer der Redner peinlicherweise. Gründlicher – und offenkundig erfolgreicher – als Wallace kann man sein Licht nicht unter den Scheffel stellen.

»Wie verschieden von Darwins langer Forschung und Vorbereitung – von dieser philosophischen Vorsicht – dieser Entschlossenheit, seinen fruchtbaren Begriff nicht eher bekannt zu machen, bis er ihn durch überwältigende Beweise stützen konnte – war doch mein eigenes Verhalten. Die Idee kam zu mir, wie sie zu Darwin kam, in einer plötzlich aufblitzenden Einsicht: sie wurde in wenigen Stunden durchdacht – wurde niedergeschrieben in einer Skizze mit ihren verschiedenen Anwendungen und Entwicklungen, wie sie mir in dem Augenblick einfielen – dann auf dünnes Briefpaper kopiert und an Darwin geschickt – alles innerhalb einer Woche. Ich war also (wie oft seitdem) der ›junge Mann in Sturm und Drang‹; er der sorgfältige und geduldige Forscher, der stets eher den vollständigen Beweis der Wahrheit sucht, die er entdeckt hatte, als darauf aus zu sein, sogleich persönlichen Ruhm zu erwerben.« So schildert Wallace in einer Rede auch ein Jahr später anlässlich einer Ehrung an der Universität in Cambridge die einstige Episode. Im Übrigen sei es nur das Erscheinen von Darwins Werk gewesen, das *»es mir erlaubte, als ein schlechter Zweitrangiger in die wahrhaft olympischen Reihen aufgenommen zu werden«*. Ob dies nun besonderes britisches *understatement* ist, falsche Bescheidenheit, oder ob Wallace sich tatsächlich als ein

Zweitrangiger gesehen hat; letztlich hat ihn die Geschichte dann in just dieser Ansicht bestätigt und in den Schatten Darwins treten lassen.

Allerdings ist gerade 1908 noch einmal ein Jahr der Ehrungen und Auszeichnungen für Wallace. Neben der *»Darwin-Wallace Medal«* der Linnean Society erhält er die *»Copley Medal«* der Royal Society und dann schließlich mit dem *»Order of Merit«* den Verdienstorden der britischen Krone. Zu den Medaillen kommen Ehrendoktorwürden von Universitäten, unter anderem der Universität Oxford, die er nach einigem Zögern mit dem dezenten Hinweis annimmt, dass er die Schule mit vierzehn verlassen habe. Jetzt ist Wallace fünfundachtzig, weiterhin von regem Geist und ein großer Denker, der noch drei Bücher schreiben wird und noch fünf Jahre zu leben hat.

Und er zieht einmal mehr um, ein letztes Mal. Nur wenige Kilometer von Parkstone in Dorset entfernt, wo er über ein Jahrzehnt lang wohnte, siedelt er nach Broadstone um. Bereits 1901 kauft er hier ein Grundstück, das es ihm besonders angetan hat. *»Old Orchard«* – der *»Alte Obstgarten«* – wird von Dezember 1902 an sein letzter Ruhesitz, *»a charming lodge in the wilderness«*, wie es Besucher beschreiben. Später hier vor allem mit der Pflege seines Gartens beschäftigt (er entwickelt eine besondere Vorliebe für alpine Pflanzen), hat Wallace auch dieses Haus selbst entworfen und dessen Bau und die Anlage des Gartens überwacht. *»Ich kam hierher, um hier meine Tage auf Erden zu beenden.«*

Noch aber ist Wallace agil und aktiv. Und mit dem gleichen Enthusiasmus wie zuvor anderen Dingen in seinem Leben widmet er sich nun seinem Garten und seiner Jugendliebe, der Botanik. Er habe dabei *»the spirit of a boy of eighteen«*, kommentiert eine Besucherin später, die Wallace noch mehrmals in *»Old Orchard«* erlebt.

Leben auf der Erde und im Universum: Obgleich er der Erde in mehr als einer Hinsicht fest verhaftet ist, beginnt Wallace sich in seinem letzten Lebensjahrzehnt immer mehr für das Universum zu interessieren und sich dieses Themas in einer Serie von Büchern anzunehmen. Dabei überrascht vielleicht am meisten, welche Detailkenntnis sich der inzwischen Hochbetagte in diesem Gebiet aneignet. Er lernt nicht nur die neuesten Auffassungen vom Bau des Universums kennen, die alle Weltenkörper in ringförmigen Systemen angeordnet sehen. Lange haben Astronomen irrigerweise geglaubt, dass unsere Sonne mit den Planeten etwa in der Mitte liege. Doch um 1900 weiß man bereits, dass unser Sonnensystem tatsächlich nicht derart zentral ist und es viele andere Milchstraßensysteme gibt. Wallace versucht nachzuweisen, dass das Weltall endlich ist; damals und viele Jahrzehnte später eine weiterhin offene Frage. Und er untersucht die Frage, ob nur auf unserer Erde Lebewesen existieren, was für viele ebenfalls bis heute nicht sicher entschieden ist. Zwar ließen sich auch anderswo Grundelemente finden, argumentiert Wallace, doch glaube er, dass es Leben nur auf unserem Planeten gibt.

Und in diesem Zusammenhang beschäftigt ihn auch eine weitere Frage, die bis heute für viele nicht ihren Reiz verloren hat (erstaunlich angesichts der vielfach immer noch unbekannten Lebensvielfalt auf unserem eigenen Planeten!): »*Is Mars Habitable?*«, fragt Wallace in einer 1907 publizierten Schrift, die ihn in den Augen einiger bereits damals zum Begründer der Exobiologie macht, lange bevor es diesen Begriff oder gar die Forschungsrichtung gibt. Bereits im Jahre 1877 hatte ein gewisser Schiaparelli die sogenannten Marskanäle entdeckt, andere entwickeln aus der Beobachtung der tatsächlichen Kanäle Vorstellungen von Wasser, Vegetation und anderem Leben, ja sogar die Idee, dieser Himmelskörper sei durchaus bewohnbar. Während eine Besiedlung des Mars bald in mehreren Romanen in Frankreich und England für Aufsehen sorgt, hält Wallace dies für eher unwahrscheinlich. Nur auf der Erde könne es Leben geben, argumentiert er und kommt damit durchaus dem nahe, was wir heute darüber wissen.

Wallace ist allerdings in einem arg anthropozentrischen Ansatz grundsätzlich davon überzeugt, dass ein höheres Wesen den Lebewesen ihren Platz im Mittelpunkt des Weltalls angewiesen habe und der letzte Sinn des Alls die Erschaffung des Menschen sei. Vom Menschen glaubt Wallace jetzt, dass er allein fähig sei,

»die unendliche Mannigfaltigkeit und Schönheit der Welt zu erkennen«, wie er 1910 in seinem Buch *»The World of Life«* bekennt. Solchen zentralen Fragen zum Selbstverständnis des Menschen und seiner Rolle hat sich Wallace bereits zuvor schon einmal in seinem Werk *»Man's Place in the Universe: A study of the Results of Scientific Research in Relation to the Unity or Plurality of Worlds«* gewidmet, das im Oktober 1903 erscheint (und im folgenden Jahr unter dem Titel *»Die Stellung des Menschen im Weltall«* auch ins Deutsche übersetzt wird). *»Wendet man seinen Blick auf die ungeheure Ausdehnung des gestirnten Universums mit seinen Tausenden Millionen von Sonnen, so scheint dies alles nur die passende Umgebung, die genügend geräumige Werkstatt zur Hervorbringung des Planeten, der zuerst die organische Welt und dann den Menschen tragen sollte.«*

Es ist eine schöne Vorstellung und eine verlockende überdies; nur dürfen wir heute mehr denn je getrost daran zweifeln, dass Wallace und viele vor und nach ihm hier auf der richtigen Spur sind. Wallace' Ansichten dazu haben offenbar einen radikalen Wandel durchlaufen, denn dass der einzige Grund für die Existenz des Universums sei, den Menschen hervorzubringen, das behauptet er erst in den späteren Jahren seines Lebens. Während er den Menschen jetzt nur mehr als *»a little lower than the angels«* sieht, erinnern wir uns daran, dass Wallace unterwegs im Malayischen Archipel beim Anblick eines Paradiesvogels zu ganz gegenteiligen Ansichten kam. Als er einst auf den Aru-Inseln vor Neuguinea ein seltenes Exemplar des *Cicinnurus regis*, des kleinsten unter den Paradiesvögeln, und jenen *»vollkommenen Organismus«* in den Händen hielt, überlegte er noch: *»Ich dachte an die lange vergangenen Zeiten, während welcher die aufeinanderfolgenden Generationen dieses kleinen Geschöpfes ihre Entwicklung durchliefen – Jahr auf Jahr zur Welt gebracht wurden, lebten und starben, und alles in diesen dunklen, düsteren Wäldern, ohne dass ein intelligentes Auge ihre Lieblichkeit erspähte – eine üppige Verschwendung von Schönheit. Solche Gedanken wecken eine melancholische Stimmung. Auf der einen Seite erscheint es traurig, dass so außerordentlich schöne Geschöpfe ihr Leben ausleben und ihre Reize entfalten nur in diesen wil-*

den, ungastlichen Gegenden, welche für Jahrhunderte zu hoffnungsloser Barbarei verurteilt sind; während es auf der anderen Seite, wenn zivilisierte Menschen jemals diese fremden Länder erreichen und moralisches, intellektuelles und physisches Licht in die Schlupfwinkel dieser Urwälder tragen, sicher ist, dass sie die in schönem Gleichgewicht stehenden Beziehungen der organischen Schöpfung zur unorganischen stören werden, sodass diese Lebensformen, deren wunderbaren Bau und deren Schönheit der Mensch allein imstande ist zu schätzen und sich ihrer zu erfreuen, verschwinden und schließlich aussterben. Diese Betrachtung muss uns doch lehren, dass alle lebenden Wesen nicht für den Menschen geschaffen wurden.«

Vom »großen Organisator« des Lebens – Wallace' holistisches Weltbild: Jetzt, weit in seinen Achtzigern, folgt Wallace einer uralten Strömung im Geistesleben der westlichen Welt, die sich eine Existenz im Universum nicht ohne eine auf den Menschen gerichtete Absicht erklären kann. In seinem im Dezember 1910 erscheinenden Buch *»The World of Life. A Manifestation of the Creative Power, directive Mind, and ultimate Purpose«* betont Wallace just diese absichtsvolle Natur des Universums, eingerichtet und kontrolliert von einem mysteriös bleibenden Organisator, einem *»great insigator and director of life«*, den man nicht weiter kennt. In ebenso teleologischer wie theistischer Sichtweise platziert er die Welt im Zentrum des Universums, eine Bühne für die Erschaffung des Menschen als Krone der Schöpfung. In schwärmerischer Weise ordnet Wallace alle seine Ideen zu einer großen Einheit, sieht das sich entwickelnde Leben vom Urtier her nur mehr als die notwendige Vorbereitung für die Entstehung des Menschen. Dieser, so ist Wallace überzeugt, unterscheidet sich von allen anderen Lebewesen, nicht zuletzt durch seine Erkenntnis und Moral. Und er betont, dass diese Erkenntnis von erheblichem Einfluss auf unsere geistige und moralische Existenz sei; denn daraus ergebe sich zugleich der Sinn des Lebens für jeden Einzelnen, der die Aufgabe habe, alle Kräfte der Natur, die für ihn erschaffen sei, dienstbar zu machen. Zugleich verbindet Wallace mit diesen Überlegungen große Hoffnungen für die Zukunft der Menschheit, ihre moralische Erziehung und Weiterentwicklung, bei der er gerade der Bildung von Frauen eine besondere Rolle zugedenkt. Ein weiter Bogen, den er da spannt.

Keine Frage, dass Wallace' Geist auch große Kreise zieht. Er dokumentiert in *»The World of Life«* nicht nur sein buchstäblich universelles Interesse und seine Fähigkeit zur beinahe ebenso umfassenden Betrachtung. Das Buch weist ihn zugleich als einen holistischen – einen ganzheitlichen – Denker aus, wie wir heute sagen würden. Wallace erkennt, wie alles mit allem zusammenhängen könnte. Jenes *»grand scheme«*, dem er sein Leben lang bei allen Dingen auf den Grund gehen wollte, zeichnet sich für ihn deutlicher als jemals zuvor ab. Sein Werk, das indes heute kaum noch beachtet wird, weist ihn nichtsdestotrotz als einen vielseitigen Beobachter und großen Denker aus; er entwickelt darin Ideen und Überlegungen, die viele seiner Zeitgenossen sicher überfordert haben dürften; unabhängig davon, wie realistisch uns diese heute bei der Lektüre erscheinen mögen.

Wenigstens einige seiner heutigen Leser mit ähnlich weitgespanntem Denken sind gerade von diesem Werk Wallace' begeistert. Sie spricht an, wie er in seiner Darstellung des Universums zudem unser Bewusstsein, unsere Gesellschaft und die Gesamtheit unseres lebenden Planeten mit all ihren komplexen und eng verzahnten Vernetzungen und gegenseitigen Bedingtheiten einschließt. Das jedenfalls meinte unlängst der australische Zoologe und Umweltschützer Tim Flannery, neuerdings selbst auch so ein Holistiker. Auch er ist überzeugt davon, dass hier das Ganze mehr ist als die Summe seiner Teile. Flannery hält Wallace mithin nicht nur für den *»größten holistischen Denker seiner Epoche«*, sondern dessen *»World of Life«* für sein bedeutendstes, weil visionärstes Werk; es lege die Grundlage für die Astrobiologie und nähme die Überlegungen eines James Lovelock und dessen spätere Gaia-Theorie vorweg. Es ist in der Tat ein leidenschaftliches Plädoyer für umweltpolitische und soziale Gerechtigkeit. Wallace brandmarkt darin die Luftverschmutzung der damaligen britischen Städte und eine *»kriminelle Apathie«* der Industriellen, Politiker, der Gerichte und der Wissenschaftler; er setzt sich für die Arbeiter ein, die stickige und vergiftete Luft atmen müssen, und fordert saubere Luft und reines Wasser für jeden Bewohner der britischen Inseln.

Man kann Wallace also auch als einen Vorläufer der Ökologiebewegung sehen und nicht erst durch dieses letzte seiner programmatischen Bücher. Immer wieder einmal nutzen Vertreter des Natur- und Umweltschutzes heute Wallace' Texte, in denen sich aus seinen prophetischen Worten Visionen ableiten lassen: *»Wir können mit Bestimmtheit vorhersagen, dass der zivilisierte Mensch das wunderbare Gleichgewicht zwischen organischer und anorganischer Natur in einem solchen Ausmaß zerstören wird, dass genau die Wesen verschwinden und letztlich aussterben werden, deren prächtige Formen und Schönheit nur er allein würdigen kann.«*

Ein Baumstamm in Broadstone: Alfred Russel Wallace stirbt im Alter von neunzig Jahren am 7. November 1913 in seinem Haus *»Old Orchard«*; im Schlaf und um 9:25 Uhr, wie penible Chronisten festhalten. Er war die letzten Monate seines Lebens zusehends schwächer geworden, hat aber die Weltgeschehnisse, neun Monate vor Ausbruch des Ersten Weltkriegs, weiterhin aufmerksam in der Zeitung verfolgt. Drei Tage später wird er auf dem öffentlichen Friedhof im nahen Broadstone beerdigt. Sein Grab ist dort bis heute mit einem ungewöhnlichen Monument markiert, einem beinahe drei Meter hohen versteinerten Baumstamm. Der ist in den nahe gelegenen Kalksteinablagerungen an der Küste Südenglands gefunden und von seiner Familie auf dem Friedhof als Zeichen von Wallace' Liebe für alles Natürliche aufgestellt worden.

Anders als Charles Darwin wird Wallace zwar nicht in der Westminster Abbey in London beigesetzt; am 1. November 1915 aber enthüllt man dort eine Gedenktafel zu seinen Ehren, die auf sein Verdienst um die Entdeckung der Evolutionstheorie hinweist. Und anders als Darwins Down House in Kent wird keines von Wallace' Wohnhäusern in England je zu einem Museum. Das von ihm entworfene und erbaute *»Old Orchard«* gibt es nicht mehr. Mit seinem Tod enden auch seine Pensionsbezüge. Wallace' Frau Annie, die krank ist (sie leidet an schwerer Arthritis), muss das Haus verkaufen; sie folgt ihm im Dezember 1914 im Alter von 68 Jahren nach.

Ein halbes Jahrhundert später, im Jahre 1964, so berichten einschlägige Quellen, wird das Haus in Broadstone von Bulldozern dem Erdboden gleichgemacht. »*Old Orchard*« muss einem Hausbauprojekt weichen. Und es ist mehr als wahrscheinlich, dass diejenigen, die heute dort wohnen, nicht mehr wissen, wer Alfred Russel Wallace war, obgleich es noch einen Straßenzug mit seinem Namen gibt. Vielleicht aber antworten sie, danach gefragt, auch: »*Natürlich! Das war doch der, der gemeinsam mit diesem Darwin um die Welt gesegelt ist.*«

Ganz so war es nicht, wie wir jetzt wissen.

Der Mann und seine Wirkung

Was für ein Leben hatte Alfred Russel Wallace! Es war wunderbar reich an Ereignissen und Erlebnissen, an Entdeckungen und Erfolgen. In bescheidene Verhältnisse geboren, mit vierzehn gezwungen, die Schule zu verlassen und zum Landvermesser ausgebildet, begibt er sich mit fünfundzwanzig, von einer Idee getrieben, auf eine abenteuerliche Amazonas-Reise, die ihn bei der Rückkehr auf dem Atlantik beinahe das Leben kostet. Er verliert seine Naturaliensammlung, gewinnt aber Förderer seiner Sache. So macht er sich mit einunddreißig nochmals auf, um für weitere acht Jahre quer durch den großen malayischen Insel-Archipel am Rande der Welt zu wandern und zu sammeln. Dabei entdeckt er eines der Grundprinzipien der Natur und wichtige Faunenzusammenhänge, was seinen Namen für immer in die Annalen der Wissenschaft einschreibt. Nach seiner Rückkehr heiratet der Dreiundvierzigjährige eine junge Frau, mit der er drei Kinder hat und ein langes glückliches und arbeitsreiches Leben verbringt. Als er ein halbes Jahrhundert später stirbt, ist er wohl der bekannteste Naturforscher im England seiner Zeit und einer der berühmtesten der Welt.

Wie jede Lebensgeschichte ist auch Wallace' Biographie das Ergebnis des Spiels zufälliger Vorkommnisse und der Verkettung unwahrscheinlichster Zusammentreffen. Nur vom Ende her betrachtet erhält sein Leben eine Art von Zwangsläufigkeit, freilich ohne dass es eine Vorbestimmung gibt oder gar eine Instanz, die das Schicksal oder die Abfolge der Einzelereignisse lenkt. Mit jedem Leben verknüpft und dieses letztlich beherrschend, gehört dazu auch der historische Rahmen, in den sich der Lebenslauf fügt. Untrennbar verbunden mit Wallace ist seine Entdeckung der Evolution. Auch für sie gilt, was Alexander von Humboldt einmal – in humorvoller Übertreibung zwar, aber im Kern treffend – als die drei Phasen der allgemeinen Haltung gegenüber einer großartigen Neuerung beschrieben hat. Zuerst werde diese bezweifelt, dann ihre Bedeutung bestritten und schließlich schreibe man sie jemand anderem als dem zu, dem sie zu verdanken sei. Auf keinen trifft dies wohl besser zu als auf Alfred Russel Wallace, unterstellt man, dass er sein fertiges Manuskript zur Selektionstheorie als Erster und ohne Darwins rechtzeitige Beteiligung durch jenes delikate Arrangement hätte veröffentlichen können (was durchaus eine naheliegende Option war). Wallace wusste um den schwierigen Weg jeder neuen wissenschaftlichen Erkenntnis, als er am Ende seines Lebens in einem Interview sagte: *»Die Wahrheit kommt nur unter Schmerzen und Gegenwehr auf die Welt, und jede neue Wahrheit wird unwillig aufgenommen. Zu erwarten, dass eine neue Wahrheit, oder sogar eine alte Wahrheit, nicht infrage gestellt werden würde, hieße, eines jener Wunder zu erwarten, die es nicht gibt.«*

Doch es ist nicht nur diese eine alles überragende Entdeckung der Evolutionstheorie, die uns Wallace so faszinierend macht. Was er erreicht hat, ist spektakulär – nicht nur als Theoretiker, sondern auch als reisender Naturforscher, zuerst am Amazonas und dann im Malayischen Archipel. Seine abenteuerlichen Reisen, das akribische Sammeln verbunden mit der akademischen Auswertung dieses Materials und seiner Beobachtungen machen ihn ohne Übertreibung zum Indiana Jones der Naturkunde. Seine enorm umfangreiche Naturaliensammlung, heute über die Museen der Welt verstreut, ist einmalig, seine Expedition durch den Archipel die beeindruckendste und größte Ein-Mann-Unternehmung der Wissenschaftsgeschichte.

Mag man Charles Darwin in konzeptioneller Hinsicht allgemein für überragender halten, Wallace übertrifft ihn um Längen, was diese jahrelange unermüdliche Feldforschung angeht. Wallace größte wissenschaftliche Leistung besteht zudem, neben der Erklärung zur Entstehung von Arten, in der Erkenntnis, wie außerordentlich bedeutsam Vorkommen, Verbreitung und Ausbreitung der Tiere und Pflanzen auf Inseln und Kontinenten sind – lange bevor andere ahnen, wohin diese Befunde noch führen. Obgleich nicht zuletzt dank seines hohen Lebensalters zum *»grand old man of science«* – dem großen alten Mann viktorianischer Naturforschung – geworden, sah sich Wallace gleichwohl nie als *»scientist«* oder Wissenschaftler. Persönlich bescheiden und zurückhaltend, suchte er als populäre Persönlichkeit dennoch die Öffentlichkeit; er prägte auf diese Weise den Darwinismus in den Jahrzehnten nach Darwins Tod als der Hauptexponent ihrer neuen Theorie. Wallace erreicht indes zu keiner Zeit den gleichen Status als Gelehrter und Gefeierter wie Darwin.

Die Geschichte hat es nicht gut mit ihm gemeint. Wallace gerät bald in Vergessenheit, wird sogar bei jenen Forschern nur mehr im Nebensatz erwähnt, die es besser wissen müssten. Ernst Haeckel hat ihn 1868 in seiner *»Natürlichen Schöpfungsgeschichte«*, und nachzulesen noch bis zu dessen zwölfter Auflage im Jahre 1920, als einen *»der kühnsten und verdientesten naturwissenschaftlichen Reisenden der neueren Zeit«* genannt. In seiner 1951 erscheinenden *»Geschichte der Ornithologie«* erwähnt Erwin Stresemann zwar, dass Wallace *»durch eine Vielzahl von Entdeckungen unwelklichen Lorbeer gepflückt«* habe und ein *»Bahnbrecher des Evolutionismus«* sei, den jedoch lediglich *»zufällige Umstände dazu führten, seine Begabung für die Ursachenforschung zum Besten der Naturwissenschaften zu nutzen«*. Keine Rede von jenem regelrechten Forschungsprogramm zur Erklärung, wie Arten entstehen, das Wallace bereits am Amazonas, mehr noch dann im Archipel an- und umtrieb; keine Erwähnung davon, dass er eine ganze Disziplin begründete und zu Recht eine der komplexesten Faunenregionen seinen Namen trägt.

Das Jahrhundert Darwins: Jede Zeit zeichnet ihr Bild einer Person. Dabei sehen wir Wissenschaft oft als Abfolge einzelner Erkenntnisschritte, jeder mit einer neuen Entdeckung und mit einem Namen verbunden. In dieser Kette von Ereignissen und Entdeckungen geht es um den ersten Platz, um diejenigen, die eine neue Idee als Erste haben; niemand interessiert sich dagegen für die zweiten Plätze. Je mehr aber der Stern Darwins Schritt für Schritt strahlte, desto mehr verblasste der von Wallace. Zu Lebzeiten sprach man noch von der Darwin-Wallace-Theorie; sogar Darwin schrieb 1871, in einem Brief an seine Tochter Henrietta, dass *»in einer zukünftigen Geschichte der Wissenschaft die Wallace-Darwin-Episode einmal als einer der wenigen leuchtenden Punkte unter rivalisierenden Forschern«* eingehen werde. Als Darwin starb, wurde er als *»der Erste unter den Männern der Wissenschaft Englands«* bezeichnet. Darwins Buch über *»Die Entstehung der Arten«* wurde zum Flaggschiff einer neuen Armada, unter der anfangs auch die Schriften Wallace' und anderer wie Lyell und Bates und Huxley und Hooker waren. Doch sie alle gerieten ins Fahrwasser des übermächtigen Darwin. Und mit seiner Bescheidenheit hat Wallace alles getan, dies zu unterstützen und dafür zu sorgen, dass Darwins Name bald unauslöschlich mit dem Gedankengebäude der Evolution verbunden wird und bis heute bleibt. Nicht einmal ein halbes Jahrhundert nach seinem Tod spricht kaum noch jemand von Wallace; und die, die es tun, glauben, dass ohne Darwin sein Name wohl gänzlich unbekannt geblieben wäre.

Dass Wallace überhaupt in Vergessenheit gerät, ist ein Phänomen des 20. Jahrhunderts. Als er dann endlich im Anschluss an die Darwin-Feierlichkeiten im doppelten Jubiläumsjahr 1959 (Darwins 150. Geburtstag und ein Jahrhundert nach Erscheinen der *»Origin of Species«*) wiederentdeckt wird, schreibt man ihm die Rolle des ewigen Zweiten als Schattenmann Darwins zu. Der Beginn dieser Erinnerungskultur ist für ihn Fluch und Segen zugleich, denn es definiert die Betrachtungsperspektive für lange Zeit. Tatsächlich ist Alfred Russel Wallace einer der wichtigsten und zu Unrecht in seiner bisherigen Rolle vernachlässigten Denker und Naturforscher. Nachdem die Darwin-Industrie in den vergangenen Jahrzehnten mit viel Energie vor allem dessen Bild hat erstrahlen lassen, ist es an der Zeit, Wallace endlich seinem Schatten entkommen und für sich zu Ehren kommen zu lassen. Wallace erlaubt uns überdies, die gesamte Epoche besser zu verstehen. Wallace erweist sich gerade aufgrund seines oft anderen Verständnisses von Evolution als eine Schlüsselfigur am Übergang von der überkommenen Naturkunde zur modernen Biologie. Evolution wird heute ebenso häufig als eine Theorie wie als Tatsache aufgefasst, als ein einmaliger historischer Vorgang, der während eines mit 3,5 Milliarden Jahren unvorstellbar langen Zeitraums eine schier unerschöpfliche Vielfalt an Lebensformen auf der Erde hervorgebracht hat. (Als wissenschaftliche Theorie unterliegt das Hypothesengebäude von der Entwicklung der Organismen durch Anpassung aufgrund von Selektion dem allgegenwärtigen Versuch von Forschern, sie zu widerlegen. Da diese Widerlegung auch nach mehr als 150 Jahren nicht einmal ansatzweise gelungen ist, gelten entsprechende Überlegungen bei vielen inzwischen als Tatsache, ähnlich wie etwa Quanten- oder Relativitätstheorie unwiderlegt unser physikalisches Weltbild dominieren und die Gravitation als unumstößliche Tatsache erscheint, der wir unterworfen sind.) Mit Darwin und Wallace wurde die Vorstellung von der Veränderung der biologischen Arten zur allgemeinen Überzeugung. Beide haben gezeigt, dass nicht von außen gesetzte Zwecke als Ursache für die Zweckmäßigkeit der Organismen angenommen werden müssen; dass vielmehr ungerichtete, zufällige Variationen gemeinsam mit dem blinden Mechanismus der natürlichen Auslese zum Wandel der Arten führen.

Doch waren Darwin und Wallace auch in wichtigen Punkten anderer Ansicht; und just in diesen Unterschieden nehmen sie auch einen anderthalb Jahrhunderte währenden Dissenz vorweg: In der Frage nämlich, ob der Verstand des Menschen eine Ausnahme von der Grundregel einer nur mehr natürlichen Auslese darstellt; und damit letztlich in der Frage, ob teleologische und theologische Erklärungen des Lebens überflüssig sind. Mithin nicht eben ein trivialer Unterschied.

Die Renaissance beginnt: In jüngster Zeit kommt Wallace vermehrt zu Ehren, nachdem vor etwa einem Jahrzehnt in England eine bemerkenswerte Renaissance einsetzte. Den noch eher bescheidenen Auftakt dazu macht 1998 der Auftrag der Linnean Society, nun endlich auch ein Porträt Wallace' malen zu lassen, das seitdem neben dem Bildnis Darwins (das bereits 1881 angefertigt wurde) in der National Portrait Gallery hängt. Ab dem Jahr 2000 erscheint dann in steter Folge eine ganze Serie englischsprachiger Biographien (wie die im Anhang kommentierten Literaturhinweise zeigen). Nicht zu unterschätzen sind auch die Aktivitäten des eifrigen Wallace-Fans George Beccaloni, der sich 1998 für die Wiederherstellung von Wallace' vernachlässigtem Grab in Broadstone starkzumachen beginnt. Er lernt bei dieser Gelegenheit die Enkel von Alfred kennen und entdeckt, dass sie einen Schatz einmaliger Dokumente und Sammlungen von Wallace haben, den die Erben bereit sind, an eine Institution abzugeben. Im folgenden Jahr rufen George und Janet Beccaloni den Alfred Wallace Memorial Fund ins Leben; und 2002 kauft die Bibliothek des National History Museum in London, in dem Beccaloni als Kurator tätig ist, das Familien-Archiv im Nachlass der Wallace-Erben auf, nach eigenem Bekunden *»der wichtigste Ankauf der vergangenen Jahrzehnte«*. In dem Archiv finden sich neben Büchern und Sonderdrucken vor allem zahllose Briefe und Manuskripte Wallace', die nach und nach online zugänglich gemacht werden sollen. Darunter befinden sich auch ein von Wallace annotierter Reprint der Darwin-Wallace-Aufsätze aus dem Jahre 1858, die Korrespondenz mit seinem Freund Bates und sein Originalexemplar der *»Origin«* mit einem Brief Darwins.

Im Jahre 2006 erhält das Natural History Museum auch die bisher in Wallace' Privatsammlung verbliebenen Naturalien vor allem aus dem indo-malayischen Archipel, die im Jahr zuvor bei seinen Erben entdeckt wurden (und die beinahe einem Einbruch in deren Haus zum Opfer gefallen wären). Insgesamt werden so 219 Insekten gerettet, darunter Käfer, Wanzen und Stabheuschrecken, die Wallace im Archipel einst persönlich aufgespießt und etikettiert hat. Vernachlässigt auf einem Dachboden, hat ihnen der Fraß durch andere Insekten arg zugesetzt (eine ständige Bedrohung selbst in großen Museumssammlungen); doch konnten sie weitgehend wiederhergestellt werden. Die Privatsammlung war in Vergessenheit geraten, nachdem man annahm, dass Wallace sie bereits um 1870 verkauft habe, um seine Familie zu unterhalten, wie er selbst in seiner Autobiographie »*My Life*« beschrieb. Offenbar aber hat er doch einige wenige Stücke dieser Privatsammlung behalten, die er am meisten schätzte.

Diese »vergessene« Sammlung Wallace' ergänzt nun seine Schmetterlings-Sammlung (zusätzlich zu den Tagfaltern auch noch Motten), die sich bereits im Londoner Museum befindet. Insgesamt umfassen sie 24 Schubladen mit 500 Tieren, inklusive einiger Typen der von Wallace beschriebenen Arten. Darunter sind auch zwei Schubladen, in denen Wallace die Schmetterlinge zum einen so arrangiert hat, dass Männchen und Weibchen mit jeweils anderen Farbmustern den Sexualdimorphismus illustrieren, zum anderen die Mimikry genannte Warn- und Tarntracht bei Tagfaltern; zwei Themen, an denen ihm besonders gelegen war und zu denen er wichtige Beiträge lieferte. Heute sind diese Stücke eine Referenzsammlung, die immer dann herangezogen wird, wenn möglicherweise weitere neue und bislang unerkannte Insekten von jenen Inseln beschrieben werden, wo auch Wallace einst sammelte.

Nachdem Wallace' Enkel Richard im Frühjahr 2006 ein aus 350 Millionen Jahre altem Kalkstein gefertiges Monument im walisischen Usk – nahe jener Kirche von Llanbadoc, in der er 1823 getauft worden ist – eingeweiht hatte, kam Wallace natürlich auch im Darwin-Jahr 2009 vielfach zu Ehren und seine Rolle wurde neu ausgeleuchtet.

Warum Wallace kein zweiter Darwin ist: Wallace ist jener einleitend erwähnte »*homme nécessaire*«, jene wichtige Figur, mit deren Hilfe wir die damaligen Auseinandersetzungen um die Abstammungstheorie erst vollständig verstehen lernen. Denn einerseits ist Wallace nicht nur einfach der andere Mann, der andere Käfersammler gleichsam als Juniorpartner Darwins, der diesen dazu bringt, endlich mit seiner Theorie an die Öffentlichkeit zu gehen. Andererseits ist er nicht jener Forscher auf Abwegen, der irrigerweise dem Spiritualismus anhängt und politische Überzeugungen öffentlich vertritt.

Zwar sind sich Wallace' und Darwins Theorien zur Evolution und Selektion verblüffend ähnlich, aber sie sind nicht gleich.

Dass sich ihre Auffassungen – nur scheinbar unwesentlich – unterscheiden, ist wichtig. Denn jene Nuancen und Feinheiten vor allem hinsichtlich der Stellung des Menschen beleuchten die zentrale Frage danach, wie wir die Natur sehen. Darwins materialistisch genannte Sichtweise fasst den Menschen als Teil der Natur auf; Wallace wollte uns dagegen eine Sonderstellung einräumen. Kurioserweise ist allein Darwins Auffassung der Evolution im Bewusstsein geblieben, dagegen wurde die Ansicht Wallace' beinahe vergessen; obgleich doch seine grundsätzliche Skepsis von vielen Menschen bis heute geteilt wird. Kurios ist überdies, dass Wallace' kritische Befähigung ihn gerade in solchen Punkten von Darwin abweichen lässt, die bis heute am stärksten umstritten sind, wenn sie nicht ganz abgelehnt werden. Allerdings muss nochmals betont werden, dass Wallace eine Sonderstellung des Menschen, obgleich spiritualistisch veranlasst und anmutend, letztlich aus wissenschaftsimmanenten Gründen annahm; und somit eben nicht aus konfessionellen Überzeugungen heraus, wie sie heute vielfach verbreitet sind. Nicht seine Religiosität offenbart sich darin, vielmehr seine Zerrissenheit zwischen Naturforschung und der Überzeugung von der Existenz eines Höheren, der sich Wallace stellt; wenngleich er dieses Dilemma zeit seines Lebens nicht zu lösen weiß. Das von ihm genutzte Mittel erweist sich als untauglich, letztlich als paradox: Er will konsequent sein und ist darin dann nicht konsequent genug. Es bleibt paradox, dass er ebenso vehement für die natürliche Selektion als Ausdruck eines agnostischen Materialismus streitet, wie er als bekennender Spiritualist deren Grenzen unterstellt. Es ist, wenn man beim oft zitierten Bild von Wallace als Darwins Mond bleiben will, seine dunkle Seite; ein Paradoxon, das so nicht aufzulösen ist. Doch auch wenn es ihm nicht gelingt: Was uns Wallace heute einerseits problematisch, andererseits wieder sympathisch macht, ist sein – man muss sagen: geradezu verzweifelter – Versuch, die materialistische Darwin'sche Sicht mit einem erstrebenswerten, aber vielleicht unerreichbaren Humanismus zu versöhnen.

Dieses humanistische Bemühen und sein *»single view of life«* sind es, die Wallace zu jener missverstandenen, weil widersprüchlichen und verwirrenden, weil vielschichtigen Persönlichkeit machen. Daher dürfen wir ihn nicht nur als Mitentdecker des Evolutionsgedankens und als Begründer der Biogeographie wahrnehmen; nicht nur als jemanden, der wichtige Beiträge zu Selektion und Adaptation, zu Mimikry und der heutigen Ökologie liefert. Für ihn ist der Spiritualismus so wichtig wie die Speziestheorie und die zoologische Geographie. Deshalb führt er sowohl eine der großartigsten Umwälzungen im Denken der westlichen Welt an (die materialistische Evolutionstheorie), wie auch andererseits eine der Gegenbewegungen dazu. So reich und umfangreich Wallace' Werk ist, so voller Widersprüche erscheint uns letztlich seine Person. In ihr spiegeln sich die Widersprüche und Rätsel seiner Zeit, die bis in unsere reichen. Und deshalb ist Wallace einer der wichtigsten und zugleich einer der am wenigsten verstandenen Wissenschaftler.

Fünf Missverständnisse um Wallace: Wie wir in der vorliegenden Biographie gesehen haben, ist gleich eine ganze Kette von Missverständnissen mit Wallace' Person und seiner Rolle in der Wissenschaft des viktorianischen Zeitalters verbunden. Jedoch lassen sie sich der Reihe nach auflösen und so ein neues Bild nicht nur von Alfred Russel Wallace, sondern der mehr als anderthalb Jahrhunderte währenden Auseinandersetzung um die Abstammungstheorie entstehen.

Erstens – Status: Die Missverständnisse um Wallace beginnen bereits mit seiner Geburt in vergleichsweise bescheidene Verhältnisse, die ihn schon mit kaum vierzehn Jahren zwingen, die Schule zu verlassen, um sich bezahlte Arbeit und immer wieder wechselnde Anstellungen zu suchen. Doch entstammt Wallace keineswegs der sogenannten Arbeiterklasse, wie immer wieder irrtümlich unterstellt wird. Viel eher gehört sein Vater mit einem Abschluss in Jura zur Mittelschicht, wie auch der Vater Darwins, der studierter Arzt ist. Während die Darwins indes zu Wohlstand kommen, ihren Reichtum und ihr gesellschaftliches Ansehen geschickt mehren, verarmt Wallace' Familie. Alfred selbst gehört –

als Amateur, der Naturforschung letztlich für seinen Lebensunterhalt betreiben muss – nie wirklich zu den höheren Kreisen der britischen Gesellschaft.

Was Darwin und Wallace in dieser Hinsicht tatsächlich unterscheidet, hängt weniger mit der gesellschaftlichen Klasse zusammen als vielmehr mit den ihnen zur Verfügung stehenden Finanzmitteln. Das aber muss man wissen, wenn es um Wissenschaft im viktorianischen Zeitalter geht. Wallace ist jedenfalls nicht der unterprivilegierte *»underdog«*, als der er häufig dargestellt wird. Und so gern die Gegensätze zwischen Wallace und Darwin in Sachen Herkunft, Ausbildung und Lebensumstände betont und die Suche nach dem Evolutionsprinzip zum Kopf-an-Kopf-Rennen zweier Rivalen stilisiert werden; es gibt auch reichlich Gemeinsamkeiten. Beide begeben sich auf jahrelange Expeditionen, machen dabei ganz ähnliche Beobachtungen an der Tier- und Pflanzenwelt ferner Regionen, beide werden durch die gleichen Schriften anderer beeinflusst, deren Gedanken sie nutzbringend für ihre eigenen Überlegungen einsetzen. Die Entdeckung der Evolution liegt zu dieser Zeit nahe; und doch verwundert es nicht, dass sie ausgerechnet Wallace und Darwin gelingt.

Mehr als einmal ist zudem vermutet worden, dass die im viktorianischen England stark gegliederte Klassengesellschaft und die darin eingenommene Rolle letztlich dafür verantwortlich ist, dass Wallace sich dem delikaten Arrangement fügt und niemals Anspruch darauf erhebt, als Erster die Theorie zur Entstehung von Arten formuliert zu haben. Doch diese Idee überzeugt nicht wirklich, wenn wir sehen, wie unkonventionell und wenig rollenkonform sich Wallace ansonsten verhält. Eher als die Lebensumstände dürften es seine ihm eigene Bescheidenheit und Demut gewesen sein; vielleicht trugen dazu auch frühere relativierende Erfahrungen bei, allen voran die Todesgefahr, der er beim Untergang seines Schiffes im Atlantik entgeht?

Zweitens – Wie Wallace die Evolution fand: Wallace erkennt jenes große, viel gesuchte Naturprinzip, das Tiere und Pflanzen sich an ihre Umwelt anpassen lässt, keineswegs nur zufällig. Angeblich sei

Wallace' Entdeckung nur eine Art Unfall gewesen: »*Something of an accident. He was unaware of what was coming*«, meint zum Beispiel der Wallace-Aficionado und Biograph Charles Smith. Doch er liegt falsch. Denn gänzlich anders als Darwin, der anfangs noch als Theologe von der Konstanz der Arten überzeugt war, begibt sich Wallace bereits als bekehrter Evolutionist auf Reisen, nachdem er damals kursierende und in viel diskutierten Büchern publizierte Ideen zu seinen eigenen macht. Wallace lebt zwar jahrelang – zuerst am Amazonas, später im indo-australischen Archipel – von seinen Naturaliensammlungen. Jedoch ist er mehr als bloßer Sammler; er hat ein recht klares Bild von dem, wonach er außerdem sucht, und er hat einen Plan. Kommt er auch zwischenzeitlich mehr als einmal vom direkten Weg ab, so nimmt er – nochmals ganz anders als Darwin – ein regelrechtes Forschungsprogramm mit ins Gelände. Die letzte Erkenntnis am Ende des Archipels trifft ihn dann plötzlich; aber sie trifft einen vorbereiteten Geist.

Wallace findet das Prinzip der natürlichen Auslese als verantwortlichen Mechanismus bei der Entstehung und Entwicklung der Arten, weil er mit offenen Augen die Fülle, Vielfalt und Vielgestaltigkeit der Arten in ihren natürlichen Lebensräumen wahrnimmt. Als wichtigste Indizien dienen ihm dabei lokale Vorkommen und geographische Verbreitung der einzelnen Formen und Arten im indo-australischen Insel-Archipel. Dabei weisen ihm nicht so sehr die augenfälligen Paradiesvögel oder der eigentümliche Waldmensch Orang-Utan den Weg, für deren Erbeutung er vor allem bezahlt wird; vielmehr sind es Vielfalt und Vorkommen der unzähligen, eher unscheinbaren Insekten, insbesondere der Käfer und Schmetterlinge.

Und um gleich noch mit einer weiteren, hartnäckigen Legende aufzuräumen: Es ist Alfred Russel Wallace und nicht Charles Darwin, der erstmals explizit auf die außergewöhnliche Bedeutung der (von Darwin besuchten) Galapagosinseln samt ihrer einmaligen Tier- und Pflanzenwelt für die Lösung der großen Artenfrage aufmerksam macht. Tatsächlich beschreibt Wallace Galapagos als Freiland-Labor für die Auswirkung von natürlicher Auslese und Anpassung – gleichsam als eine Art Werkstatt der Evolution. Und wo wir schon dabei sind: auch die Metapher von der dank Evolution miteinander verwandten Abstammungslinien als ein sich weit verzweigender Stammbaum – »*a branching tree, as the best mode of representing the natural arrangement of species and their successive creation*« – wurde zuerst 1855 von Alfred Russel Wallace in einem publizierten Aufsatz verwendet. Darwin konnte darüber nur staunen.

Drittens – Die Wirkung der Selektion: Der Entdeckung des Evolutions-Prinzips ist eine Kette von essenziellen Ereignissen und Erkenntnissen vorausgegangen, und sie zieht eine Kette von Ereignissen nach sich – darunter auch einige voller Merkwürdigkeiten. Zwar bekennt sich Wallace zeit seines Lebens als zweifelsohne überzeugter »Darwinist« zur Selektionstheorie im Sinne Darwins. Doch dann schränkt er ihre Anwendbarkeit auch wieder ein – und zwar beim Menschen, wie dies übrigens damals andere namhafte Forscher ebenfalls tun, unter ihnen auch der Geologe und ansonsten richtungsweisende Denker Charles Lyell. Den Menschen wollen viele nicht als ein allein durch Auslese angepasstes Produkt der Natur verstanden wissen – bis heute. So vehement Wallace die Wirkung der von ihm mitentdeckten natürlichen Selektion anderswo im Tierreich und auch bei den übrigen Eigenschaften des Menschen propagiert; allein die menschliche Intelligenz hält er dann für göttlich inspiriert.

Zwar vermag er viele Naturforscher seiner Zeit nicht zu überzeugen. Doch dass Wallace letztlich alles andere als konsequent in seinem Denken und Urteilen sei, ist ein weiterer Irrtum. Die Sache ist komplex, wie wir gesehen haben. Einerseits lehnt Wallace Darwins spätere Idee einer parallel der natürlichen Auslese wirkenden sexuellen Selektion ab; vielleicht, weil er weiblichen Wesen nicht eine derartige Wirkung zubilligen mag; vor allem aber wohl, um konsequenterweise das universelle Walten der natürlichen Selektion nicht eingeschränkt zu sehen. Andererseits billigt Wallace dann dem Menschen eine Sonderrolle jenseits des Tierreichs zu – anfangs wenigstens aufgrund naturwissenschaftlicher Fakten, doch auch motiviert durch seine spiritualistische Überzeugung.

Wer heute indes Wallace gefährlich nah an den amerikanischen Kreationismus heranrückt und ihn gleichsam wie einen V-Mann im Gedankengebäude der Evolution Darwins erscheinen lässt, der verlässt gleich in zweifacher Hinsicht den Boden der Wissenschaft: Zum einen werden dabei jegliche wissenschaftshistorisch relevante Zusammenhänge verneint; zum anderen wird einmal mehr in unzulässiger Weise versucht, in erster Linie religiös motivierten Glaubensbekenntnissen einen naturwissenschaftlichen Anstrich zu geben, den sie nicht haben und nicht haben können.

Viertens – Spiritualismus und Holismus: Das Paradoxe und die Rätsel um Wallace' Persönlichkeit lösen sich auf, wenn wir beides in der Zusammenschau betrachten. Keineswegs sind Wallace' spiritualistische Überzeugungen nur mehr eine Altersmarotte, eher schon der Irrtum eines idealistischen Jahrhunderts, in dem viel von einer *»overruling intelligence«* geredet wird. Für Wallace wird der Spiritualismus zu einer Art ausgelebter Ersatzreligion, zu der er bereits früh in seinem Leben Zugang fand, schon bevor er sich auf seine jahrelangen Tropenreisen begibt. Eine Überzeugung, die, im Übrigen keineswegs unüblich, von vielen seiner Zeit geteilt wird (so etwa von Charles Lyell). Zwar war Wallace seine spiritualistische Überzeugung in dieser Hinsicht nicht von Vorteil; doch hat ihm nicht die Tatsache an sich geschadet, Spiritualist zu sein, sondern allein die Vehemenz, mit der er sich dafür einsetzte. Und zweifelsohne der Umstand, dass er dem Spiritualismus statt als Glaubensbekenntnis Wissenschaftlichkeit zubilligte.

So verblüfft nur auf den ersten Blick, dass Wallace nach seiner Entdeckung der natürlichen Selektion 1858 und seiner Rückkehr von einer der ertragreichsten naturkundlichen Explorationen 1862 keineswegs als Allererstes und ausschließlich deren Ergebnisse veröffentlicht. Nicht der natürlichen Selektion oder der zoologischen Geographie allein gilt sein Interesse in diesen ersten Jahren danach, sondern dem Spiritualismus seine Stimme zu verleihen und Séancen beizuwohnen. Wenn wir genauer hinsehen, erkennen wir, dass Wallace zu dieser Zeit und noch Jahrzehnte danach auf der Suche nach einer Erklärung für viele Phänomene in der Evolution der Natur und der Entwicklung des Menschen ist. Während er in vielem natürliche Kräfte am Werke sieht, glaubt er bei der Entstehung des menschlichen Wesens und seines Verstandes, von Gehirn und Geist also, eine andere, größere und höhere Kraft am Werk.

Keineswegs aber dürfen wir uns in einer Zweiteilung seiner Lebensgeschichte den jungen Wallace als Evolutionisten, den alten Wallace als verwirrten, verschrobenen Exzentriker vorstellen. Vielmehr versucht Wallace unter Zuhilfenahme des Spiritualismus die große Frage zu lösen, wie der menschliche Verstand in die Welt kam, die wir damit gedanklich durchmessen. Sein Ansatz ist eine ganz eigene Synthese von Evolution und Spiritualismus unter Einschluss des Menschen; gleichsam ein evolutionärer teleologischer Theismus, wenn man so will, der allein ihm weniger widersprüchlich vorkommt als Darwins pan-adaptationistischer Ansatz, der alles der Auslese unterwirft. Vielleicht aber dürfen wir auch annehmen, dass Wallace schlicht einen vom Guten beseelten mystischen und utopischen Optimismus vertrat. In jedem Fall hat er sich zum Ende seines Lebens hin immer weiter von einer materialistischen Sichtweise entfernt, wie sie Darwin und den Darwinisten vorgeworfen wird. Indes sei angemerkt, dass wir die darwinistische Sichtweise eben keinesfalls mit einer Handlungsanweisung verwechseln dürfen; vielmehr handelt es sich um den Versuch einer auf naturwissenschaftlichen Prinzipien basierenden rationalen Erklärung. Diesen Weg ist Wallace später lange schon nicht mehr gegangen; er lebte in einer anderen – vielleicht nicht weniger intellektuellen – Welt als die meisten anderen Wissenschaftler seiner Zeit.

Gerade darin offenbaren sich die Widersprüche in Wallace' Wesen, wirkt sein Denken einerseits weitreichender, andererseits weniger konsequent als das Charles Darwins. So ist Wallace seiner Zeit sicher in vielem voraus, die ihn doch auch erheblich einschränkt. Sein Denken ist umfassender als das Darwins, seinen Ansatz würde man heute als holistisch bezeichnen. Wallace will sich dem Leben aus ganzheitlicher Betrachtung nähern. Früh plädiert er für den Erhalt natürlicher Lebensräume und setzt sich für soziale Gerechtigkeit ein. Einige sehen in ihm mithin einen Vorreiter ihrer Sache, finden Parallelen zu die Welt und die Menschheit umspannenden gesellschaftlichen Ideen und Idealen. Unbestritten: Wallace' Interessen reichen, nochmals anders als bei Darwin, weit über die reine Naturforschung hinaus, bis hin zur politischen Ökonomie und zu den Anfängen der Ökologie, ohne dass der Umwelt- und Naturschutz, dessen Gedanke Wallace vorwegnimmt, bei ihm schon so heißen.

Fünftens und Fazit: Wallace war ein durch und durch bescheidener, aber auch ein leidenschaftlicher Mensch. Er war einerseits ein großartiger und genialer Forscher und Denker, der unabhängig von anderen zu bedeutenden Einsichten kam, der in wenigen kurzen Arbeiten große und weltbewegende Dinge formulierte. Andererseits war er ein umstrittener Wissenschaftler, auch weil er sich engagierte, der sich – im Gegensatz zu den meisten seiner Kollegen – energisch bestimmten Denkweisen widersetzte, der sozialdarwinistischen Auswüchsen kritisch widersprach, der seine Forschung und Zuständigkeit nicht beim evolutionären Konzept von Variation und Selektion enden sah, der versuchte, Wissenschaft und Religion zu vereinbaren und aus wissenschaftlichen Fakten politische Handlungsvorgaben abzuleiten, der eine moralische, demokratische und gerechte Gesellschaftsutopie entwerfen wollte. In Wallace spiegeln sich damit zugleich die Widersprüche seiner Zeit und des Denkens seiner Zeitgenossen wider, die er niemals auflösen konnte.

Sein Versuch dazu lässt ihn in manchen Fällen vielleicht naiv wirken und nicht als der große souveräne Forscher auf dem Olymp der Rationalität, als der uns Charles Darwin sicher eher vorkommt. Doch zugleich sind es gerade diese Widersprüche, seine Irrtümer und Schwächen, die ihn uns sehr menschlich machen. Wallace bleibt zeit seines Lebens ein Suchender – getrieben von Neugier und Wissbegierde, aber auch von geradezu missionarischem Eifer und ungeheurem Mitteilungsdrang getragen.

Ganz zum Schluss liegt in Wallace' spiritueller Suche möglicherweise aber auch der Schlüssel zur Lösung des ewigen Rätsels um Darwins vermeintliches Plagiat bei der Evolutionstheorie. Denn Wallace' spätestens seit den 1860er-Jahren so gänzlich anderes Denken in Sachen Selektion und der Stellung des Menschen erklärt vielleicht auch, mehr als alle bemühten Rekonstruktionen um Brieflaufzeiten auf holländischen Postdampfern, warum Wallace diesem den Vortritt bei einer der wichtigsten Entdeckungen in der Naturforschung und der Geistesgeschichte überhaupt lässt. Von Anfang bis Ende betrachtet war eine allumfassend wirksame Auslese allein Darwins Antwort auf die Frage nach der Abstammung der Arten einschließlich des Menschen. Derweil ist Wallace – der Mensch, nicht notwendigerweise immer der Forscher in ihm – bis ans Ende seines langen Lebens auf der Suche nach mehr, nach dem Wirken einer höheren Instanz. Etwas, das bis heute nicht gefunden ist; womöglich, weil es nicht zu finden ist.

Epilog – *Verschwundene Wälder*

Natürlich ist die aus Baumstämmen und Sagopalmwedeln errichtete einfache Hütte in Dodinga auf der Molukken-Insel Halmahera längst schon verrottet; wenn es überhaupt hier war, wo Alfred Russel Wallace das Manuskript jenes berühmten Aufsatzes schrieb, der Darwin so schockierte. Rund um das einfache Dorf und im Flachland beidseits der Landenge breiten sich wie in endlos scheinenden Reihen stehende Ölpalmen aus. Der tropische Regenwald, in dem Wallace auf Jagd nach Schmetterlingen und Vögeln ging, ist verschwunden und mit ihm viele Bewohner dieses einmaligen, weil insulären Lebensraumes.

Auch das Wohnhaus auf der benachbarten Gewürzinsel Ternate, das Wallace während seiner Expeditionen durch die Inselwelt der Molukken jahrelang als Basislager diente, ist nicht mehr sicher auffindbar. Längst hat sich die Stadt, eingezwängt zwischen Meeresküste und steilem Vulkankegel, weit nach Norden und Süden ausgedehnt, die Insel ist mit mittlerweile mehr als 160 000 Einwohnern dicht besiedelt.

Mehrfach landete Wallace auch auf der Insel Ambon im Zentrum der Molukken. Als er dort mit dem Schiff in den Naturhafen von Amboina einlief, der vom südlichen Arm der Insel eingeschlossen wird, beeindruckten ihn im glasklaren Wasser die bis dicht unter die Meeresoberfläche ragenden Korallengärten mit ihrem Reichtum an Meereslebewesen: eine Armada an bunten Fischen, Anemonen und anderen Blumentieren des Meeres, Seesterne, Seeigel und Seegurken, auch Schildkröten. Die verzweigten und in sich verschachtelten Bauten der Korallentiere boten im Wasser einen ähnlichen, von vielgestaltigem Leben geradezu berstenden Anblick wie die Regenwälder an Land.

Wer heute in die Bucht von Ambon kommt, wird von einer ausufernden, quirligen Stadt empfangen, die sich mit Straßen und Siedlungen bis an deren Nordrand erstreckt und der der Wald weichen musste. Die Korallengärten in der Bucht sind verschwunden, mit ihnen ihre einst zahllosen marinen Bewohner. Die Bachläufe, die vom Kamm der südlichen Halbinsel kommend in die inzwischen verschlammte Bucht münden, sind zur Kloake der Stadt geworden; sie tragen den Unrat und Müll der Menschen wie überall in Indonesien direkt ins Meer; entsorgt ist er damit nicht.

Als Reisender wie als Denker stieß Alfred Russel Wallace in neue Regionen vor – Terrae incognitae voller Wunder und bis dahin der Wissenschaft unbekannter Arten. Längst ist jene Welt untergegangen, die Wallace Mitte des 19. Jahrhunderts sah und für die europäische Naturforschung entdeckte. Allerdings sind die Lebensräume und Lebewesen, die er besuchte und dort antraf, nicht – wie man vielleicht annehmen könnte – allmählich und kontinuierlich über anderthalb Jahrhunderte verloren gegangen. Der ungleich größte Raubbau ist allerjüngsten Datums. Die rücksichtslose und radikale Abholzung der artenreichen Regenwälder, die Anlage von endlosen und ewig gleichen Ölpalmplantagen und die Ausbreitung ausufernder Siedlungen allerorten ist das Werk einer einzigen, unserer Generation.

Der Exodus der Natur in Singapur: Eine Ausnahme macht hier allein der Inselstaat Singapur, wo Wallace im April 1856 zuerst ankam und der Wald schon früh verschwand. Doch lässt sich gerade an Singapur ablesen, was geschieht, wenn wir Wallace' Welt auch anderswo in der Fläche verlieren – ohne dass freilich gehofft werden darf, den singulären ökonomischen Erfolg dieses Stadtstaates wiederholen zu können. Aus der britischen Kolonie mit nur wenigen Hundert Bewohnern am Anfang des 19. Jahrhunderts sind mittlerweile mehr als viereinhalb Millionen Einwohner geworden. Der Urbanisation mussten mehr als 95 Prozent der einstigen die Insel bedeckenden tropischen Regenwälder weichen. Der großflächigen Abholzung und Entwaldung, der Jagdlust der Menschen und der unbändigen Entwicklung dieser Stadt ist etwa die Hälfte aller ursprünglich dort heimischen Arten zum Opfer gefallen; im Durchschnitt, denn bei einigen Gruppen wie den Süßwasserfischen und Säugern betragen die Verluste sogar 80 und 90 Prozent. Zuerst wurde der Wald für Kautschuk- und Pfefferplantagen, später für Straßen, Siedlungen, Hafen- und Industrieanlagen gerodet; auf der Strecke blieben immer mehr Lebewesen, denen damit ihr Lebensraum entrissen wurde. Nur verschwindend geringe 0,25 Prozent der Gesamtfläche Singapurs sind heute überhaupt noch Waldrelikte; doch in ihnen drängen sich die verbliebenen 50 Prozent des Artenbestandes. Die meisten dieser Arten sind dort vom Aussterben bedroht; von einigen leben bereits nur noch eine Handvoll Tiere. Bemerkt und verzeichnet wird dies indes in erster Linie bei den attraktiven und anderweitig auffälligen Arten.

Tiger waren beispielsweise zu Wallace' Zeiten in Singapur noch so zahlreich, dass von ihnen durchschnittlich ein Mensch pro Tag getötet wurde; insgesamt 390 Leben gingen etwa 1857 auf ihr Konto. Jenes Waldgebiet, in dem Wallace sich zuerst auf die Jagd nach Insekten und Vögeln machte, Bukit Timah, lag damals etwas außerhalb der Stadt Singapur; heute ist das Naturreservat eines der letzten isolierten Waldrelikte. Einst galten die Raubkatzen hier als derart häufig, dass das Gebiet bei den Einheimischen als »*Tiger Resort*« bezeichnet wurde. Vier Jahrzehnte später, 1896, wurde der letzte Tiger dort getötet. »Offiziell« ausgerottet ist diese Art in Singapur seit den 1930er-Jahren; nur der Name »Singa-pura« erinnert noch an eine Raubkatze (auch wenn der Mythos statt des Tigers einen Löwen benennt, der hier indes nie vorkam).

Anderswo erging es *Panthera tigris*, der sich einst vom Festland Asiens kommend über Sumatra und Java bis nach Bali ausbreiten konnte, nicht besser. Am Ende der Inselkette, auf Bali, starb die kleinste und am dunkelsten gefärbte Unterart des Tigers als Erstes aus. Der letzte *balica* wurde am 27. September 1937 bei Sumbar

Kima im Westen der Insel geschossen. Die in den 1940er- und bis Anfang der 1950er-Jahre immer wieder auftauchenden Gerüchte über angebliche Sichtungen kennen wir in ähnlicher Weise von beinahe jeder anderen großen Tierart, die der Mensch kurz zuvor ausgerottet hat. Sie erinnern an den Phantomschmerz in amputierten Gliedmaßen. Wenn sie nicht mehr da sind, bemerken wir sie. Nur einige wenige Schädel, Knochen oder Felle sind heute in den Sammlungen europäischer Museen zu finden und zeugen überhaupt noch von der einstigen Existenz des Bali-Tigers.

Um 1900 lebten schätzungsweise noch 100 000 Tiger in ganz Asien; aktuell sind kaum mehr als 3000 übrig geblieben, die einst tagaktiven Raubkatzen sind längst in die Nacht und die Nationalparks abgedrängt. Im Jahre 2012 kommt mit etwas mehr als 1700 Tieren knapp die Hälfte aller Tiger der Welt in Indien vor. Doch auch sie werden vermutlich kaum irgendwo im Freiland noch lange überleben. Vier der acht Unterarten des Tigers sind mittlerweile in freier Wildbahn durch Jagd und Wilderei ausgerottet, eine weitere steht mit ihren wenigen verbliebenen und versprengten Reliktbeständen kurz vorm Aussterben. Neben dem Kaspischen und dem auf Bali gehört dazu der einst auf Java und auf Sumatra beheimatete Tiger; von Letzterem leben bereits mehr in Zoos als im Freiland. Vom Südchinesischen Tiger *Panthera tigris amoyensis* lebten in den 1950er-Jahren noch etwa 4000 im Reich der Mitte, 1982 waren es bestenfalls noch 200 Tiere. Anfang der 1990er-Jahre fand man die letzten seiner Spuren; spätestens seit 2000 gilt er ebenfalls als ausgestorben. Die Dutzend Tiger in chinesischen Zoos sind nicht mehr reinrassig, sondern gelten als eingekreuzt mit *corbetti*, dem Indochina-Tiger.

Für Alfred Russel Wallace sah die Welt noch ganz anders aus. Er fand in Singapur Spuren von Tigern, die man in Fallen zu fangen versuchte, er hörte auf Bali die Berichte der Einheimischen über die gefährliche Raubkatze. Wallace sah auch mit eigenen Augen noch jenes eigenartige, sich gegeneinander abschottende Verbreitungsmuster ganzer Faunen. Viele ihrer Vertreter gibt es inzwischen nicht mehr. Wer heute etwa bei einem Stopover in Singapur in einem der parkartig angelegten Resorts auf der kleinen vorgelagerten Insel Sentosa absteigt (die eine der wenigen Grünzonen im Stadtmoloch bietet), dem begegnen nur mehr eingeschleppte Tiere, die hier einst gar nicht vorkamen; etwa der aus Indien stammende Myna-Star oder Rad schlagende Pfauen neben dem Schwefelhauben-Kakadu aus Australien. Auch unmittelbar zwischen Bali und Lombok, zwischen Borneo und Sulawesi ist die Wallace-Linie längst verblasst, sind unzählige Tierarten in beide Richtungen über die Wallacea hinweg verschleppt – oder verschwunden.

Man mag einwenden, dass das Verschwinden der Wallace-Linie allenfalls einige wenige Zoologen mit einem Faible für Biogeographie tangiere. Doch Abholzung und der Verlust einheimischer Arten sowie das Verschleppen, Vermischen und Verfüllen fremder Faunenelemente gibt es nicht nur in Singapur, sondern überall in Südostasien, nur ist es anderswo weniger gut dokumentiert. So diente der Exodus der Natur in Singapur unlängst als Grundlage für eine düstere Extrapolation. Analog den Verhältnissen dort wird demnach bis 2100 Südostasien zwei Drittel seines ursprünglichen tropischen Regenwaldes eingebüßt haben und dann ebenfalls beinahe die Hälfte seiner einstmals so reichen Vielfalt an Tier- und Pflanzenarten verloren haben. Verschwunden sein werden insbesondere sämtliche Wallace-Arten – jene Schmetterlinge, Vögel und Säugetiere, denen einst sein Augenmerk in erster Linie galt.

Räuber im Regenwald auf Borneo: Heute ist das allgemeine Artensterben zugleich kurzfristiger und großflächiger; aus Singapur wird Sumatra und Sulawesi, aus Bali wird Borneo und Neuguinea. Was in Singapur immerhin knapp 180 Jahre dauerte, schafft dort nur eine Generation seit etwa 1980. Wie gesagt, der rasante Raubbau ist ein Werk unserer Tage. Wir selbst sind die Täter; in einer globalisierten Welt jeder von uns und jeder auf seine Weise.

Nirgendwo ist Wallace' Welt auf so dramatische Weise und schneller verschwunden als im Inneren des Inselreichs Indonesien. Als Wallace 1855 am Sadong-Fluss in Sarawak im Norden Borneos ankam, fand er die reichsten Jagdgründe ausgerechnet dort, wo die meist chinesischen Minenarbeiter auf frisch gerodeten Flächen am Rande des ansonsten noch unberührten tropischen Regenwaldes mit den verrottenden Baumholzkäfern und anderen Insekten den Tisch reich gedeckt haben. So verschaffte bereits damals die erste Plünderung der natürlichen Ressourcen dem naturkundlichen Sammler Einblick in eine für ihn ebenso fremde wie großartige Natur. Heute gibt es sie auch dort nicht mehr.

Auf Borneo begann die Plünderung im ganz großen Stil in den 1980er-Jahren, als Holzfäller und international operierende Holzfirmen kamen, die zuerst dem Regenwald im Tiefland entlang der Küsten dieser riesigen Insel zusetzten. Lagen die jährlichen Waldverluste zwischen 1880 und 1980 bei 0,3 Prozent, stiegen sie in den vergangenen drei Jahrzehnten auf 1,4 Prozent im Jahr. Das erscheint auf den ersten Blick nicht viel; tatsächlich aber ist der Verlust gigantisch und nicht wiedergutzumachen.

Borneo ist nach Grönland und Neuguinea die drittgrößte Insel der Welt, zweieinhalbmal so groß wie Deutschland. Die rund 5000 Kilometer Küstenlinie waren von Mangrovewäldern gesäumt, nur wenige Buchten konnte man zu Lebzeiten Wallace' besiedeln. Der Rest war bis hoch ins Gebirge von tropischem Urwald bedeckt; immerhin 80 Prozent der Insel noch vor dreißig Jahren, 75 Prozent waren es noch vor fünfundzwanzig Jahren. Bis dahin zählten die Regenwälder Borneos zu den artenreichsten Regionen der Erde, mit 15 000 verschiedenen Blütenpflanzen (ebenso viele wie in ganz Afrika), mehr als 3000 Baumarten (dass tausend verschiedene Baumarten allein auf einem Hektar zu finden sind, ist Weltrekord), mit bis zu 750 von insgesamt 2000 bekannten Arten an Orchideen, mit insgesamt 221 Säugetierarten, 622 Vogelarten sowie mehr als 400 verschiedenen Reptilien- und Amphibienarten (darunter etwa 80 Eidechsen, 140 Schlangen und 160 Frösche). Gerade bei Letzteren wird immer noch Neues entdeckt. Insgesamt 360 neue Tierarten waren es in den letzten Jahren.

Doch dieser natürliche Artenreichtum schwindet auf Borneo zusammen mit den abgeholzten Regenwäldern so schnell wie in keiner anderen Region der Erde. Eine Studie zeigt, dass auf Borneo während der beiden vergangenen Jahrzehnte mehr Holz eingeschlagen wurde als in Afrika und Südamerika zusammen. Eine andere Studie belegt, dass allein im indonesischen Teil Borneos, in Kalimantan, zwischen 1985 und 2001 mehr als die Hälfte des tropischen Regenwaldes verloren ging, und zwar selbst in unbesiedelten und abgelegenen Regionen; 1,3 Millionen Hektar Wald pro Jahr. 2008 hielt Indonesien Einzug ins Guinnessbuch der Rekorde, dank der höchsten Abholzungsrate, der bis 2005 jährlich eine Fläche von 1,8 Millionen Hektar zum Opfer fielen. Tendenz weiterhin steigend; denn jüngst wurden dort sogar mehr als zwei Millionen Hektar Wald im Jahr gefällt – jedes Mal eine Fläche so groß wie Mecklenburg-Vorpommern. Oder anders ausgedrückt: Wir verlieren Wald von der Größe von fünf oder mehr Fußballfeldern pro Minute, jeden Tag etwa 150 Hektar. In nur wenigen Jahren, bis 2020 oder spätestens 2022, werden auf Borneo die dortigen Tiefland-Regenwälder vollständig verschwunden sein.

Die nächste Generation von Indonesiern wird keinen Regenwald mehr sehen – nicht auf Borneo und wohl auch kaum auf einer anderen Insel im Riesen-Archipel. Denn kein Land hat seine natürlichen Ressourcen so schnell und so gründlich zerstört. In Indonesien ist der Wald seit den 1950er-Jahren von 162 Millionen Hektar auf etwa 88 Millionen Hektar geschrumpft, sind mithin 74 Millionen Hektar Wald verloren gegangen. Dieser Verlust von 45 Prozent entspricht einer Fläche mehr als zweimal so groß wie Deutschland. Und ein Ende ist nicht abzusehen.

Feldzug gegen den Urwald: Kettensägengeheul im Wald, umstürzende Urwaldriesen, Kahlschlag, Brandrodung und eintönige Plantagen, so weit das Auge reicht; Flächen, auf denen danach nichts mehr so ist, wie es einmal war. Solche Bilder sind bekannt, Fernsehreportagen, andere Medien und die Aufklärungsarbeit von Naturschutzverbänden hierzulande haben sie uns durchaus ins Bewusstsein gebracht. Wirkungsvoll dagegen tun wir indes ebenso wenig wie gegen die Ursachen des drohenden, von Menschen gemachten Klimawandels, der damit direkt zusammenhängt.

Stattdessen setzt sich der Feldzug gegen die Natur in den besonders ertragreichen Wäldern der Tropen fort, an dem sich geldhungrige Regierungen, korrupte Beamte, global agierende Holzfirmen und lokale »Holzbarone« gleichermaßen beteiligen. Sie alle schicken Holzarbeiter, die Ärmsten der Armen, weiterhin in den Wald. Der Verkauf illegal geschlagenen und illegal exportierten Holzes füllt sowohl öffentliche Kassen als auch die Taschen der Beteiligten. Drei Viertel des nach Deutschland importierten Holzes stammen weiterhin aus illegalen Quellen, so schätzen Naturschutzverbände. Nichts hat dies bisher verhindert und niemand schert sich wirklich darum. Es ist ein profitables Geschäft; eines, das gänzlich außer Kontrolle geraten ist. Bereits 2003 erklärte die indonesische Regierung ihren moralischen Bankrott, als sie verkündete, im eigenen Land die Rodung des Regenwaldes nicht mehr kontrollieren zu können, und stattdessen anlässlich eines Treffens der größten Kreditgeber die internationale Gemeinschaft aufforderte, kein illegales Holz mehr zu importieren. Gleichzeitig ermöglichten es indonesische Regierungsstellen, das Tropenholz in großem Maßstab über die Grenzen nach Malaysia und anderswo außer Landes zu bringen, wo es nachträglich die nötigen Papiere bekommt. Überall in Indonesien, aber auch anderswo in tropischen Ländern sind stets Politiker in das schmutzige Geschäft verstrickt; doch wir alle erlauben und ermöglichen ihnen diese ungehemmte Plünderung der natürlichen Reichtümer – zu unser aller Schaden.

Inzwischen ist die Rodung doppelt lukrativ. Erst wurden jahrelang durch selektiven Holzeinschlag die wertvollsten Tropenbäume – Meranti und Ramin – einzeln aus dem Wald gezogen und ihr Holz höchst profitabel verkauft. Doch das war nicht genug. Anschließend wurde der Wald buchstäblich zu Kleinholz gemacht und geschreddert; Lizenzen erlaubten großflächige Rodungen, um die gefällten Bäume in den Mahlwerken einiger weniger großer Zellstoffwerke internationaler (und zudem von uns finanzierter) Papierkonzerne vor allem zu Drucker- und Kopierpapier zu verarbeiten. Schließlich wurde der großflächige Anbau der Ölpalme *Elaeis guineensis* zum neuen Riesengeschäft. Überall in Indonesien füllt seitdem die Anlage von Ölpalmplantagen die Kassen nicht nur der Plantagenbesitzer, sondern vor allem von korrupten Ortsgrößen und Regierungsstellen. In dem Schwellenland gilt das als chic, weil Wohlstand verheißend; derweil vernichten Arme wie Reiche gemeinsam den natürlichen Reichtum ihres Landes.

In den vergangenen zwei Jahrzehnten hat sich die Plantagenfläche für Ölpalmen verzehnfacht. Bildhaft ausgedrückt: Auf einen Urwaldbaum kommen heute Hunderttausende von Ölpalmen. Das aus ihren Früchten gepresste Öl steckt unerkannt in einer ganzen Palette von Produkten – von der Margarine über Fertiggerichte wie Tiefkühlpizza und Käsekuchen bis zu Kosmetika wie Lippenstift. Und die Nachfrage nach Palmöl steigt weiterhin, in den vergangenen Jahren im Schnitt um 15 Prozent. Noch mehr Palmöl wird nachgefragt, seit Biokraftstoffe Benzin und Diesel beigemischt werden. So könnten Prognosen zutreffen, die davon ausgehen, dass sich die Nachfrage bis 2030 verdoppeln, bis 2050 sogar verdreifachen wird – vielerorts in den Tropen der Todesstoß für die verbliebenen Regenwälder und ihre Tier- und Pflanzenwelt.

Doch nicht nur Borneo, auch viele andere Provinzen Indonesiens – von Sulawesi bis nach Neuguinea – sind zum Hoheitsgebiet der Holzmafia und der Abhängigkeiten schaffenden Ölpalmwirtschaft geworden. Auf Sumatra etwa war die Provinz Riau, so groß wie Tschechien, 1982 noch zu 80 Prozent mit tropischem Regenwald bedeckt; dann wurden in nur drei Jahrzehnten rund 65 Prozent des ursprünglichen Waldes vernichtet. Überall haben die Regierenden den Raub in der Schatzkammer der Natur ermöglicht und belebten ihn jüngst mit der Anlage immer neuer Ölpalmplantagen. Überall können wir zusehen – vor Ort oder per Google-Earth –, wie sich Abholzung, Brandrodung und Ölpalmplantagen von innen und außen kommend in die letzten verbliebenen tropischen Regenwälder hineinfressen. Realistisch ist der Schutz großer zusammenhängender Gebiete längst nicht mehr. Die aber brauchen nicht nur große Tiere zum Überleben.

Orang-Utan und Co. als Opfer der Kettensägen-Orgie: Was wir bei diesem Kahlschlag per Kettensäge in den einstmals riesigen Regenwaldregionen und der Anlage monotoner Ölpalmplantagen allzu häufig übersehen, sind die Millionen und Abermillionen an Tieren, die Hunderttausende an einmaligen Arten, die dabei zugrunde gehen. Nicht aller Schicksal ist so sichtbar wie das des Orang-Utans, der es bereits Wallace besonders angetan hatte und der ihn trotzdem skrupellos für Museumssammlungen schoss. Die »Waldmenschen« sind die uns am nächsten stehenden Leidtragenden jener unheilvollen Entwicklung, die weite Teile ihres Lebensraumes auf Borneo und Sumatra vernichtet hat. Gab es bis um 1990 noch schätzungsweise 150 000 Orang-Utans auf Borneo, war ihre Zahl im Jahre 2000 bereits auf 55 000 zusammengeschrumpft; zwei Drittel der Population sind hier in nur zwei Jahrzehnten ausgelöscht worden. Auf Sumatra sind von den einst 200 000 Menschenaffen noch gerade einmal 7000 übrig. Nach Einschätzung des Umweltprogramms der Vereinten Nationen könnten die Menschenaffen mit dem rotbraunen Fell innerhalb der kommenden zehn Jahre aus der freien Wildbahn verschwunden sein. Offensichtlich werden Orang-Utans in ihrem natürlichen Lebensraum, in dem Wallace sie einst beobachtete, nicht überleben, da es diesen Lebensraum bis 2020 – von Resten abgesehen – nicht mehr geben wird. Bereits heute leben Orang-Utans in Sabah im Nordwesten Borneos nur noch in Reservaten, etwa der Auffangstation Sepilok, wo sie Touristen vorgeführt werden; ohne dass man hoffen darf, sie je wieder auswildern zu können. Wohin auch?

Der Orang-Utan ist eine Schlüsselart; bei anderen merken wir den Verlust weniger, meist fehlen Studien und exakte Zahlen. Sicher ist: Als ob der Holzeinschlag nicht schon schlimm genug wäre, kommen mit den Holzfällern, die breite Schneisen in den Wald legen, auch skrupellose Wilderer und Tierhändler. Vom Sumatra-Nashorn leben in freier Natur keine 300 Tiere mehr. Auch das Java-Nashorn, auf der Insel eine eigene Unterart, ist heute massiv vom Aussterben bedroht. Ebenso der Wald-Elefant und der Tiger auf Sumatra, von denen es derzeit nur noch wenige Tiere gibt – wenn überhaupt. Nicht besser dran sind Nasenaffen und Nebelparder, Malaienbär und Gibbons oder der Bali-Star und die Rhinozeros-Hornvögel – und mit ihnen weitere Abertausend Tierarten unter den Wirbellosen, den Schmetterlingen, Käfern und anderen Insekten, die vor ihrem endgültigen Verschwinden kaum noch jemand zu Gesicht bekommt.

Artensterben auch am Amazonas: In anderen Regionen der Erde sieht es nur wenig anders aus. Mit 0,4 Prozent pro Jahr verschwindet der tropische Regenwald auch in Afrika, mit 0,5 Prozent in Südamerika, weit übertroffen von den Verlusten in der Karibik und in Mittelamerika, wo die Rodungsrate bis zu 1,2 Prozent erreicht. Während im indo-malayischen Raum nur noch ein Prozent der Wälder existiert, die eine ursprüngliche Großtierfauna beherbergen, sind in Afrika immerhin noch ein Zehntel und in den amerikanischen Tropen noch ein Drittel der großen Wälder vor allem in Amazonien erhalten.

Die biologische Vielfalt der Erde ist nicht gleichmäßig verteilt; drei Viertel aller Tier- und Pflanzenarten leben in den tropischen Regenwäldern entlang des Äquators, die indes nur rund sieben Prozent der Landoberfläche bedecken. In nur drei Ländern der Erde – Brasilien, Madagaskar und Indonesien – durchstreift die Hälfte aller Säugetierarten der Welt den Dschungel. Die Wälder am Amazonas, die überwiegend auf brasilianischem Staatsgebiet liegen und immerhin 40 Prozent des weltweiten tropischen Regenwaldes ausmachen, beherbergen 60 Prozent aller Lebensformen des Planeten, so schätzen Experten. Auf einem einzigen Hektar Wald in Amazonien stehen bis zu 400 Baumarten, zehnmal mehr als in ganz Mitteleuropa.

Auf Satellitenaufnahmen ist die Zerstörung auch des brasilianischen Urwaldes deutlich sichtbar; hier fressen sich Sojafelder und Rinderweiden unaufhaltsam in den Wald, gleicht die Landschaft längst einem Flickenteppich. Seit 2001 haben sich die Agrarflächen Brasiliens um 21 Prozent ausgeweitet. Und das Tempo des Kahlschlags ist heute um 30 Prozent höher als noch vor acht Jahren. Auch das illegale Abholzen ist wieder deutlich gestiegen. Nachdem die Einschlagsrate zuvor stetig gesunken war, hat sie sich im Vergleich zu 2010 am Amazonas jüngst mehr als verdoppelt.

Im nordöstlichen Teil des Amazonasbeckens, dort wo der Regenwald zum heutigen Staat Ecuador gehört, liegt noch immer eines der größten zusammenhängenden Dschungelgebiete der Erde. Hier im Yasuní-Nationalpark ist die Artenvielfalt auf einem einzigen Hektar Wald so groß wie die von Mexiko, den USA und Kanada zusammen. Auch dieser Wald ist bedroht, weil darunterliegende Rohölvorkommen ausgebeutet werden sollen. Und Ecuador, eines der ärmsten Länder der Erde, droht der Verlockung der Erdölindustrie und den Gewinnen des Petrodollar zu erliegen, nachdem die originelle Idee des Staatspräsidenten, andere Nationen für den Erhalt des Waldes zahlen zu lassen, kaum Resonanz gefunden hat.

Weltweit werden also weiterhin jährlich 13 Millionen Hektar feucht tropischen Regenwalds verschwinden. Angesichts dieser Vernichtung der Natur sind bislang alle Bemühungen von Regierungen wie Nichtregierungsorganisationen nur Augenwischerei; egal, ob es um die Ausweisung bereits stark isolierter Restregenwaldtaschen geht, die sich nun kaum noch durch einen grünen Gürtel zum intakten Lebensraum für die Mehrzahl der Arten verknüpfen lassen, oder um staatliche Kontrollen, Handelsbeschränkungen oder um nachhaltige Nutzungskonzepte. Nichts hat das katastrophale Artensterben aufgehalten, die Entwicklung gebremst, gar den Trend umgekehrt.

Kahlschlag, Kohlenstoff, Klima – und am Ende der Mensch: Weil Wälder lokale Kohlenstoffspeicher sind, hat der Kahlschlag weitreichende globale Folgen – für uns alle. Die Abholzung am Amazonas und anderswo, ebenso die Brandrodung auf Borneo beschleunigen die Erwärmung der Erde, da sie Unmengen an Kohlendioxid freisetzen. Der Verlust der Wälder ist auch deshalb so katastrophal, weil er neben dem Verlust an Biodiversität zugleich für ein Viertel der weltweiten Kohlendioxidemissionen verantwortlich ist. Ist das bloße Zahlenwerk der unwiederbringlichen Zerstörung der tropischen Regenwälder schon düster genug, mit dem Kohlenstoffzyklus verdunkelt sich die Zukunft vollends.

Nach den USA und China ist Indonesien der drittgrößte Verursacher von Treibhausgasen. Die beiden Weltmächte stoßen viel Kohlendioxid aus, weil sie viel Energie aus fossilen Brennstoffen verbrauchen. Das industriearme Indonesien dagegen stößt viel aus, weil es weiterhin rücksichtslos den Urwald rodet und verbrennt, um am Holz und Palmöl zu verdienen. Während vor allem in den europäischen Industrienationen mit Vorliebe darüber diskutiert wird, wie wir unsere eigenen Emissionen reduzieren, stellen Indonesien und Brasilien (wo am meisten Regenwald steht und zerstört wird) lieber finanzielle Forderungen, wie zukünftig andere sie für unterlassenen Raubbau entschädigen können. Auf den – letztlich auch deshalb gescheiterten – Klimakonferenzen der letzten Jahre sind Vertreter dieser beiden Länder mit hohen Erwartungen an Milliarden-Transfers in die Verhandlungen gegangen, die sie am liebsten sofort erhalten hätten. Erst haben sich korrupte Verantwortliche in der indonesischen Regierung jahrelang die Taschen durch Rodung der Wälder und Anlage von Plantagen vollgestopft, jetzt wollen sie über den Waldschutz und per Emissionshandel nochmals ans große Geld kommen. Derweil sehen sie ungerührt zu, wie der Raubbau an den Regenwäldern die biologische Artenvielfalt und die Lebensgrundlage nachfolgender Generationen zerstört sowie überdies massiv unser Klima verändert. Doch wir verlieren mehr als nur Urwälder, unberührte Natur und unsere Lebensgrundlage; wir verlieren auch unsere Humanität – das, was uns Menschen bisher ausmacht. Das jedenfalls befürchten weitsichtige Warner, die mehr als den unmittelbar kurzfristigen und vergänglichen Gewinn einiger allzu Gieriger im Blick haben.

Jenes überreiche Füllhorn, das Wallace wertvolle Einsichten in das Wirken der Natur bescherte, fällt einem Flächenbrand zum Opfer, den wir selbst entfacht haben. Was es noch zu entdecken gibt, verschwindet oder versteckt sich in den immer weiter schrumpfenden Regenwaldresten, die wir indes auch noch verlieren werden. So wie bereits einige wenige Buchstaben, die fehlen, einen Satz unverständlich werden lassen, schrieb Wallace 1863 in einem Artikel über die Geographie des indo-malayischen Archipels, führt die Besiedlung und die Zerstörung von immer mehr Lebensraum durch den Menschen zum Verschwinden immer zahlreicherer Lebensformen. Dadurch vernichten wir auch unschätzbare Belege aus der Vergangenheit des Lebens; mehr noch, wir machen das Leben vieler Arten selbst zur Vergangenheit.

Die Wallace-Linie mitten im Archipel wird nur mehr auf der Karte existieren und an den einstmals berühmten und dann vergessenen Naturforscher erinnern. Amazonien und der Archipel, wie Alfred Russel Wallace es kannte, wird einem verschwundenen Kontinent gleich zum Atlantis werden – mit mystischen Wesen einer längst vergangenen Zeit; Wesen wie Tiger und Orang-Utan, Vogelschwingen-Falter und Flugfrösche. Die Paradiesvögel werden dann tatsächlich jene sagenhaften Wesen sein, als die sie galten, bevor Wallace auch ihretwegen bis ans Ende des Archipels kam.

Eine kurze Chronologie der Ereignisse

Die zweifache Entdeckung der Evolution durch Wallace und Darwin

Die folgende Zeittafel fasst die wichtigsten biographischen Daten der beiden Entdecker der Evolutionstheorie zusammen. Aus der Chronologie der Ereignisse lässt sich erkennen, wie weit voneinander entfernt sie über weite Strecken waren, wie nahe sich ihre Schritte dann aber auch wieder kamen bei dem vermeintlichen Wettlauf um die Entdeckung der Evolutionstheorie. Während Darwin den Mechanismus der natürlichen Selektion bereits im Oktober 1838 bei der Lektüre von Malthus' »*Essay on the Principle of Population*« erkennt, erinnert sich Wallace zwei Jahrzehnte später ebenfalls an diese Lektüre und beschreibt mit der natürlichen Selektion denselben Mechanismus wie Darwin, den er indes als »*general principle*« *und* »*universelles Gesetz*« bezeichnet.

Hier steht die Perspektive von Wallace im Vordergrund, die Details der Ereignisse auf Darwins Seite sind in der Biographie »*Es ist, als ob man einen Mord gesteht. Ein Tag im Leben des Charles Darwin*« (Matthias Glaubrecht; Herder Verlag, Freiburg i. B. 2009) unter Verweis auf die einschlägigen Originalquellen rekonstruiert.

Alfred Russel Wallace (1823–1913)	**Charles Robert Darwin (1809–1882)**
1835/1836: Hertford, nahe London Wallace auf der Grammar School, verlässt die Schule mit 14	**Sept.–Okt. 1835:** die »*Beagle*« im Galapagos-Archipel
	Sommer 1836: während der Rückreise der »*Beagle*« erste Notizen über Zweifel an der Konstanz der Arten

Alfred Russel Wallace	**Charles Robert Darwin**
1837: Wallace ist bis zum Sommer als Lehrling in London	März **1837** – London, wird zum Evolutionisten, beginnt im Juli die ersten Einträge im »*Notebook*« zur Transmutation von Arten, hier auch erste Skizze eines Stammbaumes
1837–1843: als Landvermesser in Südengland und Wales	September **1838:** liest Malthus' »*Essay on the Principles of Population*« und erkennt Mechanismus der natürlichen Selektion
1842: liest erstmals Darwins »*Beagle*«-Journal	Juni **1842:** Down House, Kent – erster kurzer Essay-Entwurf zur Arten-Frage
1844: wird Lehrer in Leicester, trifft H. E. Bates – liest Malthus' »*Essay on the Principles of Population*«	Sommer **1844:** Down House, Kent – arbeitet Arten-Essay ausführlich aus, fertigt Abschrift an, zeigt ihn Hooker, publiziert ihn aber nicht
1845 – Leicester: liest Chambers' »*Vestiges*« und ist vom darin geäußerten Evolutionsgedanken begeistert	
1848–1852: Amazonas-Expedition	**1846–1854:** arbeitet über die Systematik fossiler und rezenter Rankenfuß-Krebschen (Cirripedia)

Ende 1853 / Anfang 1854: erstes, kurzes Treffen von Wallace und Darwin im British Museum in London

bricht im **März 1854** zur Expedition in den Malayischen Archipel auf	
	9. September 1854: beendet Arbeiten an Rankenfußkrebsen, beginnt Notizen und Studien zum großen »Arten-Buch«

Alfred Russel Wallace	**Charles Robert Darwin**
Seit **November 1854** in Sarawak, Borneo – liest dort Ende 1854 / Anfang 1855 einen Artikel über die Theorie von Edward Forbes zur Erklärung der Artenvielfalt	
1855: verfasst im Februar 1855 den »*Sarawak*«-Artikel als Erwiderung auf Forbes (er erscheint im September 1855), beginnt Juli/Aug. »*Species Notebook*« als Grundlage für ein geplantes »Arten-Buch«	Es ist unklar, ob Darwin bereits im Winter 1855/56 oder erst im Frühjahr 1856 den »*Sarawak*«-Artikel liest
1856: im Februar von Borneo zurück in Singapur	**16. April 1856:** Besuch von Charles Lyell in Down House, macht Darwin auf Wallace' Artikel von 1855 aufmerksam, Darwin berichtet von seiner Transmutations-Theorie, Lyell drängt ihn (1. Mai) nochmals zu veröffentlichen
Mai–Juni 1856: segelt über Bali und Lombok, wo er wichtige biogeographische Beobachtungen macht, nach Celebes	**14. Mai 1856:** beginnt Arbeiten am Entwurf und Manuskript zum Buch »*Natural Selection*«, das zu Darwins Lebzeiten nie erscheint
August–Dezember 1856: auf Celebes – schreibt am 10. Oktober erstmals (Brief Nr. 1) an Darwin, in dem er sich nach dessen Eindruck des »*Sarawak*«-Artikels erkundigt (Brief ist verloren)	
	Dieser Wallace-Brief hätte am 12. Januar 1857 bei Darwin eintreffen müssen; dieser behauptet indes, ihn erst Ende April 1857 erhalten zu haben. So beantwortet er ihn erst am 1. Mai 1857.

Alfred Russel Wallace	Charles Robert Darwin
Januar–Juli 1857: Kai- und Aru-Inseln, Sahul-Shelf	**1. Mai 1857:** Brief (Nr. 1) an Wallace, lobt ihn für 1855er-Arbeit, informiert ihn über Arten-Buch
Wallace erhält Brief von Darwin im Juli, schreibt von Celebes am 27. September 1857 Brief (Nr. 2) an Darwin, berichtet über seine Reisen und Beobachtungen im Archipel und über den Plan, seine Theorie von 1855 zu belegen. Auch dieser Brief ist verloren, nur ein Fragment ist erhalten mit dem Hinweis auf Wallace' Buch-Plan	**Juli 1857:** berichtet dem Botaniker Asa Gray von seinem Evolutionsdenken; **5. September 1857:** erneut Brief an Asa Gray, darin Auszüge seines Entwurfs der Evolutionstheorie mit dem Hinweis auf »natural selection« und dem »principle of divergence«
November 1857: über Ambon nach Ternate, Molukken	
	erhält Celebes-Brief von Wallace, schreibt jetzt sofort, am 22. Dezember 1857, Brief (Nr. 2) an Wallace
Januar/Februar 1858: kommt auf Ternate an, setzt um den 20. Januar nach Gilolo (= Halmahera) über, erkennt dort in Dodinga den Mechanismus der natürlichen Selektion und verfasst den »*Ternate*«-Artikel **1. März 1858:** zurück von Gilolo auf Ternate **9. März 1858:** Wallace erhält Brief (Nr. 2) von Darwin; Postdampfer »*Ambon*« verlässt Ternate mit Manuskript und Brief (Nr. 3) an Darwin	
	bereits am **3. Juni 1858** erhält Darwin das Manuskript von Wallace; schreibt erst am 18. Juni an Lyell mit der Bitte um Rat und Hilfe und nochmals am 25. Juni; ebenso an Hooker

Alfred Russel Wallace	Charles Robert Darwin
März–August 1858: in Dorey, im Norden Neuguineas	
London, 1. Juli 1858 – Das »delikate Arrangement«: Vorstellung der Darwin-Wallace-Artikel bei der Sitzung der Linnean Society vermittelt durch Joseph D. Hooker und Charles Lyell	
	am **13. Juli 1858** erklären Hooker und Darwin (Brief Nr. 3) in Briefen an Wallace das Arrangement, am 20. Juli 1858 beginnt Darwin mit der *»Origin«*
August 1858: London, Darwin-Wallace-Artikel werden im Journal der Linnean Society publiziert	
Anfang Oktober 1858: zurück auf Ternate erhält Wallace einen Brief von Hooker, der ihn über die Veröffentlichung informiert; erhält auch Brief von Darwin mit Inhaltsübersicht seines geplanten Buches (beide Briefe gehen verloren)	
6. Oktober 1858: Wallace' Antwort-Brief (Nr. 4) an Darwin	
November 1858: erhält Journal-Beitrag von August durch Darwin, schreibt abermals (Brief Nr. 5) am 30. November 1858	
1859: Wallace reist durch die Molukken	erhält am **22. Januar 1859** Wallace' Antwort-Brief, schreibt am **25. Januar** Brief (Nr. 4) an Wallace, erhält **am 6. April 1859** einen weiteren, schreibt am selben Tag Brief (Nr. 5)
Wallace' Brief (Nr. 6) an Darwin; ist verloren	erhält diesen am **7. August 1859**, schreibt **9. August** Brief (Nr. 6) an Wallace und nochmals am **13. November** Brief (Nr. 7)

Alfred Russel Wallace	**Charles Robert Darwin**
	24. November 1859: »*Origin of Species*« erscheint
Ende Januar/Anf. Februar 1860: Wallace erhält die *Origin*, schreibt am 16. Februar Brief (Nr. 7) (ist ebenfalls verloren)	
	Darwin erhält diesen Brief am **14. Mai 1860**
Brief (Nr. 8) ?; ist verloren	
	erhält diesen etwa im März (?) 1861; schreibt Brief (Nr. 8)
1. April 1862: Wallace kehrt nach England zurück	

Sommer 1862: Wallace zu Besuch bei Darwin in Down House

Danksagung

Gewissermaßen verfolgt mich Alfred Russel Wallace seit nunmehr zwei Jahrzehnten. Natürlich hat jeder Biologiestudent früher oder später von ihm gehört; wenn nicht über ihn als Biogeographen, dann meist – wie sollte es anders sein – im Zusammenhang mit Charles Darwin. Mir ist Wallace dann wieder bei Reisen in Südostasien begegnet; für Studien vor allem an tropischen Süßwasserschnecken, die seit der Doktorarbeit in den frühen 1990er-Jahren das eigene Steckenpferd in der biosystematischen Forschung sind, war ich mehrfach in der indonesischen Inselwelt zwischen Malaysia und den Molukken unterwegs bis hinüber nach Australien. Beeindruckt und für ihn eingenommen hat mich zuerst die Lektüre von Wallace' *»Malay Archipelago«*, ein Buch, das mir zwischen Singapur, Bali, Lombok, dem heutigen Sulawesi bis zu den Molukken gleichsam zum Reiseführer wurde. So bin ich ihm in mehrfacher Hinsicht zu Dank verpflichtet, nicht zuletzt, weil er mich an wundervolle Orte des Archipels geführt hat, die aufzusuchen mir sonst kaum eingefallen wären; darunter Lombok jenseits der Wallace-Linie, die Vulkaninsel Ternate, wo ich Wallace' Wohnhaus in der Nähe des Fort Oranje versucht habe ausfindig zu machen oder Ambon, wo wir auf seinen Spuren sogar neue Arten im Süßwasser entdeckten.

Einmal mehr begegnet im übertragenen Sinne bin ich Wallace dann auch in Museumssammlungen; natürlich in seiner wichtigsten in London und zu meiner anfänglichen Verblüffung auch in unserer im Berliner Naturkundemuseum, wo sich unter anderem von ihm in Neuguinea gesammelte Stielaugenfliegen befinden, wie ich gemeinsam mit meiner damaligen Kollegin Marion Kotrba nachweisen konnte. Wie sich das auflöst, kann, wer will, in Glaubrecht & Kotrba (2002) nachlesen (siehe nachfolgendes Literaturverzeichnis).

Einem über mehrere Wintersemester an der Berliner Humboldt-Universität durchgeführten Oberseminar zur Entwicklung der Evolutionstheorien vor allem im 19. Jahrhundert ist es geschuldet, dass ich immer tiefer nicht nur in die Wissenschaftsgeschichte, sondern auch Wallace' Welt gezogen wurde.

Den beteiligten Studenten verdanken wir viele lebhafte und anregende Diskussionen. Obgleich dies anfangs noch mit dem Blick auf Darwin geschah, vermochte ich mich Wallace' Perspektive immer weniger zu entziehen. Spätestens während der zweijährigen Recherchen zu einer historischen Rekonstruktion für das Hamburger Magazin »*Geo*« erschien mir seine Figur immer mehr als der ewige Zweite. Nachdem dann im Jubiläumsjahr 2009 der Fokus nochmals auf die Ereignisse um die vermeintlich gemeinsame Veröffentlichung der Darwin-Wallace-Theorie gelenkt wurde, war es Zeit, mich nun endlich auf die Suche nach dem ganzen (und wie ich denke: wirklichen) Wallace zu machen.

Bei dieser Spurensuche waren mir, wenigstens indirekt, jene Wissenschaftshistoriker und -autoren behilflich, die sich Wallace' Werk und Wirken in akribischer Kleinarbeit gewidmet haben, um so viele Details seines Lebens in Erinnerung zu bringen; ihnen, die namentlich im nachfolgenden kommentierten sowie dem Original-Literaturverzeichnis aufgeführt sind, verdankt das vorliegende Buch seine Einsichten. Zudem danken möchte ich George Beccaloni, der mir im Februar 2005 in der Londoner Museumssammlung Wallace' Tagfalter aus dem Malayischen Archipel zeigte, darunter jenen dunkelorangen Vogelschwingen-Schmetterling *Ornithoptera croesus* von den Molukken.

Ich danke Rebecca Göpfert und Karin Graf sowie vor allem Wolfgang Hörner von Galiani für ihre gemeinsamen Bemühungen um das Zustandekommen dieses Buches und Hanns Zischler, der einst vor Jahren – wenngleich in anderem Kontext – diese Kontakte eingefädelt hat. Dank an Wolfgang Hörner auch für seine Geduld und das einfühlsame Lektorat des Manuskriptes. Dank nicht zuletzt auch an Nora, die erste Leserin, für ihre Anmerkungen und Kommentare – und neben anderem, hier Unsagbarem dafür, dass einmal mehr ihre eigene Forschungsarbeit einen Schreiburlaub in der Bretagne ermöglichte, wo sich die kritischste Phase jeder Manuskriptabfassung trotz oder eben wegen maritimer Nähe beinahe wie von allein bewältigen ließ.

Kommentierte Literatur, Lese- und Website-Empfehlungen zu Alfred Russel Wallace

In den einschlägigen Werken zu Wallace wurden seine Briefe bisher nur lückenhaft und in Auszügen veröffentlicht; zehn seiner frühen Notizbücher, darunter vier seiner Reisen im indo-australischen Archipel, sind bisher noch nicht erschienen. Sie befinden sich, mit anderen Teilen seines Nachlasses, in den Bibliotheken der Linnean Society und des Natural History Museum in London. Wie auch im Fall von Darwin sind der gesamte literarische Nachlass Wallace' wie auch seine Sammlungen verstreut, in England und weltweit. Eine Übersicht über die unpublizierten Wallace-Materialien findet sich im Anhang zu Shermers Biographie (2002; siehe unten). John van Wyhe und Kees Rookmaaker, die sich seit einiger Zeit auch in verschiedenen wissenschaftshistorischen Fachartikeln mit Wallace beschäftigt haben, planen für 2013 die Herausgabe von Wallace' Briefen und seiner Notizbücher aus dem Malayischen Archipel, unter anderem bei Oxford University Press.

Das eingangs erwähnte *Alfred Russel Wallace Correspondence Project*, das seit 2010 für eine Startphase von drei Jahren über die amerikanische Andrew W. Mellon Foundation finanziert wird, ist über die Internet-Seiten des Natural History Museum London erreichbar (www.nhm.ac.uk), wo sich auch weitere Informationen über Wallace' Sammlungen und den Nachlass aus dem Familien-Archiv finden. Die inventarisierten und ersten, bereits transkribierten Dokumente sind auch direkt über die Webseite des Projektes (http://wallaceletters.info) zu finden. Außerdem unterhält George Beccaloni eine eigene Internet-Seite zu Alfred Russel Wallace (http://wallacefund.info).

Ein wahres Füllhorn an Informationen zu Wallace bietet Laien wie Forschern die von Charles Smith an der Universitäts-Bibliothek der Western Kentucky University unterhaltene und in herausragender Weise gepflegte Wallace-Website unter http://wku.edu/~smithch/index1.htm. Hier finden sich unter anderem auch Hinweise auf Wallace' zahllose eigene Werke und Veröffentlichungen. Jüngst wurden mit der von John van Wyhe an der National University of Singapore editierten Internetsite Wallace Online (http://wallace-online.org) weitere Originaltexte und Materialien verfügbar gemacht; geplant ist u. a. auch, dies auf die Notizbücher und Briefe von Wallace aus seiner Zeit im Malayischen Archipel auszudehnen. Natürlich sind Wallace' Texte online, in Auszügen oder teilweise vollständig, heute auch über Plattformen wie *gutenberg.org* oder die Internetseite der *Biodiversity Heritage Library* (BHL) einsehbar.

Bekanntermaßen weitaus besser zu lesen aber ist die Zusammenstellung der wichtigsten Texte von Wallace in Buchform, zumal diese mit Einführungen und akkuraten Quellenverzeichnissen versehen sind. Die gründlichste dieser Anthologien bietet die 1991 von Charles H. Smith herausgegebene Sammlung *»Alfred Russel Wallace: An Anthology of His Shorter Writings«* (Oxford University Press, Oxford); diese enthält zudem eine umfassende Bibliographie von Wallace' Schriften und einen Überblick über die wichtigsten Texte zu seiner Person und Bedeutung, ergänzt durch Smith (1999; siehe dazu das nachfolgende alphabetische Literaturverzeichnis). Zwei weitere, angesichts von Wallace' weit verstreutem Gesamtwerk sehr hilfreiche Anthologien, erschienen kurioserweise beide im selben Jahr. Dabei präsentiert Jane Camerini in *»The Alfred Russel Wallace Reader. A Selection of Writings from the Field«* (Johns Hopkins University Press, Baltimore, London 2002) in chronologischer Weise vor allem Wallace' naturwissenschaftliche Arbeiten. In Andrew Berrys *»Infinite Tropics. An Alfred Russel Wallace Anthology«* (Verso, London 2002) sind viele seiner Schriften thematisch angeordnet und jeweils durch eine kurze Studie zur Entwicklung in Wallace' Denken eingeleitet. Die meisten seiner Bücher zumindest sind heute entweder antiquarisch oder auch in verschiedenen Faksimile-Ausgaben der Originale erhältlich.

Auf Deutsch nachzulesen, was Alfred Russel Wallace geschrieben hat, gestaltet sich dagegen mühsam. Sein erster Reisebericht *»Narrative Travels on the Amazon and Rio Negro«* von 1853 wurde auf Deutsch 1855 im Verlag Ernst Balde, Kassel, in zwei Bänden als *»Reisen am Amazonenstrom und Rio Negro. Naturwissenschaftliche Berichte«* veröffentlicht. Er ist derzeit selbst antiquarisch kaum zu bekommen und nur über die Bibliothek der University of Michigan online einsehbar. Daher planen wir bei Galiani, Berlin, diesen durchaus auch heute lesenswerten Reisebericht wieder aufzulegen. Wallace' bekanntestes Buch *»The Malay Archipelago«* (erschienen 1869 bei Macmillan, London; letzter Nachdruck des Originals als Hardback Reprint, eingeleitet durch ein Vorwort von John Bastin, bei Oxford University Press, Singapore 1986) war auf Deutsch lange kaum mehr erhältlich, wenn man nicht das Glück hatte, eines der letzten Exemplare der ersten Auflagen von 1869 antiquarisch zu finden. Nur eine Teilübersetzung lag seit 1983 aus dem Frankfurter Societäts-Verlag vor. Im Berliner Verlag der Pioniere hat Michael Uszinski dann 2009 und 2013 dankenswerterweise den *»Malayischen Archipel«* neu digitalisiert und im originalen Umfang, erweitert um 70 Kurzbiographien der von Wallace erwähnten Personen, in limitierter Auflage veröffentlicht, wenngleich in der zugegebenermaßen leicht antiquiert wirkenden, ursprünglichen Übersetzung des Dresdener Zoologen Adolf Bernhard Meyer. Diese Übersetzung wurde im vorliegenden Band auch für die Original-Textpassagen von Wallace' Reisebericht zugrunde gelegt, aber mit Bedacht moderner Schreibweise und Wortwahl angepasst. Die einstmals ebenfalls durch A. B. Meyer ins Deutsche übertragenen *»Beiträge zur Theorie der Natürlichen Zuchtwahl«* (1870) von Wallace, die einige seiner Aufsätze enthalten, sind als broschierter Nachdruck 2007 im Verlag VDM Dr. Müller erschienen und erhältlich. Dagegen wurde *»Die Geographische Verbreitung der Tiere«* (1876) seit der Übersetzung von Meyer bisher nicht wieder aufgelegt.

Nur wenige Original-Artikel von Wallace wurden überhaupt einmal ins Deutsche übersetzt. Längst nicht mehr lieferbar ist der Band von Gerhard Herberer mit den von Darwin und Wallace stammenden *»Dokumenten zur Begründung der Abstammungslehre vor 100 Jahren«* (erschienen 1959 bei Fischer, Stuttgart), in dem sich auch die berühmte »Ternate-Arbeit« aus dem Jahre 1858 *(»Über die Tendenz von Varietäten, unbegrenzt vom Originaltypus abzuweichen«)* findet. Der hier im Buch zitierte Wortlaut folgt weitgehend der Übersetzung von Rita Seuß in der 2009 erschienenen Einführung zu Charles Darwin von Uwe Hoßfeld und Lennard Olsson: *»Zur Evolution der Arten und zur Entwicklung der Erde. Frühe Schriften zur Evolutionstheorie«* (Suhrkamp Studienbibliothek. Suhrkamp, Frankfurt a. M., Seiten 127–140). Und das waren auch schon die bislang verfügbaren Übersetzungen von Wallace' Arbeiten.

Wissenschaftshistorische Studien zu Alfred Russel Wallace gibt es im angloamerikanischen Sprachraum mittlerweile einige, zudem zahlreiche englischsprachige Biographien, die meisten allgemeinverständlich und vor allem flüssig lesbar. Allerdings ist nicht eine einzige davon auf Deutsch erschienen (während es auch hier an Darwin-Biographien keinen Mangel gibt). Auffällig ist, dass Wallace-Biographien – wie der folgende Überblick zeigt – offenbar in Wellen erscheinen. Zuerst war dies in den 1960er- und 1980er-Jahren der Fall, dann verging seit 2000 kaum ein Jahr, in dem nicht eine neue hinzukam. In Deutschland indes ist die vorliegende bisher die einzige Lebensbeschreibung im Buchformat.

Noch immer die erste Quelle, auch für dieses Buch, ist Wallace' Autobiographie *»My Life: A Record of Events and Opinions«* (1905 in zwei Bänden bei Chapman & Hall in London erschienen; hier verwendet und zitiert wurde die

Ausgabe der Cambridge University Press 2011). Ergänzend hat dann Wallace' Freund James Marchant 1916 in zwei Bänden Briefe und Erinnerungen unter dem Titel *»Alfred Russel Wallace: Letters and Reminiscences«* (London, Cassell; Nachdruck 1975) herausgegeben. Von Lancelot T. Hogben erschien bereits 1918 mit *»Alfred Russel Wallace, The Story of a Great Discoverer« (Pioneers of Progress Men of Science* series: London, Society for Promoting Christian Knowledge) eine wenngleich nur sehr knappe biographische Darstellung.

Die erwähnte erste Welle von Lebensschilderungen zu Wallace steht unmittelbar im Zusammenhang mit dem Interesse an ihm im Nachgang zu den Feierlichkeiten 1958 bzw. 1959, also den Jubiläen der Vorstellung der Darwin-Wallace-Papiere bzw. der ersten einhundert Jahre nach Darwins *»Entstehung der Arten«*. Unter den Biographien in Buchlänge ist immer noch lesenswert und eine gute Einführung die 1964 von Wilma George erschienene, einfühlsame Studie *»Biologist Philosopher: A Study of the Life and Writings of Alfred Russel Wallace«* (London, Abelard-Schuman). Sie liefert einen Überblick über die wichtigsten Lebensstationen und seine wichtigsten naturwissenschaftlichen Werke. Eine weitere frühe Biographie stammt von Annabel Williams-Ellis: *»Darwin's Moon: A Biography of Alfred Russel Wallace«* (London & Glasgow, Blackie 1966).

In einer zweiten Welle, wenn man denn so will, haben später in kurzer Folge Martin Fichman mit *»Alfred Russel Wallace«* (Boston, Twayne Publishers 1981) und Harry Clements mit *»Alfred Russel Wallace: Biologist and Social Reformer«* (London, Hutchinson 1983) weitere Biographien vorgelegt. Dagegen konzentriert sich das bereits 1972 erschienene Buch von H. Lewis McKinney *»Wallace and Natural Selection«* und vor allem das 1984 erschienene, überaus detailreiche Werk von John Langdon Brooks *»Just Before the Origin: Alfred Russel Wallace's Theory of Evolution«* (New York, Columbia University Press, 1984) ganz auf die Umstände, unter denen Wallace seine Theorie der Evolution durch natürliche Selektion entwickelte und veröffentlichte; hier findet sich auch der am ausführlichsten begründete Plagiatsvorwurf gegenüber Charles Darwin.

In den 1990er-Jahren ist dann eine Reihe von Büchern erschienen, bei denen Wallace wenigstens teilweise im Vordergrund steht. David Quammen hat 1996 in *»The Song of the Dodo. Island Biogeography in an Age of Extinction«* (New York, Scribner. Deutsche Übersetzung: *Der Gesang des Dodo. Eine Reise durch die Evolution der Inselwelten.* München, Claassen 1998) eine wunderbar lesbare Einführung in Wallace' Leben und seine Bedeutung als Biogeograph gegeben. Etwas technischer, aber wunderbar einsichtsvoll ist auch das im gleichen Jahr erschienene Kapitel über Wallace in Peter Rabys *»Bright Paradise. Victorian Scientific Travellers«* (London, Random House, Pimlico, 1996). Timothy Severin beschrieb kurz darauf in *»The Spice Islands Voyage«* (New York, Carroll & Graf 1997) seine Reise auf den Spuren Wallace' durch die indo-australische Inselwelt, während Sandra Knapp 1999 in »*Footsteps in the Forest: Alfred Russel Wallace in the Amazon*« (London, Natural History Museum) seinen Spuren am Amazonas folgte.

Die dritte Welle von nicht weniger als fünf Wallace-Biographien in fünf Jahren erschien schließlich seit dem Jahr 2000. Die ersten beiden sind durchaus konventionelle Biographien, wobei die von John G. Wilson »*The Forgotten Naturalist: In Search of Alfred Russel Wallace*« (Melbourne, Australia Scholarly Publishing 2000) eher oberflächlich und skizzenhaft ist, aber Berichte seiner eigenen Besuche von Orten enthält, wo Wallace einst lebte. Während die Darstellung des britischen Historikers Peter Raby in »*Alfred Russel Wallace. A Life*« (London, Chatto & Windus 2001) gewohnt fundiert ist, verwendet dagegen Michael Shermer »*In Darwin's Shadow: The Life and Science of Alfred Russel Wallace. A Biographical Study on the Psychology of History* (New York, Oxford University Press 2002) unsere Hauptfigur als Fallstudie in einer wissenschaftssoziologischen und psychologischen Analyse, aus der man die Person Wallace erst wieder herauslösen muss. Während Ross A. Slotten »*The Heretic in Darwin's Court: The Life of Alfred Russel Wallace*« (New York, Columbia University Press 2004) nochmals eine eher klassisch-chronologische Biographie vorlegt, versucht sich Martin Fichman (übrigens zum zweiten Mal nach zwei Jahrzehnten; siehe oben) mit »*An Elusive Victorian: The Evolution of Alfred Russel Wallace*« (Chicago & London, University of Chicago Press 2004) an einer thematisch gegliederten, tiefer gehenden Analyse und Einordnung von Wirken und Werk Wallace' im historischen Kontext.

Auch in Spanien (José Fonfría. *El Explorador de la Evolución: Wallace.* (Nivola, Tres Cantos 2003)) und in Italien (Federico Focher. *L' Uomo che Gettò nel Panico Darwin: La Vita e le Scoperte di Alfred Russel Wallace* (Torino, Bollati Boringhieri 2006)) wurden in jüngster Zeit Biographien verlegt, während er anderswo weiterhin im Schatten Darwins blieb.

Charles H. Smith und George Beccaloni brachten 2008 mit »*Natural Selection and beyond. The intellectual legacy of Alfred Russel Wallace*« (Oxford, Oxford University Press) einen Sammelband mit wissenschaftshistorischen und -theoretischen Aufsätzen und Essays heraus, in dem viele der faszinierenden Facetten von Wallace' Leben ebenso wie die Implikationen seiner Werke diskutiert werden. James Secord hat 2002 mit »*Victorian Sensation*« (Chicago, University of Chicago Press) eine – über Wallace hinaus – lesenswerte Analyse der Ereignisse um Chambers' Evolutions-Buch von 1844 vorgelegt. Und in »*Darwin's Ghosts: the Secret History of Evolution*« (New York, Spiegel & Grau 2012) spürt Rebecca Stott den Spuren jener intellektuellen Vorgänger Darwins und Wallace' nach, die den Boden für die Entdeckung der Evolution bereitet haben.

Wallace' Leben bietet Stoff genug nicht nur für biographische Betrachtungen; seine geradezu romanhaften Züge sind ideal für eine Verfilmung. Und tatsächlich wurde die Erzählung *»Morpho Eugenia«* von Antonia Susan Drabbles, besser bekannt als A. S. Byatt (auf Deutsch 1994 erschienen im Insel Verlag, Frankfurt am Main), später unter dem Titel *»Angels and Insects«* verfilmt. Der Protagonist William Anderson, ein von einer zehnjährigen Amazonas-Expedition zurückkehrender viktorianischer Naturforscher, gleicht Wallace in etlichen biographischen Details, unter anderem den bescheidenen Verhältnissen, denen er entstammt, und der Schiffsladung von Präparaten, die auf See verloren geht. Auch die amerikanische Schriftstellerin Andrea Barrett, bekannt geworden mit historischen Romanen und Erzählungen, in denen es von Biologen aus dem 19. Jahrhundert nur so wimmelt, fand in ihrem 1996 mit dem National Book Award ausgezeichneten Erzählband *»Ship Fever«* (W. W. Norton & Company, New York) in Alfred Russel Wallace' Leben Inspiration für die Figur des Alec Carrière in der Erzählung *»Birds with no Feet«*. Die Erzählung ist als »Paradiesvögel« im Band *»Schiffsfieber«* auf Deutsch bei Claassen (München, 2000) erschienen.

Alphabetisches Verzeichnis der Originalliteratur

Natürlich kommt kein Werk wirklich ohne jene reichen Quellen aus, aus denen es schöpft. Zwecks leichterer Lesbarkeit wurde im vorliegenden Buch auf Fußnoten verzichtet und auch darauf, im laufenden Text jeweils fachlich korrekt die erwähnten Quellen, vor allem Historiker und ihre Einzelarbeiten oder die Werke historischer Personen, zu zitieren. Bei den wesentlichen originellen und Original-Beiträgen wurden diese jedoch wenigstens kurz namentlich erwähnt.

Das nachfolgende Verzeichnis listet die für die vorliegende Biographie eingesehene und vielfach als Grundlage verwendete Originalliteratur sowohl sekundärer Quellen als auch der wichtigsten Werke von Wallace auf. Anspruch auf Vollständigkeit ist natürlich nicht zu erheben; für weiterführende Quellenhinweise sei auf die oben zitierten Werke verwiesen.

Wörtliche Zitate wurden stets, soweit nicht bereits in den einschlägigen Publikationen geschehen (und dann für diese entsprechend vermerkt), vom Autor selbst ins Deutsche übersetzt bzw. entsprechend angepasst.

Baker, D. B. 1995. Pfeiffer, Wallace, Allen and Smith: the discovery of the Hymenoptera of the Malay Archipelago. – *Archives of Natural History*, 23 (2): 153–200.

Baker, D. B. 2001. Alfred Russel Wallace's record of his consignments to Samuel Stevens. – *Zoologische Mededelingen Leiden*, 75 (16): 251–341.

Barrett, P. H. et al. (ed.) 1987. *Charles Darwin's Notebooks, 1836–1844: Geology, Transmutation of Species, Metaphysical Enquiries.* Cambridge, Cambridge University Press.

Bastin, J. 1986. Introduction to the Malay Archipelago. – In: Wallace, A. R. 1986. *The Malay Archipelago*, vii-xxvii. Singapore, Oxford University Press.

Beccaloni, J. 2002. Library acquires important collection of Wallaceana. – *Waterhouse Times*, 37: 10–11.

Beddall, B. G. 1968. Wallace, Darwin, and the theory of natural selection. – *Journal of the History of Biology*, 1 (2): 261–323.

Beddall, B. G. 1969. *Wallace and Bates in the Tropics: An Introduction to the Theory of Natural Selection*. Toronto, Macmillan.

Beddall, B. G. 1972. Wallace, Darwin, and Edward Blyth: Further notes on the development of evolution theory. – *Journal of the History of Biology*, 5: 153–158.

Beddall, B. G. 1988. Darwin and divergence: the Wallace connection. – *Journal of the History of Biology*, 21 (1): 1–68.

Benton, T. 2008. Wallace's Dilemmas: The laws of nature and the human spirit. In: Smith, C. H. & Beccaloni, G. (eds.), *Natural Selection and beyond. The intellectual legacy of Alfred Russel Wallace*, 368–390. Oxford, Oxford University Press.

Bernstein, R. 1982. Wallace: the man who almost pipped Darwin. – *New Scientist*, 194 (no. 1308): 652–655.

Berry, A. 2002. *Infinite tropics. An Alfred Russel Wallace anthology*. London, Verso.

Berry, A. & Browne, J. 2008. The other beetle-hunter. – *Nature*, 453: 1188–1190.

Bowler, P. J. 1976. Alfred Russel Wallace's concepts of variation. – *Journal of the History of Medicine*, 29: 196–212.

Bowler, P. J. 1990. *Charles Darwin. The Man and his Influence*. Cambridge, Cambridge University Press.

Brackman, A. C. 1980. A *Delicate Arrangement. The Strange Case of Charles Darwin and Alfred Russel Wallace*. New York, New York Times Book.

Brooks, J. L. 1984. *Just before the Origin: Alfred Russel Wallace's Theory of Evolution*. New York, Columbia University Press.

Brooks, J. L. 1985. Development of Wallace's perceptions of biogeography, 1848–1859. – *Earth Science History*, 4 (2): 113–117.

Browne, J. 1980: Darwin's botanical arithmetic and the principle of divergence. – *Journal of the History of Biology*, 13 (1): 53–89.

Browne, J. 2002. *Charles Darwin. The power of place*. New York, Alfred Knopf.

Camerini, J. R. 1993. Evolution, biogeography, and maps: An early history of Wallace's Line. – *Isis*, 84 (4): 700–727.

Camerini, J. R. 1996. Wallace in the field. – *Osiris*, 11: 44–65.

Camerini, J. R. 2002. *The Alfred Russel Wallace Reader. A Selection of Writings from the Field*. Baltimore und London, Johns Hopkins University Press.

Clements, H. 1983. *Alfred Russel Wallace. Biologist and Social Reformer*. London, Hutchinson.

Colp, R. 1992. I will gladly do my best. How Charles Darwin obtained a civil list pension for Alfred Russel Wallace. – *Isis*, 83: 3–26.

Darwin, C. 1859. *On the Origin of Species by Means of Natural Selection, or the Preservation of Favoured Races in the Struggle for Life.* London, John Murray.

Darwin, C. 1871. *The Descent of Man and Selection in Relation to Sex.* 2 Bde. London, John Murray.

Darwin, C. 1909. *The Foundation of the Origin of Species. Two Essays written in 1842 and 1844 by Charles Darwin.* Cambridge, Cambridge University Press [übersetzt von M. Semon: *Die Fundamente zur Entstehung der Arten. Zwei in den Jahren 1842 und 1844 verfasste Essays von Charles Darwin.* Teubner. Leipzig und Berlin 1911].

Davies, R. 2008. *The Darwin Conspiracy. Origins of a Scientific Crime.* London, Golden Square Books.

Davies, R. 2012. How Charles Darwin received Wallace's Ternate paper 15 days earlier than he claimed: a comment to van Wyhe and Rookmaaker (2012). – *Biological Journal of the Linnean Society,* 105: 474–477.

Deslisle, G. 2004. A taxonomic revision of the »birdwing butterflies of paradise«, genus *Ornithoptera,* based on the adult morphology (Lepidoptera, Papilionidae). – *Lambillionea,* 104 (4): 1–151.

Diamond, J. 1997. Mr Wallaces's line. – *Discover,* 18 (8): 76–83.

Dunn, R. R. 2004. Blurring Wallace's line. – *Natural History,* 9/04: 61.

Durant, J. R. 1979. Scientific naturalism and social reform in the thought of Alfred Russel Wallace. – *British Journal for the History of Science,* 12 (40): 31–58.

Egerton, F. N. 2012. *Roots of Ecology. Antiquity to Haeckel.* Berkeley, University of California Press.

Endersby, J. 2003. Escaping Darwin's shadow. – *Journal of the History of Biology,* 36: 385–403.

Fichman, M. 1977. Wallace, zoogeography and the problem of land bridges. – *Journal of the History of biology,* 10: 45–63.

Fichman, M. 1981. *Alfred Russel Wallace.* Boston, Twayne Publishers.

Fichman, M. 2004. *An Elusive Victorian: The Evolution of Alfred Russel Wallace.* Chicago, University of Chicago Press.

Focher, F. 2006. *L' Uomo che Gettò nel Panico Darwin: La Vita e le Scoperte di Alfred Russel Wallace.* Torino, Bollati Boringhieri.

Fonfría, J. 2003. *El Explorador de la Evolución: Wallace.* Nivola, Tres Cantos.

George, W. 1964. *Biologist Philosopher. A Study of the Life and Writings of Alfred Russel Wallace.* London, Toronto, New York, Abelard-Schuman.

George, W. 1980. Alfred Wallace, the gentle trader: collecting in Amazonia and the Malay Archipelago 1848–1862. – *Journal of the Society for the Bibliography of National History,* 9 (4): 503–514.

Ghiselin, M. T. 1993. Alfred Russel Wallace and the birth of biogeography: The living evidence for evolution. – *Pacific Discovery,* 46: 17–23.

Glaubrecht, M. 1999. Der Schönste kriegt die Fliege. Geweihfliegen und Sexuelle Selektion. – *Geo*, 3/1999: 56–68.

Glaubrecht, M. 2002. Alfred Russel Wallace. Der ewige Zweite. – *Geo*, 12/2002: 133–156.

Glaubrecht, M. 2002. The experience of nature: From Salomon Müller to Ernst Mayr, or The insights of travelling naturalists toward a zoological geography and evolutionary biology. – *Verhandlungen zur Geschichte und Theorie der Biologie*, 9: 245–282.

Glaubrecht, M. & Kotrba, M. 2004. Alfred Russel Wallace's discovery of »curious horned flies« and the aftermath. – *Archives of Natural History*, 31 (2): 275–299.

Gould, S. J. 1980. Wallace's fatal flaw. – *Natural History*, 89 (1): 26–40.

Greene, J. C. 1975. Reflections on the progress of Darwin studies. – *Journal of the History of Biology*, 8 (2): 243–273.

Gruber, H. E. 1985. Going the limit: toward the construction of Darwin's theory (1832–1839). – In: Kohn, D. (ed.), *The Darwinian Heritage*, 9–34. Princeton, Princeton University Press.

Haeckel, A. 1868. *Natürliche Schöpfungsgeschichte*. Berlin, Walter de Gruyter & Co.

Heberer, G. (ed.) 1959. *Darwin – Wallace. Dokumente zur Abstammungslehre vor 100 Jahren 1858/59–1958/59*. Stuttgart, Gustav Fischer Verlag.

Hodge, M. J. S., Kohn, D. 1985. The immediate origins of natural selection. – In: Kohn, D. (ed.), *The Darwinian Heritage*, 185–206. Princeton, Princeton University Press.

Hofsten, N. v. 1919. Zur älteren Geschichte des Diskontinuitätsproblems in der Biogeographie. – *Zoologische Annalen*, 7: 197–353.

Hogben, L. T. 1918. *Alfred Russel Wallace. The Story of a Great Discoverer.* (Pioneers of Progress Men of Science *series)*. London, Society for Promoting Christian Knowledge.

Holt, B. et al. 2013. An update of Wallace's zoogeographical regions of the world. – *Science*, 339: 74–78.

Hoßfeld, U. & Olsson, L. 2009. *Charles Darwin. Zur Evolution der Arten und zur Entwicklung der Erde. Frühe Schriften zur Evolutionstheorie*. Suhrkamp Studienbibliothek. Frankfurt a. M., Suhrkamp. [Darin: Alfred Russel Wallace. »Über die Tendenz von Varietäten, unbegrenzt vom Originaltypus abzuweichen«, 127–140 (Übersetzung von Rita Seuß)].

Hull, D. L. 2005. Deconstructing Darwin: evolutionary theory in context. – *Journal of the History of Biology*, 38: 138–152.

Jahn, I. 1969. *Dem Leben auf der Spur*. Leipzig, Jena, Berlin, Urania Verlag.

Johnson, C. N. 2007. The preface to Darwin's *Origin of Species:* the curious history of the »Historical Sketch«. – *Journal of the History of Biology,* 40: 529–556.

Kleiner, S. A. 1985. Darwin's and Wallace's revolutionary research programme. – *British Journal for the Philosophy of Science,* 36: 367–392.

Knapp, S. 1999. *Footsteps in the Forest: Alfred Russel Wallace in the Amazon.* London, Natural History Museum.

Knapp, S., Sanders, L. & Baker, W. 2002. Alfred Russel Wallace and the palms of the Amazon. – *Palms,* 46 (3): 109–119.

Kohn, D. 1981. On the origin of the principle of diversity. – *Science,* 213: 1105–1108.

Kottler, M. J. 1974. Alfred Russel Wallace, the origin of man, and spiritualism. – *Isis,* 65 (2): 144–192.

Kottler, M. J. 1980. Darwin, Wallace, and the origin of sexual dimorphism. – *Proceedings of the American Philosophical Society,* 124(3): 203–226.

Kottler, M. J. 1985. Charles Darwin and Alfred Russel Wallace: two decades of debate over natural selection. – In: Kohn, D. (ed.), *The Darwinian Heritage,* 367–433. Princeton, Princeton University Press.

Kutschera, U. 2003. A comparative analysis of the Darwin-Wallace papers and the development of the concept of natural selection. – *Theory of Biosciences,* 122: 343–359.

Lenoir, T. 1987. Essay Review: The Darwin Industry. – *Journal of the History of Biology,* 20: 115–130.

Marchant, J. 1916. *Alfred Russel Wallace: Letters and Reminiscences.* 2 Bde. London, Cassell.

Mayr, E. 1987. Island progress [review of reprint of Wallace's »*The Malay Archipelago*«]. – *Nature,* 328 (27 Aug.): 770–771.

Mayr, E. 1992. Darwin's principle of divergence. – *Journal of the History of Biology,* 25: 343–359.

Mayr E. 1982. *The growth of biological thought. Diversity, Evolution, and Inheritance.* The Belknap Press of Harvard University Press, Cambridge, Mass. [Deutsch: Mayr, E. 1984: *Die Entwicklung der biologischen Gedankenwelt. Vielfalt, Evolution und Vererbung.* Berlin, Heidelberg. Springer.]

Mayr. E. 1985. Darwin's five theories of evolution. – In: Kohn, D. (ed.), *The Darwinian Heritage,* 755–811. Princeton, Princeton University Press.

McKinney, H. L. 1966. Alfred Russel Wallace and the discovery of Natural Selection. – *Journal of the History of Medicine and allied science,* 21. 333–357.

McKinney, H. L. 1969. Wallace's earliest observations on evolution: 28 December 1845. – *Isis,* 60: 370–373.

McKinney, H. L. 1972. *Wallace and Natural Selection.* New Haven, London, Yale University Press.

Merton, H. 1910–1911. Ergebnisse einer Zoologischen Forschungsreise in den südöstlichen Molukken (Aru- und Kei-Inseln). Reisebericht und wissenschaftliche Ergebnisse. – *Abhandlung der Senckenbergischen Naturforschenden Gesellschaft*, 33 (1–4): i-468.

Meyer, A. B. 1895. How was Wallace led to the discovery of natural selection? – *Nature*, 52: 415.

Michaux, B. 2000. Island life. – *Journal of Biogeography*, 27: 219–222.

Moore, J. 1997. Wallace's Malthusian Moment: the common context revisited. – In: Lightman, B. (ed.), *Victorian Science in Context*, 290–311. Chicago, Chicago University Press.

Oldroyd, D. R. 1984. How did Darwin arrive at his theory? The secondary literature to 1982. – *History of Science*, 22: 325–374.

Ospovat, D. 1981. *The development of Darwin's theory. Natural History, Natural Theology, and Natural Selection, 1838–1859*. Cambridge, Cambridge University Press.

Pantin, C. F. A. 1959. President's address at the unveiling of the Darwin-Wallace Memorial plaque. – *Proceedings of the Linnean Society of London*, 170 (3): 219–226.

Pantin, C. F. A. 1960. Alfred Russel Wallace: his pre-Darwinian Essay of 1855. – *Proceedings of the Linnean Society of London*, 171 (2): 139–153.

Poulton, E. B. 1913. Alfred Russel Wallace. – *Nature*, 92 (no. 2299, 20 November 1913): 347–349.

Poulton, E. B. 1924. Obituary notices of fellows deceased. Alfred Russel Wallace, 1823–1913. –*Proceedings of the Royal Society of London*, ser. B 95 [1923]: i-xxxv.

Quammen, D. 1996. *Song of the Dodo. Island Biogeography in an Age of Extinction*. New York, Scibner (at Simon & Schuster).

Quammen, D. 2006. *The Reluctant Mr Darwin. An Intimate Portrait of Charles Darwin and the Making of his Theory of Evolution*. New York, London, W. W. Norton.

Quammen, D. 2008. The man who wasn't Darwin. – *National Geographic Magazine*, Dec. 2008. [Deutsch: Der Mann in Darwins Schatten. – *National Geographic*, Dez. 2008: 106–133.]

Raby, P. 1996. *Bright Paradise. Victorian Scientific Travellers*. London, Random House (Pimlico).

Raby, P. 2001. *Alfred Russel Wallace. A Life*. London, Chatto & Windus; Princeton, Princeton University Press.

Ruse, M. 1975. Darwin's debt to philosophy: an examination of the influence of the philosophical ideas of John F. W. Herschel and William Whewell on the development of Charles Darwin's theory of evolution. – *Studies in History and Philosophy of Science*, 6: 159–181.

Ruse, M. 1975. Charles Darwin's theory of evolution: An analysis. – *Journal of the History of Biology*, 8 (2): 291–241.

Schilthuizen, M. 2004. A paradox to everyone but himself. The naturalist who almost scooped Darwin about natural selection was also an ordent mystic. – *Natural History*, Sept. 2004: 58–63.

Schwartz, J. S. 1984. Darwin, Wallace, and *The descent of man*. – *Journal of the History of Biology*, 17 (2): 271–289.

Schwartz, J. S. 1990. Darwin, Wallace, and Huxley, and *Vestiges of the Natural History of Creation*. – *Journal of the History of Biology*, 23: 127–153.

Secord, J. A. 2002. *Victorian Sensation: The Extraordinary Publication, Reception, and Secret Authorship of Vestiges of the Natural History of Creation*. Chicago, University of Chicago Press.

Severin, T. 1997. *The Spice Islands Voyage. The Quest for Alfred Russel Wallace, the Man who shared Darwin's Discovery of Evolution*. New York, Carroll & Graf Publications.

Shermer, M. 2002. *In Darwin's Shadow. The Life and Science of Alfred Russel Wallace. A Biographical Study on the Psychology of History*. New York, Oxford University Press.

Slotten, R. A. 2004. *The Heretic in Darwin's Court: the Life of Alfred Russel Wallace*. New York, Columbia University Press.

Smith, C. H. 1991. *Alfred Russel Wallace. An Anthology of his Shorter Writings*. Oxford, Oxford University Press.

Smith, C. H. 1999. Additions to the bibliography. – *Archives of Natural History*, 26 (2): 273–277.

Smith, C. H. 2006. Reflections on Wallace. – *Nature*, *443*: 33–34.

Smith, C. H. 2008. Alfred Russel Wallace, journalist. – *Archives of Natural History*, 35 (2): 203–207.

Smith, C. H. 2013. A further look at the 1858 Wallace-Darwin mail delivery question. – *Biological Journal of the Linnean Society*, 108: 715–718.

Stauffer, R. C. 1975. *Charles Darwin's Natural Selection, being the Second Part of his Big Species Book written from 1856 to 1858* (edited from the manuscript). Cambridge, Cambridge University Press

van Oosterzee, P. 1997. *Where worlds collide. The Wallace Line*. Ithaca, Cornell University Press.

van Wyhe, J. 2012. Wallace, Darwin and Southeast Asia: the real field site of evolution. – In: Gower, D. J., Johnson, K., Richardson, J., Rosen, B., Rüber, L. & Williams, S. (eds.), *Biotic Evolution and Environmental change in Southeast Asia*, 16–31. Cambridge University Press, Cambridge.

van Wyhe, J. & Rookmaaker, K. 2012. A new theory to explain the receipt of Wallace's Ternate essay by Darwin in 1858. – *Biological Journal of the Linnean Society*, 105: 249–252.

Wallace, A. R. 1850. On the umbrella bird *(Cephalopterus ornatus)*, »Uerambé« L. G. – *Proceedings of the Zoological Society London*, 18: 206–207.

Wallace, A. R. 1852. On the monkeys of the Amazon. – *Proceedings of the Zoological Society London*, 20: 107–110.

Wallace, A. R. 1853. On the habits of the butterflies of the Amazon Valley. – *Transactions of the Entomological Society London*, n. s. 2 [1852–1853]: 253–264.

Wallace, A. R. 1853. On the Rio Negro. – *Journal of the Royal Geographical Society*, 23: 212–217.

Wallace, A. R. 1853. *Palm Trees of the Amazon and their Uses*. London, John Van Voorst.

Wallace, A. R. 1853. *A Narrative of Travels on the Amazon and Rio Negro*. London, Reeve.

Wallace, A. R. 1855. On the law which has regulated the introduction of new species. – *The Annals and Magazine of Natural History*, 16: 184–196.

Wallace, A. R. 1856. On the Orang-Utan or Mias of Borneo. – *The Annals and Magazine of Natural History*, 17 (102): 471–476.

Wallace, A. R. 1857. Letter from A. R. Wallace, received and read by Mr Stevens. – *Transactions of the Entomological Society London*, n. s. 4 [1856–1858]: 91–93.

Wallace, A. R. 1857. On the natural history of the Aru Islands. – *The Annals and Magazine of Natural History*, 20 (supplement): 473–485.

Wallace, A. R. 1858. Note on the theory of permanent and geographical varieties. – *Zoologist*, 16: 5887–5889.

Wallace, A. R. 1858. On the habits and transformations of a species of *Ornithoptera*, allied to *O. priamus*, inhabiting the Aru Islands, near New Guinea. – *Transactions of the Royal Entomological Society London*, n. s. 4 [1856–1858]: 272–273.

Wallace, A. R. 1858. On the tendency of varieties to depart indefinately from the original type. – *Journal of the Proceedings of the Linnean Society (Zoology)*, 3: 53–62.

Wallace, A. R. 1859. On the zoological geography of the Malay Archipelago. – *Journal of the Proceedings of the Linnean Society (Zoology)*, 4: 172–184.

Wallace, A. R. 1859. Natural History collectors. – *The Zoologist*, 16: 6120–6124.

Wallace, A. R. 1860. Notes of a voyage to New Guinea. – *The Journal of the Royal Geographical Society*, 30: 172–177.

Wallace, A. R. 1862. Narrative of search after birds of paradise. – *Proceedings of the Zoological Society of London* [1862]: 153–161.

Wallace, A. R. 1862. On some new and rare birds from New Guinea. – *Proceedings of the Zoological Society of London* [1862]: 164–166.

Wallace, A. R. 1863. On the physical geography of the Malay Archipelago. – *Journal of the Royal Geographical Society of London*, 33: 217–234.

Wallace, A. R. 1864. The origin of human races and the antiquity of man deduced from the theory of ›Natural Selection‹. – *Anthropological Review and Journal of the Anthropological Society of London*, 2: clviii-xx.

Wallace, A. R. 1865. On the varieties of man in the Malay Archipelago. – *Transactions of the Ethnological Society of London*, 3: 196–215.

Wallace, A. R. 1869. *The Malay Archipelago*. London, Macmillan. Reprint: Oxford University Press, Singapore 1986. [Autorisierte deutsche Ausgabe von Adolf Bernhard Meyer 1869. *Der Malayische Archipel. Die Heimath des Orang-Utan und des Paradiesvogels. Reiseerlebnisse und Studien über Land und Leute*. Braunschweig, Westermann]

Wallace, A. R. 1870: *Contributions to the Theory of Natural Selection. A Series of Essays*. London, Macmillan and Co. [Deutsche autorisierte Übersetzung: *Beiträge zur Theorie der natürlichen Zuchtwahl. Eine Reihe von Essais*. Erlangen, Eduard Besold 1870.]

Wallace, A. R. 1876. *The Geographical Distribution of Animals*. 2 Bde. London, Macmillan. [Deutsche autorisierte Übersetzung durch Adolf Bernhard Meyer: Die Geographische Verbreitung der Tiere. 2 Bde. Dresden, Verlag von R. von Zahn 1876.]

Wallace, A. R. 1880. *Island Life. Or the Phenomena and Causes of Insular Faunas and Floras*. London, Macmillan.

Wallace, A. R. 1889. *Darwinism. An Exposition of the Theory of Natural Selection with some of its Applications*. London, Macmillan.

Wallace, A. R. 1898. *The Wonderful Century: its Successes and its Failures*. London, Swan Sonnenschein.

Wallace, A. R. 1905. *My Life. A Record of Events and Opinions*. 2 Bde. London, Chapman & Hall.

Wallace, A. R. 1907. *Is Mars habitable? A critical Examination of Professor Percival Lowell's book ›Mars and its canals‹, with an alternative Explanation*. London, Macmillan.

Wichler, G. 1938. Alfred Russel Wallace (1823–1923), sein Leben, seine Arbeiten, sein Wesen. Zugleich ein Beitrag zu dem Verhältnis von Wallace zu Darwin. – *Sudhoffs Archiv für Geschichte, Medizin und Naturwissenschaften*, 30 (6): 364–400.

Williams-Ellis, A. 1966. *Darwin's Moon. A biography of Alfred Russel Wallace*. London, Blackie.

Wilson, J. G. 2000. *The Forgotten Naturalist. In Search of Alfred Russel Wallace*. Kew, Victoria, Australia Scholarly Publishing.

Namensregister

Ortsregister

Register Fauna und Flora

Rechtenachweis des Bildteils

Urwaldbaum am Amazonas, Original-Skizze aus der Hand von A. R. Wallace, angefertigt während der Amazonas-Reise 1848–1852« *und* »Erste Seite des Reisetagebuchs von Wallace, in der er über seine Ankunft auf Bali am 13. Juni 1856 berichtet«: *By permission of the Linnean Society of London*

»Original-Skizzen aus der Hand von A. R. Wallace, angefertigt während der Reise durch den Indo-Malayischen Archipel 1854–1862«: *Copyright A. R. Wallace Memorial Fund*

»Umschlag eines Briefes von Wallace an Bates, abgestempelt am 3. Juni 1858«, »Bleistift-Notiz vom Februar 1860 aus der Hand von A.R. Wallace, nachdem er Darwins Buch über *Die Entstehung der Arten* gelesen hat« und »Handschriftliche Notiz Wallace' über den Verlust des Ternate-Manuskripts«: *By permission of the Natural History Museum, Cromwell Road, London. SW7 5BD*

Alle anderen Abbildungen wurden den Wallach'schen Originalausgaben entnommen.

Wir haben versucht alle Rechteinhaber der Abbildungen ausfindig zu machen. Sollten trozdem noch berechtigte Ansprüche bestehen, bitten wir die Rechteinhaber, sich mit dem Verlag in Verbindung zu setzen.

***

Im Text häufig genannt werden die beiden während der Malayischen Reise verfassten Aufsätze von Wallace, der sogenannte »Sarawak-Essay« von 1855 und der »Ternate-Essay« von 1858. Beide Texte können wir im originalen Wortlaut der ersten deutschen Übersetzung auf der Website des Verlages unter

http://www.galiani.de/buecher/matthias-glaubrecht-am-ende-des-archipels.-alfred-russel-wallace.html

eingesehen werden.

Der »Sarawak-Essay« trägt den Titel »*Über das Gesetz, welches das Entstehen neuer Arten reguliert hat*« und folgt der ursprünglichen, durch Wallace selbst autorisierten deutschen Übersetzung von Adolf Bernhard Meyer von Wallace' »*Contributions to the Theory of Natural Selection. A Series of Essays*« (Macmillan and Co., London 1870), erschienen als »*Beiträge zur Theorie der natürlichen Zuchtwahl. Eine Reihe von Essais*« im Verlag Eduard Besold, Erlangen 1870, Seiten 1–29.

Der »Ternate-Essay« trägt den Titel: »*Über die Tendenz der Varietäten unbegrenzt von dem Originaltypus abzuweichen*« und folgt derselben deutschen Publikation, Seiten 30–50.

Enlarged Map of the RIVER UAUPES.

Cax. Caxoeira (Rapid)
Igar. Igaripe (Brook)
Mal. Maloca (House)

Published for the Journal of the Royal Geograph